大学计算机基础教程

主　　编　杨　枢

副 主 编　时　风　陈友春　张德成

参编人员　魏　星　刘玉文　叶　枫

　　　　　李　超　谢　静

北京师范大学出版集团

BEIJING NORMAL UNIVERSITY PUBLISHING GROUP

安 徽 大 学 出 版 社

图书在版编目(CIP)数据

大学计算机基础教程/杨枢主编. —合肥:安徽大学出版社,2012.5(2014.6 重印)
ISBN 978-7-5664-0551-7

Ⅰ. ①大… Ⅱ. ①杨… Ⅲ. ①电子计算机—高等学校—教材 Ⅳ. ①TP3

中国版本图书馆 CIP 数据核字(2012)第 184240 号

大学计算机基础教程 杨 枢 **主编**

出版发行:北京师范大学出版集团
安 徽 大 学 出 版 社
(安徽省合肥市肥西路 3 号 邮编 230039)
www.bnupg.com.cn
www.ahupress.com.cn
印 刷:合肥现代印务有限公司
经 销:全国新华书店
开 本:184mm×260mm
印 张:19.75
字 数:491 千字
版 次:2012 年 5 月第 1 版
印 次:2014 年 6 月第 4 次印刷
定 价:35.00 元
ISBN 978-7-5664-0551-7

责任编辑:钟 蕾 蒋 芳 **装帧设计**:李 军 **责任印制**:赵明炎

前　言

21世纪是信息技术高度发展并广泛应用的时代，信息技术深刻地改变了人类的生活、工作和学习方式。掌握基本的计算机知识和具有实际操作能力已成为当代社会对大学生的基本要求。

为满足高等学校计算机基础教育第一层次的教学需要，特别针对医学院校相关专业的特点，编者结合多年计算机基础课程的教学经验，从加强基础、强调实践操作、面向应用技能培养的理念出发，根据教育部非计算机专业计算机课程教学指导分委员会提出的“高等学校非计算机专业计算机基础课程教学基本要求”编写本书。

本书内容全面，紧密结合计算机发展与应用现状，以 Windows XP 操作系统和 Office 2003 办公软件的应用为教学重点。每章均配置有针对性的习题，以巩固和改善教学效果。使用任务驱动方式精心设计了上机实验，包括硕士毕业论文排版、课程表编制、学生成绩处理等，这些实验生动形象，并具有很强的实用性，一方面培养了学生的实际操作技能，另一方面也增强了学生的学习兴趣。

本书可作为各类高等学校非计算机专业计算机基础课程教材，也可作为高等学校成人教育的培训教材和自学参考书。

本书正文包括八章以及附录(实验)，由7位教师集体编写完成。第一章、第七章由杨枢编写，其中第一章微型计算机硬件部分由叶枫编写，多媒体技术部分由魏星编写；第二章、第三章由时风编写；第四章由陈友春编写；第五章由魏星编写；第六章、第八章由张德成编写，其中第六章 Internet 浏览器部分由叶枫编写；附录实验1—4由刘玉文编写，实验5、6由叶枫编写；全书由杨枢和时风统稿，李超、谢静也参加了编写工作。

本书参考学时为36学时，其中实验为18学时，各章的学时分配建议如下表所示：

章节	内容	学时分配	
		理论	实验
第一章	计算机基础知识	3	1
第二章	Windows XP操作系统	3	2
第三章	文字处理软件Word 2003	3	4
第四章	电子表格软件Excel 2003	3	3
第五章	演示文稿软件PowerPoint 2003	2	2
第六章	网络基础与Internet技术	2	2
第七章	信息技术与信息安全	1	1
第八章	医学信息学	1	
综合练习			3
课时总计		18学时	18学时

在本书编写过程中参考了较多的文献资料，吸收了许多专家和同仁的宝贵经验，在此谨向他们表示衷心感谢。由于时间仓促且编者水平有限，书中难免有错误和遗漏之处，敬请专家、读者批评指正。

编　者

2012年4月

目　录

第 1 章

计算机基础知识

【本章主要教学内容】

本章主要介绍了计算机的基础知识，包括：计算机的产生、发展、特点、分类和应用，数制的概念以及各种进制之间的相互转化，信息在计算机中的表示，计算机的基本工作原理，微型计算机硬件系统组成和多媒体技术的基本概念等。

【本章主要教学目标】

◆了解计算机的特点和具体应用。
◆了解多媒体技术的基本概念和相关技术标准。
◆熟悉微型计算机的主要组成部件。
◆掌握常用进制之间的转换方法以及信息在计算机中的表示。
◆掌握计算机的基本组成及基本工作原理。

1.1 计算机基本概念

1.1.1 计算机概述

计算机(Computer)是一种按照预先存储的程序自动、高速、精确地进行信息处理的现代电子设备,它对人类的生产活动和社会活动产生了极其重要的影响,并以强大的生命力飞速发展。计算机现已遍及学校、企事业单位和普通家庭,成为人类进入信息时代的重要标志。

1.1.2 计算机的产生

在计算机产生之前及应用初期,手工计算一直是人类主要的计算方式,人类手工计算使用的工具包括算盘,计算尺,手摇、电动或机械计算机等。为了提高计算速度和计算精度,人类不断地发明和改进计算工具。

英国数学家图灵 1936 年在他著名的论文《论可计算数在判定问题中的应用》中,描述了一种假想的可实现通用计算的机器,后人称之为"图灵机"。图灵为计算机的诞生奠定了理论基础,因此被称为"计算机科学之父",计算机科学界的"诺贝尔"奖就被命名为"图灵奖"。

到了 20 世纪 40 年代,一方面由于现代科学技术的发展,特别是飞机、导弹、原子弹等复杂尖端武器的迅猛发展,原有的计算工具已无法满足应用需要;另一方面,计算理论、电子学以及自动控制技术的发展,也为现代计算机的产生奠定了物质基础。

世界上公认的第一台计算机 ENIAC(如图 1.1 所示),是 1946 年 2 月由埃克特、莫克利、戈尔斯坦、博克斯等组成的"莫尔"小组,在美国宾夕法尼亚大学研制成功并投入使用的,它的诞生使人类的计算工具由手工到自动化产生了历史性的飞跃。ENIAC 是一个庞然大物,占地 170 平方米,重量 30 吨,每小时耗电 30 万千瓦,每秒能进行 5000 次加法运算,它是为解决弹道问题中的复杂计算而研制的。

图 1.1　人类第一台计算机 ENIAC

基于美籍匈牙利数学家冯·诺依曼的设计思想，人类第一台“基于程序存储和程序控制”的计算机 EDVAC，在数年之后也投入运行。现在绝大部分计算机仍使用与几十年前 EDVAC 相同的体系结构，我们把具有这种体系结构的计算机称为冯·诺依曼原理计算机。由于冯·诺依曼做出的杰出贡献，冯·诺依曼被后人称为“现代计算机之父”。

1.1.3 计算机的发展

1. 计算机的发展历程

第一台计算机 ENIAC 问世的时间距今仅仅 60 多年，但计算机技术的快速发展、广泛普及和给社会带来的巨大影响是以往任何发明都无法比拟的。根据计算机所采用的物理器件，主要是电子器件的不同，一般可以把计算机的发展分为四个阶段，如表 1—1 所示。

表 1—1 计算机四个发展阶段

阶段 / 器件	第一代 1946～1958 年	第二代 1959～1964 年	第三代 1965～1970 年	第四代 1970～至今
使用电子器件	电子管	晶体管	中小规模集成电路	大规模和超大规模集成电路
内存	阴极射线管、汞延迟线	磁芯	磁芯、半导体存储器	半导体存储器
外存	纸带、卡片	磁带	磁带、磁盘	磁盘、光盘、半导体存储器
软件	机器语言、汇编语言	高级语言	操作系统	数据库、网络
运算速度(次/秒)	几千～几万	几万～几十万	几十万～几百万	几百万～几千万亿

电子管、晶体管、超大规模集成电路的外形结构如图 1.2 所示。

图 1.2a 电子管

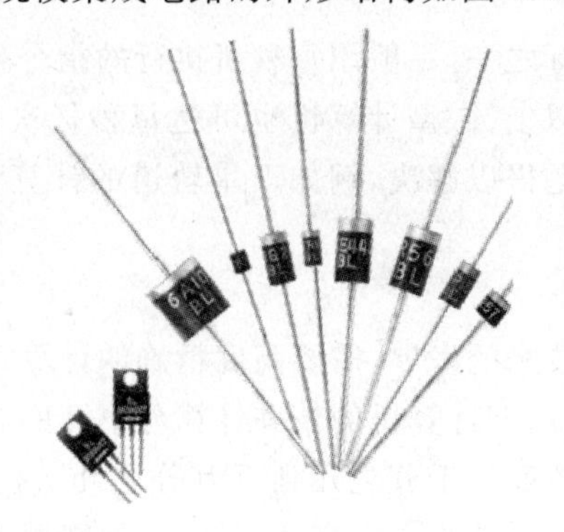

图 1.2b 晶体管

图 1.2c 超大规模集成电路

2. 我国计算机的发展历程

1958 年 8 月 1 日，中国科学院计算技术研究所研制成功了 103 型小型电子计算机，从而实现了我国计算机技术零的突破。经过几十年的发展，我国计算机事业取得了巨大成就。

1983年12月22日，我国第一台亿次巨型计算机“银河－I”在国防科技大学研制成功，至此我国成为继美、日等国之后，能够独立设计和制造巨型计算机的国家。2010年9月开始进行系统调试的“天河一号－A”巨型计算机，峰值计算速度达到每秒2507万亿次，计算速度2010年世界排名第一。

“龙芯三号”是中国科学院计算技术研究所自主研发的龙芯系列CPU芯片的第三代产品，也是国家在“十一五”期间重点支持的科研项目。“龙芯三号”是国内首款采用65纳米先进工艺、主频达到1GHz的多核CPU处理器，它标志着我国在关键器件及核心技术上取得了重要突破。龙芯三号包括单核、4核与16核三款产品，分别用于桌面计算机、高性能服务器等设备。

3.计算机的发展趋势

随着计算机技术的发展以及社会对计算机不同层次的需求，当前计算机正向着巨型化、微型化、网络化、智能化和多媒体化的方向发展。

巨型化是指计算机向高速运算、大存储容量、强大功能的方向发展，巨型计算机的计算速度一般都在每秒万亿次以上。

微型化是指计算机向使用方便、体积小、成本低和功能齐全的方向发展。

网络化是指利用通信技术和计算机技术，把地理上分散布置的具有独立功能的计算机及各类电子设备互联起来，按照特定的网络协议进行信息交流，以达到资源共享的目的。

智能化就是要求计算机能模拟人的感觉和思维能力，能理解人的语言、文字和图形。多媒体化是指多媒体计算机的大量出现以及多媒体技术的大量应用。

另外，光计算机、生物计算机、量子计算机也开始进行理论研究。

1.1.4 计算机的特点

计算机作为一种通用的信息处理工具，具有极快的计算速度、极高的计算精度、强大的存储和逻辑判断能力，其主要特点如下：

1.计算速度快

计算速度是计算机重要指标之一，一般用每秒所执行的指令条数来衡量。目前，巨型机的计算速度已达到每秒万亿次以上，微型计算机也可达每秒亿次以上。计算机极快的计算速度使大量复杂的科学计算问题得以解决，例如卫星轨道的计算、核试验的计算机模拟、中长期天气预报等。

2.计算精度高

科学技术特别是尖端科学技术的发展，需要高度精确的计算，如导弹之所以能准确地击中远距离的预定目标，是与导弹内部计算机的精确计算分不开的。计算机的有效数字（二进制）有十几位甚至几十位，计算精度从千分之几到百万分之几，这是其他任何计算工具都无法达到的。另外计算机还可以通过算法来提高计算精度，如圆周率π，普通微型计算机在很短的时间内就能精确计算到小数点后200万位以上。

3.存储功能强

计算机不仅能进行计算，还能把程序、原始数据、中间结果和计算结果等信息存储起来，以供用户使用。随着计算机存储容量的不断增大，计算机能够存储记忆的信息也越来越多。

4.具有逻辑判断能力

计算机具有较强的逻辑判断能力，能实现推理和证明，并能根据判断结果自动决定后续执行的命令，因而能解决各种类型的复杂问题。

5.自动化程度高

计算机可以按照预先存储的程序自动执行而不需要人工干预，这是计算机最本质的特点之一。

1.1.5　计算机的分类

计算机常见的分类方法有三种，按照处理信息的表示形式不同可以将计算机分为数字计算机、模拟计算机和数字模拟混合计算机；按用途不同可以将计算机分为通用计算机和专用计算机；按规模与运行速度不同可以将计算机分为巨型机、小巨型机、大型机、小型机、工作站和微型机，这是根据美国电气和电子工程师协会(IEEE)1989年提出的标准来划分的。

巨型机又称超级计算机，它具有计算速度快、存储容量大的特点，是功能最强的计算机，主要用于复杂、尖端的科研领域。我国的“天河”“曙光”系列计算机都属于巨型机。

小巨型机实际就是微型化的巨型机，它是20世纪80年代以后，在力求保持或略微降低巨型机性能的基础上而发展起来的新型计算机种类。

大型机覆盖国内传统意义的大、中型机，特点是大型、通用，主要用于大型公司、银行和政府机关等，一般使用专用指令系统和操作系统。大型机通用性和综合数据处理能力强，并大量使用冗余等技术确保设备的安全性及稳定性。

小型机是采用8～32个微处理器，性能和价格介于PC服务器和大型机之间的一种高性能64位计算机。小型机与PC服务器有很大差别，其中最重要的就是小型机的高RAS特性，即高可靠性、高可用性、高服务性(Reliability、Availability、Serviceability)。

工作站是介于PC机和小型机之间的一种高档微型计算机，它运算速度快，主要用于图像处理、计算机辅助设计等特殊领域。这里的工作站与网络环境中的“工作站”含义不同，网络环境中的“工作站”泛指网络结点，与网络服务器对应，一般由普通PC机充当。

微型机是目前使用最为广泛的计算机类型，它体积小、功耗低、功能强、结构灵活、价格便宜、环境适应能力强，性价比明显优于其他类型计算机，因而使用十分广泛。

1.1.6　计算机的应用

随着计算机技术的不断发展，计算机的应用领域越来越广泛。计算机在信息社会的应用是全方位的，其作用已超过科学技术层面，并渗透到社会各行各业。计算机的应用主要包括以下几个方面：

1.科学计算

科学计算又称数值计算，通常指为完成科学研究和工程技术中提出的数学问题而进行的计算。科学计算是计算机传统的应用领域，也是现阶段计算机最重要的应用领域之一。使用计算机可以解决人工计算无法解决的复杂计算问题。

2. 数据处理

数据处理又称非数值处理或事务处理，是指对大量数据进行的加工处理(如统计分析、分类、存储和检索等)，各种信息管理系统中的数据库应用以及办公自动化软件等都属于数据处理范畴。据统计，在所有计算机应用中，数据处理类型占70%以上。与科学计算相比，数据处理涉及的数据量较大。

3. 过程控制

过程控制又称实时控制，指用计算机实时采集检测数据，按预先定义的规则迅速地对控制对象进行自动控制或自动调节。对工业生产过程进行过程控制，不仅明显提高自动化水平，而且大大改善控制的及时性和准确性。

4. 计算机辅助系统

计算机辅助系统是以计算机为工具，通过专门软件辅助用户完成特定的工作任务，以提高工作效率和工作质量为目标的硬件环境和软件环境的总称。

计算机辅助设计(CAD)指利用计算机辅助设计人员进行产品设计。计算机辅助设计技术已广泛应用于电路设计、机械设计、服装设计和建筑设计等各个方面，不但提高了设计速度，而且大大改善了产品质量。

计算机辅助制造(CAM)指利用计算机辅助设计人员进行生成设备的管理、控制和操作的过程。计算机辅助制造技术能明显提高产品质量、降低成本、缩短生产周期。

计算机辅助教学(CAI)指利用计算机支持教学和学习的各种应用活动。计算机辅助教学能够模拟其他教学手段难以实现的动作和场景，使教学内容生动形象，是提高教学效果和教学质量的有效途径。

此外，计算机辅助系统还包括计算机辅助测试(CAT)、计算机辅助工程(CAE)、计算机辅助教育(CBE)、计算机辅助教学管理(CMI)和计算机集成制造系统(CIMS)等。

5. 通信与网络

计算机通过网络互联，可以实现计算机之间的资源共享。网络已影响到社会生活的各个方面，使世界的距离变得越来越近，截止到2011年，全球Internet用户已超过20亿。

6. 多媒体和娱乐

多媒体技术以数字技术为核心，将现代的声像技术、计算机技术、通信技术融为一体，并渗透到人类文化和生活的各个领域，成功地塑造了一个绚丽多彩的划时代的多媒体世界。

在个人计算机上观赏电影、听音乐、玩游戏、上网聊天，都是计算机在休闲娱乐中的典型应用。计算机特别是微型计算机深刻改变了娱乐的方式，提高了人类的幸福指数，把娱乐提高到一个新境界。

7. 电子商务

电子商务是指通过计算机和网络进行的商务活动，如使用银行卡到银行取款，使用信用卡到超市购物，使用医保卡到医院看病以及网上购物、网上支付等。电子商务具有高效率、高收益、低成本和全球性等特点，近年来发展迅速，据统计，2011年我国电子商务的交易额已超过6万亿元。

1.2 计算机中的信息表示

1.2.1 数制

1. 数制的基本概念

(1)进制

什么是数制？数制是用一组固定的数字和一套统一的规则来表示数的方法。

按照进位方式计数的数制叫进位计数制，简称进位制或进制。在日常生活中经常使用的是十进制，除此之外还使用其他进制。如一年有12个月，为十二进制；一天有24小时，为二十四进制；一小时有60分钟，为六十进制。

(2)基数

各种进制中用于表示数所采用的计数字符的总数称为该进制的基数。每一种进制都有固定数目的计数字符。十进制的基数为10，使用“0”、“1”、“2”，……，“9”作为计数字符；二进制的基数为2，使用“0”、“1”为计数字符。

(3)进位规则

若P是某进制的基数，则该进制的进位规则为“逢P进一”。十进制的进位规则是“逢十进一”，二进制是“逢二进一”。

(4)位权

一个计数字符在不同位置上所代表的数值是不同的，每个计数字符所表示的数值等于该计数字符乘以一个与计数字符位置相关的常数，这个常数称为位权。

位权与基数的关系：位权的值是基数的若干次幂。十进制的个位的位权是10^0，十位的位权为10^1，小数点后1位的位权为10^{-1}。

(5)通用表达式

任何一种进制的数都可以表示成按位权展开的多项式之和的形式，其通用表达式为：

$$(X)_R = D_{n-1}R^{n-1} + D_{n-2}R^{n-2} + \cdots + D_0R^0 + D_{-1}R^{-1} + \cdots + D_{-m}R^{-m}$$

其中：X为R进制数，D为计数字符，R为基数，n为整数位数，m为小数位数，下标表示位置，上标表示幂的次数。

2. 二进制数据表示

十进制是人类使用最多、也是使用最方便的进制，但十进制10个不同的计数字符在计算机中的表示和运算复杂程度高，因此计算机中没有采用十进制而采用了二进制。采用二进制的具体原因主要有以下几点：

(1)可行性强

二进制只有“0”和“1”两个计数字符。可以表示两种稳定状态的电子器件很多，如开关的接通和断开、电流的有和无、电平的高和低等。计算机若采用十进制，则需要具有10种稳定状态的电子器件，制造出这样的器件是很困难的，而且稳定性不能保证。

(2)运算规则简单

二进制的加法和乘法规则各有3条，而十进制的加法和乘法规则各有55条。二进制数的运算规则少、运算简单，采用二进制简化了计算机的运算器硬件结构设计。

(3)可靠性高

由于电压的高低、电流的有无两种状态分明，因此采用二进制表示的数字信号抗干扰能力强、可靠性高。

(4)适合逻辑运算

由于二进制的“0”和“1”与逻辑值的假(FALSE)和真(TRUE)相对应，因此采用二进制数进行逻辑运算非常方便。

3. 常用进制

计算机内部采用二进制，日常生活中还会经常用到十进制、八进制和十六进制等其他进制。常见4种进制的基数和计数字符如表1－2所示，4种进制的对应关系如表1－3所示。

表1－2　常见4种进制的基数和计数字符

进制类型	基数	计数字符	标识
二进制	2	0,1	B
八进制	8	0,1,2,3,4,5,6,7	O
十进制	10	0,1,2,3,4,5,6,7,8,9	D
十六进制	16	0,1,2,3,4,5,6,7,8,9,A,B,C,D,E,F	H

为了区分不同进制的数，常采用括号外面加数字下标的表示方法，或在数后面加相应的大写英文字母。数外面无括号或后面无英文字母，则默认为十进制数。如二进制数10可表示为$(10)_2$或10B;十进制数10可表示为$(10)_{10}$、10D或10。

表1－3　常见4种进制的对应关系

十进制	二进制	八进制	十六进制
0	0000	0	0
1	0001	1	1
2	0010	2	2
3	0011	3	3
4	0100	4	4
5	0101	5	5
6	0110	6	6
7	0111	7	7
8	1000	10	8
9	1001	11	9
10	1010	12	A
11	1011	13	B
12	1100	14	C
13	1101	15	D
14	1110	16	E
15	1111	17	F

1.2.2　进制转换

1. 非十进制数转换为十进制数

非十进制数转换成十进制数的方法是将非十进制数用通用表达式表示，然后按十进制计算规则求和。

【例 1.1】　将二进制数$(1101.11)_2$转换为十进制数。

$$(1101.11)_2 = 1\times2^3+1\times2^2+0\times2^1+1\times2^0+1\times2^{-1}+1\times2^{-2}$$
$$=8+4+0+1+0.5+0.25=(13.75)_{10}$$

【例 1.2】　将十六进制数$(23A.9B)_{16}$转换为十进制数。

$$(23A.9B)_{16}=2\times16^2+3\times16^1+10\times16^0+9\times16^{-1}+11\times16^{-2}$$
$$=512+48+10+0.5625+0.04296875=(570.60546875)_{10}$$

2. 十进制数转换为非十进制数

十进制数转换为非十进制数，应按整数部分和小数部分分别进行，然后再相加即可得出结果。

(1)整数部分

整数部分采用“除基取余”的方法，即整数部分不断除以基数取余数，直到商为0为止，最先得到的余数为最低位，最后得到的余数为最高位。

(2)小数部分

小数部分采用“乘基取整”的方法，即小数部分不断乘以基数取整数，直到小数部分为0或达到精度要求为止，最先得到的整数为最高位(靠近小数点)，最后得到的整数为最低位。

【例 1.3】　将十进制数$(123.8125)_{10}$转换为二进制数。

整数部分

除数	被除数/商	取余
2	123	1
2	61	1
2	30	0
2	15	1
2	7	1
2	3	1
2	1	1
	0	↑

小数部分

运算	取整
0.8125 × 2 = 1.625	1
0.625 × 2 = 1.25	1
0.25 × 2 = 0.5	0
0.5 × 2 = 1.0	1 ↓

结果为$(123.8125)_{10}=(1111011.1101)_2$

【例 1.4】　将十进制数$(178.316)_{10}$转换为八进制数(小数部分保留两位有效数字)。

整数部分

除数	被除数/商	取余
8	178	2
8	22	6
8	2	2
	0	↑

小数部分

运算	取整
0.316 × 8 = 2.528	2
0.528 × 8 = 4.224	4 ↓

结果为$(178.316)_{10}=(262.24)_8$

3. 二进制数、八进制数和十六进制数的转换

(1)二进制数转换为八进制数或十六进制数

二进制数转换为八进制数的方法是以小数点为基准，二进制数整数部分从右到左每3位分为一组，若不够3位时，在左面补“0”，补足3位；小数部分从左向右每3位一组，若不够3位时，在右面补“0”，补足3位；再将3位二进制数用1位八进制数表示，即可完成转换。二进制数转换为十六进制数的方法类似，区别在于二进制数每4位分为一组。

【例1.5】 将二进制数$(10111010.10101)_2$转换为八进制数。

$$\begin{array}{ccccccc}(010 & 111 & 010 & . & 101 & 010)_2 \\ \downarrow & \downarrow & \downarrow & & \downarrow & \downarrow \\ (\ 2 & 7 & 2 & . & 5 & 2)_8\end{array}$$

结果为$(10111010.10101)_2=(272.52)_8$

【例1.6】 将二进制数$(10101100010.101011)_2$转换为十六进制数。

$$\begin{array}{cccccc}(0101 & 0110 & 0010 & . & 1010 & 1100)_2 \\ \downarrow & \downarrow & \downarrow & & \downarrow & \downarrow \\ (\ 5 & 6 & 2 & . & A & C)_{16}\end{array}$$

结果为$(10101100010.101011)_2=(562.AC)_{16}$

(2)八进制数或十六进制数转换为二进制数

八进制数转换为二进制数的方法是将每位八进制数用3位二进制数替换，按照原有的顺序排列，即可完成转换。十六进制数转换为二进制数的方法类似，区别在于每位十六进制数用4位二进制数替换。如整数部分最左面是“0”或小数部分最右面是“0”，均可省略。

【例1.7】 将八进制数$(123.56)_8$转换为二进制数。

$$\begin{array}{cccccc}(1 & 2 & 3 & . & 5 & 6)_8 \\ \downarrow & \downarrow & \downarrow & & \downarrow & \downarrow \\ (1 & 010 & 011 & . & 101 & 11)_2\end{array}$$

结果为$(123.56)_8=(1010011.10111)_2$

【例1.8】 将十六进制数$(8AB.5C)_{16}$转换为二进制数。

$$\begin{array}{cccccc}(8 & A & B & . & 5 & C)_{16} \\ \downarrow & \downarrow & \downarrow & & \downarrow & \downarrow \\ (1000 & 1010 & 1011 & . & 0101 & 11)_2\end{array}$$

结果为$(8AB.5C)_{16}=(100010101011.010111)_2$

(3)八进制数与十六进制数的转换

八进制数与十六进制数的转换，一般利用二进制数作为中间媒介。如八进制数转换为十六进制数，首先是将八进制数转换为二进制数，然后将二进制数再转换为十六进制数。

【例1.9】 将十六进制数$(3C9.AB)_{16}$转换为八进制数。

$$\begin{array}{cccccccc}(\ 3 & C & & 9 & . & A & & B)_{16} \\ \downarrow & \downarrow & & \downarrow & & \downarrow & & \downarrow \\ (0011 & 1100 & & 1001 & . & 1010 & & 1011)_2 \\ (\ 001 & 111 & 001 & 001 & . & 101 & 010 & 110)_2 \\ \downarrow & \downarrow & \downarrow & \downarrow & & \downarrow & \downarrow & \downarrow \\ (\ 1 & 7 & 1 & 1 & . & 5 & 2 & 6)_8\end{array}$$

结果为$(3C9.AB)_{16}=(1711.526)_8$

【例 1.10】 将八进制数$(1234.567)_8$转换为十六进制数。

$$
\begin{array}{cccccccc}
(1 & 2 & 3 & 4 & . & 5 & 6 & 7)_8 \\
\downarrow & \downarrow & \downarrow & \downarrow & & \downarrow & \downarrow & \downarrow \\
(001 & 010 & 011 & 100 & . & 101 & 110 & 111)_2
\end{array}
$$

$$
\begin{array}{cccccccc}
(0010 & 1001 & 1100 & . & 1011 & 1011 & 1000)_2 \\
\downarrow & \downarrow & \downarrow & & \downarrow & \downarrow & \downarrow \\
(2 & 9 & C & . & B & B & 8)_{16}
\end{array}
$$

结果为$(1234.567)_8=(29C.BB8)_{16}$

1.2.3 编码

计算机是采用二进制存储和处理信息的。在计算机内部,所有的信息都是以二进制编码的形式存在,即所有的数值、字符、汉字和其他信息都必须用“0”和“1”的组合来表示。计算机中信息的编码分为数值信息编码和非数值信息编码两类。

1.数据的单位

计算机中常用的数据单位有位、字节和字三种。

(1)位(bit)

位是计算机中最小的数据单位,简记为 b。1 bit 就是一位二进制数,取值为“0”或“1”。

(2)字节(Byte)

字节是计算机中最基本的数据单位,简记为 B。规定 8 位二进制数为 1 个字节,即 1Byte=8bit。常用的数据单位包括 KB、MB、GB、TB 等,其相互关系为:

1KB=1024B=2^{10}B

1MB=1024KB=2^{10}KB

1GB=1024MB=2^{10}MB

1TB=1024GB=2^{10}GB

(3)字(Word)

计算机中若干个字节组成一个字,字作为一个独立的数据单位,一个字存储一条指令或一个数据。通常将组成一个字的二进制位数称为该字的“字长”,计算机的字长有 8 位、16 位、32 位、64 位和 128 位等。

2.数值信息编码

计算机中的信息是用二进制形式表示的,对于数值类型的信息,通常可以在该数绝对值对应的二进制数前面加 1 个二进制位作为符号位,符号位为“0”表示该数是正数,符号位为“1”表示该数是负数。为了方便计算,带符号的二进制数可以采用三种表示形式,即原码、反码和补码。

(1)原码

原码是一种直观的有符号二进制数表示形式,其中最高位为符号位,其他位用该数绝对值的二进制形式表示。最高位为“0”表示该数为正数,最高位为“1”表示该数为负数。

(2)反码

反码的最高位表示符号,表示方法与原码相同。正数的反码和它的原码相同;负数的反码除最高位外,其他位为该数绝对值的二进制形式按位取反。

(3)补码

补码的最高位表示符号,表示方法与原码相同。正数的补码等于它的原码;而负数的补码为该数的反码再加"1"。

【例 1.11】 分别求$(+86)_{10}$、$(-25)_{10}$的原码、反码和补码。

$(+86)_{10}$的原码为$(01010110)_2$

$(+86)_{10}$的反码为$(01010110)_2$

$(+86)_{10}$的补码为$(01010110)_2$

$(-25)_{10}$的原码为$(10011001)_2$

$(-25)_{10}$的反码为$(11100110)_2$

$(-25)_{10}$的补码为$(11100111)_2$

在计算机中,数值是以补码形式表示的。使用补码的优点是减法运算可用加法运算替代,从而简化了计算机的运算器硬件设计。如$(+86)_{10}-(25)_{10}=(61)_{10}=(111101)_2$可以用$(+86)_{10}$的补码加$(-25)_{10}$的补码的运算形式来实现,运算表达式为:

$$\begin{array}{r} 0\,1\,0\,1\,0\,1\,1\,0 \\ +\ 1\,1\,1\,0\,0\,1\,1\,1 \\ \hline \boxed{1}\,0\,0\,1\,1\,1\,1\,0\,1 \end{array}$$

运算结果最高位溢出,略去不计,实际运算结果为 111101,运算结果正确。

在处理数值信息时,还有其他的编码方式,如 8421BCD 码(简称 BCD 码)。BCD 码是把每位十进制数用 4 位二进制数表示,又称为十进制数的二进制表示。用 4 位二进制数表示 1 位十进制数,自左向右每位的权分别为 8、4、2、1,故称为 8421BCD 码。

注意:十进制数转换为 BCD 码与十进制数转换为二进制数有本质的区别。

如:$(25)_{10}=(11001)_2$;$(25)_{10}=(100101)_{BCD}$

3. 非数值信息编码

计算机所处理的信息大部分是与运算无关的非数值信息,包括数字、符号、英文字母、汉字和声音、图像等,计算机需要将它们转换为由"0"和"1"组成的二进制串后,才能进行存储、处理。常用的非数值信息编码包括字符编码和汉字编码。

(1)字符编码

字符编码普遍采用 ASCII 码(American Standard Code for Information Interchange,美国标准信息交换码)。ASCII 码被国际标准化组织(ISO)认定为国际标准,现已成为国际通用的信息交换标准代码。

ASCII 码如表 1-4 所示,每个字符用一个 7 位二进制数表示,因此定义了 128($2^7=128$)个不同的字符。在计算机内部,通常一个 ASCII 码用一个字节来表示,其最高位(最左位)恒为 0。

表 1－4 7 位 ASCII 码表

高三位 / 低四位	000	001	010	011	100	101	110	111
0000	NUL	DEL	SP	0	@	P	`	p
0001	SOH	DC1	!	1	A	Q	a	q
0010	STX	DC2	“	2	B	R	b	r
0011	ETX	DC3	#	3	C	S	c	s
0100	EOT	DC4	$	4	D	T	d	t
0101	ENQ	NAK	%	5	E	U	e	u
0110	ACK	SYN	&	6	F	V	f	v
0111	BEL	ETB	‘	7	G	W	g	w
1000	BS	CAN	(	8	H	X	h	x
1001	HT	EM	)	9	I	Y	i	y
1010	LF	SUB	*	:	J	Z	j	z
1011	VT	ESC	+	;	K	[	k	{
1100	FF	FS	,	<	L	\	l	|
1101	CR	GS	—	=	M	]	m	}
1110	SO	RS	.	<	N	ˆ	n	～
1111	SI	US	/	?	O	_	o	DEL

0～32H 和 127H 通常是计算机系统专用的，代表一个不可见的控制字符，其余为可见的打印字符。数字字符 0～9 的 ASCII 码是连续的，为 30H～39H；大写字母 A～Z 和小写字母 a～z 的 ASCII 码也是连续的，分别为 41H～5AH 和 61H～7AH。

ACSII 码的处理过程（以字符 a 为例）如下：从键盘输入字符 a，计算机首先在内存储器存储 a 的 ASCII 码（01100001），然后在 BIOS（基本输入/输出系统）中查找 01100001 对应的字形，最后在输出设备（如显示器）输出 a 的字形。

(2)汉字编码

由于汉字是象形文字，数量庞大，因此对汉字的处理较 ASCII 码复杂。汉字编码必须要解决以下问题：

① 汉字无法和键盘按键直接对应，需要有输入编码相对应；

② 汉字在计算机中存储，需要用编码形式表示，以便查找；

③ 汉字为象形文字，需要将汉字的字形存储在字库中。

计算机处理汉字时，涉及多种汉字编码，常用的汉字编码包括以下几种类型：

① 汉字国标码。1980 年，我国颁布了国家标准《信息交换用汉字编码字符表·基本集》（GB2312－80），该标准是我国进行汉字信息处理与编码的依据，它规定了信息交换用的 6763 个汉字和 682 个非汉字图形符号（包括数种外文字母、数字和符号）的编码，这种类型的汉字编码称为汉字国标码。

汉字国标码规定，每个汉字和非汉字图形符号的编码用 2 个字节表示，每个字节的最高位恒为“0”，其余 7 位用于组成各种不同的码值。汉字国标码可以看做是 ASCII 码的扩展，ASCII 码可打印字符为 94 个，因此汉字国标码的编码表有 94 行、94 列，汉字国标码的高字节表示行号（又称区号）、低字节表示列号（又称位号）。

② 汉字机内码。汉字机内码（又称内码）是计算机内部汉字信息存储、加工处理和传输时统一使用的汉字编码，它是汉字国标码的变形，是将汉字国标码 2 个字节的最高位分别置“1”而得到的。汉字机内码的使用解决了计算机内部中、西文兼容问题，利用字节的最高位就可以区分某个码值是代表汉字还是代表 ASCII 码字符。

例如：汉字	汉字国标码	汉字机内码
西	2E57H(00101110 01010111)	AED7H(10101110 11010111)

③ 汉字输入码。汉字输入码（又称外码）是为汉字输入而设计的编码，不同的汉字输入对应着不同的按键组合，即对应着不同的编码。汉字输入法有很多种，对同一个汉字，一般不同的输入法对应的汉字输入码是不同的，但计算机内部的“键盘管理程序”均可把它们转化为唯一的汉字机内码。汉字输入码解决了汉字与键盘按键的对应问题。

④ 汉字字形码。汉字字形码（又称汉字字模）是汉字字库中存储的汉字字形的编码，用于汉字的显示和打印。汉字字形码有两种表示方式：点阵方式和矢量方式，目前多使用点阵方式输出汉字。

点阵方式是将字符的字形分解为由若干个点组成的点阵，常见的有 16×16、24×24、48×48 点阵。点阵的点数越多，输出的汉字就越美观，但占用的存储空间也就越大。已知汉字点阵大小，就可以计算出存储一个汉字字形所需要的字节空间。例如，1 个 16×16 点阵表示的汉字字形，占用存储空间为 32(16×16/8＝32)个字节，32 个字节中为“0”的位对应的点为暗，为“1”的位对应的点为亮。

矢量方式是将字符的字形用字符的轮廓特征来描述，如一个笔画的起始、终止坐标，半径，弧度等等。矢量方式可生成高质量的字符，且与字符的大小、输出设备的分辨率无关，但要经过一系列的数学运算才能输出结果。Windows 中使用的 TrueType 技术就是汉字的矢量表示形式。

⑤ 汉字地址码。汉字字形码存储在汉字字库中，汉字字库的存储量很大，必须通过地址代码才能检索到某个汉字对应的字形码，该地址代码就是汉字地址码。汉字地址码与汉字机内码有对应关系。

⑥ 汉字处理过程。汉字处理过程如图 1.3 所示，首先是用户通过输入设备输入汉字（如“西”），通过汉字处理，最终在输出设备输出该汉字（“西”）的点阵。

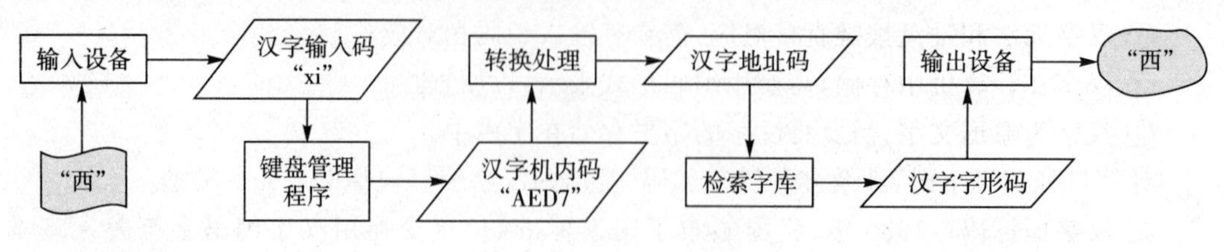

图 1.3　汉字处理过程

1.3　计算机系统的组成

1.3.1　计算机系统概述

一个完整的计算机系统包括硬件系统和软件系统两大部分。在计算机系统中，硬件是物质基础，通过软件发挥作用；软件作为指挥枢纽起着管理和使用计算机的作用，软件的功能和质量在很大程度上决定了整个计算机系统的性能。

1.3.2　计算机硬件系统

计算机硬件系统是指组成计算机的物理设备，即由电子、机械和光电元件等组成的各种计算机的部件和设备。虽然计算机制造技术从计算机诞生以来已经发生了巨大变化，但在基本的硬件结构方面，仍一直沿袭着冯·诺依曼的传统体系结构。一个完整的计算机硬件系统包括运算器、控制器、存储器、输入设备和输出设备五大功能部件，各部件相互配合、协同工作，构成了一个有机整体。计算机硬件系统逻辑结构如图 1.4 所示。

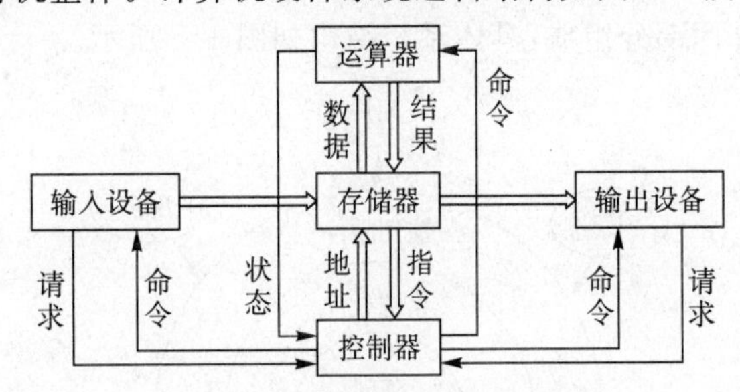

图 1.4　计算机硬件逻辑结构

1. 运算器

运算器是计算机的数据处理核心部件。运算器主要由执行算术运算和逻辑运算的算术逻辑单元(ALU)、存放操作数和中间结果的寄存器组以及连接各部件的数据通路(总线)组成，用以完成各种算术运算和逻辑运算。

2. 控制器

控制器是计算机系统的指挥中心，在系统运行过程中，不断地生成指令地址、取出指令、分析指令、向计算机各部件发出微操作控制信号，指挥各部件高速协调地工作。

控制器包括以下 3 个基本部件：

(1)指令控制逻辑部件

指令控制逻辑部件由指令计数器、指令寄存器、指令译码器和地址形成器等构成。

(2)微操作控制逻辑部件

(3)时序控制逻辑部件

3. 存储器

存储器是用来存储数据和程序的部件。根据功能的不同，存储器一般分为主存储器（又称内存储器）和辅存储器（又称外存储器）两种类型。

4. 输入设备

输入设备用于输入人们要求计算机处理的数据、字符、图形、图像和声音等信息，以及处理这些信息所需要的程序，并将它们转换成计算机能接受的形式（二进制代码）。

5. 输出设备

输出设备用于将计算机处理结果或中间结果以人们可识别的形式（如显示、打印和绘图等）表达出来。

1.3.3 计算机软件系统

1. 软件系统的组成

软件是计算机系统中与硬件相互依存的另一部分，它是包括程序、数据及相关文档的完整集合。其中，程序是按事先设计的功能和性能要求执行的指令序列；数据是使程序能正常操纵信息的数据结构；文档是与程序开发、维护和使用有关的图文材料。

可以从不同的角度对软件系统进行分类，如按软件的功能划分、按软件的规模划分、按软件的工作方式划分、按软件服务对象的范围划分等。按软件的功能划分，计算机软件系统由系统软件和应用软件两部分组成，具体系统结构如图 1.5 所示。

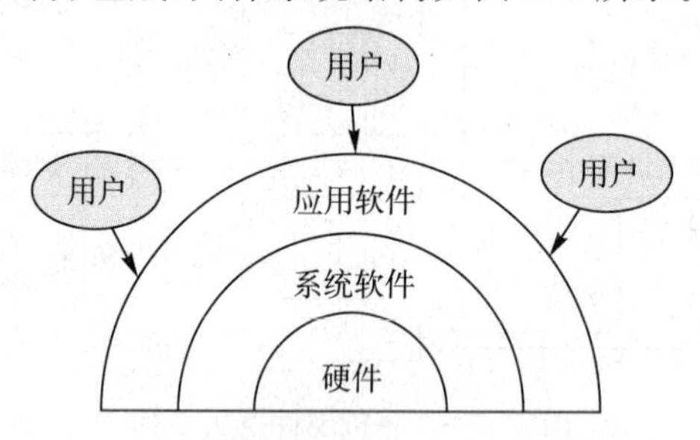

图 1.5 计算机软件系统结构示意图

2. 系统软件

系统软件是指控制和协调计算机及外部设备，支持应用软件开发和运行的软件，是无需用户干预的各种程序的集合。系统软件的主要功能是调度、监控和维护计算机系统，管理计算机系统中各种独立的硬件部件，使得它们能够协调工作。

系统软件是计算机系统中最靠近硬件的软件，它与具体的应用无关，其他软件都需要通过系统软件发挥作用。系统软件是软件系统的核心，它使计算机用户和应用软件可以将计算机当做一个整体而不需要考虑底层硬件如何工作。

系统软件包括操作系统、程序设计语言、语言处理程序、数据库管理系统和系统辅助处理程序等，其中操作系统是系统软件的核心，其他任何软件都必须在操作系统的支持下才能运行。

(1)操作系统

操作系统是为了合理、方便地使用计算机系统，而对其硬件资源和软件资源进行管理的软件。它是由一系列程序组成的，是用户与计算机进行交互的接口，是计算机中最重要的软件。用户通过操作系统提供的命令或窗口实现对计算机的各种管理功能。

常用的操作系统有 Windows、Unix、Linux 等。

(2)程序设计语言

编程是指计算机为解决某个问题而使用某种程序设计语言编写程序代码，并最终得到结果的过程。为了使计算机能够理解人类的意图，人类需将解决问题的思路、方法和手段等以计算机能够理解的形式输入计算机，使得计算机能够根据人类的指令进行工作，完成某种特定的任务。这种人机交互的过程需要通过计算机程序来完成。用于书写计算机程序的语言称为程序设计语言。

从计算机发明至今，随着计算机硬件和软件技术的发展，计算机程序设计语言经历了机器语言、汇编语言和高级语言三个发展阶段。

① 机器语言。机器语言是第一代程序设计语言，它是以二进制代码形式表示的计算机基本指令的集合，是计算机硬件唯一可以直接识别和执行的语言。在计算机应用初期，程序员使用机器语言编写计算机程序。由于每条指令都对应着计算机一个特定的基本动作，所以机器语言占用内存少、执行效率高、运行速度快。机器语言的缺点也很明显，如编程工作量大、程序可读性差；由于机器语言依赖于具体的计算机硬件，因而程序的通用性、移植性也很差。

② 汇编语言。汇编语言是第二代程序设计语言，它是采用一定助记符号表示的程序设计语言，机器语言和汇编语言统称为低级语言。汇编语言用易于理解和记忆的名称和符号替代二进制形式的机器指令，在很大程度上解决了机器语言难以理解和记忆的问题。例如“ADD A,B”这条汇编语句表示“把 A 寄存器的内容和 B 寄存器的内容相加，将结果存放在 A 寄存器中”。

在程序设计中采用汇编语言，使程序员记忆难度大大减少，也易于检查和修改程序错误，而且指令和数据的存放位置可以由计算机自动分配。汇编语言是面向机器的低级语言，从程序设计本身来看仍然是低效率的。汇编语言与特定计算机硬件有关，要求程序员熟悉计算机硬件系统，对同一问题编写的程序在不同类型的计算机上仍然无法通用。

由于汇编语言与计算机硬件系统关系密切，在某些特定的场合，包括对时空效率要求很高的系统核心程序以及实时控制程序等，汇编语言仍然是十分有效的程序设计语言。

③ 高级语言。高级语言是迄今为止仍在使用的第三代程序设计语言，它是一类接近于人类自然语言和数学语言的程序设计语言的统称，是人们为了解决低级语言的不足而设计的程序设计语言。使用高级语言编写程序的优点是编程相对简单、不易出错；程序直观、易于理解，且独立于计算机。用高级语言编写的程序通用性好，并且具有较好的可移植性。

按照程序设计的出发点和方式不同，高级语言分为面向过程的语言(如 Fortran、C 等)和面向对象的语言(如 C＋＋、Java 等)。面向过程语言是传统的高级语言，它针对处理过程，设计程序时不必关心计算机的类型和内部结构，只需对解题及实现算法的过程进行设计。面向对象语言是一类以对象作为基本程序结构单位的程序设计语言，它基于一种新的程序设计思维方式，具有封装性、继承性和多态性等特征。

(3)语言处理程序

汇编语言或高级语言编写的程序称为源程序，计算机不能直接理解和执行源程序，必须要通过某种方式将它转换为计算机能够直接执行的机器语言。执行这个转换工作的程序称为语言处理程序，经过语言处理程序转换的结果称为目标程序，目标程序就是能够被计算机直接执行的二进制可执行文件。

源程序转换为目标程序有两种典型的实现途径，分别称为解释方式与编译方式，具体如图 1.6 所示。

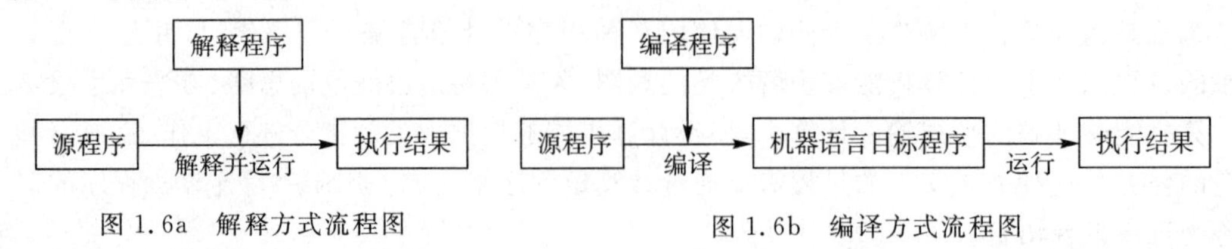

图 1.6a 解释方式流程图　　图 1.6b 编译方式流程图

解释方式流程：计算机对源程序一边解释一边执行，直到源程序全部解释执行完毕。解释方式不能保存解释后的机器语言目标程序，下次运行该程序时还需要重新解释执行。

编译方式流程：通过编译程序对源程序进行编译处理，将源程序转换为机器语言目标程序（二进制可执行文件），调用这个文件就可以执行相应的功能。实际生成二进制可执行文件还需要链接等环节，具体过程较复杂。

汇编语言源程序只能采用编译方式，汇编语言使用的编译程序又称为汇编程序。高级语言源程序可以采用编译方式或解释方式，由于编译方式运行速度快、效率高，所以目前主要都是采用编译方式。

（4）数据库管理系统

数据库管理系统是一种操作和管理数据库的软件，用于建立、使用和维护数据库。数据库管理系统对数据库进行统一的管理和控制，以保证数据库的安全性和完整性。常用的数据库管理系统包括 MS SQL、Sybase、Oracle、MySQL 等。

（5）系统辅助处理程序

系统辅助处理程序又称为实用工具或软件工具，主要包括编辑程序、调试程序、装配和链接程序等。在微型计算机发展早期的 DOS 操作系统阶段，系统辅助处理程序的种类较多。由于 Windows 操作系统内容庞大、覆盖范围广，已包含了许多辅助功能，所以现阶段系统辅助处理程序的种类明显减少。

3. 应用软件

应用软件是指利用计算机及其提供的系统软件，为满足用户不同领域、不同问题的应用需求，而使用各种程序设计语言编制的程序集合。计算机要能够为人们服务，必须依靠各种各样的应用软件，应用软件包括的范围是极其广泛的，如各种管理信息系统、CAD 软件、办公自动化软件等。

由于计算机的应用已经渗透到社会生产生活各个领域，同时高级语言的出现也降低了程序设计的难度，所以出现了种类繁多的应用软件。应用软件包括专用应用软件和通用应用软件，专用应用软件就是在某些专业领域使用的应用软件，如：电路设计软件、医院管理软件、科学计算软件等，这些软件专业性强，普通用户难以掌握，并且使用机会极少。通用应用软件就是人们在日常工作、学习和生活中经常使用的应用软件，常用的有几十种，包括：

办公软件：微软的 MS Office 和金山的 WPS Office 是最常用的办公软件；

多媒体软件：图像处理软件 Adobe PhotoShop；媒体播放器 Realplayer、Windows Media Player、暴风影音、千千静听；图像浏览工具 ACDSee；

聊天软件：QQ、MSN；

翻译软件:金山词霸;

防火墙和杀毒软件:金山毒霸、卡巴斯基、江民、瑞星、诺顿、360杀毒;

阅读器:CajViewer、Adobe Reader;

系统优化和保护工具:Windows优化大师、超级兔子、360安全卫士、金山卫士;

下载软件:迅雷、eMule、FlashGet;

其他软件:压缩软件WINRAR、虚拟光驱DAEMON Tools、文本编辑器UltraEdit等。

1.3.4 计算机工作原理

1.“存储程序”原理

1946年,美籍匈牙利数学家冯·诺依曼提出了关于计算机构成模式和工作原理的基本设想,称为冯·诺依曼原理,即“存储程序”原理。“存储程序”原理是现代计算机的基本工作原理,它主要包括以下三方面的内容:

①计算机硬件系统,包括运算器、控制器、存储器、输入设备和输出设备五大部件。

②计算机的信息是以二进制形式表示的。

③计算机的程序是自动执行的。

计算机系统以下述模式工作:将编制的程序和原始数据,输入并存储在计算机的内存储器中(即“存储程序”);计算机按照程序逐条取出指令、分析指令,并执行指令规定的操作(即“程序控制”)。计算机的基本工作原理就是存储程序和程序控制。

2.计算机的指令系统

指令是指使计算机执行某种操作的命令,计算机能够直接识别并执行的指令称为机器指令。计算机硬件一经设计出来,其机器指令的条数和内容就已确定。计算机能够执行的全部指令的集合称为指令系统,指令系统决定了计算机硬件的主要性能和基本功能。

指令系统一般包括以下几大类指令:

①数据传送类指令:主要实现数据存取和数据传送等操作。

②运算类指令:主要完成对数据的运算,包括算术运算指令和逻辑运算指令。

③程序控制类指令:主要用于控制程序的流向。

④输入/输出类指令:简称I/O指令,这类指令用于在主机与外设之间交换信息。

⑤硬件控制类指令:主要实现对计算机的硬件的控制和管理。

不同类型计算机的指令格式可能略有不同,但每条指令一般都是由操作码和操作数两部分构成的,其格式如下:

操作码	地址码(操作数)

操作码用来表示一条指令的操作特性和功能,如加法、取数、存数等;操作数在大多数情况下为参与操作的数据在存储器中的地址(即地址码),也可以是某个具体数值。

3.程序执行过程

(1)程序的自动执行

按照“存储程序”原理,计算机在执行程序时先将要执行的相关程序和数据存入内存储器,再将程序的第一条指令在内存储器中的地址存入程序计数器(PC)。在执行程序时,CPU根据当前程序计数器的内容(指令的地址)取出指令;指令送 CPU 内部的指令译码器译码;计算机执行指令,同时将下一条要执行指令的地址存入程序计数器;再取出下一条指令、译码并执行,如此循环下去直到读到程序结束指令时为止。程序的自动执行过程如图 1.7 所示。

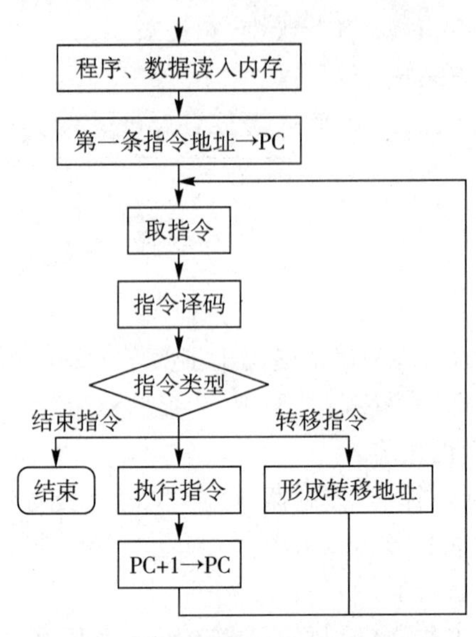

图 1.7　计算机自动执行程序的过程

当程序有结束指令时,计算机执行程序的时间是有限的;当程序无结束指令时,计算机执行程序的时间是无限的,除非计算机断电,否则程序将无限地运行下去,如操作系统就是无限运行的程序。

(2)指令的执行过程

指令的执行过程分为以下几个步骤:

① 取指令:根据程序计数器存储的地址,从内存储器中取出指令并送指令寄存器。

② 分析指令:分析指令寄存器中的指令,找出指令的操作码和操作数(或操作数的地址)。

③ 执行指令:根据分析结果,由控制器发出一系列控制信息,完成该指令的操作,并将下一条要执行指令的地址存入程序计数器。

指令周期是执行一条指令所需要的时间,一般由若干个机器周期组成,包括从取指令、分析指令到执行完指令所需的全部时间。指令周期越短,计算机执行速度越快。

1.4　微型计算机硬件系统

1.4.1　微型计算机概述

微型计算机(以下简称微型机)自 20 世纪 70 年代诞生以来,发展十分迅速,已成为目前社会应用最广泛、最受欢迎的计算机。微型机的特点是体积小、价格低、功能强、通用性好。

微型机有多种分类方法,可以根据组装形式、外形和使用特点、字长位数等进行分类。

1. 按组装形式分类

(1)单片机

单片机是将组成微型计算机的功能部件(如 CPU、存储器、I/O 接口电路等)和定时器、A/D 转换器等电路单元全部集成在一块集成电路芯片上的微型机系统。单片机广泛应用在智能仪器仪表、工业控制、家用电器等社会生活各领域。

(2)单板机

单板机是将组成微型计算机的功能部件、简单外设(键盘、发光二极管)以及监控程序固件等全部安装在一块印制电路板上的微型机系统。单板机功能简单、成本低,常应用于教学实验和工业控制等领域。

(3)个人计算机(PC 机)

个人计算机(PC 机)是将主板及安装组件、外存储器和电源等部件组装在一个机箱内,并配置显示器、键盘、鼠标、打印机等外设所组成的微型机系统。PC 机功能强、配置灵活、软件丰富、应用广泛。本教材主要是针对 PC 机进行讨论和学习。

2. 按外形和使用特点分类

微型机可分为台式、便携式、手持式等。

1.4.2　微型计算机的硬件系统

微型机作为计算机的一种特殊类型,同样包括运算器、控制器、存储器、输入设备和输出设备五个基本组件。根据微型机特点,一般把硬件系统分为主机和外设两大部分,主机包括 CPU、主板、存储器、电源等,外设包括输入设备和输出设备。如图 1.8 所示为微型计算机(台式 PC 机)的外形结构图。

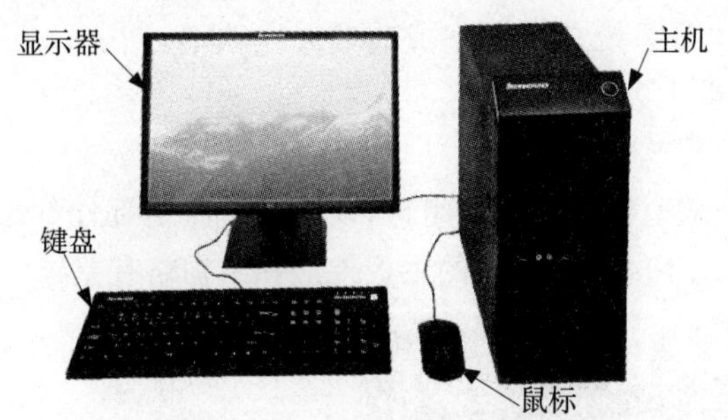

图 1.8　微型计算机硬件系统

图 1.9　Intel 公司的 Pentium4 CPU

1. 中央处理器 CPU

在微型机中,把运算器、控制器和一组寄存器集成制作在一个半导体芯片上,称为中央处理器(Central Processing Unit,CPU),又称微处理器。CPU 是计算机硬件系统的核心,它的主要功能是按照程序给出的指令序列分析指令、执行指令,完成对数据的加工处理。微型机所发生的全部动作都受 CPU 控制。

1971 年,美国 Intel 公司推出了 4004 微处理器,标志着 CPU 的诞生。之后几十年,CPU 不断向更高层次发展,由最初的 4004(字长 4 位,主频 1MHz),到 8088(字长 16 位,主频 8MHz),到 80386(字长 32 位,主频 8MHz),到 Itanium(字长 64 位,主频 1.5GHz)。

CPU 的运行速度以 MIPS(百万个指令每秒)为单位,最初的 8088 是 0.75MIPS,而现在一般的 CPU 已远远超过 1000MIPS。目前生产 CPU 的著名厂商有 Intel 公司和 AMD 公司,其中 Intel 公司占主导地位,如图 1.9 所示为 Intel 公司生产的 Pentium4 CPU。

CPU 主要技术指标包括:

(1)字长

字长是计算机中每个字所含二进制的位数。微型机的字长就是 CPU 逻辑运算单元一次可以并行处理的二进制数的位数,如 AMD 公司的 Operon 是 64 位 CPU,即该 CPU 的字长为 64 位,它一次能并行处理 64 位二进制数。

(2)运算速度

运算速度是指平均运算速度,是计算机每秒所能执行指令的条数。

(3)Cache 的容量和速率

Cache 又称高速缓冲存储器(简称缓存),是位于 CPU 与内存之间的一种存储器,它是随机读写存储器(RAM)的一种特殊类型,大多数由静态存储芯片(SRAM)组成,容量比较小,但速度比内存高得多,接近于 CPU 的速度。Cache 的功能是减少 CPU 因等待低速设备所导致的时间延迟,缓解 CPU 和内存之间速度不匹配的矛盾。

(4)生产工艺

生产工艺是指在半导体材料上生产 CPU 内部元件之间的宽度,一般用 nm(纳米)来表示。生产工艺越先进,CPU 的功耗就越小,而且有利于 CPU 主频的提高。目前先进的 CPU 都是采用 32nm 工艺制造的。

(5)时钟频率

时钟频率又称主频,用来表示 CPU 的运算速度,目前常用的单位是 GHz。一般来说,在配置相同的情况下,CPU 的主频越高,整机的性能就越强。主频的计算公式为:主频=外频×倍频系数。外频是 CPU 的基准频率,也是系统总线频率或前端总线频率。

CPU 以上技术指标对微型机的性能都有重大影响。

2. 主板

主板(Main Board)又称系统板或母版,它是微型机核心连接组件,硬件系统其他部件都是直接或间接通过主板相连的。主板的实物如图 1.10 所示,不同的主板外形和结构略有差异。

图 1.10 微型计算机主板

主板是微型机最大的一块集成电路板组件，包括一块多层印制电路板和焊接在电路板上的各种电子元器件、集成电路芯片、接口插座和插槽等。主板的功能主要有两个：一是提供安装 CPU、内存条和其他功能卡的接口槽，也有一些主板直接集成了部分功能卡的功能；二是为常用外设提供接口。

主板主要由以下部件组成：

(1)主板芯片组

主板芯片组(Chipset)又称逻辑芯片组，是与 CPU 相配合的系统控制集成电路，用于接受 CPU 指令，控制内存、总线和接口等。主板芯片组通常包括南桥和北桥两个芯片，所谓南桥、北桥是根据这两个芯片在主板上所处的位置而对其习惯性的称呼。主板芯片组是主板的核心，它决定了主板所支持的 CPU 类型、内存类型、系统总线频率等重要技术指标。

(2)内存芯片

主板上还有一类用于构成系统内部存储器的集成电路，统称为内存芯片，主要包括 BIOS 芯片和 CMOS 芯片。

① BIOS 芯片。BIOS 芯片是内部固化了系统启动必需的基本输入/输出系统(BIOS)的只读存储器。BIOS 内部的程序在开机后由 CPU 自动顺序执行，使系统进入正常工作状态，并引导操作系统。

② CMOS 芯片。CMOS 芯片用于存储用户可改写的、不允许丢失的系统硬件配置信息，如硬件启动顺序、系统时间和有关重要参数等。主板上安装了一颗纽扣锂电池，用来为 CMOS 芯片供电。

(3)CPU 插座和内存插槽

主板上有方形的 CPU 插座，用于安装 CPU。不同形式的插座安装不同系列的 CPU，如 Socket 478 插座安装 Pentium 4 系列 CPU，Socket 939 插座安装 AMD E6 和 AMD Opteron 系列 CPU。

内存插槽与微型机所使用的内存条是直接相关的。目前主流的内存条是 DDR2、DDR3，相应的内存插槽均为两列 240 个电路连接点，但具体形式有差异，不能互换。一般主板上有多个内存插槽。

(4)I/O 扩展插槽

I/O 扩展插槽包括 PCI 插槽、AGP 插槽、PCI-E 插槽等。PCI 插槽是目前微型机主要的设备扩展接口之一，用于连接多种适配卡(功能卡)；AGP 插槽专门用于连接显示适配卡；PCI－E 插槽目前仅限于连接显示适配卡。

3. 总线

总线是连接微型机各个部件的一组物理信号线，它是 CPU、存储器、输入/输出设备之间相互交换信息的公共通道。

总线按功能和规范可分为三种类型：

(1)片总线

片总线(Chip Bus，C-Bus)又称元件级总线，是把各种不同的芯片连接在一起构成特定功能模块的信息传输通路。常见的片总线有 I^2C、SPI 等。

(2)内总线

内总线(Internal Bus，I-Bus)又称系统总线或板级总线，是微型机各主要部件(如 CPU、存储器和 I/O 接口)之间的信息传输通路。常见的内总线有 ISA 总线、EISA 总线、VESA 总线、PCI 总线、AGP 总线、PCI-E 总线等。PCI-E 总线是目前最先进的总线之一,它是以 Intel 公司为首的技术联盟推出的一种局部总线,现阶段主流的 P55 主板就使用了 PCI-E 总线,与之配套的是 PCI-E 插槽和 PCI-E 适配卡。

(3)外总线

外总线(External Bus,E-Bus)又称通信总线,是微型机系统之间或微型机系统与其他系统(仪器、仪表、控制装置等)之间的信息传输通路。常见的外总线有 RS232、RS485、IEEE－488 和 USB 等。

通常所说的总线主要指系统总线。系统总线按传递信息的种类可分为:

(1)数据总线

数据总线(Data Bus,DB)是微型机用来传送数据的系统总线,一般为双向信号线,可以进行两个方向的数据传送。通常,数据总线的位数与微型机的字长相等,如 32 位的 CPU,其数据总线也是 32 位。

(2)地址总线

地址总线(Address Bus,AB)是微型机用来传送地址的系统总线。地址总线的数目决定了微型计算机直接寻址的范围,如地址总线为 32 位,则最大寻址空间为 4GB。

(3)控制总线

控制总线(Control Bus,CB)主要用来传送控制信号和时序信号,传送方向由具体信号而定,一般是双向的。控制总线中,有的是 CPU 送往存储器和输入输出设备接口电路的,如读/写信号、片选信号等;也有的是其他部件反馈给 CPU 的,如中断申请信号、复位信号、总线请求信号等。

4. 接口

通信总线总是以接口形式表现的。常见的外部设备与微型机连接的接口有以下几种:

(1)并行接口

实现并行通信的接口就是并行接口。并行接口具有接口简单、传输速度快、效率高等优点,适合于对数据传输率要求较高而传输距离较短的场合。

(2)串行接口

实现串行通信的接口就是串行接口。与并行通信相比,串行通信具有传输线少、成本低的特点,适合远距离传送,其缺点是速度慢。

串行接口和并行接口都是传统的通信接口,技术落后,无法与 USB 等现阶段常用的通信接口相比拟,目前使用较少。

(3)USB 接口

USB 是英文 Universal Serial BUS(通用串行总线)的缩写,是一种使计算机周边设备连接标准化、单一化的接口,具有 USB 接口的设备已被广泛应用。USB 接口使用方便、速度快,支持热插拔和即插即用。目前使用比较普遍的是 USB 2.0 接口,它的传输速度为 480 Mbps;最新的 USB 3.0 接口最大传输速度为 5.0 Gbps。

(4)IEEE 1394 接口

IEEE 1394 是 IEEE 标准化组织制定的一种具有视频数据传输速率的串行接口标准。它可为外设提供电源,支持外接设备热插拔和同步数据传输等。

硬盘接口是硬盘与主板系统间的连接部件，常见的硬盘接口分为IDE接口、SCSI接口和SATA接口等。

(1)IDE接口

IDE接口是上一代普遍使用的外部接口。IDE接口采用16位数据并行传送方式，体积小、数据传输快，主要用于连接硬盘和光驱。

(2)SCSI接口

SCSI接口主要用于小型机和微型机，硬盘驱动器、扫描仪和打印机均可配置SCSI接口。SCSI接口采用68芯扁平电缆线，数据线为32位，最大数据传输率为20MB/s。

(3)SATA接口

SATA(Serial ATA，串行ATA)接口是一种新型硬盘接口类型，它采用串行方式传输数据。目前SATA接口已替代IDE接口，SATA接口具有支持热插拔、传输速度快、执行效率高等优点。

5.存储器

存储器(Memory)是计算机系统中的记忆设备，有了存储器，计算机才具有记忆功能，才能正常工作。计算机的全部信息，包括输入的原始数据、计算机程序、中间运行结果和最终运行结果都保存在存储器中。

(1)存储器的分类

微型计算机存储器有多种分类方式：

① 按功能分为主存储器(内存储器)和辅助存储器(外存储器)。主存储器是相对存取速度快而容量小的一类存储器，直接与CPU相连接，是计算机中主要的工作存储器，当前运行的程序与数据就存放在主存储器中。辅助存储器则是相对存取速度慢而容量很大的一类存储器，通常是磁性介质或光盘等，能长期保存信息。辅助存储器与CPU或I/O设备进行数据传输，必须通过主存储器。

② 按存储介质分为半导体存储器和磁表面存储器。半导体存储器是由半导体器件组成的存储器，如U盘等；磁表面存储器是用磁性材料制作的存储器，如硬盘等。

③ 按存储方式分为随机存储器和顺序存储器。随机存储器中任何存储单元的内容都能被随机存取，存取时间与存储单元的物理位置无关；顺序存储器只能按某种顺序来存取，存取时间与存储单元的物理位置有关，典型的顺序存储器如磁带。

(2)内存储器

内存储器一般是半导体存储器，采用大规模或超大规模集成电路制造，按读写功能分为只读存储器和随机读写存储器。只读存储器(ROM)中存储的内容是固定不变的，只能被读出而不能被写入；随机读写存储器(RAM)的数据则既能被读出又能被写入。随机读写存储器断电后信息即消失；只读存储器断电后仍能保存已有的信息。

微型机内存储器包括内存条、内存芯片以及Cache，其中内存条最为重要且价格最高。"内存"有两种含义，一种是内部存储器的简称，另一种是内存条的简称，应根据具体情况进行区分。

① 内存条。内存条属于随机读写存储器，是将多个存储器芯片并列焊接在一块长方形的电路板上，构成内存组，并通过主板上的内存插槽接入微型机系统。内存条的外形结构如图1.11所示。

图 1.11　DDR3 内存条

② 内存芯片。内存芯片指主板上的 BIOS 芯片和 CMOS 芯片。

③ Cache。Cache 是位于 CPU 与内存之间的一种高速随机存储器。

(3)外存储器

常用的外存储器包括硬盘、光盘和半导体移动存储设备等。

① 硬盘。通常意义的硬盘指机械硬盘。硬盘(Hard Disc Drive,HDD)全名温彻斯特式硬盘,是微型机主要的存储媒介之一。硬盘实际是硬盘系统的简称,它由一个或者多个盘片、硬盘驱动器和接口组成,盘片外覆盖有磁性材料,被永久性地密封固定在硬盘驱动器中。硬盘工作中,驱动电机带动盘片做高速圆周旋转运动,磁头在传动臂的带动下,做径向往复运动,从而可以访问硬盘的每一个存储单元。

硬盘的容量大、旋转速度快、存取信息的速度高。目前常见的微型机硬盘容量为 500G、1TB 甚至更高,转速为 5400 转/分或 7200 转/分,数据传输率为 100～320MB/s。如图 1.12 所示为硬盘的外观及内部结构。

图 1.12　硬盘的外观及内部结构

② 光盘驱动器和光盘。光盘驱动器简称光驱,是用来驱动光盘、完成主机与光盘信息交换的设备。光盘和光驱外观如图 1.13 所示。光盘读取速度快、可靠性高、使用寿命长,现在大量的软件、数据、图片和影像资料都是使用光盘来存储的。

光盘用塑料制成,塑料中间夹入了一层薄而平整的铝膜,通过铝膜上极细微的凹坑记录信息。光驱利用激光的投射与反射原理来实现数据的存储与读取,它的主要技术指标是"倍数",光驱信息读取的速率标准是 150KB/s,光驱的读写速率＝速率标准×倍率系数,如 24 倍光驱,光驱的读写速度为 3600KB/s (150KB/s×24)。

CD-ROM 系列光盘的存储容量一般为 650MB,DVD-ROM 系列光盘的存储容量一般为 4.7GB,有的可以达到 8.5GB(双面)或 17GB(双面双层),能存储容量较大的软件、游戏或影视节目等信息。

蓝光是目前最先进的大容量光盘格式,容量达到 25GB 或 50GB。蓝光的单倍速率为

36Mbps，即4.5MB/s，允许以1X～12X倍速的记录速度，即每秒4.5MB/s～54Mb/s。现在市场上蓝光刻录光盘的记录速率规格主要有2X、4X、6X几种。

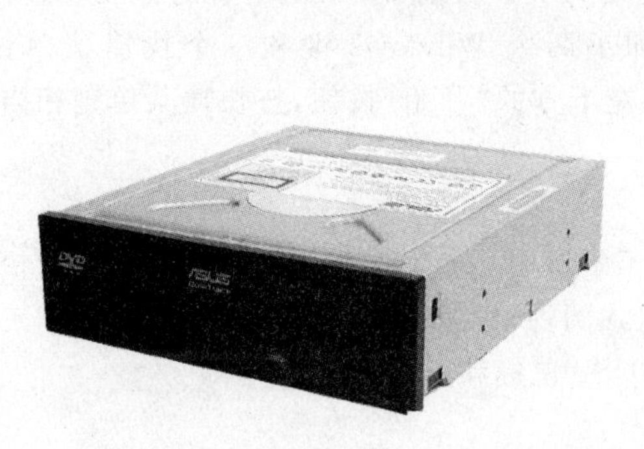

图1.13　光驱和光盘

③ 半导体移动存储设备。最常用的半导体移动存储设备是U盘，又称优盘。U盘采用半导体存储介质存储数据信息，目前存储容量为GB级。U盘通过微型机的USB接口连接，支持热(带电)插拔，因其具有操作简单、携带方便、容量大、用途广泛的优点，已成为最便携的存储设备。

在数码产品世界里，无论是PC机、数码相机、摄像机，还是手机、MP3、MP4，到处都能够看见存储卡的身影，存储卡已成为生活中不可或缺的一部分。常见的存储卡如图1.14所示，有CF卡、SD卡、mini SD（TF卡）、MMC卡、索尼记忆棒等，容量均在GB级，其中SDHC卡CLASS 10写入速度已达到10MB/s。

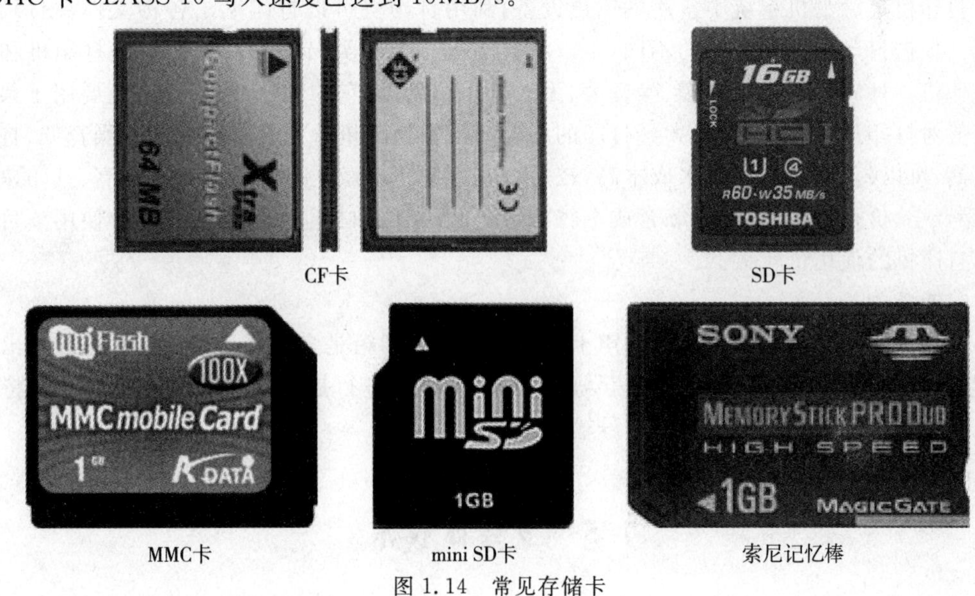

图1.14　常见存储卡

1.4.3　微型计算机常用外部设备

微型机常用的输入设备包括键盘、鼠标、扫描仪、摄像头等，常用的输出设备有显示器、打印机、音箱等。以下对部分常用的外部设备进行介绍。

1. 键盘

键盘是微型机最常见的输入设备之一，可以实现所有计算机命令的输入。键盘的种类很多，主要按照工作原理、按键方式和接口进行分类。目前PC机所配置的标准键盘有101或104个键。104键盘较101键盘另增加了两个Windows键和一个快捷菜单键，按Windows键相当于单击Windows操作系统左下方的"开始"按钮，按快捷菜单键相当于单击鼠标右键。

2. 鼠标

鼠标是另一种常见的输入设备之一，用于图形用户界面操作系统和应用程序的快速输入。鼠标按工作原理主要分为机械式和光电式两种；按按钮的个数分为两键鼠标和三键鼠标；按接口类型分为COM鼠标、PS/2鼠标、USB鼠标和无线鼠标等。

3. 扫描仪

扫描仪是一种典型的图像输入设备，它可以将文档、照片、图片、图形等以图像文件形式输入到计算机中。扫描仪主要有两类：手持式和平板式。扫描仪的主要技术指标是分辨率，用每英寸的检测点数表示，其单位是DPI，一般扫描仪的分辨率为600DPI。

4. 显示器

PC机的显示系统由显示器和图形适配器(简称显卡)组成，它们共同决定了显示输出质量。目前的显示器包括CRT和液晶两种类型，其中以液晶显示器为主流。液晶显示器主要技术指标包括显示器尺寸、分辨率、对比度、亮度、信号响应时间和可视角度等。

5. 打印机

打印机是微型机系统中常用的输出设备，利用打印机可以打印输出各种文档、图形、图像等。根据打印机工作原理的不同，可以将打印机分为三类：针式打印机、喷墨打印机和激光打印机。针式打印机速度慢、噪音大、无法打印彩色，但它的耗材便宜，现在主要用于票据打印等对打印质量要求不高、大量打印的场合。喷墨打印机价格便宜、体积小、噪音低、打印质量高、可以打印彩色，但墨水成本高，较适合家庭使用。激光打印机打印质量高、打印速度快、噪音小、价格略高，但单张综合成本较低，适合于单位和打印数量较多的场合使用。目前激光打印机的使用量较大。

6. 音箱

计算机的声音效果是由音箱和声卡共同决定的。音箱是多媒体计算机中常用的输出配置，它的作用是将声卡输出的声音信号放大并驱动喇叭进行播放。声卡的主要作用是将微型机的数字声音信号转换成模拟信号输出到音箱。

1.5 多媒体技术

1.5.1 多媒体技术的基本概念

1. 多媒体和多媒体技术的含义

按照国际电信联盟(ITU)的定义，媒体被分为以下五种类型：感觉媒体、表示媒体、显示媒体、存储媒体和传输媒体。

多媒体技术中研究的媒体主要是表示媒体。根据获得媒体的途径，表示媒体可分为四种类型：视觉类媒体，包括位图图像、矢量图像和文字等；听觉类媒体，包括声响、语音和音乐等；触觉类媒体，包括震动和运动等；其他媒体，包括嗅觉媒体和味觉媒体。

多媒体技术就是利用计算机交互式综合处理多种媒体信息，如文本、声音、图形、图像、动画和视频等，使多种信息建立逻辑连接并集成为一个具有交互性能的系统的技术。多媒体技术是一种跨学科的综合性技术，它使计算机具有表现、存储和处理多种媒体信息的综合能力。

2. 多媒体技术的特征

多媒体技术的特性主要包括多样性、集成性和交互性等三个方面。

(1)多样性

多媒体的多样性是指信息媒体的多样化，把计算机所能处理的信息空间范围扩展和放大，而不再局限于数值、文本或特定的图形或图像。

(2)集成性

多媒体的集成性主要表现在两个方面，即多媒体信息媒体的集成和处理这些媒体的设备的集成。

(3)交互性

多媒体的交互性向用户提供更加有效地控制和使用信息的手段，同时也为应用开辟更加广阔的领域。普通家用电视机不具备交互性，所以不能算作多媒体。

3. 多媒体技术的发展

(1)开发阶段

1984年Apple公司的Macintosh(柑橘)计算机上使用图形用户界面(GUI)。

1985年Commodore公司推出世界上第一台多媒体计算机Amiga，具有专用的多媒体操作系统，采用专用芯片进行动画制作、音响处理和图形图像处理。

1986年Philip公司和Sony公司联合推出交互式光盘系统CD-I(Compact Disc Interactive)，并公布CDROM的数据存储格式，为存储声音、图形图像、视频动画等数字化媒体提供了有效的物理基础。

1987年美国RCA公司推出交互式数字视频系统DVI(Digital Video Interactive)。

1989年INTEL与IBM公司合作推出Action Media 750多媒体开发平台，硬件由音频卡、视频卡、多功能卡组成，软件是基于DOS系统的音频/视频支撑系统AVSS(Audio Video Support System)。

(2)标准化阶段

1990年Microsoft公司制定了多媒体计算机标准MPC 1.0。多媒体个人计算机(Multimedia PC)是在PC机基础上加上一些硬件板卡及相应软件，使其具有综合处理声、文、图等信息的功能。

1993年IBM和INTEL等数十家软硬件公司组成的多媒体个人计算机市场协会MPMC发布多媒体计算机性能标准MPC 2.0。

1995年MPMC又推出新标准MPC 3.0。

(3)未来发展方向

从长远来看,多媒体技术主要向两个方向发展:一是网络化发展趋势,与宽带网络通信等技术相互结合,使多媒体技术进入科研设计、企业管理、办公自动化、远程教育、远程医疗、检索咨询、文化娱乐、自动测控等领域;二是多媒体终端的部件化、智能化和嵌入化发展趋势,提高了计算机系统本身的多媒体性能,促进了智能化家电产品的开发。

4. 多媒体系统的组成

多媒体系统由多媒体硬件和多媒体软件构成。

(1)多媒体硬件

多媒体硬件包括传统的计算机硬件、处理视频信息的插件板、多媒体功能卡(如音频/视频卡、图形卡、压缩/解压缩卡)、数字视频/音频输入设备(如数字摄像机、扫描仪)、模拟视频输入设备(如录像机、传真机)、模拟音频输入设备(如话筒)和交互设备(如鼠标、触摸屏)等。

(2)多媒体软件

多媒体软件包括多媒体操作系统和多媒体应用软件系统(如视频/音频播放器 Windows Media Player、超级解霸、Realplayer、Winamp Player 等)、编辑制作系统和多媒体开发平台等。

5. 多媒体计算机的关键技术

多媒体计算机的关键技术是多媒体数据的压缩编码和解码算法,CCITT(国际电话电报咨询委员会)和 ISO(国际标准化组织)联合制定的标准有三个:

①JPEG 标准:彩色和单色、多灰度连续色调的静态图像压缩国际标准。

②MPEG 标准:动态图像压缩国际标准,包括 MPEG 视频(MPEG3 和 MPEG4)、MPEG 音频(mp3)、MPEG 系统。

③H. 261 标准:面向可视电话和视频会议系统的视频压缩算法的国际标准。

1.5.2 常用的图像、视频和音频文件格式

1. 常用的图像文件格式

(1)BMP 格式

BMP 是英文 Bitmap(位图)的简写,它是 Windows 操作系统中的标准图像文件格式,能够被多种 Windows 应用程序所支持。BMP 位图格式应用广泛,其特点是包含的图像信息丰富,几乎不压缩,文件体积大。

(2)GIF 格式

GIF 是英文 Graphics Interchange Format(图形交换格式)的缩写。GIF 格式的特点是压缩比高,磁盘空间占用少,支持 2D 动画,支持透明区域。GIF 格式最多能用 256 色来表现物体,对于显示色彩复杂的图像的能力较弱,但由于 GIF 图像具有文件短小、下载速度快、可用许多具有同样大小的图像文件组成动画等优点,因此在网络上得到广泛应用。

(3)JPEG 格式

JPEG 格式采用有损压缩方式去除冗余数据,用最少的磁盘空间得到较好的图像质量。它的压缩算法有利于表现带有渐变色彩且没有清晰轮廓的图像,还允许用不同的压缩比例进行压缩。

(4)TIFF 格式

TIFF(Tag Image File Format)是 Mac 中广泛使用的图像格式,它由 Aldus 和微软联合开发,特点是图像格式复杂、存储信息多。TIFF 存储的图像细微层次的信息非常多,图像的质量高。

(5)其他常见图像格式

还有其他一些常见的图像格式,如 PSD,它是 Photoshop 的专用格式;PNG(Portable Network Graphics),它是一种新兴的网络图像格式,其缺点是不支持动画应用效果;CDR 格式是著名绘图软件 Corel DRAW 的专用图形文件格式;SWF(Shockwave Format)是 Flash 制作专用格式,SWF 格式的作品以其高清晰度的画质和小巧的体积,成为网页动画和网页图片设计制作的主流,目前已成为网上动画的事实标准;SVG(Scalable Vector Graphics)格式也是目前比较流行的图像文件格式,为可缩放的矢量图形,它比 JPEG 和 GIF 格式的文件要小很多。

2.常用的视频文件格式

(1)AVI 格式

AVI 英文全称为 Audio Video Interleaved,即音频视频交错格式,可以将视频和音频交织在一起进行同步播放。AVI 格式的优点是图像质量好,可跨平台使用,但体积大,压缩标准不统一,经常会遇到无法兼容的问题。

(2)MPEG 格式

MPEG 英文全称为 Moving Picture Expert Group,即运动图像专家组格式,是运动图像压缩算法的国际标准。目前使用的大多为 MPEG-4 标准,它力求使用最少的数据获得最好的图像质量,体积小。

(3)RM 格式

RM 是 Networks 公司所制定的音频视频压缩规范 Real Media 的缩写,它可以根据不同的网络传输速率制定出不同的压缩比率,从而实现在低速率的网络上进行影像数据实时传送和播放,还可以实现在线播放。

(4)RMVB 格式

这是一种由 RM 视频格式升级的新视频格式,它在保证平均压缩比的基础上合理利用比特率资源,在保证静止画面质量的前提下,大幅提高运动图像的画面质量,从而在图像质量和文件大小之间达到一定的平衡。

(5)其他常见视频格式

还有一些常见视频格式,如 DV(Digital Video Format)格式,这是由索尼等多家厂商联合提出的一种家用数字视频格式,目前大多数数码摄像机都使用这种格式;Div X 格式是由 MPEG-4 衍生出的另一种视频编码(压缩)标准,其画质与 DVD 基本一致,但体积只有 DVD 的几分之一;MOV 格式是美国 Apple 公司开发的一种视频格式,具有较高的压缩比率和较完美的视频清晰度,支持 Windows 系统;WMF(Windows Media Video)格式是微软推出的一种采用独立编码方式,可以直接在网上实时观看视频节目。

3.常用的音频文件格式

(1)WAV 格式

WAV 是 Windows 默认的多媒体音频格式,应用非常广泛,其缺点是文件体积较大,不适合长时间记录。

(2)MIDI 格式

MIDI 是乐器数字化接口(Musical Instrument Digital Interface)的缩写,它是一个国际通用的标准接口,允许数字合成器和其他设备进行数据交换。MIDI 文件不包含任何声音信息,它实际上记录的是在音乐播放中的什么时间段用什么音色发多长的音等数据,而真正用来发出声音的是音源,所以相同的 MIDI 文件在不同的设备上播放结果会完全不一样,这是 MIDI 的基本特点。

(3)MP3 格式

MP3 全称 MPEG1 Layer 3,它依靠编码技术将音频数据进行压缩,这种压缩会有损失,一部分超出人耳听觉范围的高音和低音信号会被忽略。目前 Internet 上的音乐格式以 MP3 最为常见,它用极小的失真换来较高的压缩比。用电脑音响播放时,大部分用户很难区分 MP3 与 CD 的音质效果。

(4)其他常见的音频格式

还有一些其他较为常见的音频格式,如 WMA(Windows Media Audio)格式,在网络带宽较窄的情况下,收听效果也较为理想;RA 格式是 Real Media 的一种,在网速有限的前提下,能够提供一般音质的在线试听;MP4 格式是使用 MPEG-2 AAC 技术的一种商品的名称,是一种带有版权限制的音乐格式,安全性高,但兼容性较差。

习　题

一、单项选择题

1. 计算机的工作原理是______。

A. 能进行算术运算　　B. 运算速度高

C. 计算精度高　　D. 存储并自动执行程序

2. 目前广泛使用的人事档案管理、财务管理软件,按计算机应用分类,应属于______。

A. 实时控制　　B. 科学计算　　C. 数据处理　　D. 计算机辅助工程

3. 对字符的 ASCII 编码在计算机中的表示方法的准确的描述应是______。

A. 使用 8 位二进制代码,最右边一位为 1

B. 使用 8 位二进制代码,最左边一位为 0

C. 使用 8 位二进制代码,最右边一位为 0

D. 使用 8 位二进制代码,最左边一位为 1

4. 计算机硬件系统中最核心的部件是______。

A. 微处理器　　B. 主存储器

C. 只读光盘　　D. 输入输出设备

5. 计算机的内存储器比外存储器______。

A. 更便宜　　B. 能存储更多的信息

C. 较贵,但速度快　　D. 以上说法都不对

6. 对于计算机软件的描述正确的是______。

A. 要想正常启动计算机,可以只有应用软件而没有系统软件

B. 要想正常启动计算机，可以只有系统软件而没有应用软件

C. 要想正常启动计算机，可以不带系统软件和应用软件

D. 要想正常启动计算机，必须带有应用软件

7. 在计算机内部，一切信息存取、处理和传递的形式是______。

A. ASCII 码　　B. 二进制　　C. BCD 码　　D. 十六进制

8. 汉字"东"的十六进制的国标码是 362BH，那么它的机内码是______。

A. 160BH　　B. B6ABH　　C. 05ABH　　D. 150BH

9. 计算机存储信息的最基本单位是______。

A. 位　　B. 字节　　C. 字　　D. 双字

10. 目前微型计算机中的高速缓存(Cache)，大多数是一种______。

A. 静态只读存储器　　B. 静态随机存储器

C. 动态只读存储器　　D. 动态随机存储器

11. 在下列存储器中，读写速度最快的是______。

A. 硬盘存储器　　B. 外存储器　　C. 内存储器　　D. 输出设备

12. 下列说法中，正确的是______。

A. 计算机容量越大，其功能就越强

B. 在微型计算机性能中，CPU 的主频越高，其运算速度越快

C. 两个屏幕大小相同，它们的分辨率必定相同

D. 点阵打印机的针数越多，能打印的汉字字体就越多

13. 计算机的软件系统一般分为______。

A. 操作系统、用户软件与管理软件

B. 系统软件、应用软件与各种字处理软件

C. 系统软件与应用软件

D. 操作系统、实时系统与分时系统

14. 最接近机器指令的计算机语言是______。

A. LOGO　　B. BASIC　　C. 汇编语言　　D. FOXBASE

15. 世界上首先实现存储程序的电子数字计算机是______。

A. ENIAC　　B. UNIVAC　　C. EDVAC　　D. EDSAC

16. 在计算机术语中，常用 ROM 表示______。

A. 只读存储器　　B. 外存储器

C. 随机存储器　　D. 显示器

17. 光驱的倍速越高，______。

A. 数据的传输越快　　B. 纠错能力越强

C. 所能读取光盘的容量越大　　D. 播放 VCD 的效果越好

18. 下列事件中，计算机不能实现的是______。

A. 科学计算　　B. 工业控制　　C. 电子办公　　D. 抽象思维

19. CAM 英文缩写的意思是______。

A. 计算机辅助教学　　B. 计算机辅助制造

C. 计算机辅助设计　　D. 计算机辅助测试

20. 计算机能直接执行的指令包括两部分，它们是______。

A. 源操作数与目标操作数　　B. 操作码与操作数

C. ASCII 码与汉字代码　　D. 数字与字符

21. 在计算机中采用二进制，是因为______。

A. 物理上具有两种状态的器件比较多，二进制状态比较容易实现

B. 两个状态的系统具有稳定性

C. 二进制的运算法则简单

D. 上述三个原因

22. 下列四个不同数制表示的数中，数值最大的是______。

A. 二进制数 11011101　　B. 八进制数 334

C. 十进制数 209　　D. 十六进制数 DA

23. 十进制整数 100 转化为二进制数是______。

A. 1100100　　B. 1101000　　C. 1100010　　D. 1110100

24. ASCII 码是对______进行编码的一种方案。

A. 字符　　B. 汉字　　C. 声音　　D. 图形符号

25. 在计算机领域中通常用 MIPS 来描述______。

A. 计算机的运算速度　　B. 计算机的可靠性

C. 计算机的可运行性　　D. 计算机的可扩充性

26. 若一台计算机的字长为 4 个字节，这意味着它______。

A. 能处理的数值最大为 4 位十进制数 9999

B. 能处理的字符串最多由 4 个英文字母组成

C. 在 CPU 中作为一个整体加以传送处理的代码为 32 位

D. 在 CPU 中运行的结果最大为 2 的 32 次方

27. CPU 是计算机的“脑”，它是由______组成的。

A. 线路和程序　　B. 固化软件的芯片

C. 运算器、控制器和一些寄存器　　D. 网络控制器

28. RAM 是内存的主要组成部分，机器工作时存有大量的信息。计算机一旦断电，其系统信息______。

A. 自动保存　　B. 保存一部分　　C. 写入 ROM　　D. 全部丢失不能恢复

29. 下列存储器中，存取速度最快的是______。

A. U 盘　　B. 硬盘　　C. 光盘　　D. 内存

30. 下列叙述中，错误的是______。

A. 把数据从内存传输到硬盘叫写盘

B. 把源程序转换为目标程序的过程叫编译

C. 应用软件对操作系统没有任何要求

D. 计算机内部对数据的传输、存储和处理都使用二进制

31. 用户通过______可进行计算机硬件系统的信息配置，认可后一旦存入，每次开机时可自动读入。

A. ROM　　B. CMOS　　C. CPU　　D. 硬盘

32. 在计算机的日常维护中，对磁盘应定期进行碎片整理，其目的是______。

A. 提高计算机的读写速度　　B. 防止数据丢失

C. 增加磁盘可用空间　　D. 提高磁盘的利用率

33. 媒体中的______指的是能直接作用于人们的感觉器官，从而能使人产生直接感觉的媒体。

A. 感觉媒体　　B. 表示媒体　　C. 显示媒体　　D. 存储媒体

34. 下述声音分类中质量最好的是______。

A. 数字激光唱盘　　B. 调频无线电广播

C. 调幅无线电广播　　D. 电话

35. ______格式不是图像文件格式。

A. TIF　　B. BMP　　C. JPG　　D. WAV

二、多项选择题

1. 在下列数据中，数值相等的数据有______。

A. $(101101.01)_2$　　B. $(45.25)_{10}$　　C. $(55.2)_8$　　D. $(2D.4)_{16}$

2. 下列软件中属于系统软件的是______。

A. 操作系统　　B. 诊断程序　　C. 编译程序　　D. 目标程序

3. 计算机的主要应用领域是______。

A. 科学计算　　B. 数据处理

C. 过程控制　　D. 计算机辅助设计和辅助教学

4. 下列______均是未来计算机的发展趋势。

A. 巨型化　　B. 多媒体化　　C. 网络化　　D. 功能简单化

5. 关于 CPU，下面说法中______都是正确的。

A. CPU 是中央处理单元的简称　　B. CPU 可以代替存储器

C. 微机的 CPU 通常也叫做微处理器　　D. CPU 是微机的核心部件

6. 计算机系统中______的集合称为软件。

A. 目录　　B. 数据　　C. 程序　　D. 有关的文档

7. 在下列有关存储器的几种说法中，______是正确的。

A. 辅助存储器的容量一般比主存储器的容量大

B. 辅助存储器的存取速度一般比主存储器的存取速度慢

C. 辅助存储器与主存储器一样可与 CPU 直接交换数据

D. 辅助存储器与主存储器一样可用来存放程序和数据

8. 通用串行总线(USB)与即插即用完全兼容，添加 USB 外设后______。

A. 要重新启动计算机　　B. 可以不必重新启动计算机

C. 要先关闭电源　　D. 注意不可再带电插拔该外部设备

9. 常用的音频格式文件有______。

A. WAV 格式　　B. WMA 格式　　C. MP3 格式　　D. MIDI 格式

10. 常用的视频格式文件有______。

A. AVI 格式　　B. RMVB 格式　　C. MOV 格式　　D. JPEG 格式

三、填空题

1. 按传递信息种类，微型计算机系统总线通常分为三种：数据总线、地址总线和＿＿＿＿＿＿。

2. 十进制数 124 的 8421BCD 编码是＿＿＿＿＿＿；二进制编码是＿＿＿＿＿＿。

3. 世界上公认的第一台电子计算机诞生于＿＿＿＿＿＿年。

4. 程序设计语言一般分为机器语言、＿＿＿＿＿＿和＿＿＿＿＿＿等 3 种。

5. 一个 24×24 点阵的汉字占有空间为 72 个字节，那么一个 36×36 点阵的汉字将占用＿＿＿＿＿＿个字节的空间。

6. 电子计算机的发展按其所采用的逻辑器件可分为 4 个阶段，即＿＿＿＿＿＿、＿＿＿＿＿＿、集成电路计算机、大规模和超大规模集成电路计算机；

7. Flash 盘的存储体由＿＿＿＿＿＿材料制成。

8. 英文缩写“IT”的含义是＿＿＿＿＿＿，“CAD”是指＿＿＿＿＿＿。

9. CPU 不能直接访问的存取器是＿＿＿＿＿＿。

10. 媒体一般分为五类，即＿＿＿＿＿＿、＿＿＿＿＿＿、＿＿＿＿＿＿、＿＿＿＿＿＿、＿＿＿＿＿＿。

四、简答题

1. 简述计算机的基本工作原理。

2. 简述计算机程序设计语言分类及特点。

3. 简述 CPU 的性能指标。

4. 简述微型计算机的硬件组成。

5. 简述图像、视频和音频格式文件的种类及特点。

第 2 章

Windows XP 操作系统

【本章主要教学内容】

本章主要介绍操作系统的基本概念，Windows XP 操作系统及其相关概念，文件、文件夹和磁盘的基本操作，Windows XP 的控制面板，中文输入法及 Windows XP 的附件。

【本章主要教学目标】

◆了解操作系统及 Windows XP 的基本概念。
◆掌握文件、文件夹及磁盘的相关操作。
◆熟悉控制面板和常用附件的作用。
◆掌握 Windows 的任务管理。

2.1 操作系统简介

操作系统(Operating System,OS)是控制其他程序运行、管理计算机系统软硬件资源,并为用户提供操作界面的系统软件的集合。它是计算机系统的内核与基石,使计算机系统资源最大限度地发挥作用,为用户提供方便、有效和友善的操作界面。

2.1.1 操作系统的主要功能

操作系统是一个庞大的管理控制程序,大致包括以下五个方面的管理功能。

1.处理器管理

处理器管理的主要任务是对处理器进行分配,并对其运行进行有效的控制和管理。在现行的操作系统中,处理器的分配和运行都是以进程为基本单位的,因而处理器管理也可以视为对进程的管理。

2.存储器管理

存储器管理是对内存空间使用进行管理,主要包括:内存空间分配、内存保护、地址映像和内存扩充等。

3.设备管理

设备管理是对计算机外部设备进行管理和控制,控制外部设备按用户程序的要求进行操作。

4.文件管理

文件管理主要包括文件存储空间管理、目录管理、文件读写管理和文件保护管理等。

5.作业管理

用户请求计算机完成的一项完整的工作任务称为一个作业。作业管理解决的是允许谁来使用和怎样使用计算机,并使整个系统高效地运行。

2.1.2 操作系统的分类

1.按用户数分类

按照同一时间能够服务用户的多少分为单用户和多用户操作系统。网络操作系统都是多用户操作系统。

2.按任务数分类

按照能够执行任务的多少分为单任务和多任务操作系统。如早期的DOS即为单任务操作系统,而现在普遍使用的Windows均为多任务的操作系统。

3.按功能分类

(1)批处理操作系统(Batch Processing Operating System)

批处理操作系统的特点是:多道和成批处理。

(2)分时操作系统(Time Sharing Operating System)

用户交互式地向系统提出请求,系统接受每个用户的命令,采用时间片轮转方式处理服务请求,并通过交互方式在终端上向用户显示结果。

(3)实时操作系统(Real Time Operating System)

实时操作系统是指使计算机能及时响应外部事件的请求,在规定的严格时间内完成对该事件的处理,并控制所有实时设备和实时任务协调一致地工作的操作系统。

(4)网络操作系统(Net Operating System)

基于计算机网络的操作系统,包括网络管理、通信、安全、资源共享和各种网络应用。其目标是相互通信及资源共享。

(5)分布式操作系统(Distributed Operating System)

分布式操作系统是为分布式计算系统配置的操作系统。大量的计算机通过网络被连接在一起,可以获得极高的运算能力及广泛的数据共享。

2.1.3　常见操作系统

常见的操作系统有 DOS,UNIX,Linux,OS/2,Mac OS,Windows 等。

微机上使用的操作系统以 Microsoft 公司开发的操作系统占主导地位,从最早的字符界面的 DOS 到图形用户界面的 Windows;从 16 位、32 位到 64 位操作系统;从最初的 Windows 1.0、3.0、3.3 等,到大家熟知的 Windows 95、Windows 98、Windows NT、Windows 2000、Windows Me、Windows XP、Windows Server、Windows Vista、Windows 7,其发展已历经 30 余年的时间。

本章主要介绍目前使用较为广泛的 Windows XP 操作系统。

2.2　Windows XP 简介

Windows XP 是 Microsoft 公司于 2001 年 10 月推出的图形化用户界面的多任务操作系统,它为使用者提供了快捷方便的操作界面、功能强大并且易于管理的工作环境。

Windows XP 有专业版(Professional)、64 位专业版(Professional x64)、家庭版(Home)和简版(Starter)等,常用的为 32 位版本的 Windows XP。

2.2.1　Windows XP 的启动与关闭

1. *启动* Windows XP

启动的过程就是在用户打开计算机电源之后,计算机将操作系统载入内存,为用户使用计算机做好准备。启动过程如下:

①用户打开外设及主机电源。

②计算机进行自检,对 CPU、系统主板、内存、外设等进行测试。

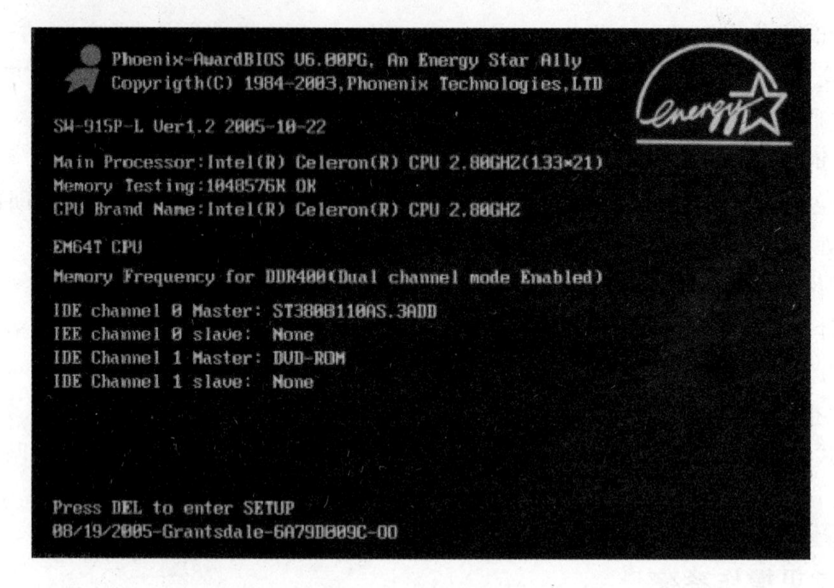

图 2.1 开机自检画面

说明:不同的计算机主板其启动画面会有不同。

③自检中如发现有错误,将按两种情况进行处理:对于致命性故障则停机,不能给出任何提示或信号;对于非致命性故障则给出屏幕提示或声音报警,等待用户处理。

提示:如果屏幕底端显示信息:Press F1 to continue,DEL to enter SETUP,此时按 F1 键即可继续。

④根据用户指定的启动顺序,从硬盘、光驱或其他存储设备(多以 C 盘启动为主)将操作系统载入内存。

⑤操作系统加载完毕,最后显示出我们所熟悉的画面,表明一切准备就绪,等待用户的使用。

2. 关闭 Windows XP

关闭也称退出或关机,即结束对计算机的使用。正确的关机步骤如图 2.2 所示。

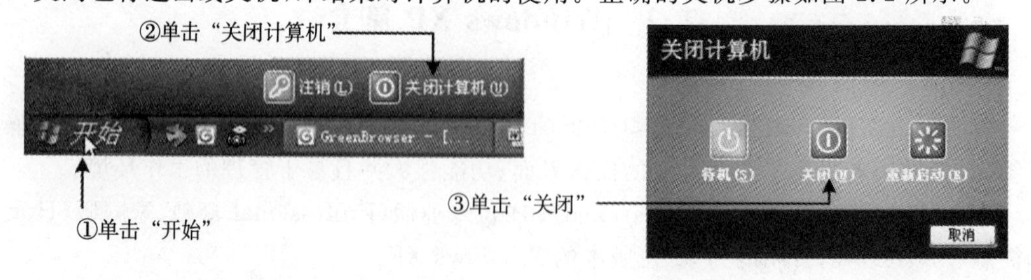

图 2.2 关机步骤

提示:若在高级电源管理中,将电源开关选项设为"关机",则还可以通过按主机电源开关来关闭计算机,其效果与图 2.2 所示的关机步骤相同。若长按主机电源开关 3 秒以上则为强制关机,强制关机会造成数据信息的丢失。

2.2.2 Windows XP 的界面

1. 桌面(DeskTop)

计算机正常启动后所显示的窗口称为桌面,桌面是 Windows XP 的操作平台,Windows

中的所有操作都可在桌面上来完成。

桌面实际上是 Windows 系统的一个特殊文件夹，默认位于系统盘的用户文件夹下（C:\Documents and Settings\Administrator\桌面）。

2. 图标(Icon)

图标是具有标识性质的图形，它可以代表一个程序、文档、文件夹、磁盘、打印机等。

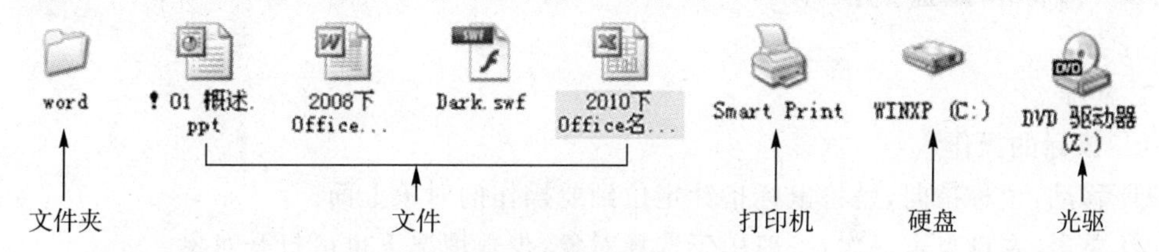

图 2.3　各种图标样式

3. 任务栏(Taskbar)

每次打开一个窗口时，代表它的按钮就会出现在任务栏上，关闭窗口后，该按钮即消失，可通过单击任务栏按钮在运行的程序间进行切换。

图 2.4　任务栏

①"开始"按钮：位于任务栏的左端，单击可打开"开始"菜单。

②快速启动栏：用于快速打开程序、显示桌面或执行其他任务。

③任务按钮区：代表所打开任务的按钮。

④系统通知区：用于显示系统当前运行的应用程序、网络连接情况、电池使用情况（笔记本电脑）、音量控制图标以及日期时间等信息。

说明：默认情况下，任务栏出现在桌面底部，在任务栏未被锁定时，拖拽任务栏空白区可将其移到屏幕的其他三个边上，拖拽边框可改变其大小。

4. 开始菜单(Start Menu)

"开始"菜单是用户使用计算机的门户，用户所有的操作均可以从这里开始，其内容由以下几部分构成：

①最常使用的程序列表：当使用程序时，该程序的快捷方式即被添加到最常使用的程序列表中。

②所有程序：系统提供和用户安装的程序列表。

③我最近打开的文档：用户最近打开的文档列表。

④我的文档：用户保存文档的默认位置，默认位于系统盘下，其名称为"My Documents"。

⑤收藏夹：用于收藏网址。收藏夹的默认名称为"Favorites"。

⑥我的电脑：同"资源管理器"一样，用户可利用它查看和管理计算机的资源。

⑦网上邻居：查看共享的计算机、打印机和网络上的其他资源。

⑧控制面板：专门用于对 Windows 外观和行为方式进行设置的工具。

⑨搜索：可以搜索文件、文件夹、网络上的计算机和 Internet 信息等。

⑩运行：可以打开文档和文件夹、运行程序、打开 Internet 网站和搜索 Internet 资源。

⑪注销：关闭当前账户，切换到其他账户。

⑫关闭计算机：结束工作，关闭系统。

2.2.3 鼠标和键盘的操作

1. 鼠标

(1)鼠标的操作

① 移动：也称指向，是将鼠标指针定位到要操作的对象上面。

② 单击：左键点击一次，一般用于选择对象，少数情况下也可打开对象。

③ 右击：右键点击一次，弹出对象的快捷菜单。

④ 双击：左键快速点击两次，一般用于打开对象，包括运行应用程序。

⑤ 拖动：也称拖曳或拖拽，按住鼠标左键不放，移动到某一位置后放开。此操作多用于移动对象、选择区域或改变对象的大小等。

⑥ 滚动：对于带有滚轮的鼠标，滚动所查看的内容。此外，大多数情况下，按住 Ctrl 键滚动可实现对象的缩放。

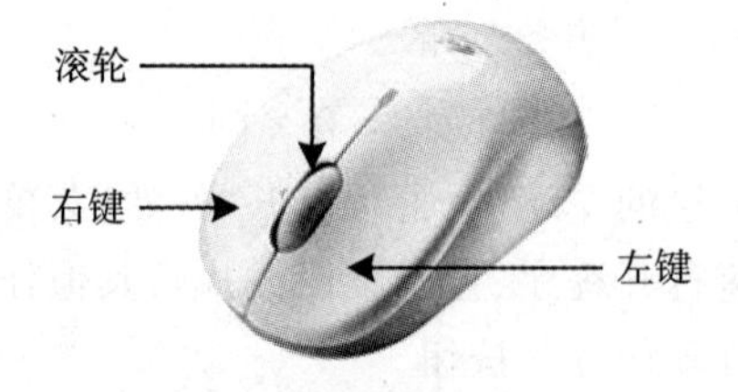

图 2.5 鼠标

说明：左撇子可通过控制面板设置鼠标左右键的反转。

(2)鼠标指针的形状及含义

鼠标指针形状用来标志其所处的位置或状态，其形状及含义有以下几种：

① ：用于正常选择。

② ？：用于帮助选择。

③ ：表明任务在后台运行，前台仍然可以接受用户的操作。

④ ：表示系统忙，不接受用户的任何操作。

⑤ ＋：用于精确定位。

⑥ I ：用于文字选择或表明鼠标在文本区域。

⑦ ↕、↔、⤡、⤢：用来改变对象的大小。

⑧ ：用来移动对象。

⑨ ⊘：禁止用户操作。

⑩ ：超链接标志。

2. 键盘

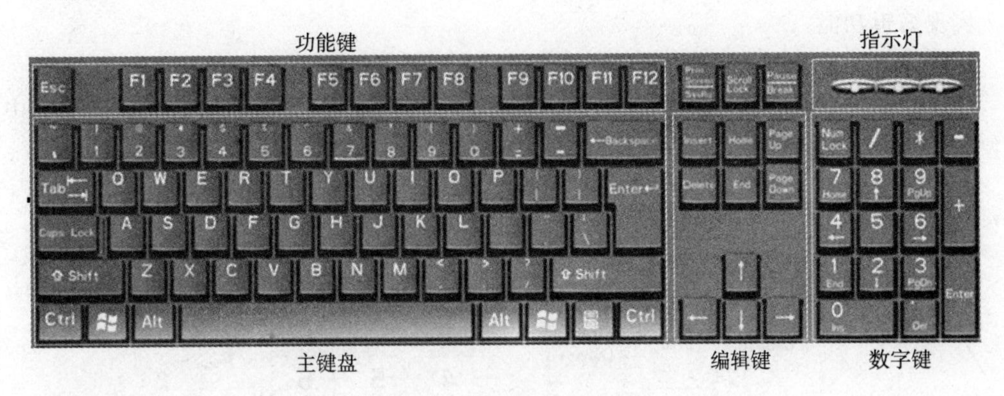

图 2.6 通用的 104 键盘

(1)功能键区

①取消键 ESC:多用于取消操作。

②功能键 F1～F12:每一按键分别对应程序设计者赋予的功能,如 F1 键多用于打开系统帮助。

(2)主键盘区

主键盘区包括字符键(字母、数字、符号)和控制键(Ctrl、Alt 等)。

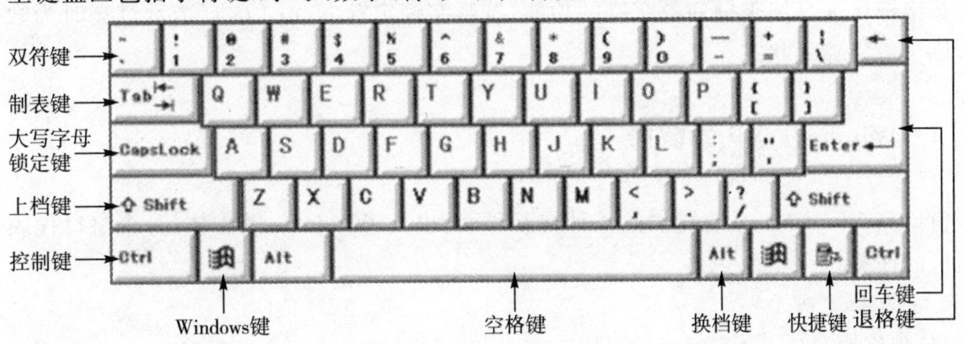

图 2.7 主键盘(基本键键盘)

①回车键 Enter:用于执行命令。在编辑中,按此键产生一个换行。

②空格键 Space:产生一个空格。

③大写锁定键 Caps Lock:按下此键(指示灯亮)则为大写字母输入状态。

④上档键 Shift:按住 Shift 键输入双符键的上面字符,也可用于大小写字母的反转输入。

⑤退格键 Backspace:删除光标左边的一个字符,或删除选中的对象。

⑥控制键 Ctrl:配合其他键实现特殊功能,如作为快捷键。

⑦Windows 键:配合其他键实现某些特殊功能,如配合 E 键可打开资源管理器,单按此键可打开“开始”菜单。

⑧换档键 Alt:配合其他键实现某些特殊功能,如“Alt＋Tab”键可用来切换窗口,单按此键可激活菜单。

⑨快捷键:按此键可打开快捷菜单,相当于鼠标右键单击。

说明:在编辑区闪动的竖线称为光标,用来标明当前操作的位置(即插入点的位置)。

(3)编辑键区

实现编辑功能。

①Insert:用于插入与改写状态的切换。

②Delete:一般用于删除选中的对象。在编辑中删除光标后面的一个字符或选中的对象。

③其他键则用于翻页和移动光标。

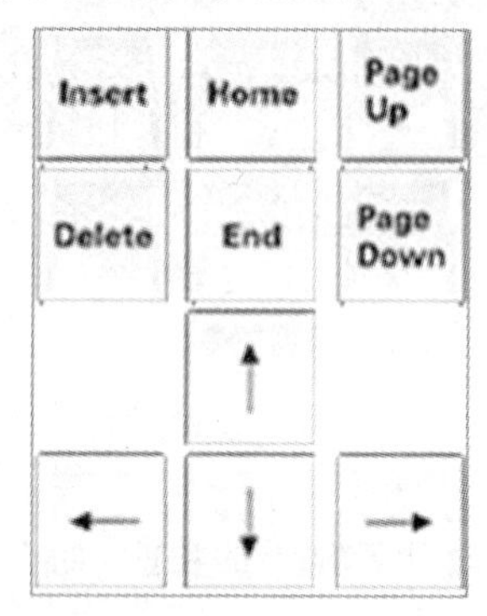

图 2.8　编辑键和数字键

(4)数字键区

数字键区兼具编辑键和数字键的功能,按数字锁定键 Num Lock(指示灯亮时为数字功能),则为数字输入状态。

2.2.4　Windows XP 的窗口

窗口是 Windows 系统提供的一种交互界面,也是 Windows 的主体,一个窗口代表一个所执行的任务。

1. 窗口的类别

(1)程序窗口

程序窗口就是通常的应用程序窗口,一般一个窗口代表一个应用程序或任务。

(2)文档窗口

文档窗口内嵌于程序窗口之中,没有自己的菜单栏、工具栏等。程序窗口关闭后,其所包含的文档窗口将随之全部关闭,但关闭文档窗口并不关闭程序窗口。

2. 窗口的组成

(1)标题栏

标题栏位于窗口的最上方,显示程序和文档的标题。标题栏上有窗口控制菜单(单击左端的控制图标即可打开该菜单)、最小化按钮、最大化按钮(或还原按钮)和关闭按钮。

(2)菜单栏

菜单栏位于标题栏下方,包含该应用程序的所有操作命令和选项设置。

(3)工具栏

工具栏默认位于菜单栏下方,以按钮形式提供常用命令,以方便用户使用。

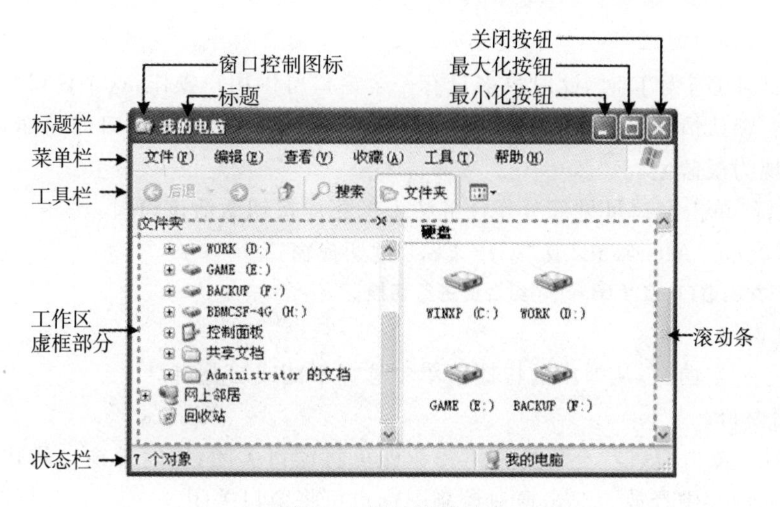

图 2.9 窗口及其组成

说明:

①拖动工具栏左端可改变其位置;

②右击工具栏将弹出工具栏选项菜单,在此可选择显示或隐藏工具栏。

(4)工作区

窗口内部的最大区域,是用户操作的交互区域。

(5)状态栏

状态栏位于窗口的底部,用于显示与当前操作相关的状态信息。

(6)滚动条

滚动条有水平和垂直两种类型,拖动中间的滚动滑块或单击两端的箭头,可查看工作区中未显示出的内容。

3. 窗口的操作

(1)打开窗口

启动一个应用程序即打开一个程序窗口;新建(或打开)一个文档则打开一个文档窗口。

(2)改变大小

① 最小化窗口:单击最小化按钮即可将窗口最小化。对于程序窗口,最小化后转入后台运行,窗口缩小为任务栏按钮;对于文档窗口,最小化后缩小到程序窗口的左下角,此时只显示出标题栏。单击任务栏窗口按钮又可将窗口还原为普通窗口。

② 最大化窗口:单击最大化按钮可将窗口最大化,对于程序窗口则充满整个屏幕,对于文档窗口则充满整个程序窗口。

说明:双击标题栏可在最大化窗口和普通窗口间进行切换。

③ 还原窗口:当窗口最大化后,其右上角的最大化按钮改变为还原按钮,单击可将其还原为普通窗口。

④ 任意改变窗口大小:当鼠标位于窗口边框或四个拐角时,鼠标指针改变为双向箭头形状,此时拖动鼠标即可任意改变其大小。

(3)移动窗口

在普通窗口情况下,拖动标题栏可移动窗口。

(4)激活(切换)窗口

当用户打开多个窗口时,此时最多只有一个窗口可供用户操作,这个窗口称为当前窗口或活动窗口。默认情况下,活动窗口的标题栏为深蓝色,位于所有窗口的前面,非活动窗口的标题栏呈现为淡蓝色。

① 用鼠标:单击窗口可见部分或任务栏上的相应按钮激活该窗口。

② 用键盘:按“Alt+Tab”或“Alt+ESC”键切换窗口。

说明:对于文档窗口,按“Ctrl+F6”组合键进行切换。

(5)排列窗口

右击任务栏空白区,从弹出的快捷菜单中选择平铺或层叠窗口。

(6)关闭窗口

① 用鼠标:单击窗口右上角的关闭按钮即可将窗口关闭,同时该窗口所代表的任务也随之终止并从内存中释放。双击窗口控制图标也可将窗口关闭。

② 用键盘:对于程序窗口按“Alt+F4”,对于文档窗口按“Ctrl+F4”。

说明:单击标题栏左端的控制图标可打开窗口控制菜单,利用该菜单可对窗口进行改变大小和关闭操作。

2.2.5 菜单

菜单(Menu)是 Windows 环境下提供的一种工具,是应用程序命令的集合,通过菜单可对应用程序进行各种操作。

1.菜单的分类

(1)下拉式菜单

当用户单击菜单项时,该菜单会向下延伸出具有其他选项的菜单。几乎所有程序的菜单都是这种样式。

(2)弹出式菜单

鼠标右键单击或按快捷键时出现的菜单,常称为快捷菜单。

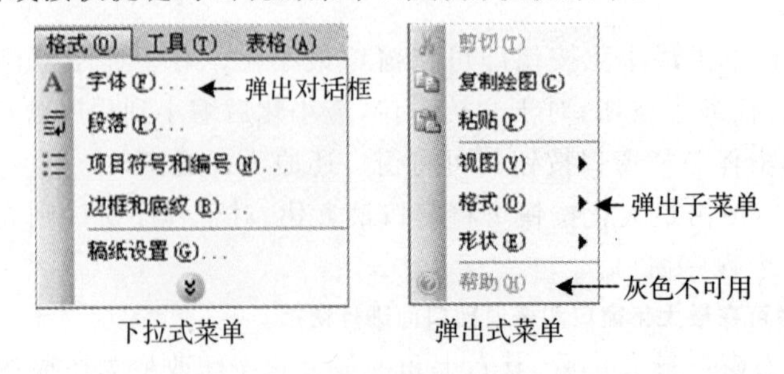

图 2.10 菜单种类及菜单项标志

2.菜单的约定

①菜单项为灰色:表明该项菜单失效。

②菜单项后有“…”标志:单击后将弹出一个对话框。

③菜单项后有“▶”标志:指向此处将弹出下一级菜单,即子菜单。

④快捷键:显示在菜单项后的组合键,比如“Ctrl+C”,按快捷键即可执行该项命令而无

需打开菜单。

⑤菜单项前标有"√":表明此项被选中,再一次单击即取消选中。

3. 菜单的打开

①用鼠标:直接单击所需菜单项即可。

②用键盘:按住 Alt+访问键,即可打开该菜单项,比如对于菜单"文件(F)",按"Alt+F"键即可打开"文件"菜单。

说明:菜单项后括号内带有下划线的字母,即为访问键,也称为热键。

2.2.6 对话框

对话框是 Windows 提供的类似于窗口的一种人机交互工具,它不提供菜单栏和工具栏,没有最大化和最小化按钮,只能移动不能改变大小。在对话框中,用户可以对其中所提供的选项等进行设置和操作。如图 2.11 所示为"打印"对话框,在此可进行相关的打印设置及操作。

1. 单选按钮

用于从一组选项中选择一个,单击即可选中,这是必选项也是唯一选项。

2. 复选按钮

用于选项的选择或取消。单击即可选中(框内出现标记"√"),再一次单击即取消选择。

3. 下拉列表框

类似于单选按钮,用于从一组选项中选择一个。单击右端的下拉箭头即可展开选项列表。

4. 文本框

供用户输入文本信息,如用户名、密码、页数等。

5. 微调器

用于进行数值大小的改变。单击向上箭头增大,单击向下箭头减少,也可直接在框内输入所要的数值。

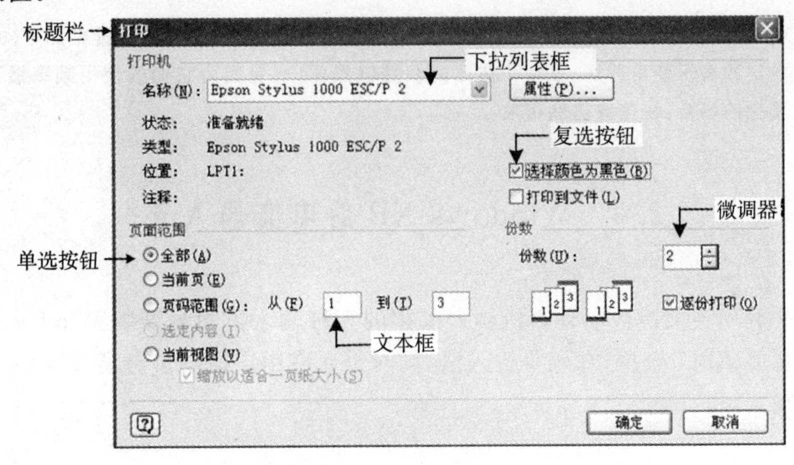

图 2.11 "打印"对话框

2.3 Windows XP 的剪贴板

剪贴板是 Windows 提供的用于信息共享的工具。它使用系统内存(RAM)作为信息传递的中转站,通过剪切或复制等操作将文本、图像、音频、视频等传递到剪贴板,再通过粘贴操作将剪贴板的信息传递到目标区域。剪贴板中的信息可被多个程序使用,从而实现信息的共享。

2.3.1 向剪贴板传递信息

1. 剪切

通过菜单(包括系统菜单和快捷菜单)中的"剪切"命令、工具栏上的"剪切"按钮或快捷键"Ctrl+X",即可将选中的信息存入剪贴板。

2. 复制

通过菜单(包括系统菜单和快捷菜单)中的"复制"命令、工具栏上的"复制"按钮或快捷键"Ctrl+C",即可将选中的信息存入剪贴板。

3. 窗口画面

按"Alt+PrintScreen"键可将活动窗口作为图像存入剪贴板;按 Print Screen 键可将整个屏幕作为图像存入剪贴板。

2.3.2 粘贴信息

通过菜单(包括系统菜单和快捷菜单)中的"粘贴"命令、工具栏上的"粘贴"按钮或快捷键"Ctrl+V",即可将剪贴板中的信息粘贴到目标中。

说明:

①剪贴板中只能存放一份信息,但可粘贴多次,但对于剪切的文件和文件夹只能粘贴一次。

②用户应熟记和善于使用剪切、复制和粘贴的快捷键操作,一是因为它们的使用频率最高,二是在不提供菜单和工具栏的场合,快捷键仍然有效。

2.4 Windows XP 的中文输入法

输入法是利用英文键盘向计算机输入汉字的一种输入方案。安装 Windows XP 时,默认安装的有智能 ABC、全拼、郑码等输入法,同时也允许用户根据自身需要安装其他汉字输入法或已有输入法。

2.4.1　中文输入法

1. 输入法切换

方法1:单击任务栏上的输入法指示器进行选择,如图2.12所示。

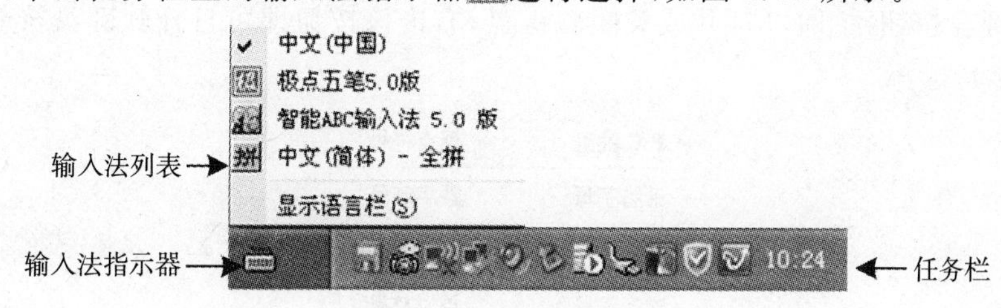

图2.12　任务栏上的输入法指示器及输入法列表

方法2:按“Ctrl+Shift”键在各种输入法间进行切换。

2. 中英文方式切换

方法1:用鼠标在输入法列表中选择“**中文(中国)**”为英文输入方式,其他则为中文输入方式,如图2.12所示。

方法2:默认情况下,按快捷键“Ctrl+Space”。

说明:有些输入法提供有专门的中英文切换键,如Shift键等,具体可参见其提示或帮助。

(1)输入法工具栏

提供了输入法中各种状态的切换,如图2.13所示为“智能ABC”输入法工具栏。

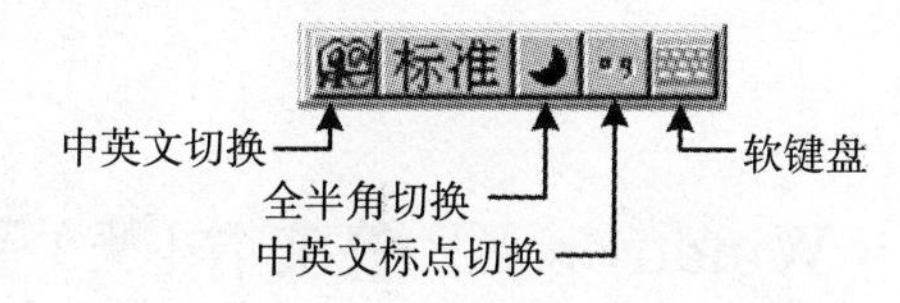

图2.13　智能ABC输入法工具栏

(2)全角与半角切换

单击输入法工具栏上的全半角切换按钮,或按快捷键“Shift+Space”。

说明:

①半角字符:即英文字符,在内存占用一个字节,其标志为◗。

②全角字符:此时输入的字符在内存中占据两个字节,显示宽度为半角字符的两倍,Windows将其视为汉字进行处理,其标志为●。

(3)中英文标点符号切换

单击输入法工具栏上的中英文标点切换按钮,或按快捷键“Ctrl+.”。中英文标点符号的对应关系如下所示:

英文标点符号	中文标点符号	英文标点符号	中文标点符号
.	。	<	《
,	,	>	》
:	:	?	?
'	‘’	\	、
"	“”	^	……

说明：

① 英文没有左右引号之分，第一次按为左引号，再按为右引号。

② 上述所列适用于大多数场合，但有些输入法可能有自己的设定，具体可查看其帮助。

(4)软键盘

利用软键盘可输入用输入法无法输入或不易输入的符号，某些情况下还可代替实际键盘。单击软键盘按钮即可打开或关闭软键盘；右击该按钮即可打开软键盘符号选择菜单(参见图 2.14)。

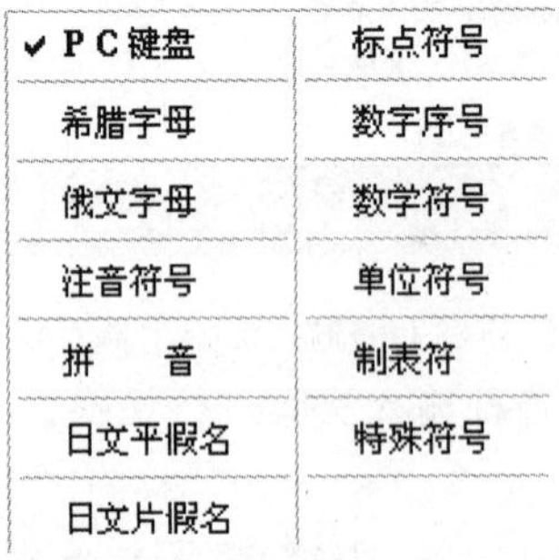

✔ P C键盘	标点符号
希腊字母	数字序号
俄文字母	数学符号
注音符号	单位符号
拼　音	制表符
日文平假名	特殊符号
日文片假名	

图 2.14　软键盘的符号选择

2.4.2　汉字的输入

要输入汉字，首先要将键盘置于小写状态，其次再切换到任一汉字输入法状态，如智能ABC、五笔字型等。

2.5　Windows XP 的文件(夹)管理

在 Windows XP 中，计算机中的信息大都是以文件的形式组织和管理的，"我的电脑"或"资源管理器"是 Windows XP 提供的重要工具，它可以实现文件(夹)的浏览、复制、移动、删除等操作。

2.5.1　Windows XP 的文件系统

1. 文件

(1)定义

文件是具有名称(文件名)的存储在外存中的一组相关信息的集合。文件是计算机系统组织数据的基本存储单位，系统也是通过文件名对文件进行存取的。

(2)文件名的组成

其格式为"主文件名.扩展名"，中间用英文的点号隔开。

(3)文件命名规则

可使用中英文字符、数字、下划线及其他一些符号。

说明：

①文件名中不可使用的字符:\、/、:、*、?、"、<、>、|。

②文件名不区分字母大小写。

③在 Windows XP 中，文件名最长可达 255 个字符(不区分中英文)。

④在同一位置(即同一文件夹内)不允许重名。

(4)文件名的通配符

通配符用于表达具有某种特征的一批文件，使用星号"＊"和问号"?"作为通配符。星号"＊"表示任意多个字符，问号"?"表示任意一个字符。例如：

① A＊.＊：代表所有以 A 开头的文件；

② ＊.txt：代表所有扩展名为 txt 的文件；

③ A?.doc：代表所有以 A 开头、文件名包含两个字符而扩展名为 doc 的文件；

④ ＊.＊：代表所有文件。

(5)文件的类型

通过文件扩展名，在不打开文件的情况下用户和系统可获知文件的类型，以便对文件进行管理。常见文件类型有 COM、EXE、TXT、DOC、BMP、WAV、PPT、HTM 等。

2. 文件夹

计算机的外存上一般存储有许多文件，为了便于管理，Windows 采用树型结构对文件进行分组和归类。在树型结构中的结点称为文件夹，其中既可以含有文件还可以含有其他文件夹(称为子文件夹)。

像文件一样，每个文件夹也都有一个名称，其命名规则及注意事项与文件相同。

说明：在早期，文件夹也称为目录。

3. 驱动器(盘符)

驱动器是读写磁盘、光盘信息的设备，有软盘驱动器、硬盘驱动器和光盘驱动器等。在 Windows 系统中，每个驱动器用一个字母和冒号来标识，这种标识称为盘符，如 A：表示软盘驱动器，C：表示硬盘驱动器等。

4. 路径

路径用于描述文件(夹)所在的具体位置，即文件(夹)存放在哪个盘、哪个文件夹中，以及文件夹的层次。

(1)绝对路径：从最高一级文件夹(根文件夹，也称根目录)到文件(夹)所在位置的路径。

(2)相对路径：从当前文件夹到文件(夹)所在位置的路径。

2.5.2 资源管理器

资源管理器是 Windows 系统提供的用来查看和管理计算机上软硬件资源的强有力的工具。使用资源管理器可以对文件(夹)进行诸如浏览、移动、复制、删除、重命名、打开等操作。

1. 打开资源管理器

打开资源管理器有以下几种方法：

方法 1：双击桌面上的"我的电脑"。

方法 2：右击任务栏上的"开始"按钮，选择"资源管理器"。

方法 3:按组合键“Win+E”。

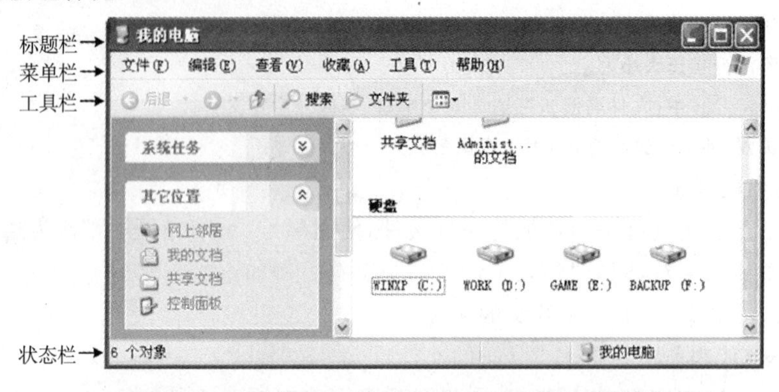

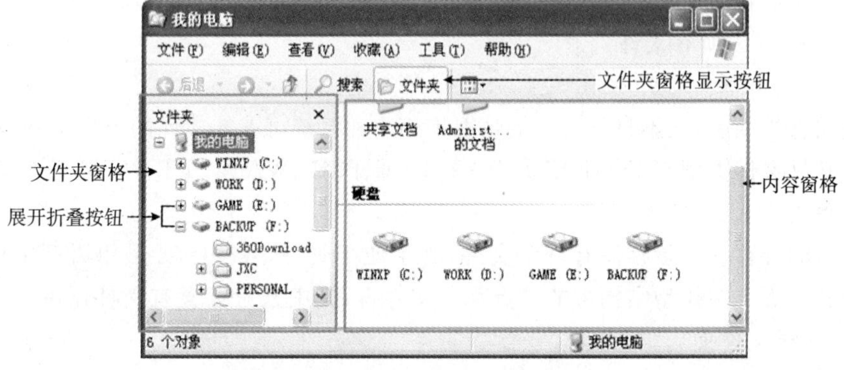

图 2.15 资源管理器窗口的两种形式

2. 资源管理器的使用

(1)打开、隐藏文件夹窗格

单击工具栏上的“文件夹”按钮,即可显示或隐藏文件夹窗格。

(2)展开、折叠文件夹

单击文件夹窗格的展开按钮[+]或折叠按钮[-]。

(3)内容的显示方式

当单击文件夹窗格的某一对象后,其内容即在右边的内容窗格中显示出来。内容的显示方式有缩略图、平铺、图标、列表、详细信息等。在“详细信息”显示方式下,可查看对象的名称、类型、大小、日期等信息(如图 2.16 所示)。

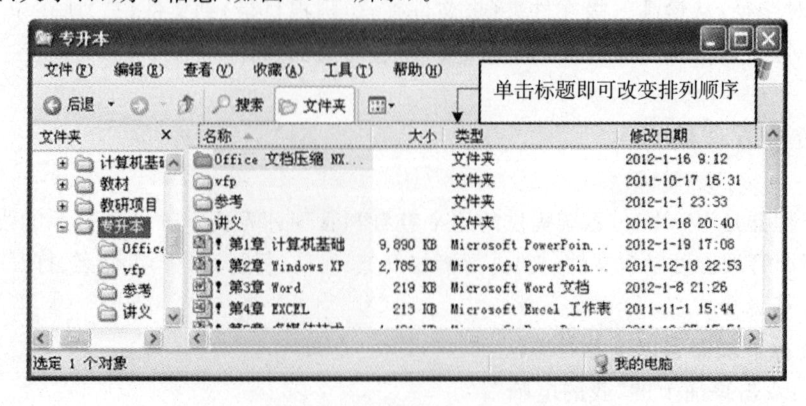

图 2.16 “详细信息”显示方式

改变显示方式有以下几种方法：

方法 1：在“查看”菜单中选择。

方法 2：单击工具栏上的“查看”按钮▦▾进行选择。

方法 3：在内容窗格右击空白处，从弹出的菜单中的“查看”中选择。

(4)内容的排列方式

内容窗格中的排列方式决定着内容的排列顺序。内容的排列顺序有名称、大小、类型和日期等。

改变排列方式有以下几种方式：

方法 1：从“查看”菜单中的“排列图标”中选择。

方法 2：在内容窗格空白处右击，从弹出的菜单中的“排列图标”中选择。

方法 3：在“详细信息”显示方式下，直接单击其上方的标题即可，如图 2.16 所示。此外，反复单击该标题，还可在升序和降序排列间切换。

(5)文件夹选项

通过文件夹选项，可设置是否显示隐藏的文件(夹)、是否显示文件的扩展名等。操作如下：

单击“工具”菜单→“文件夹选项”→“查看”，设置后单击“确定”按钮(如图 2.17 所示)。

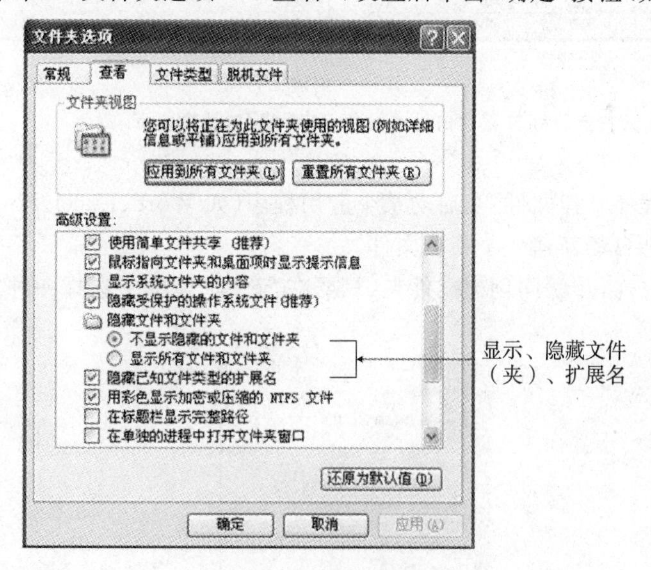

图 2.17　文件夹选项

(6)对象的选定

在 Windows 环境下，相关操作都是针对选定的对象的，因此操作前应先进行选择。

① 选择单个对象：直接单击要选定的对象。

② 选择连续多个对象

方法 1：单击第一个，按住 Shift 键，再单击最后一个。

方法 2：通过鼠标的拖动进行选定。

③ 选择任意对象：按住 Ctrl 键进行单击或拖拽鼠标选定。

④ 选择全部对象：单击“编辑”菜单→“全选”或按快捷键“Ctrl＋A”。

说明：在文件夹窗格(左窗格)中，单击既是选择也是打开，作为选择只能选定一个对象。

2.5.3 文件(夹)管理

1. 新建文件夹

文件夹的创建比较简单，打开资源管理器后，按照以下步骤操作即可。

步骤 1：选定位置(可以是根文件夹或子文件夹)。

步骤 2：单击“文件”菜单→“新建”→“文件夹”。

步骤 3：新建的文件夹默认名称为“新建文件夹”(此时可以对其重命名)，然后单击其他位置或按回车键即完成文件夹的创建，如图 2.18 所示。

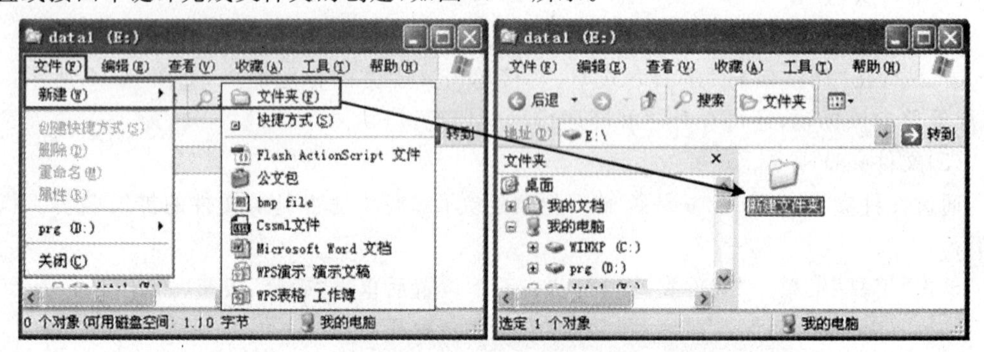

图 2.18 创建文件夹

说明：对于步骤 2，右击目标位置空白处也可打开“新建”对话框。

2. 新建文件

①利用应用程序新建文件：当启动某个应用程序(如 Word、Excel、PowerPoint、记事本、写字板等)时，则会自动新建一个新的文件。

②直接创建文件：步骤同创建文件夹，只要在“新建”菜单中选择一种文件类型即可，如图 2.19 所示。

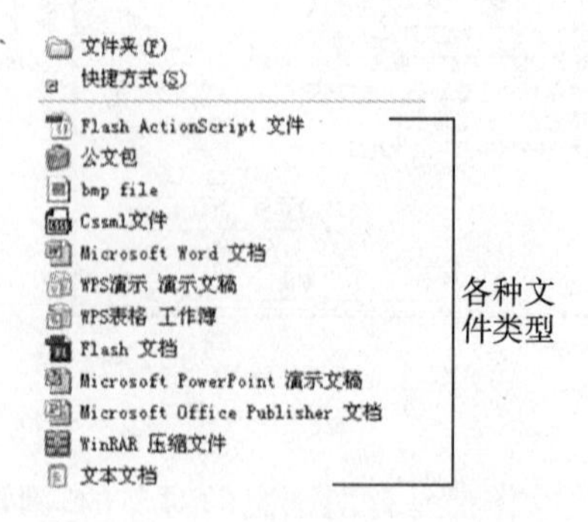

图 2.19 可以直接创建的文件类型

3. 重命名文件(夹)

打开资源管理器，选定要重命名的文件或文件夹，按以下方法即可对其重命名。

方法 1：单击“文件”菜单→“重命名”，随后直接输入新的文件名即可，如图 2.20 所示。

方法 2：再一次单击名称处即可输入新的名称。

方法 3：按 F2 键后直接输入新的名称。

方法 4：右击选中的文件(夹)→“重命名”，然后输入名称即可。

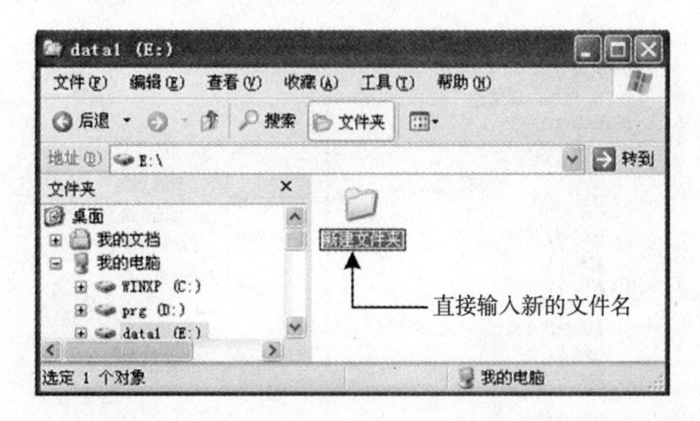

图 2.20　重命名文件(夹)

说明:一般情况下一次只能对一个文件或文件夹重命名,若选定多个文件(夹)则可实现按序号重命名。

4. 移动文件(夹)

打开资源管理器,选定待移动的文件或文件夹后,再按以下方法进行操作。

方法 1(剪切－粘贴法)

①剪切:单击“编辑”菜单→“剪切”,或右击选中的对象→“剪切”,或按快捷键“Ctrl＋X”。

②打开目标位置。

③粘贴:单击“编辑”菜单→“粘贴”,或右击选中的对象→“粘贴”,或按快捷键“Ctrl＋V”。

方法 2(鼠标拖拽法):

①直接将选定的对象拖拽到目标位置即可。

说明:

①拖拽到其他盘时则为复制。

② 按住 Shift 拖拽,无论拖拽到哪个盘均为移动。

②按住鼠标右键将选定的对象拖拽到目标位置后,从弹出的菜单中选择“移动到当前位置”,如图 2.21 所示。

5. 复制文件(夹)

复制操作与移动操作类似,打开资源管理器后,选定待移动的文件或文件夹,再按以下方法进行操作。

方法 1(复制－粘贴法)

①复制:单击“编辑”菜单→选择“复制”,或右击选中的对象→选择“复制”,或按快捷键“Ctrl＋C”。

②打开目标位置。

③粘贴:单击“编辑”菜单→选择“粘贴”,或右击选中的对象→选择“粘贴”,或按快捷键“Ctrl＋V”。

复制到当前位置(C)
移动到当前位置(M)
在当前位置创建快捷方式(S)
取消

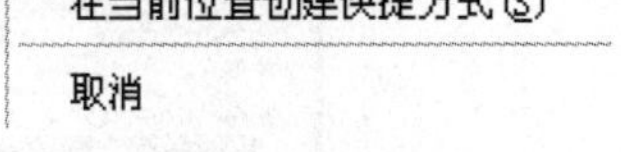

图 2.21　鼠标右键拖拽弹出的菜单

方法 2(鼠标拖拽法):

①按住 Ctrl 键将选定的对象拖拽到目标位置即可。

②按住鼠标右键将选定的对象拖拽到目标位置后,从弹出的菜单中的选择“复制到当前位置”,如图 2.21 所示。

说明:剪切和复制是将选定的对象存入了剪贴板,而粘贴是将剪贴板中的内容复制到目标位置。

方法 3(发送法):可将选定的对象发送到“我的文档”或其他移动存储设备。

方法是:鼠标右击选定的对象→“发送到”→单击要发送的目标设备,如图 2.22 所示。

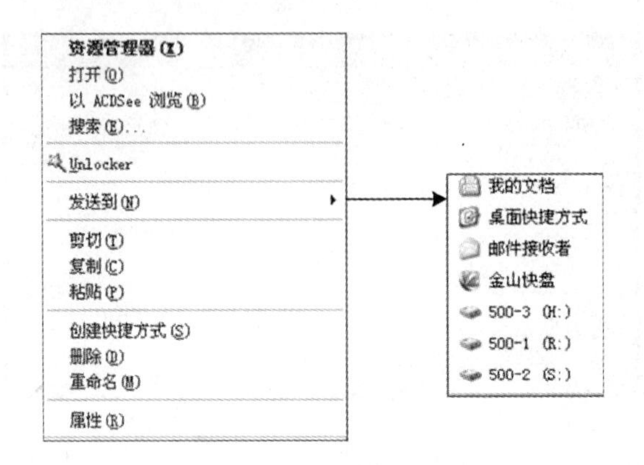

图 2.22 “发送到”菜单

说明：

①在移动和复制时，若目标位置已有同名对象存在，系统将提示用户是否替换原有文件，如图 2.23 所示。选择“是”目标位置对象将被取代，选择“否”则放弃操作。

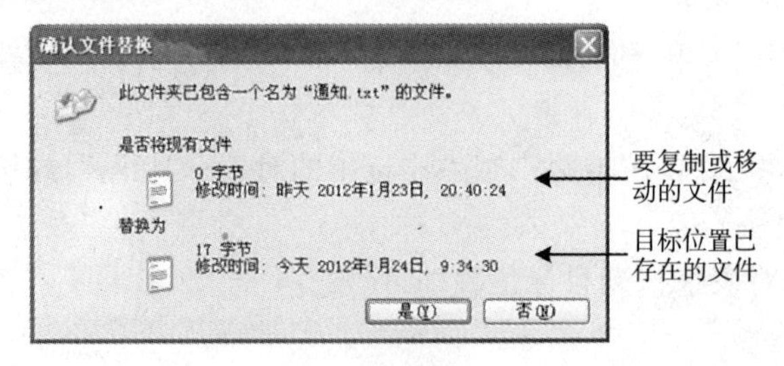

图 2.23 替换提示

②在移动和复制时，通过鼠标指针的形状可获知所做的操作是移动还是复制还是禁止操作，如图2.24所示。

图 2.24 拖拽时鼠标指针形状

6. 删除文件(夹)

(1)删除文件(夹)

先选定欲删除的文件(夹)，然后按以下方法进行。

方法 1：利用“文件”菜单和快捷菜单中的“删除”，或按 Delete(Del)键和快捷键“Ctrl+D”，之后会弹出确认删除对话框，选择“是”即可将其放入回收站，如图 2.25 所示。

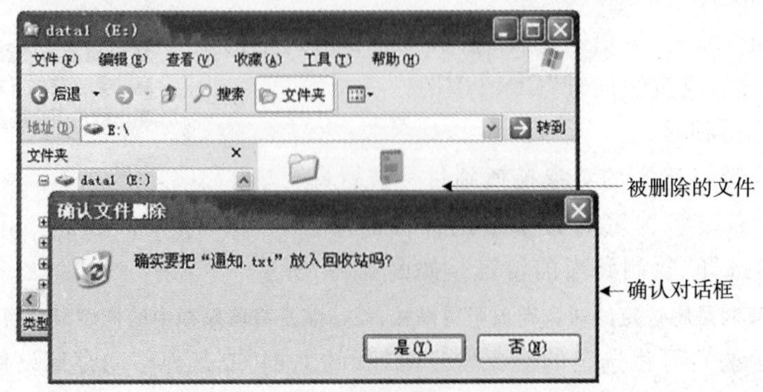

图 2.25 “确认删除”对话框

方法 2:直接将选定的对象拖拽到回收站,如图 2.26 所示。

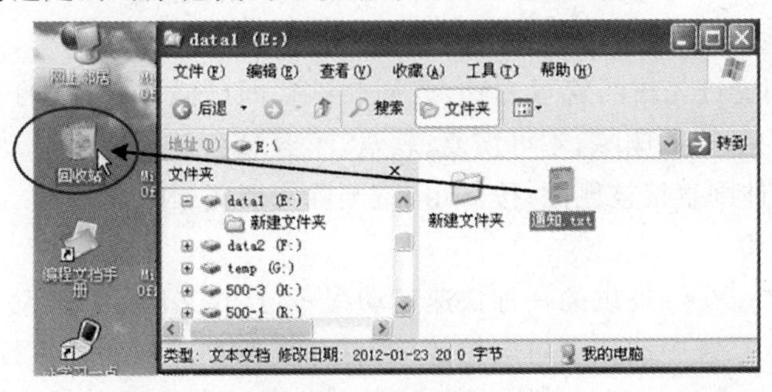

图 2.26　拖拽到回收站

说明:对于重命名、移动、复制、删除等操作,单击“编辑”菜单中的第一项“撤销”或按快捷键“Ctrl+Z”,可撤销最近一次所进行的操作。

(2)关于回收站

① 概念:回收站是 Windows 在硬盘(移动硬盘)或其他大容量存储设备上开辟的空间(默认为总容量的 10%,可通过回收站的属性重新设置),用来存储被删除的文件和文件夹。用户既可以使用“回收站”恢复被误删除的文件和文件夹,也可以清空“回收站”以释放更多的磁盘空间。回收站记录了被删除对象的名称、位置、日期等信息,如图 2.27 所示。

② 还原、恢复文件(夹):从桌面或资源管理器中打开回收站,选中要还原的对象,选择“文件”菜单或快捷菜单中的“还原”(如图 2.28 所示),即可将其还原到被删除的位置。

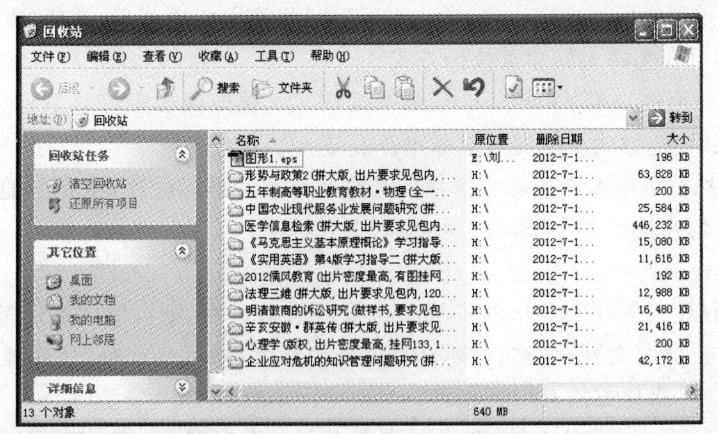

图 2.27　“回收站”窗口

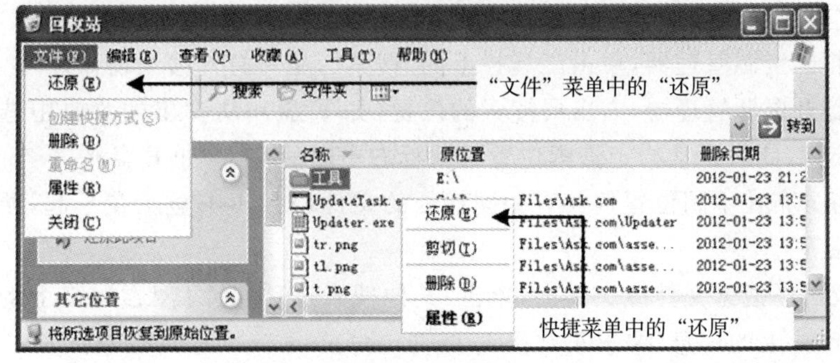

图 2.28　还原被删除的对象

提示:也可将所选对象恢复到其他位置,方法是直接将其拖拽到你想要放置的地方即可。

③ 删除回收站的文件(夹)、清空回收站:删除只是删除选定的对象,而清空则是全部删除,这种删除是彻底删除,彻底删除是不能恢复的。

④ 回收站采用先进先出的管理方式,若回收站空间已满,当后续的文件(夹)放入回收站时,最早的文件(夹)将被删除,不可恢复;软盘、小容量存储和网络驱动器没有回收站;超过回收站容量的文件则直接被删除;按 Shift 键删除为彻底删除。

7. 创建快捷方式

快捷方式是 Windows 提供的一种快速启动程序、打开文件(夹)和对象的方法。快捷方式可以和 Windows 系统中的任意对象相链接,打开快捷方式则意味着打开了对应的对象,而删除快捷方式却不会影响所链接的对象的存在。通过在桌面上创建指向对象的快捷方式,用户可方便快捷地访问该对象。事实上,在开始菜单中的内容都是对象的快捷方式。

快捷方式的图标上有个弯曲的箭头,该箭头表明这是一个快捷方式,而普通图标则没有这样一个箭头,如图 2.29 所示。

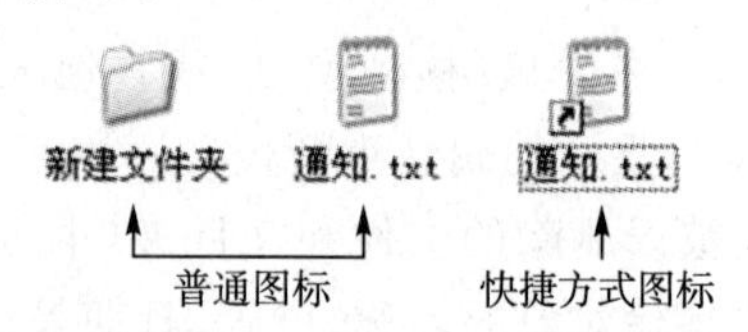

图 2.29　快捷方式图标与普通图标的区别

创建快捷方式一般有以下几种方法:

方法 1(发送到桌面):选定对象,单击被选区域将弹出快捷菜单,选择“发送到”中的“桌面快捷方式”即可在桌面上创建其快捷方式。

方法 2(鼠标拖拽):按“Ctrl+Shift”键或按住 Alt 键拖拽选定的对象到目标位置,则在目标位置创建其快捷方式。拖拽时鼠标指针改变为形状。

方法 3(鼠标右键拖拽):鼠标右键拖拽选定的对象到目标位置,从弹出的快捷菜单中选择“在当前位置创建快捷方式”即可,参见图 2.21。

8. 搜索文件(夹)

计算机中存放的文件(夹)非常多,如果忘记了存放位置,则可使用系统提供的搜索功能进行查找。通过文件(夹)的名称、日期、内容、类型和大小,可以准确、快速地对计算机的文件(夹)进行定位。操作方法有以下几种:

方法 1:单击“开始”菜单中的“搜索”,或在桌面上直接按 F3 键,则会打开搜索窗口,输入搜索条件并指定搜索选项,然后单击“搜索”即可。

方法 2:打开资源管理器,单击工具栏上的“搜索”,也可打开搜索窗口。

方法 3:打开资源管理器,右击要搜索的位置(如 E 盘),从弹出的菜单中选择“搜索”也可打开搜索窗口,此时自动指定搜索位置为鼠标右击时的位置(如 E 盘)。

搜索可将分布在不同位置但具有相同特征的文件(夹)集中显示在一起,便于成批操作(如复制、删除等)。

搜索不仅可以搜索文件或文件夹,单击“其他搜索选项”还可搜索网络上的计算机和用户,甚至 Internet 上的信息(要求正常接入 Internet)。

9. 查看、修改文件(夹)属性

文件属性包括名称、类型、位置、大小、创建时间等;文件夹属性包括名称、类型、位置、容量(所含文件及文件夹个数及文件大小总和)、创建时间等。右击选定对象区域即弹出如图 2.30 所示的对话框。

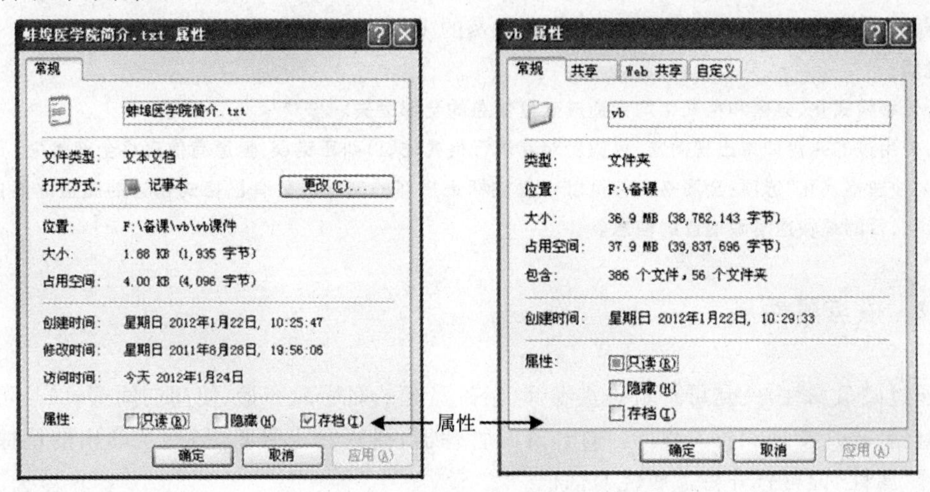

图 2.30　文件及文件夹属性对话框

此外,"只读"属性禁止对文件内容进行修改(但可改变名称或改变位置另存),常用于文件的保护;"隐藏"属性可将其隐藏,常用于标记重要文件。

2.6　Windows XP 的磁盘管理

磁盘管理包括磁盘格式化、磁盘清理、磁盘查错、磁盘碎片整理及磁盘属性查看等。

2.6.1　磁盘格式化

磁盘是存储信息的介质,而信息存储在磁盘上依赖于特殊的格式。磁盘格式化就是对磁盘进行磁道和扇区的划分,建立引导区、文件分配表、文件目录表和数据区,以便于使用和管理磁盘的空间。操作系统是无法向一个没有格式化的磁盘中写入信息的,因此新盘在使用之前必须先进行格式化。

1. 格式化 U 盘

打开资源管理器,右击 U 盘图标将弹出快捷菜单,选择"格式化",在格式化对话框中单击"开始"即开始格式化。

2. 格式化硬盘

硬盘的使用需经过三个步骤:低级格式化、硬盘分区和高级格式化。

(1)低级格式化

硬盘在出厂时已进行过低级格式化,用户一般不需要做此项工作。

(2)硬盘分区

分区是将一个物理磁盘划分为多个分区,对每个分区的管理就像对实际的物理磁盘管理一样,所以称其为逻辑磁盘。逻辑磁盘也像物理磁盘一样分配盘符,如"D:"、"E:"、"F:"

等。大多数的计算机上一般只安装一个硬盘，所以我们看到的多个盘符都是逻辑磁盘。

(3)高级格式化

即普通的格式化，其操作过程与上述提及的U盘格式化相同。

说明：

①低级格式化、分区和格式化均会造成磁盘信息的全部丢失。

②使用过的磁盘如果出现问题，可重新对其进行格式化，以纠正错误，但原有信息将全部丢失。

③“快速格式化”选项：全面格式化可以修复或标记损坏的扇区。只有已格式化过的磁盘才能进行快速格式化，目的是快速清除磁盘的信息。

2.6.2 磁盘属性

通过磁盘属性，一是可查看磁盘卷标（给磁盘起的名字）、容量、使用空间等，二是可启动磁盘查错、碎片整理和备份程序。打开资源管理器，鼠标右击磁盘图标，从弹出的快捷菜单中选择“属性”即可打开磁盘属性对话框。

2.6.3 磁盘查错

无论是硬盘还是U盘，经过一定时间的使用后，难免会出现错误。这些错误可能是物理上的，也可能是逻辑上的，磁盘查错的目的就是纠正这些错误。对于物理上的错误，系统会将其做上标记，以后就不会再使用该错误区域，但关键位置的错误将导致磁盘无法使用而报废。对于逻辑上的错误，系统尽可能将其修复以继续使用。

右击需要查错的磁盘→选择“属性”→选择“工具”选项→单击“开始检查”，即可进行查错操作。

2.6.4 磁盘清理

磁盘清理的目的是通过删除临时文件、Internet缓存文件、不再使用的Windows组件和程序、清空回收站以及其他不需要的安装文件等，帮助用户释放磁盘空间。

右击需清理的磁盘→选择“属性”→选择“常规”选项→单击“磁盘清理”，即可进行清理操作。

2.6.5 磁盘碎片整理

在磁盘上删除旧文件并添加新文件时，就会出现同一文件的各个部分分散在磁盘的不同区域，这种分散存储的区域就是文件的碎片。每次打开文件时，计算机都必须搜索磁盘查找文件的所有部分，这将降低对磁盘的访问速度，因而导致整个系统速度的降低。

磁盘碎片整理程序的目的，就是将硬盘上的碎片文件合并在一起，使其占据单个和连续的空间，从而更有效地访问文件及保存新的文件，达到提高访问速度的目的。

右击需要整理的磁盘→选择“属性”→选择“工具”选项→单击“开始整理”，即可进行碎片整理操作。

2.7 Windows XP 的控制面板

Windows XP 的控制面板是系统提供的一个系统工具，通过它可以设置计算机的软硬件资源的配置，满足个性化的需求。

打开控制面板有两种方法，一是在“资源管理器”窗口中打开，二是从“开始”菜单中打开。打开后的控制面板窗口如图 2.31 所示。

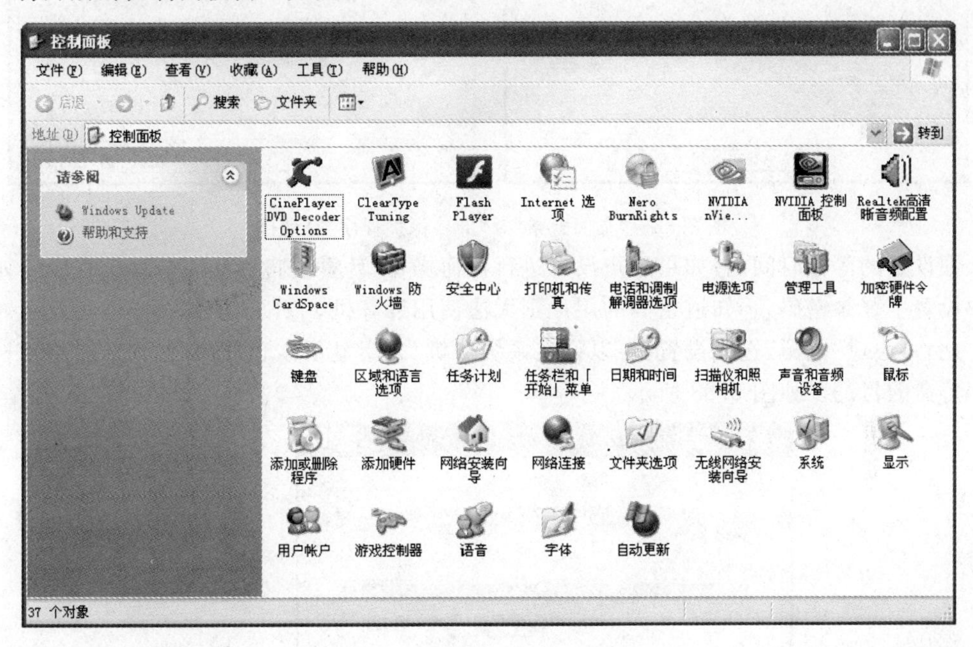

图 2.31 “控制面板”的经典视图模式

2.7.1 显示属性

1. *桌面主题*

主题是指系统配置好的具有不同风格的操作界面，包括桌面背景、活动窗口的颜色、显示字体大小等。

2. *桌面*

主要是桌面背景颜色和图片的设置。用户既可以用不同颜色作为桌面背景，也可以使用图片作为桌面背景，如图 2.32(左图)所示。

3. *屏幕保护程序*

屏幕保护程序简称屏保，其作用有两个，一是保护显示器的使用寿命；二是阻止未经授权用户使用计算机。

屏幕保护程序大多使用在屏上不断变化的动态图形，避免显示器局部过度损耗，从而延长了显示器的使用寿命。

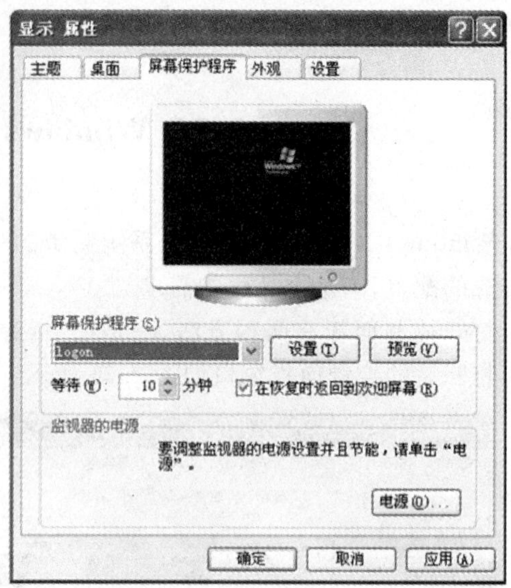

图 2.32 "桌面背景"及"屏幕保护程序"对话框

在设定的等待时间内，如果用户没有进行任何操作，计算机将启动屏幕保护程序。如果用户设置了登录密码，不知道密码的用户则无法使用计算机。

此外，通过"电源"选项设置，可以设定系统待机、关闭显示器和硬盘，达到节能和延长显示器寿命的目的。如图 2.33 所示。

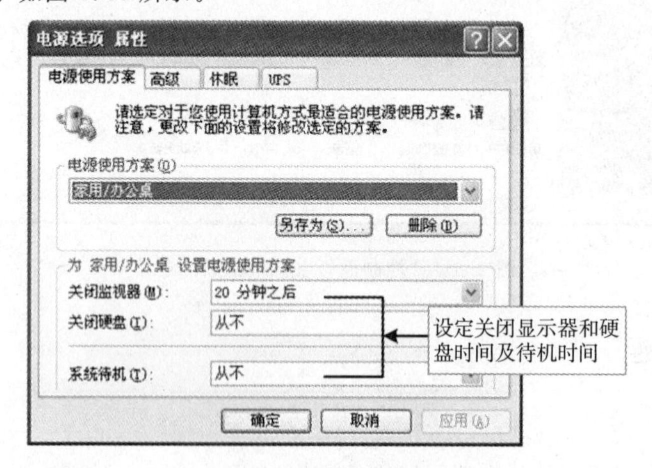

图 2.33 电源选项设定

4. 外观

外观是指桌面、窗口、按钮、图标、字体、菜单和色彩搭配等，除了系统提供的外观外，也允许用户进行个性化设置。默认的外观为"Windows XP 样式"，尽管允许用户进行更改，但若设置不当，不仅影响视觉效果，还可能造成操作上的不便。

5. 设置

"设置"主要是对屏幕分辨率、颜色质量、刷新频率和双显示器的设置。

(1)屏幕分辨率和颜色数

屏幕分辨率是指屏幕长和宽排列像素点的多少，如早期的640×480、800×600、1024×768 等，及较新的 1440×900、1600×900 或更高的分辨率。其中的1440×900的 1440 指水平方向的像素点数，900 指垂直方向的像素点数。屏幕分辨率越高，显示图像的质量和可视范围也越高。屏幕分辨率的高低与显卡性能有密切关系，同时也需要显示器的支持。分辨率并不是越高越好，太高的分辨率可能造成显示器不支持而不能显示，或造成视觉效果较差，所以应设置成最佳分辨率。分辨率的调整可通过拖拽分辨率滑块来设置，如图 2.34 所示。

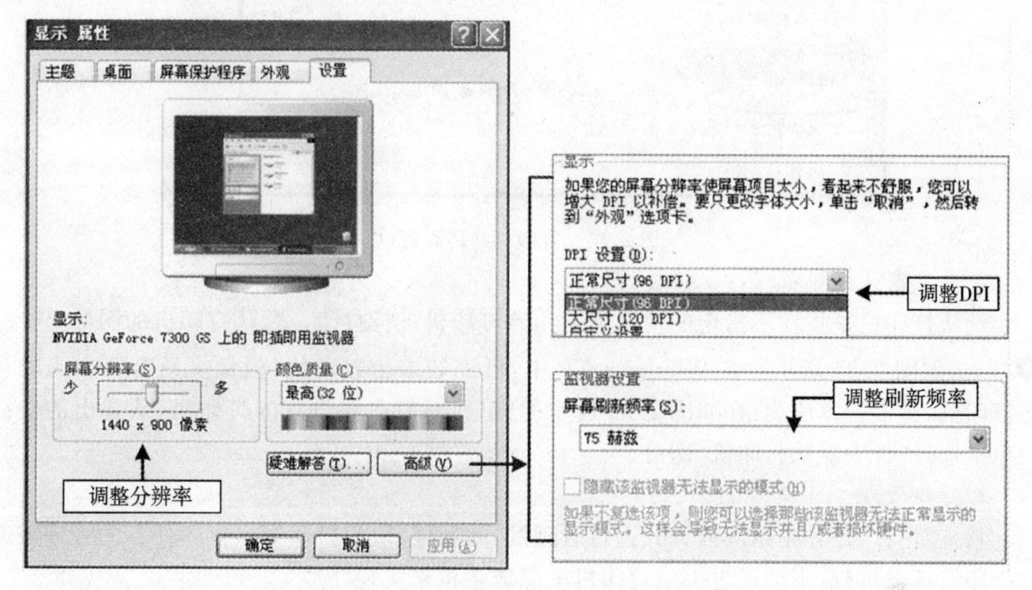

图 2.34　分辨率、DPI 及刷新频率的调整

（2）屏幕字体大小

如果屏幕项目太小，看起来不舒服，可以在不改变分辨率的情况下，通过"高级"选项调整 DPI(Dot Per Inch，点/吋)来改变字体的大小，如图 2.34 所示。

（3）屏幕刷新频率

即屏幕上的图像每秒钟出现的次数，单位是赫兹(Hz)。刷新频率越高，屏幕上图像闪烁感就越小，稳定性也就越高，但太高的刷新频率可能导致显示器无法显示或硬件的损坏。

（4）双显示器设置：Windows XP 允许一块显卡连接两个显示器，以扩展屏幕显示。

2.7.2　日期和时间

通过选择控制面板中的"日期和时间"或双击任务栏右端的时钟均可打开日期时间设置对话框。

说明：日期和时间也可在开机时通过 BIOS 程序进行设置。

2.7.3　打印机

1. 安装打印机

安装打印机是指打印驱动程序的安装，没有安装打印驱动程序的系统无法进行预览，更无法打印。从"开始"菜单或控制面板中选择"打印机和传真"，在打开的"打印机和传真"窗口(图 2.35)中单击"添加打印机"或"文件"菜单中的"添加打印机",接下来按照向导的提示一步一步地进行即可。

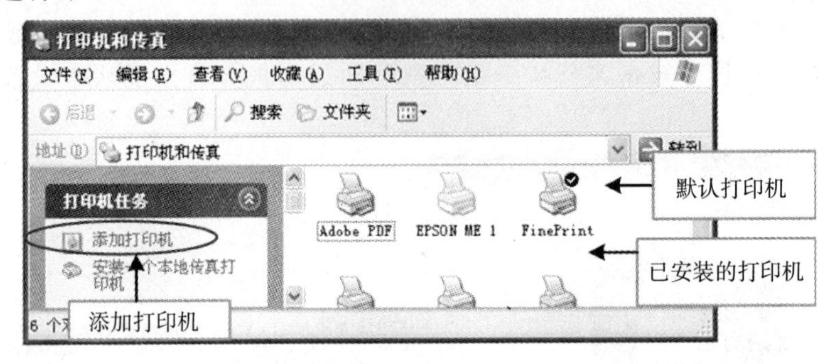

图 2.35　打印机和传真窗口

2. 设置默认打印机

默认打印机是指在不指定的情况下就用该打印机进行打印。默认打印机的图标上带有✔标志,如图 2.35 所示。在 Windows XP 中,可安装多个打印机,但最多只有一个为默认的打印机,其设置方法为:在如图 2.35 所示的窗口中,右击要设置的打印机,从弹出的快捷菜单中选择"设为默认打印机"即可。

3. 打印管理

系统对打印任务是以队列方式进行管理的(如暂停、取消打印等),打印任务的管理需通过打印管理器进行,不能通过关闭打印机电源或主机来实现。

双击任务栏右端的打印机图标,或通过开始菜单和控制面板中的"打印机和传真"均可打开打印管理器,如图 2.36 所示。

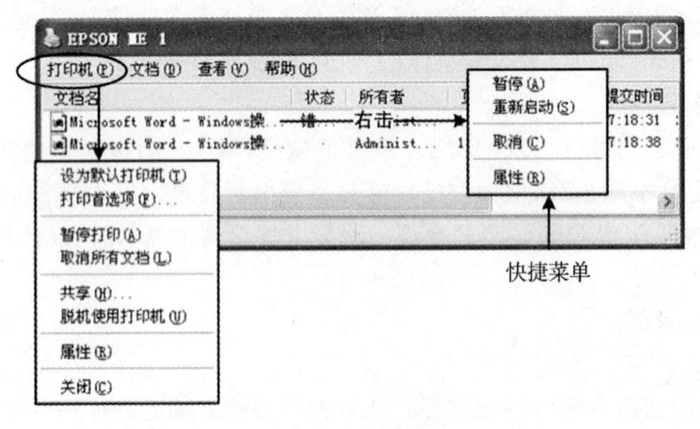

图 2.36　打印管理器

2.7.4　应用程序安装与删除

1. 添加程序

安装应用程序,可按以下两种方法操作。

①通过控制面板,打开"添加或删除程序"窗口,选择"添加新程序",单击"CD 或软盘"按钮(如图 2.37 所示),根据安装向导选择安装程序。

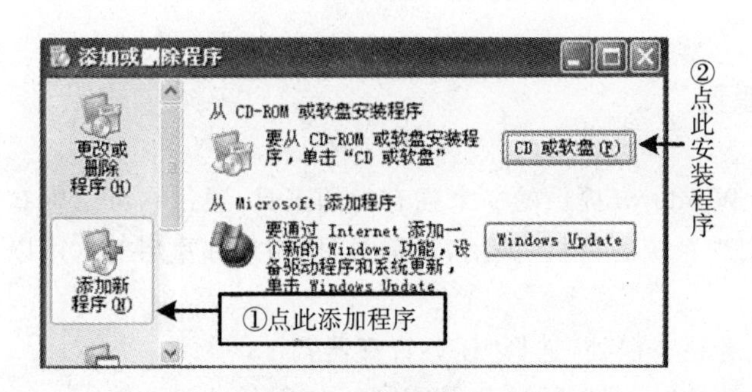

图 2.37　添加程序界面

②通过应用程序的安装向导，其名称一般是“Setup.exe”。

2.删除程序

删除程序即卸载已经安装的程序。运行于 Windows 环境下的程序，在安装时不仅要将其自身复制到相应文件夹中，同时也会向系统文件夹复制必要的支撑文件及对系统进行相关设置。如果简单地删除安装文件，在系统中会残留相关支持文件和设置信息，久而久之会在系统中留下大量垃圾，影响系统的性能和占用外存空间。为解决这些问题，一是通过 Windows 的控制面板中的“添加或删除程序”功能进行删除；二是利用应用程序自身提供的卸载功能来删除。

(1)利用 Windows 的“添加或删除程序”

打开控制面板，选择“添加或删除程序”，进入“添加或删除程序”窗口，再选择第一项“更改或删除程序”，单击列表中要删除的程序，再单击“删除”按钮，如图 2.38 所示。

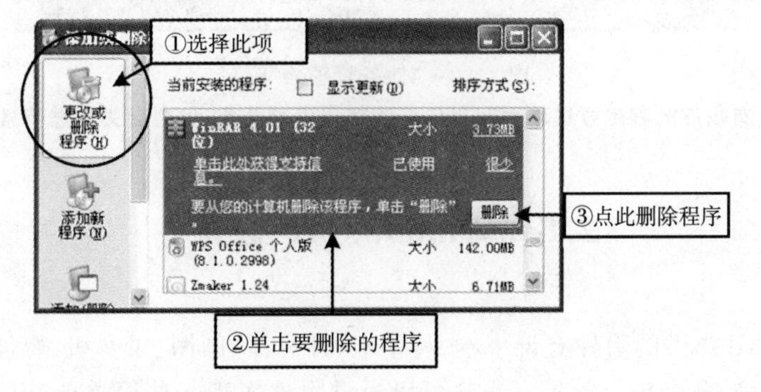

图 2.38　删除程序

(2)利用程序自身提供的卸载功能

单击“开始”，从“所有程序”中选择要删除的程序菜单，选择“卸载 xxx”或“Uninstall xxx”，如图 2.39 所示为卸载“腾讯视频”程序的操作步骤。

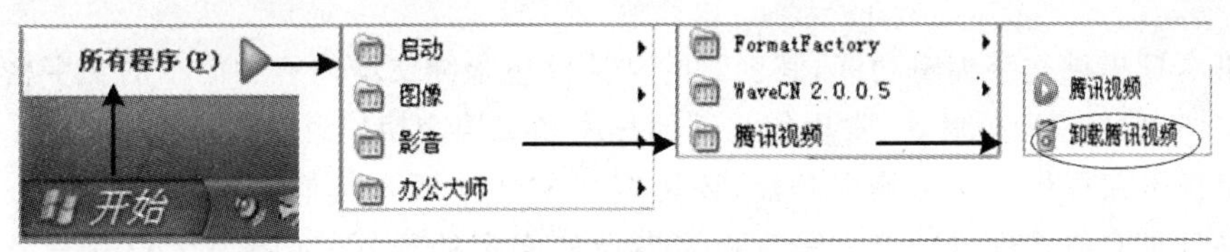

图 2.39　卸载程序

2.7.5 任务管理器

任务管理器是 Windows 提供的一个强有力的工具，通过它可以查看和强行关闭运行中的程序和进程；可实现系统的待机、关闭、注销、切换用户和重启等。用以下两种方法打开任务管理器。

方法 1：右击任务栏空白处，选择“任务管理器”。

方法 2：使用快捷键“Ctrl＋Alt＋Del”或“Ctrl＋Shift＋ESC”。

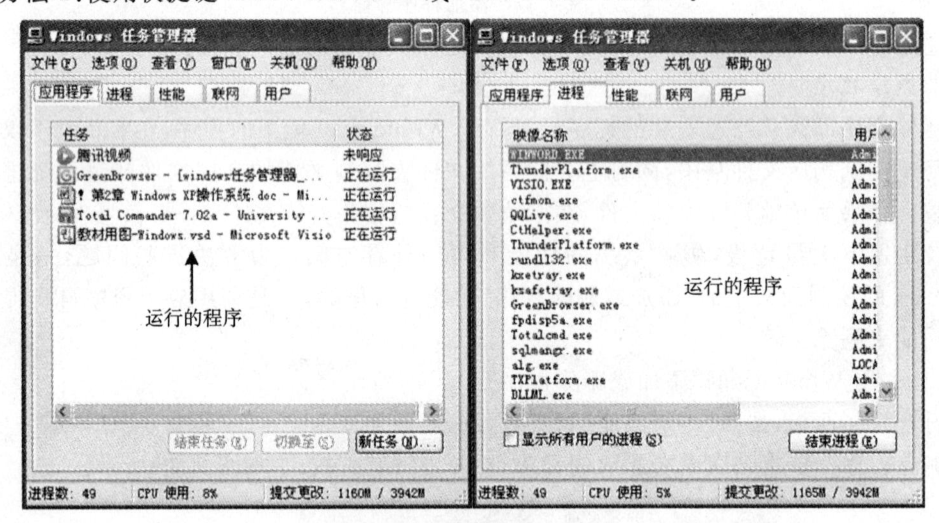

图 2.40 “任务管理器”窗口

说明：对于没有响应的程序或进程可利用任务管理器强行关闭，但会丢失数据信息。

2.8 Windows XP 的附件

Windows XP 提供的附件有记事本、写字板、计算器、画图、录音机、媒体播放器、网络连接向导、远程协助、命令提示符等。用户可以通过附件实现一些简单的功能和常规的操作。这里仅介绍较为常用的几种。

2.8.1 记事本和写字板

记事本只提供文字编辑功能，其创建的文档仅包含纯文本内容和简单的文字格式设置，保存的文档以“txt”为扩展名，常用作与其他程序和文档交换信息。

写字板不仅提供了文字编辑功能，还可以在文档中插入其他对象（如图片、Excel 工作表等），并且具有格式编排功能。写字板与专业的文字处理软件（如 Word）有一定差距，保存的文档以“doc”为扩展名，可以打开 TXT（文本文档）、RTF（多信息文本文件）等。

2.8.2　计算器

计算器有标准型和科学型两种形式，可通过“查看”菜单进行选择。标准型只能实现一些简单的计算功能，科学型包含常用函数和各种进制转换等功能。

2.8.3　画图

画图程序能实现一些简单的图像绘制功能，可以将图像保存为常见的图像格式，同时也可以打开常见图像格式文档，如图 2.41 所示。

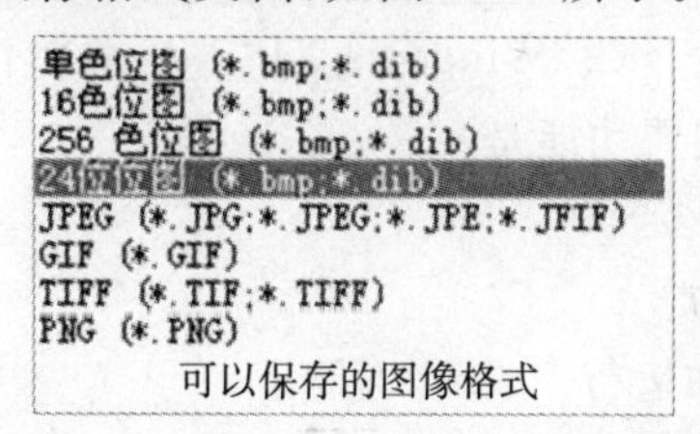

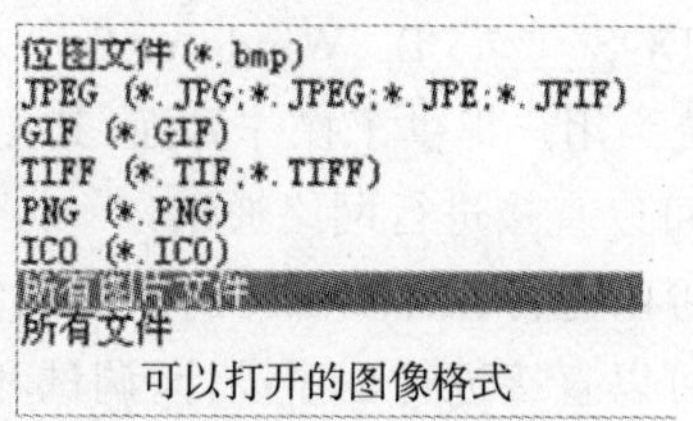

图 2.41　画图可以处理的图像格式

在绘制图形时，按住 Shift 键可以绘制出规则图形，如圆和正方形。

2.8.4　录音机

录音机程序允许从话筒录制一定时间的声音，存储为以“wav”为扩展名的波形文件。

2.8.5　命令提示符

运行于 Windows 下的 MS-DOS 方式，允许用户以字符命令的方式使用计算机。从“附件”中的“命令提示符”或在运行对话框中输入命令“CMD”均可打开命令提示符(DOS)窗口，如图 2.42 所示。

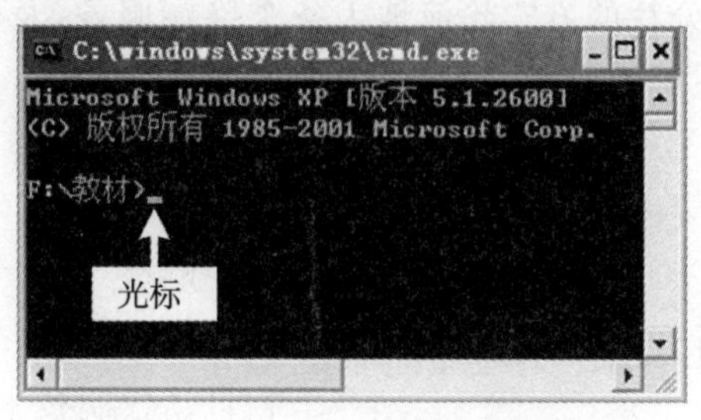

图 2.42　命令提示符(DOS)窗口

在 DOS 窗口按“Alt＋Enter”键可在窗口与全屏幕状态进行切换，输入命令“Exit”或单击窗口上的“关闭”即可退出命令提示符状态。

习　题

一、单项选择题

1. 微机键盘上的 Insert 键称为______。

   A. 插入与改写转换键　　B. 上档键　　C. 退格键　　D. 换档键

2. 微机启动时，首先同用户打交道的软件是______。

   A. 操作系统　　B. Word 字处理软件

   C. 语言处理程序　　D. 实用程序

3. 以下操作系统中，不是多任务操作系统的是______。

   A. MS-DOS　　B. Windows 7　　C. Windows XP　　D. Linux

4. 操作系统为用户提供了操作界面，其主要功能是______。

   A. 用户可以直接进行网络通讯

   B. 用户可以进行各种多媒体对象的欣赏

   C. 用户可以直接进行程序设计、调试和运行

   D. 用户可以用某种方式和命令启动、控制和操作计算机

5. 下列四种操作系统中，以"及时响应外部事件"（如炉温控制、导弹发射等）为主要目标的是______。

   A. 批处理操作系统 B. 分时操作系统　　C. 实时操作系统　　D. 网络操作系统

6. 关于文件的存储，下列说法正确的是______。

   A. 一个文件必须存储在磁盘上一片连续的区域中

   B. 一个文件可以存储在磁盘的不连续区域中

   C. 磁盘整理一定能将文件连续存放

   D. 文件的连续存放与否与文件的类型有关

7. 操作系统用来协调和管理计算机的软硬件资源，同时还是______之间的接口。

   A. 主机和外设　　B. 用户和计算机

   C. 系统软件和应用软件　　D. 高级语言和计算机语言

8. 主计算机采用时间分片的方式轮流地为各个终端服务，及时对用户的服务请求予以响应，这样的操作系统类型是______。

   A. 单用户　　B. 批处理　　C. 分时　　D. 分布式

9. 在 Windows 中，各应用程序之间的信息交换可以通过______进行。

   A. 记事本　　B. 画图　　C. 剪贴板　　D. 写字板

10. 家用电脑能一边听音乐，一边玩游戏，这主要体现了 Windows 的______。

    A. 人工智能技术　　B. 自动控制技术

    C. 文字处理技术　　D. 多任务技术

11. 在 Windows XP 中，用户可以同时打开多个窗口，此时______。

    A. 所有窗口的程序都处于后台运行状态

    B. 所有窗口的程序都处于前台运行状态

    C. 只能有一个窗口处于激活状态，它的标题栏颜色默认呈深蓝色

D. 只有一个窗口处于前台运行状态，其余的程序则处于停止运行状态

12. 在 Windows 中，剪贴板是程序和文件间用来传递信息的临时存储区，剪贴板是______。

A. 在回收站中　B. 在硬盘中　C. 在内存中　D. 在软盘中

13. Windows 的“开始”菜单集中了很多功能，下列对其描述较为准确的是______。

A.“开始”菜单是计算机启动时所打开的所有程序的列表

B.“开始”菜单是用户运行 Windows 应用程序的入口

C.“开始”菜单是当前系统中的所有文件

D.“开始”菜单代表系统中的所有可执行文件

14. 在 Windows 中，“开始”菜单里的“运行”项的功能不包括______。

A. 通过命令形式运行一个程序

B. 通过键入“cmd”命令进入虚拟 DOS 状态

C. 通过运行注册表程序可以编辑系统注册表

D. 设置鼠标操作

15. 在 Windows XP 中，强行关闭微机电源______。

A. 可能破坏系统设置　B. 可能破坏某些程序的数据

C. 可能造成下次启动故障　D. 以上情况均有可能

16. Windows XP 的特点包括______。

A. 图形界面　B. 多任务　C. 即插即用　D. 以上都对

17. 删除 Windows 桌面上的“Microsoft Word”快捷图标，意味着______。

A. 该应用程序连同其图标一起被删除

B. 只删除了该应用程序，对应的图标被隐藏

C. 只删除了图标，对应的应用程序被保留

D. 下次启动后图标会自动恢复

18. 如用户在一段时间内______，Windows 将启动执行已设置的屏幕保护程序。

A. 没有按键盘　B. 没有移动鼠标

C. 既没有按键盘，也没有移动鼠标　D. 没有使用打印机

19. 在 Windows 中查找文件时，如果在“全部或部分文件名”框中输入“*.doc”，表明要查找的是______。

A. 文件名为“*.doc”的文件　B. 文件名中有一个 * 的 doc 文件

C. 所有的 doc 文件　D. 文件名长度为一个字符的 doc 文件

20. 在 Windows 中，当一个文档被关闭后，该文档将被______。

A. 保存在外存中　B. 保存在内存中　C. 保存在剪贴板中　D. 保存在回收站中

21. 在 Windows 中，将光盘放入光驱中，光盘内容能自动运行，是因为光盘的根目录中有______文件。

A. autoexec. bat　B. config. sys

C. autorun. inf　D. setup. exe

22. 在 Windows XP 中，“记事本”生成______类型的文件。

A. txt　　B. pcx　　C. doc　　D. jpeg

23. Windows XP 提供的搜索功能十分强大，但不能搜索______。
A. 文件　　B. 文件夹
C. 网络中的计算机　　D. 已被删除的文件

24. 在 Windows 中，在不同驱动器之间复制文件时可使用的鼠标操作是______。
A. 拖曳　　B. Shift＋拖曳　　C. Alt＋拖曳　　D. Ctrl＋拖曳

25. 在 Windows 中，当键盘上有字符键损坏时，可以使用中文输入法中的______来输入字符。
A. 光标键　　B. 功能键　　C. 小键盘区键　　D. 软键盘

26. 如果要彻底删除系统中已安装的应用软件，最正确的方法是______。
A. 直接找到该文件或文件夹进行删除操作
B. 用控制面板中的“添加/删除程序”或软件自带的卸载程序完成
C. 删除该文件及快捷图标
D. 对磁盘进行碎片整理操作

27. 在 Windows XP 启动过程中，系统将自动执行“程序”菜单中的______项所包含的应用程序。
A. 程序　　B. 附件　　C. 启动　　D. 游戏

28. 在 Windows 中，计算机利用______与用户进行信息交换。
A. 菜单　　B. 工具栏　　C. 对话框　　D. 应用程序

29. 在 Windows 中，可以通过下列______进行系统硬件配置。
A. 控制面板　　B. 回收站　　C. 附件　　D. 系统监视器

30. 在 Windows 中，在控制面板中，通过______组件，可以查询这台计算机的名称。
A. 日期和时间　　B. 系统　　C. 显示　　D. 自动更新

二、多项选择题

1. 在 Windows 中，用下列方式删除文件，不能通过回收站恢复的有______。
A. 按“Shift＋Del”组合键删除的文件
B. U 盘上的被删除文件
C. 被删除文件的长度超过了“回收站”空间的文件
D. 在硬盘上，通过按 Del 键后正常删除的文件

2. Windows XP 中，搜索功能可以______。
A. 按名称和内容搜索　　B. 按文件的大小搜索
C. 按修改日期搜索　　D. 按删除的顺序搜索

3. 下列关于 Windows 回收站中有关文件的叙述中，正确的有______。
A. 文件是用户删除的文件　　B. 文件是不占用磁盘空间的
C. 文件是可恢复的　　D. 文件是不可打开运行的

4. 通过控制面板“显示”能够设置的是______。
A. 桌面背景　　B. 屏幕保护
C. 屏幕分辨率　　D. 系统的时间和日期

5. 在 Windows 中，下列关于文件夹的叙述，正确的有______。

A. 文件夹只能建立在根目录下
B. 文件夹可以建立在根目录下也可以建立在其他的文件夹下
C. 文件夹的属性可以改变
D. 文件夹的名称可以改变

6. 在 Windows 中，下列有关回收站的叙述，错误的有______。
A. 回收站只能恢复刚刚被删除的文件、文件夹
B. 可以恢复回收站中的文件、文件夹
C. 只能在一定时间范围内恢复被删除的磁盘上的文件、文件夹
D. 可以无条件地恢复磁盘上所有被删除的文件、文件夹

7. 在 Windows 中，下列属于系统所带“附件”中应用程序的有______。
A. 计算器　　B. 记事本　　C. 网上邻居　　D. 画图

8. 在 Windows 中，下列______操作可以在“控制面板”中实现。
A. 创建快捷方式　　B. 添加新硬件
C. 调整鼠标的使用设置　　D. 进行网络设置

9. 下列对控制面板的描述中，说法正确的有______。
A. 使用控制面板可以添加删除软件　　B. 使用控制面板可以添加删除硬件
C. 使用控制面板可以开发应用软件　　D. 使用控制面板可以设置显示属性

10. 在 windows 中修改时间的途径有______。
A. 双击任务栏上的时间后修改时间
B. 使用附件修改时间
C. 使用控制面板里的“日期和时间”修改时间
D. 使用控制面板里的“区域设置”修改时间

11. 在桌面上可以对图标进行的操作是______。
A. 移动图标位置　　B. 自动排列图标
C. 将快捷方式图标改为文件夹　　D. 将图标改为图片

12. 关于窗口最小化，下列说法错误的是______。
A. 程序窗口最小化后，程序也随即关闭
B. 程序窗口最小化后程序转为暂停状态
C. 程序窗口最小化后，程序仍然在运行
D. 程序窗口最小化后会大大影响程序的运行速度

13. 下列有关 Windows 剪贴板的说法，正确的有______。
A. 利用剪贴板可以实现一次复制、多次粘贴的功能
B. 复制或剪切新内容时，剪贴板上的原有信息将被覆盖
C. 利用剪贴板可以实现文件或文件夹的复制和移动
D. 关闭 Windows 操作系统，剪贴板中的信息丢失

14. 以下有关 Windows 菜单命令的描述，正确的有______。
A. 执行带省略号(…)的命令后会弹出对话框
B. 命令项显示呈灰色，表示该命令当前处于不可用状态
C. 命令项前有√符号，表示该命令正在起作用

D. 命令项前有图标,表示该命令还以按钮形式出现在工具栏上

15. 以下关于 Windows 的描述,正确的有______。

A. Windows 默认桌面上没有“我的电脑”图标

B. Windows 默认桌面上没有“我的文档”图标

C. Windows 可以方便地新建、删除用户账户

D. Windows 不可以进行多用户管理

16. 以下关于 Windows 窗口的描述,正确的有______。

A. Windows 中的窗口可以移动

B. Windows 中的窗口可以调整大小

C. Windows 中的窗口可以隐藏,最小化后该应用程序暂停运行

D. Windows 中的窗口可以复制

17. Windows 中选中某文件后,通过以下操作可以实现文件复制的有______。

A. 使用“编辑”菜单中的“复制”和“粘贴”命令

B. 使用“编辑”菜单中的“剪切”和“粘贴”命令

C. 使用“Ctrl+C”和“Ctrl+V”组合键

D. 按下 Ctrl 键的同时用鼠标在两个不同窗口之间拖曳

18. 在 Windows 中,通过“添加或删除程序”能够完成的任务有______。

A. 安装新的软件　　B. 删除已安装的软件

C. 安装并诊断硬件　　D. 安装 Windows XP 中未安装的组件

19. Windows XP 操作系统的主要特点有______。

A. 提供了友好的图形界面,方便用户使用

B. 能自动检测硬件,能识别绝大多数厂家所生产的硬件设备

C. 运行更加快捷、可靠,并具有完善的网络功能

D. 具有丰富的应用程序和附件

20. Windows 支持硬盘碎片整理,但硬盘碎片整理的作用不包括______。

A. 清除掉回收站中的文件　　B. 提高文件读写速度

C. 使文件在磁盘上连续存放　　D. 增大硬盘空间

三、填空题

1. 目前最常用的操作系统有____________、____________。

2. 图标是______________________________________。

3. 剪切、复制和粘贴的快捷键是_________________________。

4. 用通配符表示所有扩展名为“doc”的文件,其表示方法为______________________。

5. 磁盘碎片整理的目的是______________________________________。

6. 磁盘清理可以清理的内容有_________________________。

7. 可以对文件或文件夹进行管理的工具是_________________________。

8. 在 Windows 中,剪贴板中可存入______份内容,可粘贴______次。

9. 在“开始”菜单中的“运行”对话框中可实现的功能有_________________________。

10 剪贴板是_______________,其中可以存入的内容类型有_______________。

四、简答题

1. 简述应用程序窗口和文档窗口的主要区别;两种窗口切换的快捷键各有哪些?
2. 将信息存入剪贴板的操作有哪些?
3. 搜索功能包括哪些? 对于搜索文件,其优点有哪些?
4. 正确删除已安装的应用程序的途径有哪些?
5. 操作系统的作用是什么?

第 3 章

文字处理软件 Word 2003

【本章主要教学内容】

本章主要介绍办公应用软件及相关概念,Word 2003 文档的创建、编辑、排版、表格制作、图文混排及打印操作。

【本章主要教学目标】

◆了解办公软件及文字处理软件的基本概念。

◆掌握 Word 文档的创建、编辑、排版、表格制作、图文混排和打印操作。

◆熟悉 Word 的其他高级功能。

3.1 办公软件简介

办公软件是指可以进行文字处理、表格制作、幻灯片制作、日常工作中的数据处理、专业数据处理等方面应用的软件。主要产品有美国微软(Microsoft)公司的 MS-Office、中国金山公司的 WPS-Office 等。目前办公软件的应用范围很广,大到社会统计,小到会议记录、数字化的办公,都几乎离不开办公软件的鼎力协助。

3.1.1 文字处理软件简介

在现代信息社会中,文字处理的应用范围十分广泛,从文稿编辑、排版印刷,到各种事务管理、办公自动化,都涉及文字处理技术。文字处理,就是利用计算机对文字信息进行加工处理,其处理过程大致包括以下三个环节:

1. 文字编辑

使用键盘或其他输入手段将文字信息输入到计算机内部,并对其进行编辑、存储。

2. 文档排版

对编辑好的文档进行格式化(俗称排版),处理为人们所需要的表现形式。

3. 打印输出

将编排制作好的文档通过打印机输出给用户。

3.1.2 MS-Office 简介

MS-Office 是微软公司开发的一套基于 Windows 操作系统的办公软件套装。常用组件有 Word(文字处理)、Excel(日常数据处理)、Access(数据库管理)、PowerPoint(演示文稿制作)、FrontPage(网页制作)、Outlook(电子邮件管理)、OneNote(电子便笺)和 Visio(矢量图形制作)等。

MS-Office 从 1993 年发布 Office 3.0 版本以来,历经 Office 97、Office 2000、Office XP、Office 2003、Office 2007,到目前的 Office 2010,其包含的组件和功能都在不断提升,已成为办公软件的佼佼者,并占有全球 90%的份额。

Office 2003 版本发行于 2003 年,本章主要介绍它所包含的文字处理组件 Word 2003。

3.2 Word 2003 概述

中文 Word 2003 集文字编辑、图文混排、表格制作等功能于一体,是目前使用较为普遍的文字处理软件。

3.2.1 Word 2003 的运行环境和特点

1. 运行环境

Word 2003 版本可运行于常见的操作系统,如 Windows 2000、Windows XP、Windows 7 等。

2. Word 2003 的特点

①"所见即所得"(What you see is what you get) 的显示方式。

②支持图文混排、表格制作。

③提供模板、样式、向导功能。

④提供多种自动功能,如自动更正、自动图文集、拼写检查、字数统计等。

⑤多级撤销和反撤销功能。

⑥剪贴板可收集多达 24 项内容。

⑦可同时编辑多个文档。

⑧支持多种文档格式。

⑨可插入多种对象,如 Excel 工作表、图表、数学公式等。

⑩利用"宏"功能可实现操作的自动化。

3.2.2 启动与退出

1. 启动

安装 Office 软件后,在"开始"菜单的"程序"菜单下会建立"Microsoft Office"菜单项,并在桌面上建立它们的快捷方式。通过菜单或快捷方式均可启动 Word。

2. 退出

同其他应用程序一样,退出 Word 的方法有很多,最简单的方法是单击 Word 窗口右上角的"关闭"按钮。

3.2.3 窗口界面简介

同其他 Windows 应用程序一样,Word 的窗口也是由标题栏、菜单栏、工具栏、状态栏、滚动条、工作区(文档编辑区)等组成,如图 3.1 所示。

1. 标题栏

标题栏显示 Microsoft Word 应用程序名称和当前正在编辑的文档名称。

2. 工具栏

工具栏提供 Word 常用命令按钮,以方便用户操作。默认情况下仅显示"常用"和"格式"两个工具栏。

提示:右击菜单或工具栏处可打开工具栏选择菜单。

3. 标尺

标尺有水平标尺和垂直标尺两种,它可显示出文档中的文字在页面中的位置。此外,利用标尺还能实现页面设置、段落缩进、表格调整等操作。

提示:在“视图”菜单中,可选择是否显示标尺。

4. 文档编辑区

该区域是 Word 的工作区域,在此区域可对文档进行插入、删除、修改等操作。

5. 插入点光标

插入点光标用来指示当前操作的位置。

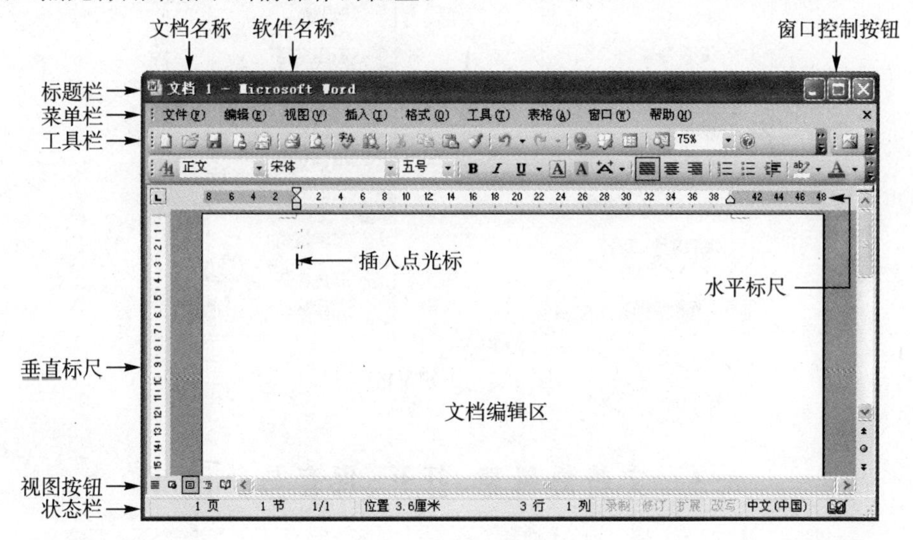

图 3.1　Word 窗口

6. 视图按钮

单击视图按钮可以改变文档的显示方式,常用的显示方式有:

(1)页面视图

页面视图适用于概览整个文稿的总体效果,是最常用的方式。

(2)普通视图

在普通视图中可以编辑文本和设置格式,但简化了页面的布局。

(3)大纲视图

大纲视图用缩进文档标题的形式代表标题在文档结构中的级别。

提示:利用“视图”菜单也可改变视图方式。

7. 状态栏

状态栏显示文档的相关信息,如当前页、插入点位置、文档总页数等状态信息。

8. 任务窗格

任务窗格是 Office 中提供的常用命令的工具,如图 3.2 所示。

提示:通过“格式”工具栏上的“格式窗格”或“视图”菜单中的“任务窗格”可将其显示或隐藏。另外,当选择任务窗格中所提供的某一项操作时,任务窗格窗口也会自动打开。

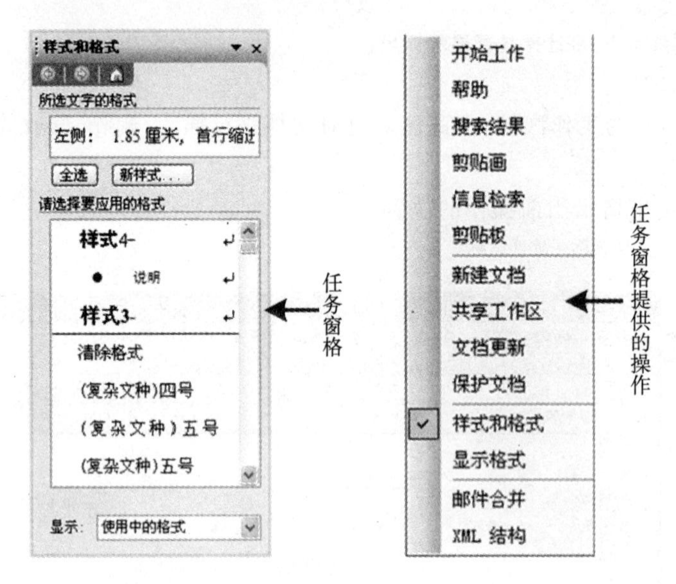

图 3.2 任务窗格

3.3 文档的创建、打开、保存与关闭

3.3.1 创建文档

用以下方法均可创建一新的空白文档：

方法 1：启动 Word 时自动建立一个新的文档；

方法 2：单击工具栏上的“新建”按钮或按快捷键“Ctrl＋N”；

方法 3：利用“文件”菜单中的“新建”。此时，任务窗格自动打开，其中提供了大量的用于创建各种类型文档的模板。

3.3.2 保存文档

编辑制作好的文档要及时保存，正在编辑的文档也要经常性地保存，以防意外（如断电）而造成信息丢失。保存文档的方法有以下几种：

方法 1：单击工具栏上的“保存”按钮；

方法 2：选择“文件”菜单中的“保存”或“另存为”；

方法 3：按快捷键“Ctrl＋S”。

说明：

①Word 默认的保存格式为“Word 文档”，其扩展名为“doc”。

②“另存为”对话框只在第一次保存时才会出现，在此可选择保存的位置、改变文档名称或类型。如图 3.3 所示。

图 3.3 “另存为”对话框

③在关闭文档时,如果忘记了保存,Word 会提示是否保存。如图 3.4 所示。

图 3.4 提示是否保存文档

④若选择文件菜单中的“另存为网页”,文档将以网页的形式保存,可使用浏览器显示。

3.3.3 关闭文档

关闭文档即结束对当前文档的查看及相关操作,同时可将文档内容长久保存到外存中。

3.3.4 打开文档

打开文档的目的是将保存在外存中的文档载入内存,供查看和编辑处理。单击工具栏上的“打开”按钮和“文件”菜单中的“打开”,或直接按快捷键“Ctrl+O”,均会弹出“打开”对话框。

说明:

① 在 Word 的“文件”菜单底部列出的文档,是最近打开过的文档,单击可直接打开该文档。

② 在“我的电脑”或“资源管理器”中,直接双击欲打开的文档也可将其打开。

③ 在“打开”对话框中,若选择多个文档,可一次性将它们全部打开。

3.4 文档编辑

3.4.1 定位插入点

在进行插入、删除或修改等操作时，必须将插入点定位到要操作的对象位置。定位插入点的方法有以下两种：

方法 1(利用鼠标)：将鼠标指针移动到所需位置后单击；

方法 2(利用键盘)：在某些情况下，使用键盘定位比用鼠标更加方便快捷，参见表 3－1。

表 3－1 键盘定位方法

键 盘	功 能
←	左移一个字符
→	右移一个字符
↑	上移一行
↓	下移一行
Home	移到行首
End	移到行尾
PageUp	上移一个屏幕
PageDown	下移一个屏幕
Ctrl＋Home	移到文档开头
Ctrl＋End	移到文档结尾

提示：按“Shift＋F5”键，可快速定位到上一个插入点位置。

3.4.2 输入文本

新建文档后，即可进行文本的输入，输入的文本出现在插入点处。

1. 文本输入的原则

Word 以段落标记(按回车键产生的标记)表示一个段落的结束，因此应在一段内容输入完毕后按一次回车键。

提示：单击“视图”菜单中的“显示段落标记”，可显示或隐藏段落标记。

2. 即点即输

用户使用“即点即输”功能可以快速地在空白区域中插入文字、图形、表格或其他项目。方法是在需要插入内容的空白区域中双击即可，如图 3.5 所示。

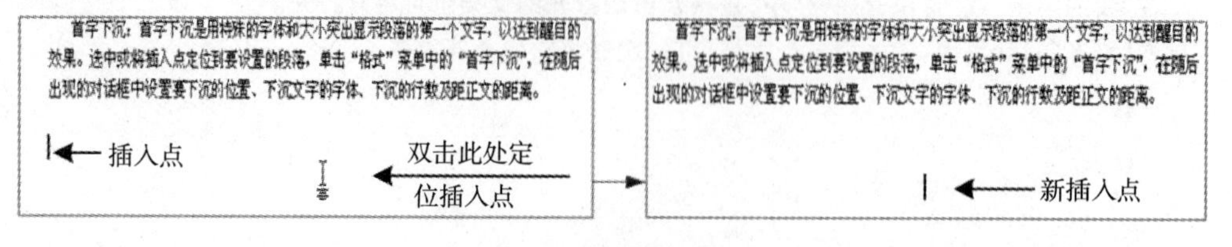

图 3.5 “即点即输”的效果

3. 特殊符号的输入

特殊符号的输入方法有两种：

①利用“插入”菜单中的“特殊符号”或“符号”。

②利用输入法提供的软键盘。

4. 插入文件

单击“插入”菜单中的“文件”可将其他文档内容插入到当前文档的插入点处。

5. 复制、粘贴

通过复制粘贴可将已存入剪贴板中的文本、表格或图形插入到当前文档的插入点处。

6. 换页

换页即另起一页，或称强制换页。默认情况下，一页内容排满以后会自动延续到下一页，若要强制另起一页，可单击“插入”菜单中的“分隔符”，选择“分页符”，或直接快捷键“Ctrl＋Enter”。

提示：双击状态栏的“改写”或“插入”，或直接按 Insert 键可改变插入与改写状态。处于“插入”状态时，输入的内容插入到当前位置，原有内容自动后移；处于“改写”状态时，输入的内容会替代原有内容。

3.4.3 选择文本

在 Windows 环境下，一般是先选择对象，然后对其下达操作的命令，Word 也不例外。在 Word 中，选择文本的方法有很多，可利用鼠标、键盘和鼠标加键盘进行选择。选中的文本区域以黑底白字形式（反相）显示，如图 3.6 所示。

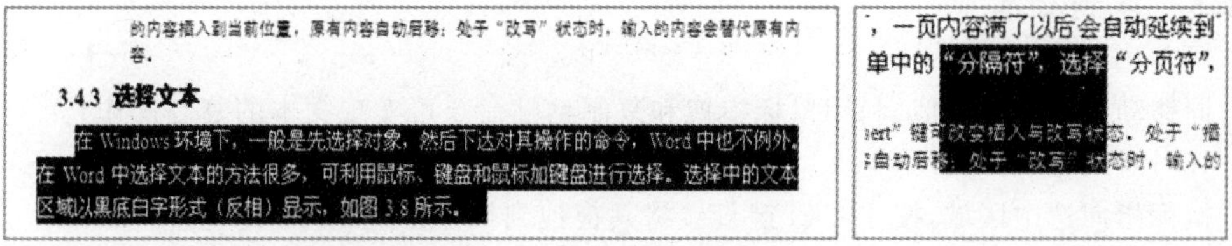

图 3.6 选中区域（左为行方式，右为块方式）

选择的范围及操作方法参见表 3－2。

表 3－2 文本的选择方法

选择范围	操作方法
选择一个单词（对英文）或词组（对中文）	在文本区内双击
选择一行	在选定栏单击
选择连续行	在选定栏拖拽
选择一段	鼠标在选定栏双击或在文本区三击
选择整个文档	鼠标在选定栏三击、选择“编辑”菜单中的“全选”或快捷键“Ctrl＋A”。
选择区域	用鼠标拖拽或按 Shift 键单击
选择多个区域	按住 Ctrl 键拖拽鼠标
选择矩形区域（块方式）	按 Alt 键拖拽鼠标
选择“格式相似的文本”	在快捷菜单中选择最后一项“格式相似的文本”

说明：

①选定栏：文本区与页面左侧的空白区域，当鼠标移到该区域时，指针变为↗形状。

② 按 Shift 键的同时，配合八个编辑键也可进行选择，参见表 3－3。

表 3－3　键盘选择操作

键盘操作	选择范围	键盘操作	选择范围
Shift＋→	向右选取	Shift＋Home	选择到行首
Shift＋←	向左选取	Shift＋End	选择到行尾
Shift＋↑	向上选取	Shift＋PageUp	向上选择一页
Shift＋↓	向下选取	Shift＋PageDown	向下选择一页

3.4.4　移动文本

利用鼠标拖拽和剪切粘贴命令，可方便地实现在文档区域内或文档间的文本移动。

1. 利用鼠标移动文本

鼠标指向选中区域，直接将其拖拽到目标位置即可。

2. 利用剪切粘贴命令

先“剪切”选中的文本，然后定位到目标位置，再“粘贴”。

说明：

①鼠标右键拖拽选定的文本到目标位置，在弹出的快捷菜单中选择“移动到此处”，也可实现移动。

② 在 Word 中，剪贴板最多可存放 24 份已剪切或复制的内容。

3.4.5　复制文本

同移动文本操作类似，利用鼠标拖拽和复制粘贴命令可实现文本的复制操作。

1. 利用鼠标

鼠标指向选中区域，按住 Ctrl 键直接将其拖拽到目标位置即可。

2. 利用复制粘贴命令

先“复制”选中的文本，然后定位到目标位置，再选择“粘贴”。

3.4.6　删除文本

1. 删除单个字符

按 Delete 键删除插入点后面一个字符；按 Backspace（退格）键删除插入点前面一个字符。

2. 删除选中区域字符

选定待删除的文本区域后，按 Delete 或 Backspace 键。

提示：选定文本后，直接输入内容即可将所选内容替换掉。

3.4.7　查找和替换文本

如果文档很长，人工查找或替换不仅非常麻烦，而且容易遗漏，此时可利用 Word 的查找和替换功能。在Word中,可以查找和替换的有文本、指定格式的文本和特殊字符。特殊字符是指无法用键盘直接输入的字符,如段落标记、分节符等。

1. 查找文本

单击“编辑”菜单中的“查找”或“Ctrl+F”键,即可打开“查找和替换”对话框。

①在“查找内容”框中输入要查找的内容,如“文档”二字,单击“查找下一处”可逐个进行查找。

②若勾选“突出显示所有在该范围找到的项目”,再单击“查找全部”,则将所查找的内容标记出来并报告共找到多少个。对标记出来的内容,可统一设置其格式等,如图3.7所示。

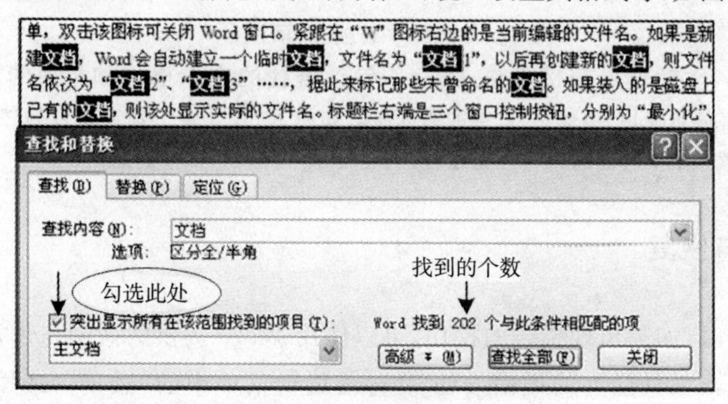

图3.7　标记所查找内容

③按指定格式查找:在对话框中,单击“高级”按钮,再单击“格式”按钮,可设定查找文本的格式,指定的格式出现在查找框下方,如图3.8所示。

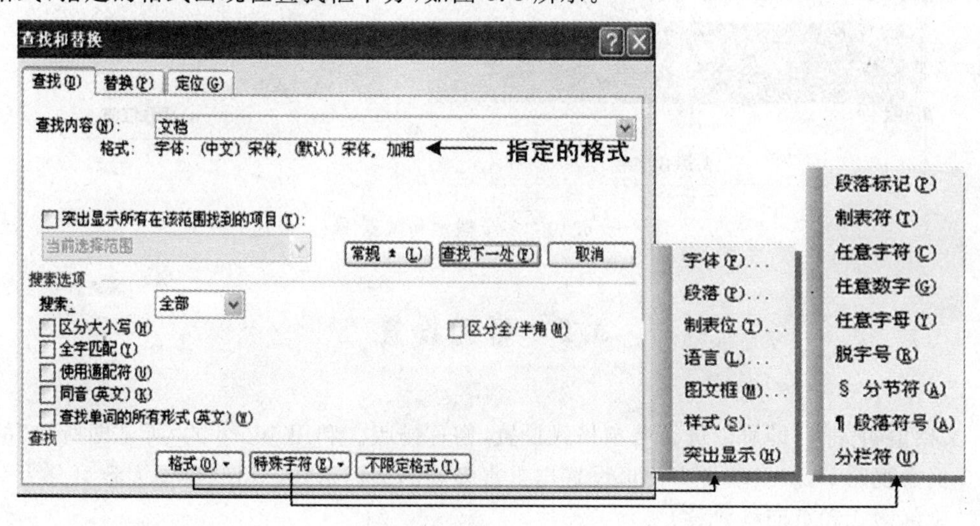

图3.8　指定格式和特殊字符

提示:单击“不限定格式”则清除指定的格式。

④查找特殊字符:是指用键盘无法输入或可以匹配任意字符的符号。单击“特殊字符”按钮,选择所需特殊字符,如图3.8所示。

提示:在退出“查找”对话框后,按“Shift+F4”键可重复查找操作。

2. 替换文本

替换的操作同查找类似,单击“编辑”菜单中的“替换”或按“Ctrl+H”键,即可打开“查找和替换”对话框。在“替换为”输入框内输入要替换的内容，单击“替换”可逐个替换，单击“查找下一处”可查找下一个或跳过要替换的内容，单击“全部替换”则全部替换所查找内容。

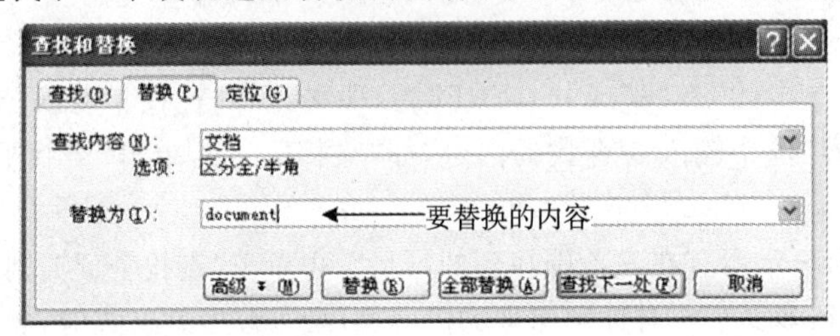

图 3.9 “替换”对话框

同查找一样，替换也可按指定格式进行，包括查找的文本格式和替换的文本格式。

说明：查找和替换可使用“特殊字符”中的通配符。如输入“江？省”，则可查找到江苏省和江西省，其中符号“?”代表任意一个字符。通配符可直接输入，也可从“特殊字符”中选择。

3.4.8 撤销与恢复

在编辑文档时，如果出现错误的操作，可以使用 Word 提供的撤销与恢复功能来返回到上一步操作。单击工具栏上的撤销按钮，或编辑菜单中的“撤销”，或按快捷键“Ctrl＋Z”，即可撤销上一步操作。单击工具栏上的恢复按钮或按“Ctrl＋Y”，则对刚撤销的操作实现恢复。撤销和恢复可进行多次。单击“撤销”或“恢复”按钮右侧的箭头按钮，在下拉菜单中依次显示了此前执行的操作，在此可实现多步连续的撤销或恢复，如图 3.10 所示。

图 3.10 多步撤销和恢复

3.5 格式设置

文档编辑完毕，即可以进行各项格式设置，俗称排版。利用 Word 的“所见即所得”的特点，在页面视图下，可以非常方便地设置出丰富多彩的文档格式。格式设置大致可分为字符格式、段落格式和页面格式等。

3.5.1 字符格式设置

字符格式主要包括字体、字形、字号、颜色等。在设置格式时，一般先选定要改变格式的文本，然后利用“格式”工具栏或“格式”菜单中的“字体”对话框。

1. 字体、字号设置

(1)字体设置

字体通常包括中文字体和英文字体，默认的中文字体为宋体，英文为“Times New Roman”。单击工具栏上的“字体”列表框下拉按钮，其中列出了所有可用的中英文字体，常用中文字体有宋体、黑体、楷体、仿宋、隶书等。

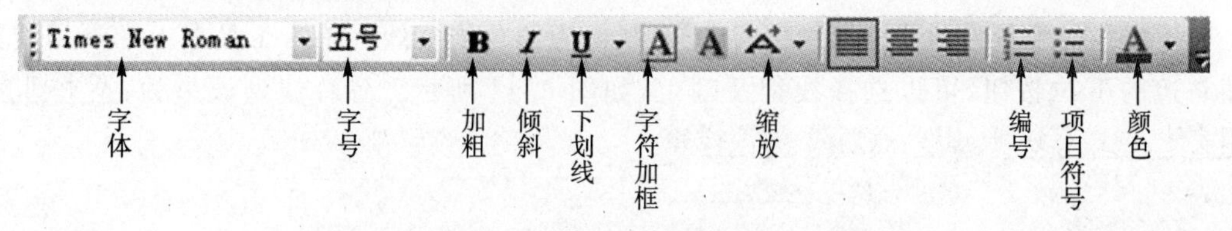

图 3.11 “格式”工具栏

设置的方法是：先选择欲设置的文本，再从“字体”框中选择所要的字体即可，如图 3.12 所示。

图 3.12 字体选择

(2)字号设置

字号包括中文的字号和英文的磅值，默认的字号为五号。中文字号越大，对应的文字越小，如：五号字、六号字；英文的磅值越大，对应的文字也越大，如：11 磅、13 磅、15 磅等。

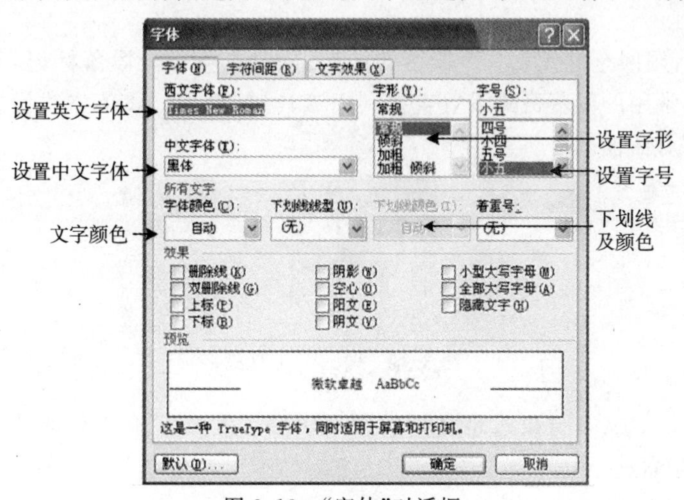

图 3.13 “字体”对话框

说明：

① 如果要设置的字号没有出现在列表中，可直接输入。

② 在“字体”对话框中可对中英文字体分别进行设置，而利用工具栏则无法做到这一点。

2. 字形设置

字形包括标准、加粗、倾斜及倾斜和加粗四种，其效果分别为标准、**加粗**、*倾斜*、***加粗和倾斜***。其设置方法类似于字体的设置。工具栏上的字形按钮（加粗**B**、倾斜*I*）类似于开关，比如"加粗"按钮，单击一次实现加粗，再单击一次则取消加粗。

3. 下划线设置

下划线的设置包括线型及颜色的选择，默认为黑色细实线。单击工具栏上的下划线按钮右边的下拉按钮，可以选择线型及颜色，如图 3.14 所示。各种线型效果为：双下划线、粗实线、点式下划线、虚线、点划线、波浪线等。

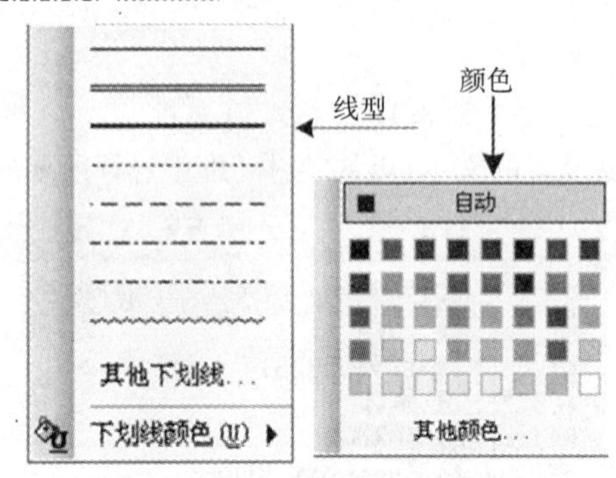

图 3.14　下划线的线型及颜色

4. 字符缩放设置

字符缩放是水平方向的，标准为 100%，大于 100%字符变宽，小于 100%字符变窄，如：字符缩放 150%、字符缩放 80%。

字符的其他格式设置类似于字体、字号，可在"字体"对话框中进行，各种格式效果为：~~删除线~~、上标、下标、阴影、空心、阳文、阴文、间 距 加 宽 2 磅、提升 4 磅、下降 4 磅等。

3.5.2　段落格式设置

在 Word 中，用回车键代表一个段落的结束，同时产生一个段落标记↵，其中包含有段落的格式信息。常用的段落格式设置直接利用工具栏，更多的段落格式设置可利用"格式"菜单中的"段落"对话框。

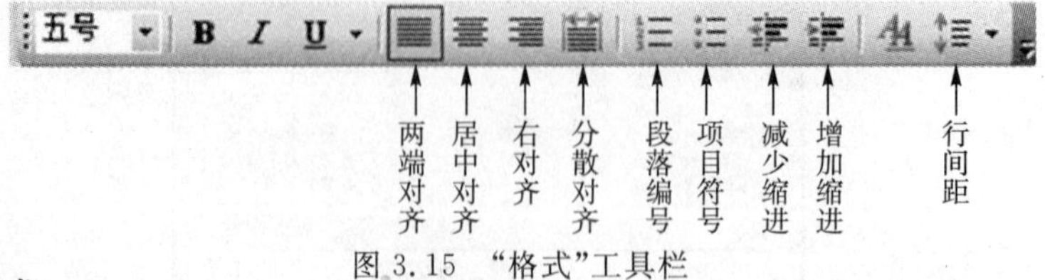

图 3.15　"格式"工具栏

1. 缩进方式

段落缩进是设置文本与页边距之间的距离。段落缩进有 4 种类型，即首行缩进、左缩进、右缩进和悬挂缩进。

(1)左、右缩进

控制段落的左右边界。如果要设置左右缩进，拖拽水平标尺上的左右缩进标志即可。特别地，对于左缩进，还可以通过工具栏上的"减少缩进量"和"增加缩进量"来设置。如图 3.16 所示。

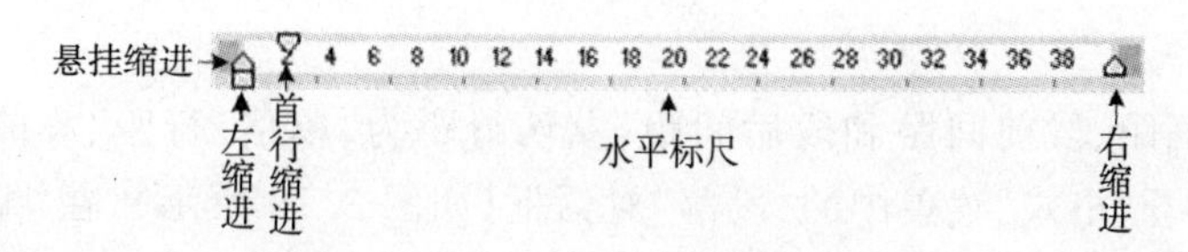

图 3.16 水平标尺上的缩进标志

(2)首行缩进

控制段落第一行的起始位置。

(3)悬挂缩进

控制段落中除第一行以外的其他各行的起始位置。

各种缩进效果如图 3.17 所示。

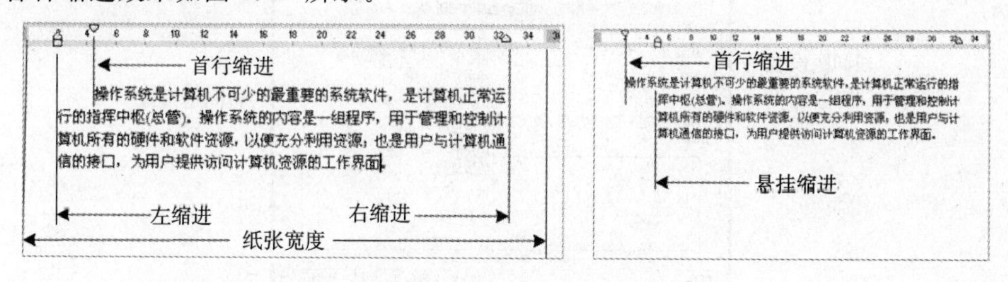

图 3.17 各种缩进效果

提示:如果要做精确设置,可使用"段落"对话框。

2. 对齐方式

对齐方式是指水平方向的对齐,默认为两端对齐,其他还有居中对齐、右对齐、左对齐和分散对齐。欲设置对齐,对选中或插入点所在的段落,直接单击工具栏上的相应的对齐按钮即可。

(1)两端对齐

除最后一行外,自动调整字符间距,使字符两端对齐。

(2)左(右)对齐

只能保证段落左(右)端对齐。

(3)分散对齐

对于最后一行,自动调整字符间距,使字符充满一整行。

(4)居中对齐

使得整个段落居中对齐,常用于标题的设置。

各种对齐效果如图 3.18 所示。

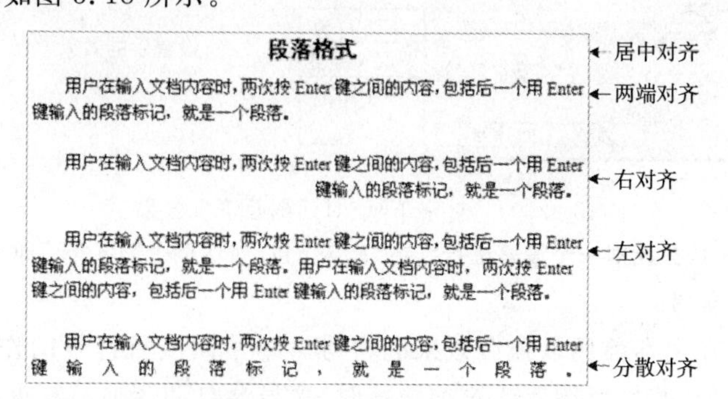

图 3.18 各种对齐效果

说明:对齐方式是以左右缩进为参照的。

3. 间距

间距包括行间距、段前间距和段后间距，默认行距为“单倍”行距、段前段后均为 0 行。对选中的段落，打开“格式”菜单中的“段落”对话框（如图 3.19 所示），在“缩进和间距”选项中即可进行设置。

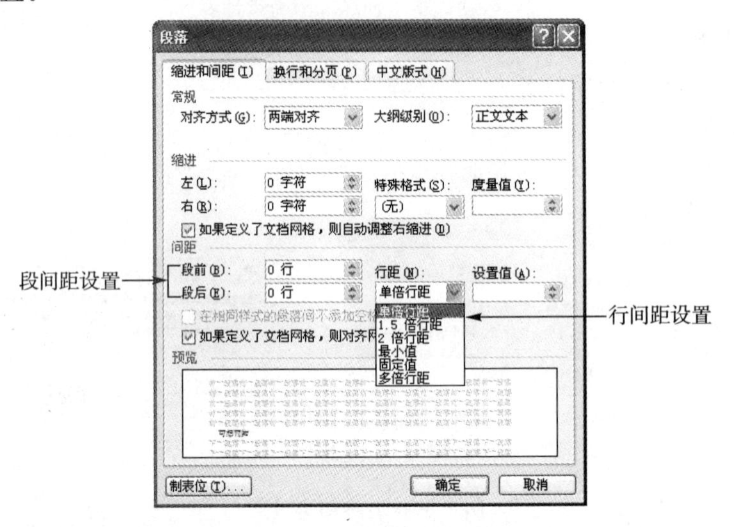

图 3.19 “段落”对话框

说明：

①间距的单位默认为“行”，需要时可直接更改为 Word 所允许的单位，如磅、字符、厘米、毫米、英寸等。

②行间距可以为小数，当选择“固定值”时，则以磅为单位。

4. 首字下沉

首字下沉是用特殊的字体和大小突出显示段落的第一个文字，以达到醒目的效果。选中或将插入点定位到要设置的段落，单击“格式”菜单中的“首字下沉”，在随后出现的对话框（如图 3.20 所示）中设置要下沉文字的位置、字体、下沉的行数及距正文的距离。

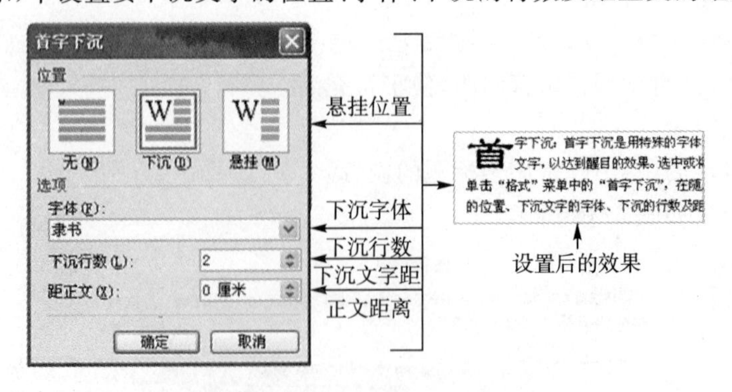

图 3.20 “首字下沉”对话框及下沉效果

说明：首字下沉一次只能对一个段落进行。在“首字下沉”对话框中选择“无”即可取消首字下沉。

5. 项目符号和编号

项目符号是放在文本前用以强调效果的符号。编号同项目符号的作用类似，不同的是它以序号取代了符号，并且当删除或增加段落时，序号会自动调整使其重新有序。

(1)设置项目符号和编号的方法

方法1:选中或将插入点定位在需要设置的段落,然后单击“格式”工具栏上的编号或项目符号。

方法2:输入文本前,单击格式工具栏上的编号或项目符号,当按回车键后,新的段落将延续使用上一段落的项目符号或编号。

(2)取消项目符号和编号

选中或将插入点定位在需要取消的段落,然后单击“格式”工具栏上的编号或项目符号。

提示:使用“格式”菜单中的“项目符号和编号”,或快捷菜单中的“项目符号和编号”,可对项目符号的大小、符号样式等进行更改,如图3.21所示。

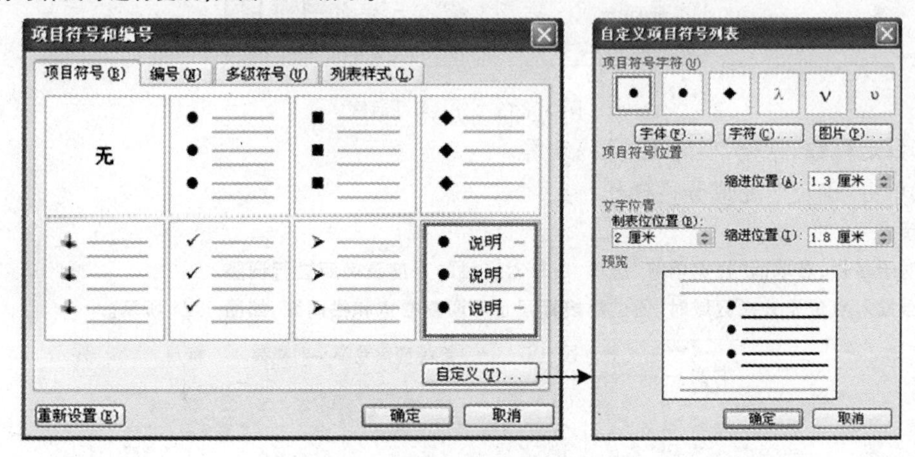

图3.21　项目符号和自定义项目符号

6.边框和底纹

利用格式菜单中的“边框和底纹”可对所选择的文字、段落和表格等进行边框和底纹的设置。设置的内容包括线型、线的颜色、线的宽度、底纹的颜色、底纹的图案和所设定的范围等,如图3.22所示。

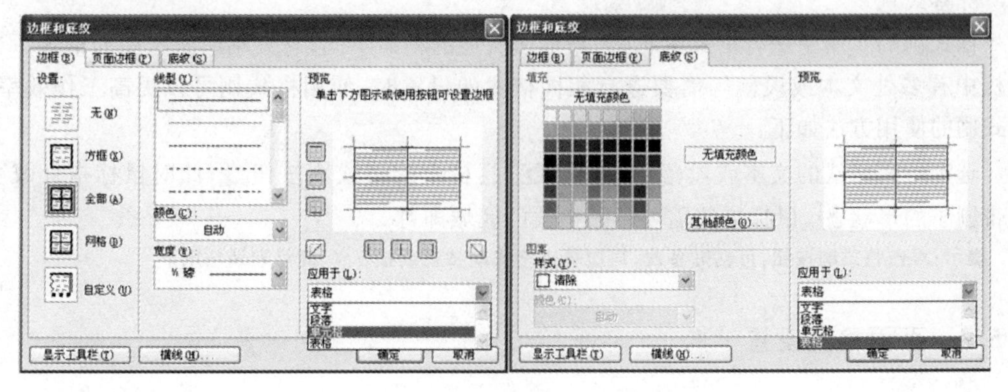

图3.22　“边框和底纹”对话框

7.分栏

分栏是报纸、杂志经常使用的一种排版方式,它是将选定的文本以并列的两排或多排形式显示。分栏的操作如下:

①选定要分栏的文本(可以是一个段落、多个段落、一个段落中的部分文本,甚至是整篇

文档)。

②单击“格式”菜单中的“分栏”,此时弹出如图 3.23 所示的对话框。

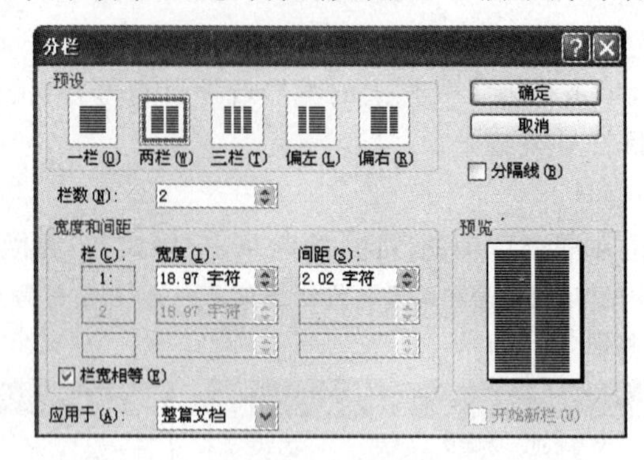

图 3.23 “分栏”对话框

③设定栏数、栏宽、栏间距、分隔线等。

④单击“确定”,完成分栏操作。

说明:

①对于多栏,若取消“栏宽相等”选项,还可对各栏的宽度及间距进行调整。

②当插入点位于分栏区域时,通过拖拽标尺也可调整栏宽和栏间距,如图 3.24 所示。

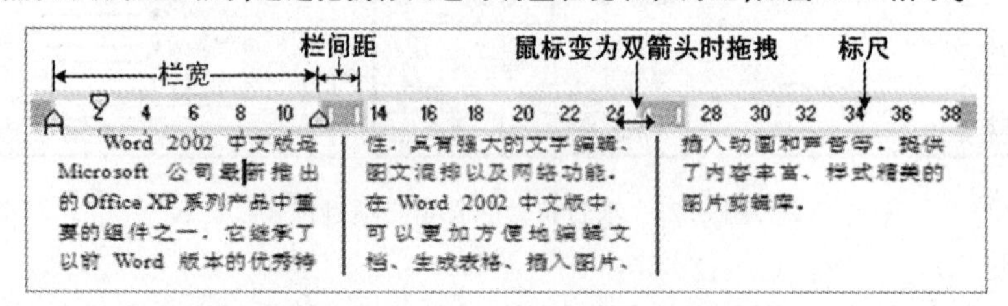

图 3.24 分栏(三栏)效果及鼠标拖拽示意

③若要取消分栏,只要在“分栏”对话框中选择“一栏”后单击“确定”即可。

8. 格式刷

格式刷的作用是进行格式的粘贴,与前面所述的粘贴不同,它只粘贴所选中的格式。当文档中有多处文本或段落等需要进行相同格式的设置时,使用格式刷可以提高工作效率。格式刷的使用方法如下:

选定所需格式的文本或段落,单击格式工具栏上的格式刷按钮,此时鼠标指针改变为带刷子的形状,鼠标拖拽需要粘贴格式的区域即可。

提示:双击格式刷按钮,可粘贴多次,再次单击格式刷按钮或按 ESC 键可取消粘贴。

3.5.3 页面格式设置

页面设置是以页面为单位进行设置,主要包括纸张大小和方向、页边距、页眉页脚、页码等。页面结构布局如图 3.25 所示。

1. 页面设置

页面设置包括纸张大小、纸张方向、页边距等。页面设置通过“文件”菜单中的“页面设置”对话框进行,如图 3.26 所示。

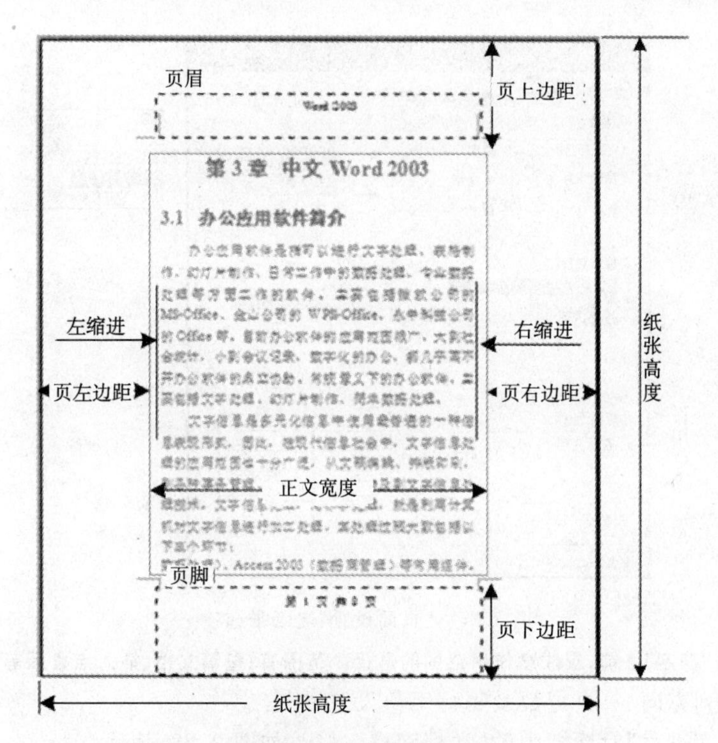

图 3.25 页面结构及布局

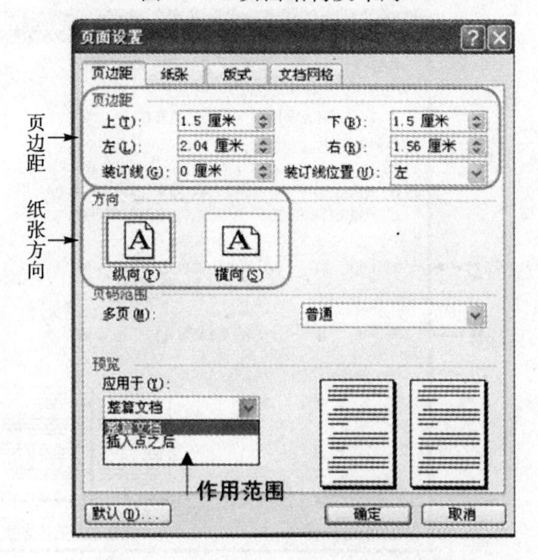

图 3.26 “页面设置”之页边距选项

单击“文件”菜单中的“页面设置”,或双击标尺均可进入页面设置对话框。

(1)页边距、纸张方向设置

在“页面设置”的“页边距”选项中设置页边距,在“纸张方向”选项中可设置纸张方向。

(2)纸张大小设置

在“页面设置”的“纸张”选项(如图 3.27 所示)中设置。在此既可选择列表中所提供的纸张规格,也可以自定义纸张大小。

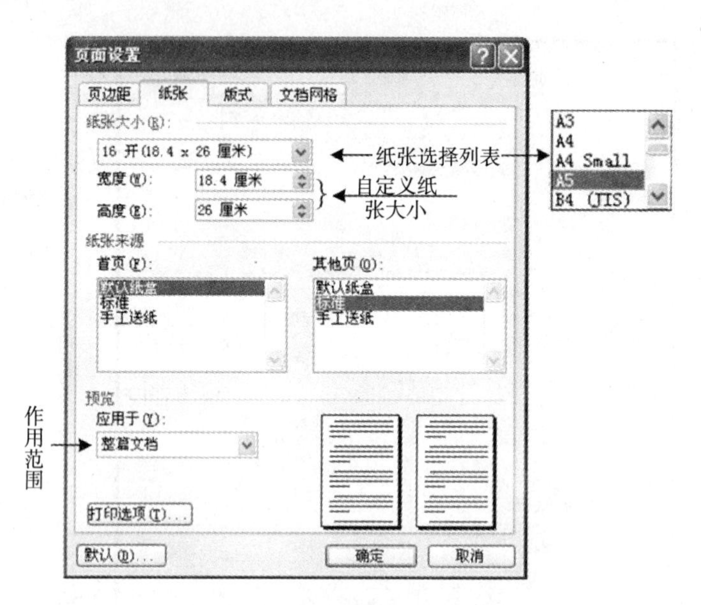

图 3.27 “页面设置”之纸张选项

提示:在单击“确定”之前,应注意作用范围的选择。范围有:整篇文档、插入点之后等。

(3)文字排列方向、每页行数及每行字数设置

可利用“页面设置”对话框中的“文档网格”进行,如图 3.28 所示。

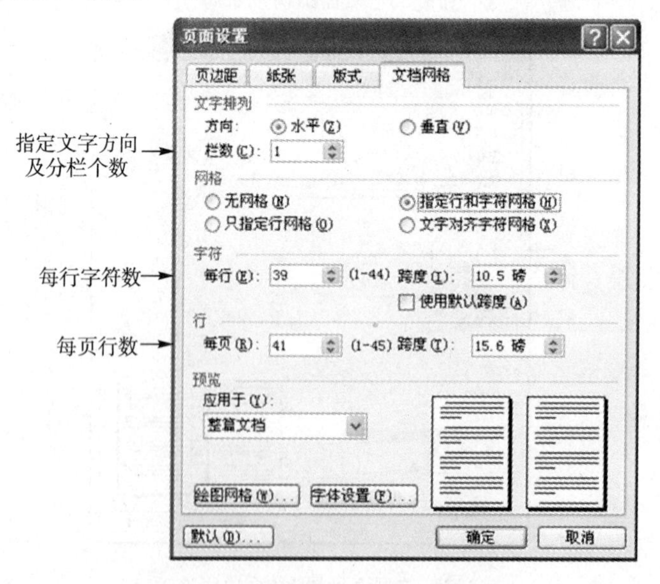

图 3.28 “页面设置”之文档网格选项

2. 页眉页脚设置

页眉页脚是指在每页的顶部(页眉)和底部(页脚)加入的注释性内容,该内容可以是文本、表格和图片。

①单击“视图”菜单中的“页眉页脚”,进入页眉页脚编辑区,此时正文区域变为水印(灰色)形式显示(如图 3.29 所示),同时页眉页脚工具栏也随之自动打开(如图 3.30 所示)。

②在页眉或页脚区域插入所需内容,需要时像编辑正文一样进行相关格式设置。若需在页眉和页脚间切换,单击“页眉页脚切换”按钮即可。

图3.29　页眉页脚编辑状态

③利用“页眉和页脚”工具栏，可插入页码、文档总页数，并可对页码格式进行设置。

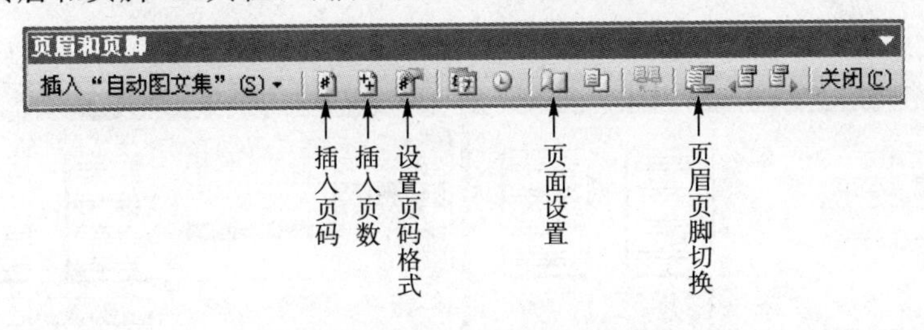

图3.30　“页眉页脚”工具栏

④单击页眉页脚工具栏上的“页面设置”，将弹出页面设置中的“版式”选项对话框。在此对话框内，可分别设置奇数页与偶数页的页眉页脚和首页的页眉页脚是否相同。同时还可调整页眉页脚与纸张上下边界的距离，如图3.31所示。

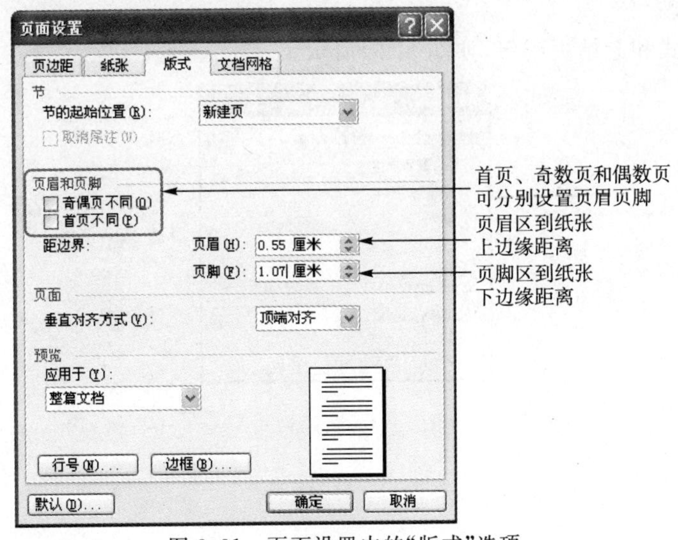

图3.31　页面设置中的“版式”选项

⑤页眉页脚编辑完毕，若要返回正文区域，单击页眉页脚工具栏右端的“关闭”，或直接在正文区域双击鼠标即可。

⑥若要再次进入页眉页脚区，除利用视图菜单中的“页眉页脚”外，还可直接在页眉或页脚区双击鼠标。

3. 页码

单击插入菜单中的“页码”将弹出“页码”对话框，在其中可对页码的位置、对齐和格式进行设置，如图 3.32 所示。

图 3.32 “页码”对话框

(1)页码位置

“位置”用于设定页码的纵向位置，包括顶端(页眉位置)、底端(页脚位置)、中心等，如图 3.33 所示。

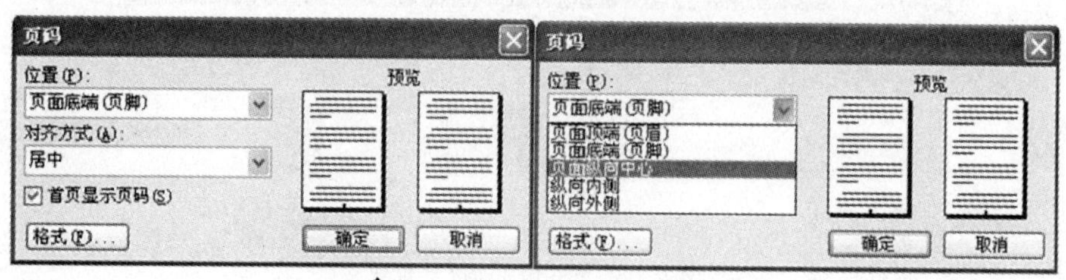

图 3.33 页码位置和页码对齐方式

(2)页码对齐方式

对齐方式用于设定页码的水平位置，包括左侧、右侧、居中等。

(3)页码格式

包括数字格式和起始页码等，如图 3.34 所示。

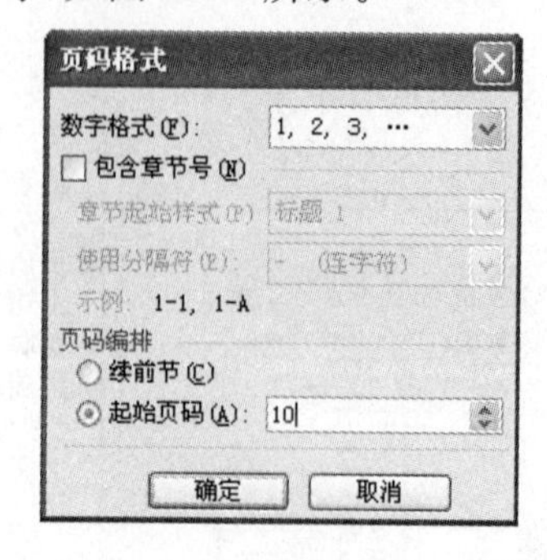

图 3.34 页码格式

3.6　表格

3.6.1　创建表格

1. 利用工具栏

单击“常用”工具栏上的“插入表格”按钮,拖拽鼠标或移动鼠标到所需行数和列数,然后单击鼠标即可,如图 3.35 所示。

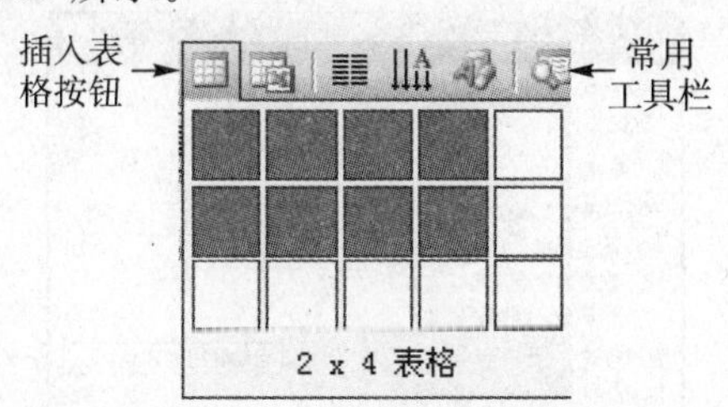

图 3.35　鼠标拖拽绘制表格

2. 利用表格菜单

单击“表格”菜单中的“插入”→“表格”,在随后出现的对话框中(如图 3.36 所示)设定好行数和列数,单击“确定”即可。

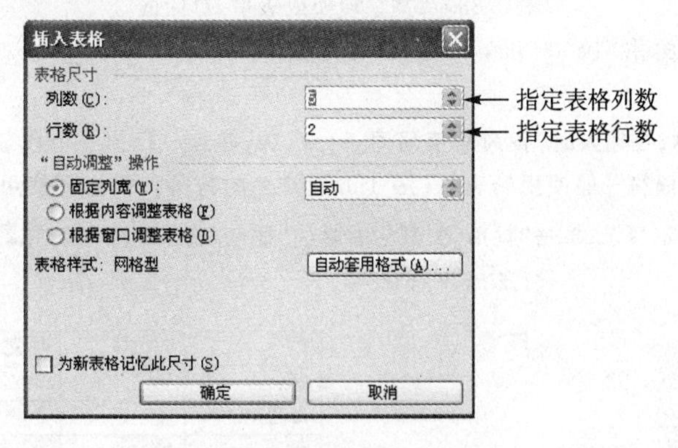

图 3.36　“插入表格”对话框

如果单击“自动套用格式”按钮,则可直接套用 Word 提供的表格格式,以提高工作效率。

说明:用以上方法创建的表格均为规则表格,即行高列宽均相等的表格。

3. 手动绘制表格

单击工具栏上的“表格和边框”按钮或表格菜单中的“绘制表格”命令,将弹出“表格和边框”工具栏(如图 3.37 所示),利用其“表格绘制”工具(单击时指针变为一支铅笔),拖拽鼠标画出表格外框和内部行与列,即完成表格的创建。

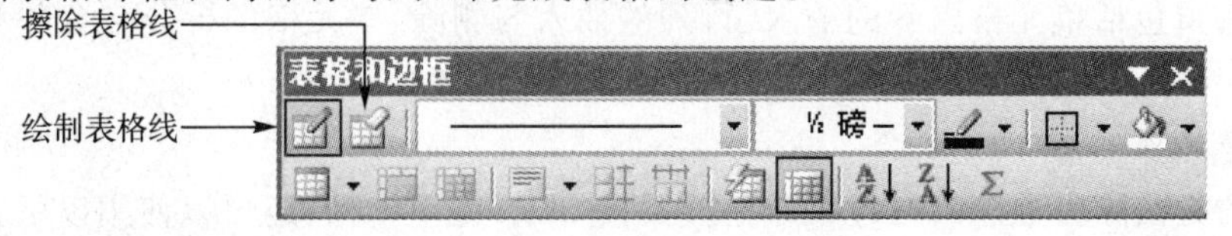

图 3.37　“表格和边框”工具栏

提示：

①利用擦除工具可擦除表格内部的行或列，但不能擦除表格的外框。

②按住 Shift 键时，画线工具(铅笔)改变为擦除工具(橡皮擦)。

4. 文本转换为表格

利用表格菜单中的"文本转换成表格"命令，可将事先输入的文本自动转换成表格。具体操作方法如下：

①选择欲转换的文本。

②单击表格菜单中的"转换"，执行其中的"文本转换成表格"命令，弹出转换对话框，如图 3.38 所示。

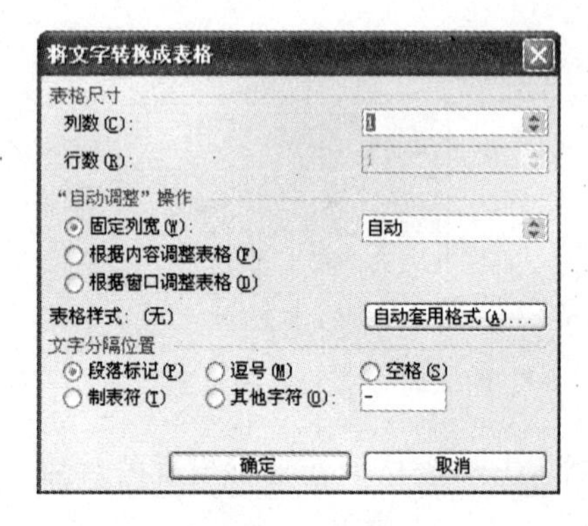

图 3.38 "文字转换成表格"对话框

③默认情况下，单击"确定"即可完成转换工作。

说明：

① 对要转换的文本，在输入时，各列应使用同一分隔符，并且一行为一个段落，使 Word 能够正确识别，如图 3.39 所示。分隔符一般使用制表符(按 Tab 键产生的符号)，但也可使用其他符号作为分隔符。制表符在默认情况下并不显示，单击"常用"工具栏右端的"显示/隐藏编辑标记"( )，才可将其显示出来。

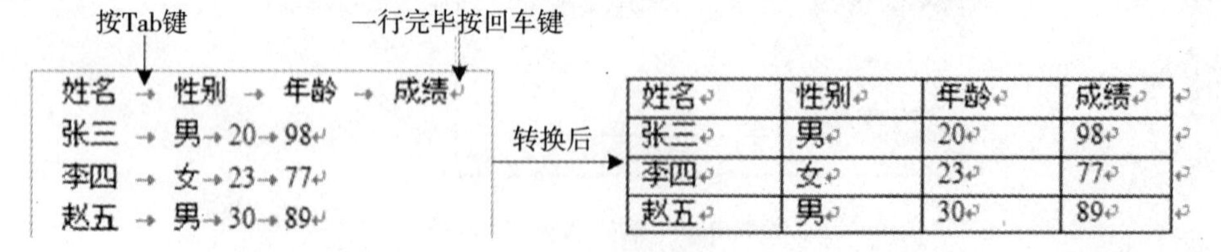

图 3.39 文本转换表格

②表格也可以转换成文本。方法是：选中欲转换的表格，执行表格菜单中"转换"下的"表格转换成文本"即可。

3.6.2 编辑表格

表格编辑包括单元格内容的输入、行列的插入与删除、单元格的拆分与合并和表格的拆分等。

1. 选择操作

选择的方法除去之前的通过鼠标拖拽及按 Shift 键单击外，还可以使用以下方法。

(1)选择整个表格

当鼠标指针位于表格内时，单击表格左上角出现的表格移动控制点⊞，即可选中整个表格，如图 3.40 所示。

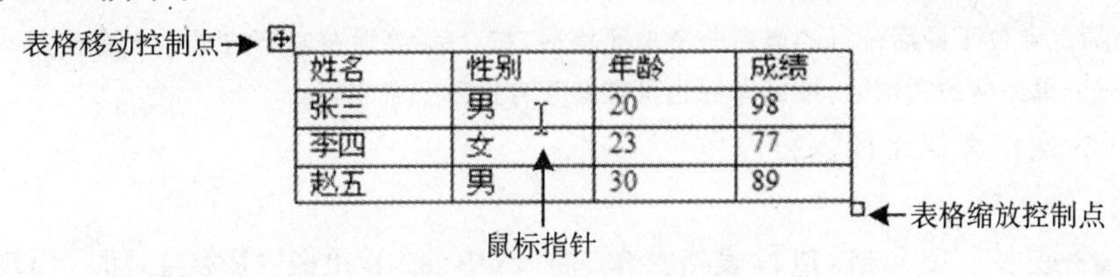

姓名	性别	年龄	成绩
张三	男	20	98
李四	女	23	77
赵五	男	30	89

图 3.40　表格控制点

此外，拖拽“表格移动控制点”可移动整个表格；拖拽“表格缩放控制点”可放大或缩小表格。

(2)选择行或列

① 选择行：鼠标指向表格左侧时变为白色斜箭头，单击即选中一行，拖拽即可选中连续多行。

② 选择列：鼠标指向表格上侧时变为黑色箭头⬇，单击即选中一列，拖拽即可选中连续多列。如图 3.41 所示。

选择行

姓名	性别	年龄	成绩
张三	男	20	98
李四	女	23	77
赵五	男	30	89

选择列

姓名	性别	年龄	成绩
张三	男	20	98
李四	女	23	77
赵五	男	30	89

图 3.41　行、列选择示例

(3)选择单元格

鼠标指向某一单元格左侧时变为黑色斜箭头，单击即选中此单元格，拖拽即可选中连续多个单元格，如图 3.42 所示。

姓名	性别	年龄	成绩
张三	男	20	98
李四	女	23	77
赵五	男	30	89

选择单元格

图 3.42　单元格选择示例

说明：

① 单元格是表格的最基本单位，表格的内容都保存在单元格中，单元格的内容可以是文本、图片，甚至还可以是表格。

②选择表格、一行、一列和单元格，也可使用表格菜单命令。方法是：将鼠标指针置于表格内，执行表格菜单中的“选择”命令。

③按 Ctrl 键可实现多区域选择。

2. 插入操作

(1)插入表格

在单元格中还可以再插入表格，作为单元格内嵌的表格，操作方法同插入表格的操作。

(2)插入行

先选中一行或连续多行,在快捷菜单中选择“插入行”或单击工具栏上的“插入行”按钮 ,即可插入一行或多行。

说明:当插入点位于最后一行的最后一个单元格时,按 Tab 键则在其下方插入一个空行;当插入点位于某行最后一个单元格的右侧时,按回车键也可在其下方插入一个空行。

插入列的操作类似于插入行。

(3)插入单元格

选中一个或多个单元格,执行表格菜单“插入”中的“单元格”命令,在随后出现的对话框中选择某种插入方式,最后单击“确定”即可,如图 3.43、图 3.44 所示。

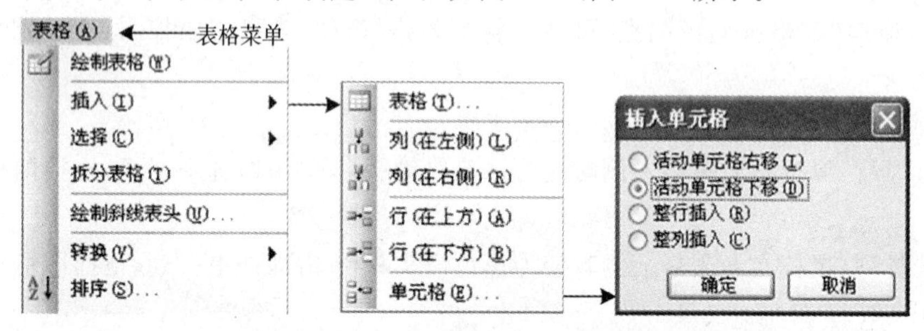

图 3.43 “表格”菜单中的插入命令

插入前

姓名	性别	年龄	成绩
张三	男	20	98
李四	女	23	77
赵五	男	30	89

插入后

姓名	性别	年龄	成绩
张三		20	98
李四	男	23	77
赵五	女	30	89
	男		

图 3.44 插入单元格前后对比(选择“活动单元格下移”的效果)

说明:

①执行表格菜单中的“插入”命令同样可以完成以上的各项插入操作。

②当选择不连续行、不连续列或不连续单元格时,则不允许插入操作。

3. 删除操作

(1)删除表格

选中表格后,单击表格菜单中的“删除”→“表格”即可,也可以使用“剪切”命令。

(2)删除行、列、单元格

与上述插入行、列、单元格操作类似,在此不再赘述。

4. 移动与复制操作

用户对选中的行、列或单元格,直接拖拽或执行“剪切”和“粘贴”操作,为移动操作;按 Ctrl 键拖拽或执行“复制”和“粘贴”操作,则为复制操作。

5. 拆分与合并操作

(1)拆分、合并表格

① 拆分表格:拆分表格是将一个表格分成上下两个表格。操作方法为:将插入点定位于表格的某一行,执行表格菜单中的“拆分表格”命令,则将表格分为上下两个表格,如图 3.45所示。

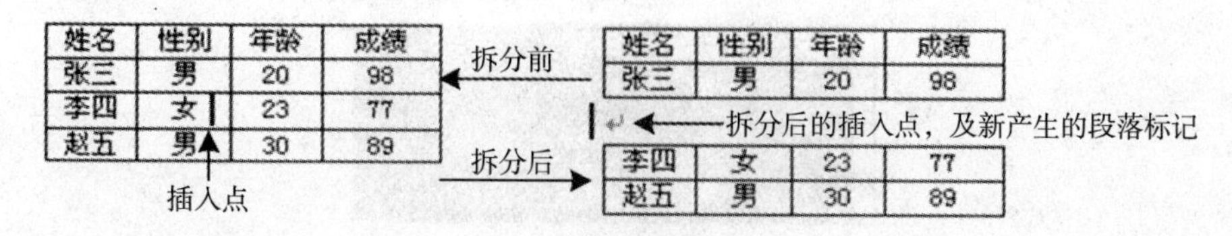

图 3.45　拆分表格示例

说明：若插入点位于第一行或选中第一行，拆分表格时将在表格上方插入一空的文本行。

② 合并表格：合并表格是将两个表格合并为一个表格。要合并表格，只要删除上下两个表格间的段落标记即可。

(2)拆分、合并单元格

① 拆分单元格：拆分单元格是将选定的单元格分成多个单元格。操作方法为：将插入点定位于某一单元格或选中多个连续单元格，执行表格菜单或快捷菜单中的“拆分单元格”命令，或单击“表格和边框”工具栏上的“拆分单元格”按钮，在弹出的对话框中设定好行数和列数后，单击“确定”即可。

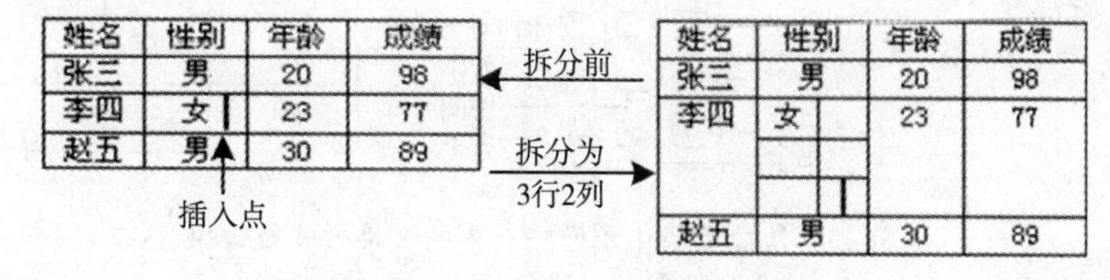

图 3.46　拆分单元格示例

② 合并单元格：合并单元格是将连续多个单元格合并为一个单元格。操作方法为：选中连续单元格区域，执行表格菜单或快捷菜单中的“合并单元格”命令，或单击“表格和边框”工具栏上的“合并单元格”按钮。

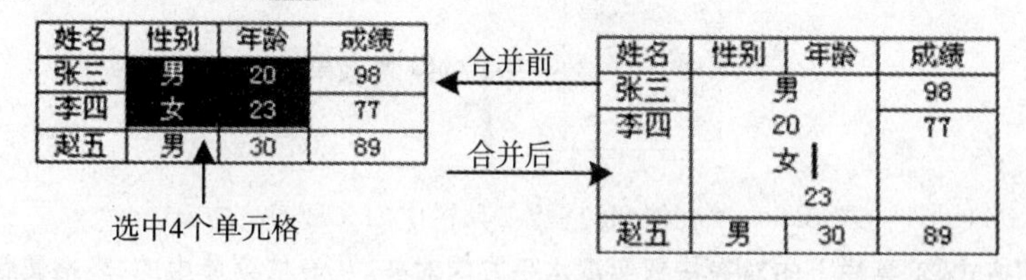

图 3.47　合并单元格示例

6. 插入内容

先定位要插入内容的单元格，然后直接输入文本、插入图片或使用“粘贴”命令粘贴剪贴板中的内容。

3.6.3　设置表格格式

表格格式包括对齐、行高和列宽、边框和底纹、斜线表头、标题行重复等。

1. 对齐

(1)表格对齐

表格对齐是指整个表格在水平方向上的对齐，包括左、中、右三种对齐方式。操作方法为：选中整个表格(包括每行后面的段落标记，如图 3.48 所示)，单击工具栏上的对齐按钮或从表格菜单“表格属性”中的“表格”选项中设定对齐方式。

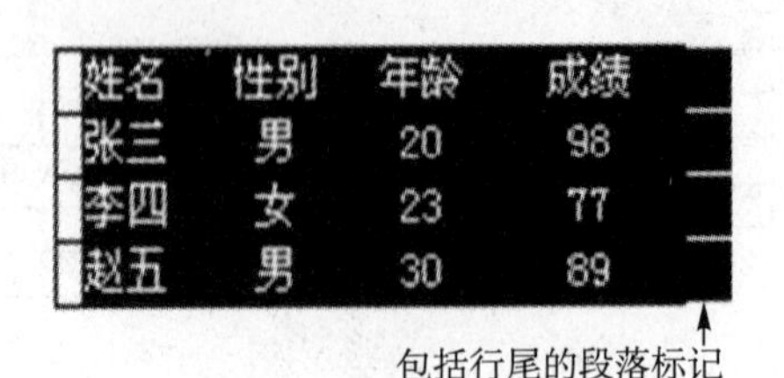

姓名	性别	年龄	成绩
张三	男	20	98
李四	女	23	77
赵五	男	30	89

图 3.48　选择整个表格

(2)单元格对齐

单元格对齐是指单元格中内容的对齐，包括水平方向上的左、中、右三种方式和垂直方向上的上、中、下三种方式，组合起来共有 9 种对齐方式，如图 3.49 所示。选中单元格后，可用以下方法实现对齐。

方法 1:右击弹出快捷菜单，选择“单元格对齐方式”，从 9 种对齐方式中选择一种；

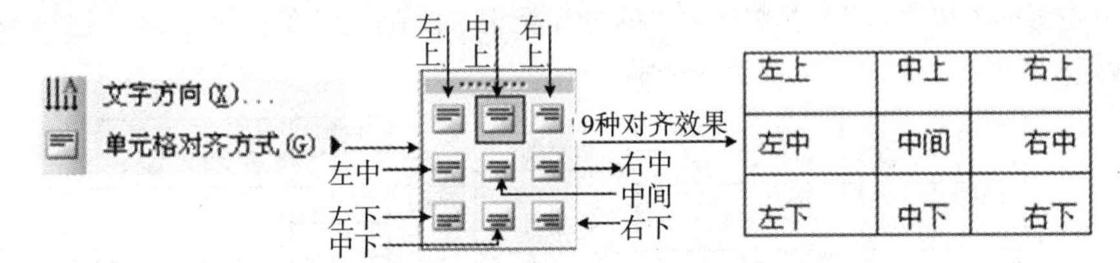

左上	中上	右上
左中	中间	右中
左下	中下	右下

图 3.49　快捷菜单中单元格对齐的 9 种方式及效果

方法 2:从“表格和边框”工具栏中选择，如图 3.50 所示。

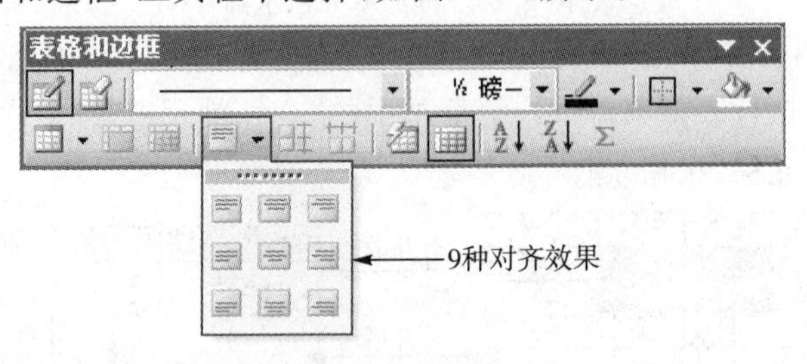

图 3.50　“表格和边框”工具栏中的 9 种对齐方式

提示:通过“格式”工具栏上的对齐按钮实现水平方向对齐，从表格菜单中的“表格属性”中的“单元格”选项实现垂直方向对齐，也可组合出上述 9 种方式。

2. 行高和列宽

行高和列宽的调整，其操作方法是一样的。下面以列宽为例介绍其操作方法。

(1)利用标尺或表格线

将插入点置于表格内，鼠标指向标尺或表格线变为双向箭头时，向左或右拖拽，如图 3.51 所示。

鼠标变动双箭头时拖动标尺

鼠标变为双箭头时拖动表格线

姓名	性别	年龄	成绩
张三	男	20	98
李四	女	23	77
赵五	男	30	89

图 3.51　利用标尺和表格线调整列宽

提示：

①按 Alt 键拖拽时，可达到精细调整。

②按 Shift 键拖拽时，右侧单元格同步改变，表格整体宽度也随之改变。

③按 Ctrl 键拖拽时，右侧单元格同步改变，表格整体宽度不变。

(2)利用“表格属性”菜单

选中要调整的列(连续的或不连续的均可)，执行表格菜单中的“表格属性”命令，在弹出的对话框中选择“列”，设置完毕单击“确定”即可，如图 3.52 所示。

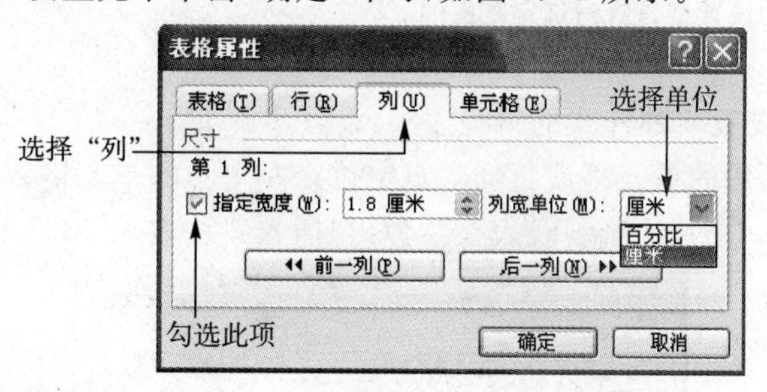

图 3.52　表格属性中的“列”选项

此外，还可以利用表格菜单中的“自动调整”功能，让 Word 自行调整各列宽度，如图 3.53所示。

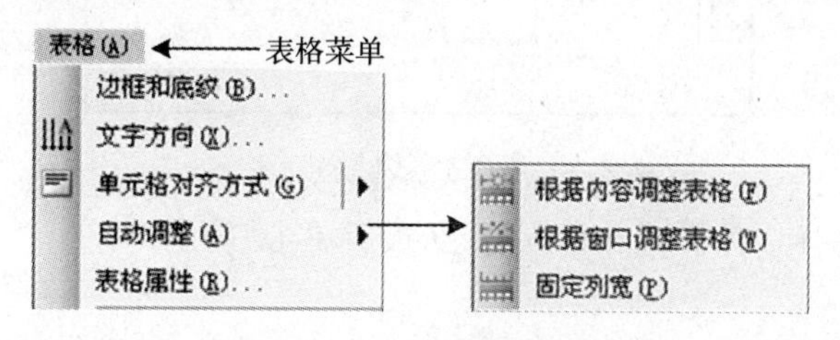

图 3.53　“自动调整”选项

3.边框和底纹

(1)边框

在创建表格时，Word 会自动为表格添加细实线的边框。如果不能满足需要，还可利用“表格和边框”工具栏或“格式”菜单中的“边框和底纹”自行设置，包括边框线型、粗细和颜色等，如图 3.54 所示。

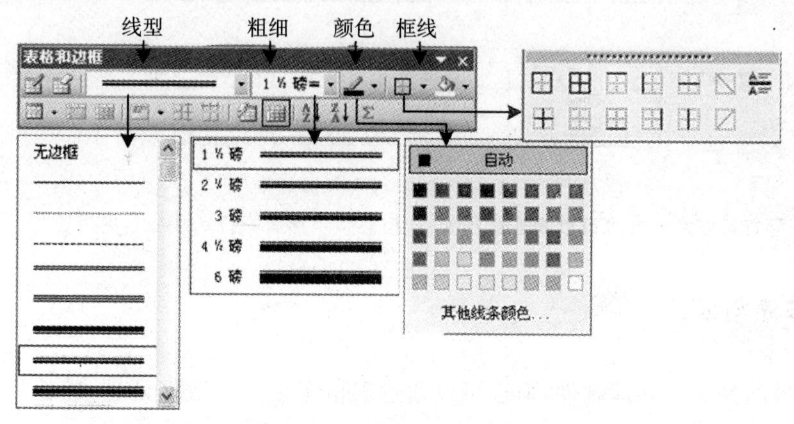

图 3.54　“表格和边框”工具栏之表格线

下面以“表格和边框”工具栏为例，介绍表格边框的设置四个步骤。

①首先单击“常用”工具栏上的“表格和边框”按钮。

②选定欲设置的表格范围.

③设定线型、粗细和颜色.

④单击所要的框线。

(2)底纹：底纹的设置可利用“表格和边框”工具栏和“格式”菜单中的“边框和底纹”。

说明：边框和底纹的设置都是针对选定范围的。

4. 斜线表头

在 Word 中，可设置 5 种样式的斜线表头，设置步骤如下：

①选择表格左上角的单元格或将插入点定位在左上角的单元格。

②单击表格菜单中的“绘制斜线表头”，弹出“插入斜线表头”对话框(图 3.55)。

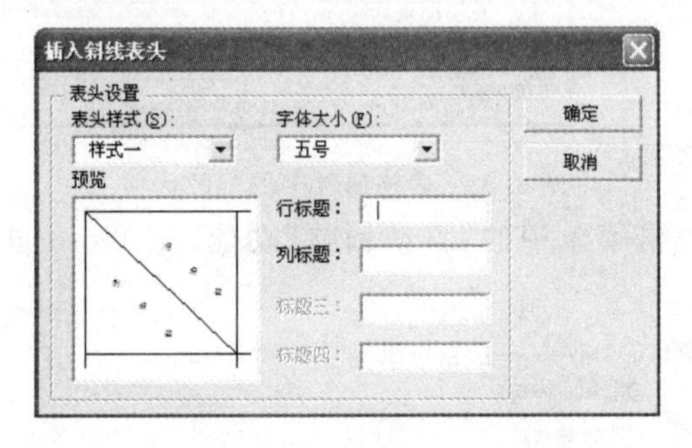

图 3.55 “插入斜线表头”对话框

③从对话框中选择一种样式并输入标题，最后单击“确定”。

5. 标题行重复

当表格的行数较多而延续到下一页时，可以借助 Word 提供的“标题行重复”功能来为跨页的表格自动加上重复标题。操作方法为：选择表格的第一行，单击表格菜单中的“标题行重复”即可。

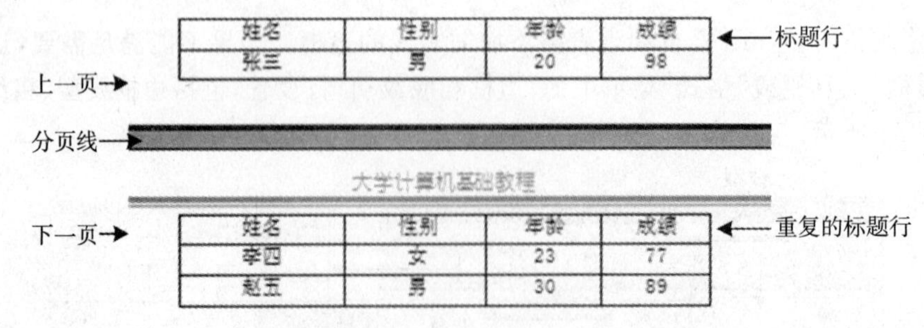

图 3.56 标题行重复的效果

说明：标题行可以是一行也可以是连续的多行，但必须包括第一行。

3.6.4 排序与公式

Word 虽然是文字处理软件，但也可以通过表格实现简单数据处理，这就是表格的排序和计算功能。

1. 排序

(1)简单排序

利用“表格和边框”工具栏上的排序按钮实现排序。

① 将插入点置于表格的关键字所在列(如平均分)的任一单元格,如图 3.57 所示。

姓名	解剖	生理	平均分
张东	85	78	84.67
李明	90	87	91.33
王华	91	89	90
赵明明	67	88	75
蔡明	95	68	76.67

插入点光标

图 3.57　将插入点定位于排序所在列

② 单击工具栏上的“升序排序”按钮或“降序排序”按钮(图 3.58)。

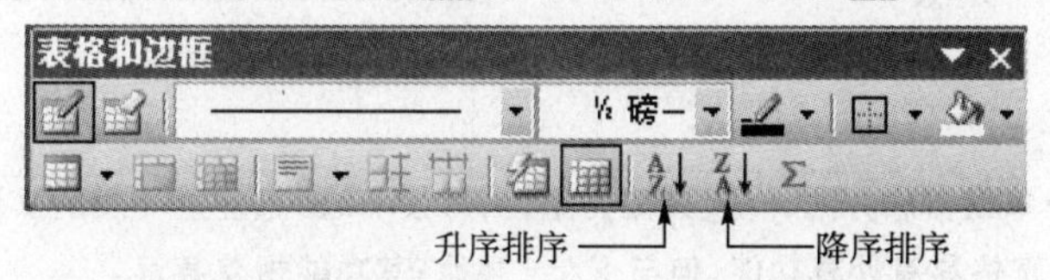

图 3.58　“表格和边框”工具栏上的排序按钮

按“平均分”列降序排序后的效果如图 3.59 所示。

姓名	解剖	生理	平均分
李明	90	87	91.33
王华	91	89	90
张东	85	78	84.67
蔡明	95	68	76.67
赵明明	67	88	75

图 3.59　排序后的表格

注意:排序是对针对整个表格的,若选中表格中的某一列,则仅对该列排序,其他列数据则不会变动,若非特殊需要,绝不能如此操作。

(2)复杂排序

复杂排序是指按至多 3 个关键字的排序。首先将插入点置于表格内或选中整个表格,然后执行表格菜单中的“排序”,在弹出的“排序”对话框(图 3.60)中做好相关设定,最后单击“确定”完成排序。

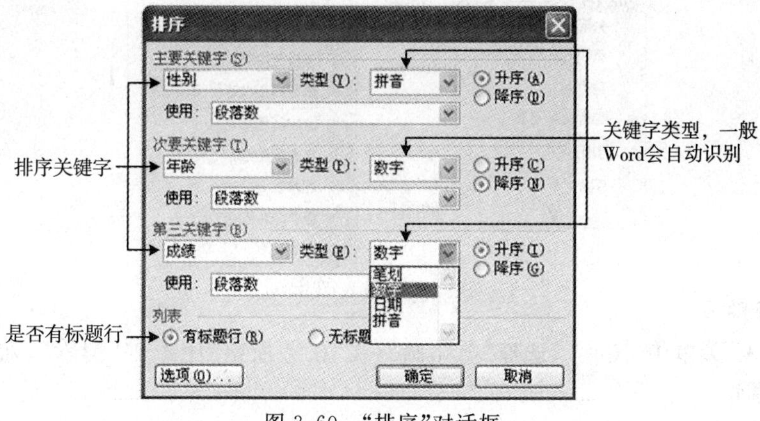

图 3.60　“排序”对话框

2. 公式

Word 提供了近 20 个函数用于表格中数据的计算，常用的有 Sum(求和)、Average(平均)、Max(最大值)、Min(最小值)、Count(计数)。

如图 3.61 所示的求总分，操作方法为：将插入点置于“总分”下面的单元格，执行表格菜单中的“公式”命令，输入求和公式“=Sum(Left)”，单击“确定”。

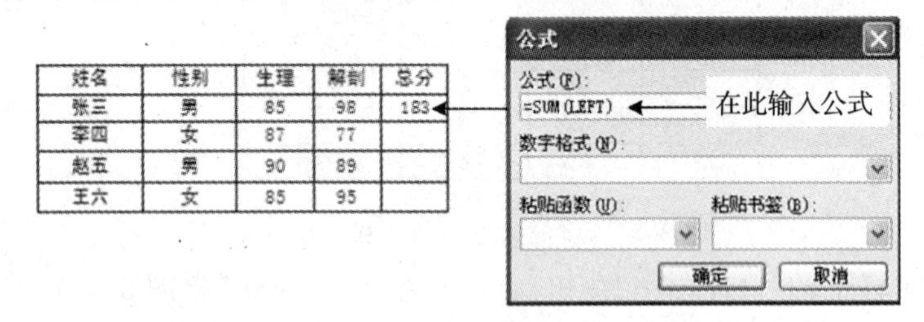

姓名	性别	生理	解剖	总分
张三	男	85	98	183
李四	女	87	77	
赵五	男	90	89	
王六	女	85	95	

图 3.61 “公式”对话框

说明：

①紧随其后的 3 个单元格总分的计算，只要先定位，再按 F4 键重复上一次的操作即可。

②虽然 Word 对于表格具有计算功能，但与 Excel 相比，其功能相差甚远。

3.7 图文混排

在 Word 文档中，既可以输入文本和插入表格，也可以插入图片。图文混排就是将文字与图片混合排列，并通过修饰来提高文章的直观性和观赏性。文档中的文字可在图片的四周，可嵌入图片下面，也可浮于图片上方等，使用到的基本对象有图片、艺术字、文本框、图表等。

3.7.1 插入图片

图片可以是 Office 软件提供的剪贴画、自绘图形、其他软件制作的图形、图像，或通过扫描仪或数码相机获取的图像。除此以外，在 Word 中还可以插入艺术字、组织结构图和图表等，如图 3.62 所示。

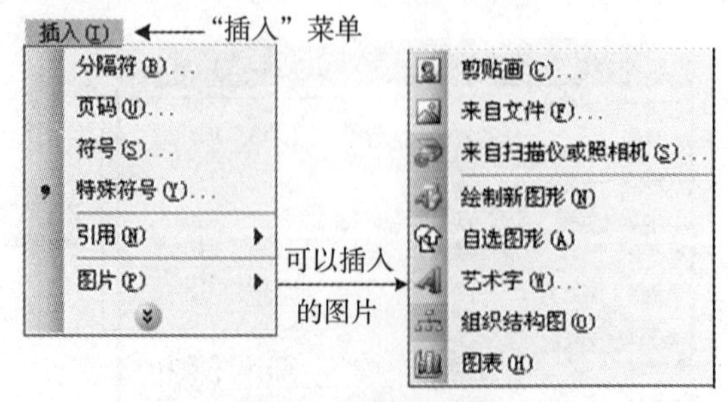

图 3.62 插入图片

1. 插入剪贴画

单击“插入”菜单中“图片”，选择“剪贴画”，在“任务窗格”中单击“搜索”，随后选择要插入的剪贴画即可。

2. 插入图片

从“插入”菜单中的“图片”中选择“来自文件”，从打开的“插入图片”对话框中选择所需图片后，单击“插入”即可。

提示：用户还可以使用复制粘贴的方式插入图片。

3. 插入艺术字

利用 Office 提供的艺术字功能，可以实现更高级的文字效果。从“插入”菜单中的“图片”中选择“艺术字”，接下来按照图 3.63 所示的流程操作即可。

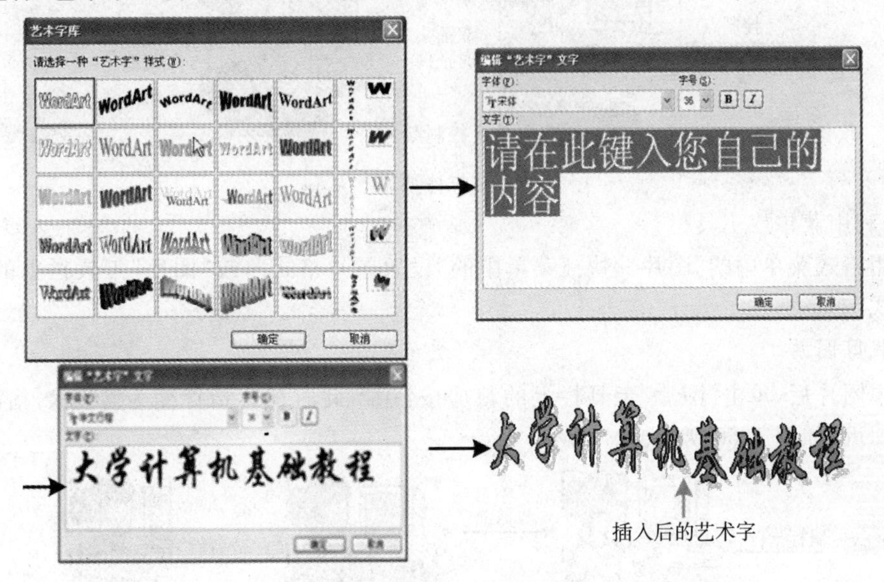

图 3.63　插入艺术字流程

说明：插入的艺术字，Word 将其作为图片对象进行处理。

3.7.2　编辑图片

编辑图片可以使用的工具有：“绘图”工具栏、“图片”工具栏和快捷菜单。

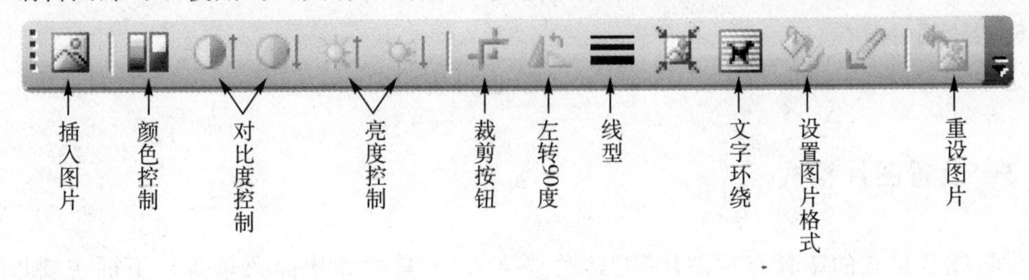

图 3.64　“图片”工具栏

1. 选择图片

①单击即可选中一个。

②对于非嵌入式图片，按 Ctrl 键或 Shift 键单击可选择多个。

2. 移动、复制图片

①移动：利用鼠标拖拽或剪切粘贴。

②复制：按 Ctrl 键拖拽或复制粘贴。

3. 调整图片大小

(1)利用鼠标

选中图片后，图片四周会出现八个控制点(对于嵌入式图片为黑色小方块，非嵌入式图片为小圆圈，如图 3.65 所示)，鼠标指向某一个变为双向箭头时，拖拽即可调整其大小。

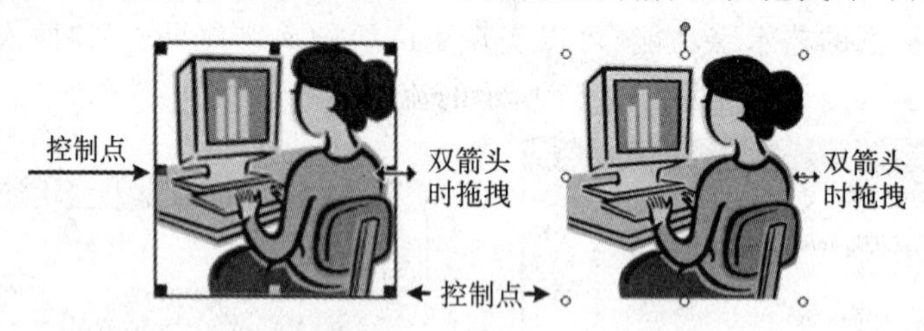

图 3.65 鼠标拖拽调整大小

(2)利用菜单或工具栏

利用格式菜单中的“图片”、快捷菜单中的“设置图片格式”，或“图片”工具栏上的“设置图片格式”对话框。

4. 裁剪图片

选中图片后，单击“图片”工具栏上的裁剪按钮，此时鼠标指针变为形状，指向控制点拖拽即可，如图 3.66 所示。

图 3.66 裁剪图片示意

提示：

①裁剪时可反向拖拽进行调整或撤销恢复原状。

②按 Ctrl 键拖拽则双向同时裁剪。

5. 删除图片

选中图片后，按 Delete 键或 Backspace 键，也可使用剪切命令。

3.7.3 设置图片格式

设置图片格式的工具有：“图片”工具栏、“绘图”工具栏和快捷菜单等。下面主要以“图片”工具栏为例介绍其各项功能。

1. 颜色控制

①自动：图片的原始颜色。

②灰度：将彩色图片转换成灰度级图片。

③黑白：将彩色图片转换成黑白图片。

④冲蚀：将图片以水印效果显示，可作为文字的背景。

2. 对比度、亮度控制

①对比度：增强或降低图片的对比度。

②亮度：增加或减少图片的亮度。

3. 文字环绕

文字环绕是指文字与图片的位置排列方式，可以利用“图片”工具栏和“图片格式”对话框进行设置，如图 3.67 所示。

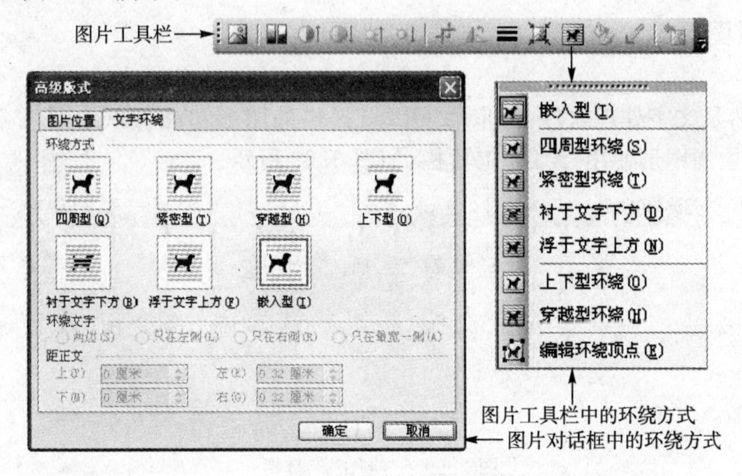

图 3.67　“图片”工具栏及“图片”对话框中的各种环绕方式

说明：

①单击“编辑环绕顶点”后，拖拽周围的控制点可以改变图片区域形状。

②将图片衬于文字下方，再将其颜色设置为“冲蚀”即可实现水印效果。

4. 线型

可为图片添加各种不同粗细样式的边框。

5. 旋转

用户可以使图片向左旋转 90°，也可以拖拽旋转点进行自由旋转。

6. 叠放次序

对于非嵌入式图片，多个图片有重叠时，前面的图片必然遮住后面的图片，通过叠放次序可改变它们的叠放次序。如图 3.68，将椭圆上移一层置于矩形前面的操作如下：

①选中椭圆，从右击快捷菜单中选择“叠放次序”。

②从“叠放次序”中选择“上移一层”，即将椭圆置于矩形之上。

设置方法及效果如图 3.68 所示。

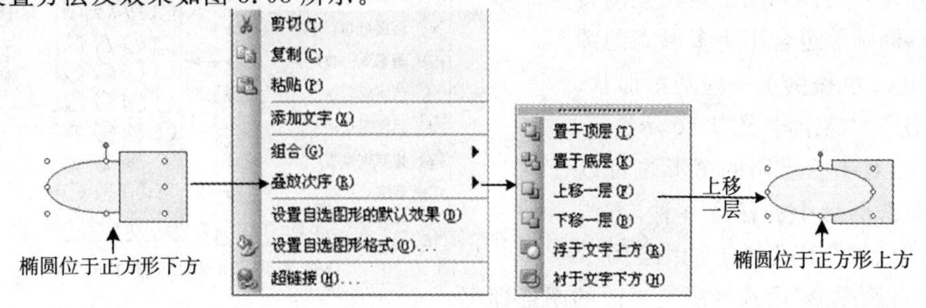

图 3.68　改变叠放次序

7. 组合图片

将多个图片组合为一个图片作为一个整体，组合后的图片也可取消其组合。组合图片的方法是选择多个图片后，在快捷菜单中选择“组合”。

当单击“重设图片”按钮时，图片则恢复为插入时的原始状态。此外，对图片的填充、边框、线型、阴影等的设置，可使用“绘图”工具栏(如图 3.69 所示)。

3.7.4 绘制图形

Word 虽然是文字处理软件，但依靠 Office 提供的图形功能可以绘制组合出用户需要的复杂图形。绘制图形使用“绘图”工具栏，如图 3.69 所示。

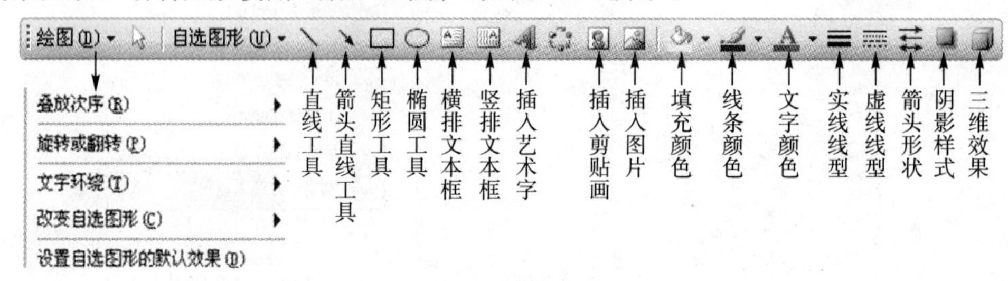

图 3.69 “绘图”工具栏

1. 直线

单击“直线”按钮，鼠标指针变为“十”字形，拖拽鼠标即可画出直线。若按住 Shift 键，则以 15 度为间隔绘制直线。通过“绘图”工具栏可设置直线的颜色、粗细及各种线型。

2. 箭头

绘制带箭头的直线，有单向箭头和双向箭头及多种箭头样式。对于绘制出的直线，单击“箭头样式”按钮也可为其添加箭头。

3. 矩形与椭圆

绘制矩形(椭圆)，按住 Shift 键则画出正方形(圆)。利用“绘图”工具栏可设置矩形(圆)的边框、阴影、三维效果及各种填充效果。

提示：

①若双击按钮，则可画出任意个数的相同类型的图形。

②按 Ctrl 键则双向扩展绘制。

4. 自选图形

虽然用户可以利用工具栏上的直线、矩形、椭圆等组合出更多形态的图形，但 Office 也提供了一些基本形状，以减少用户的操作，如图 3.70 示。

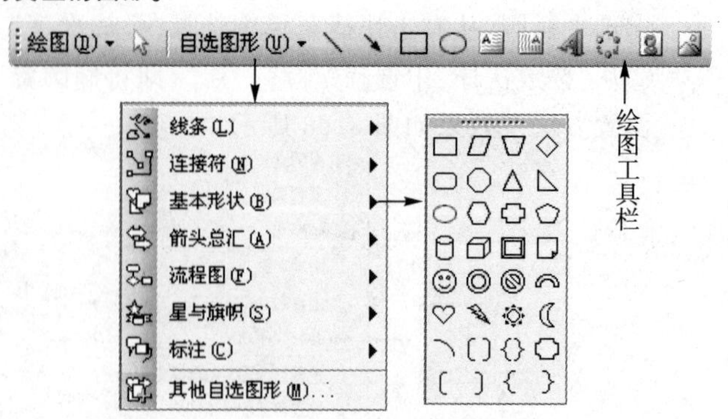

图 3.70 “自选图形”菜单及“基本形状”

此外，对于已绘制的图形也可以更改为自选图形中的任意一种，方法是：单击“绘图”工具栏上的“绘图”，从“改变自选图形”中选择所要更改的图形即可。

3.8　Word 的高级功能

3.8.1　文本框

文本框是图文混排常用的工具，它可容纳文字、图片、表格等。使用文本框，在设置格式、移动等操作时，将文本框中内容与文本框外内容进行隔离，便于单独对文本框中内容进行格式设置。针对文字，文本框有横排和竖排两种类型。

1. 插入文本框

单击"绘图"工具栏上的文本框按钮或"插入"菜单中的"文本框"。对于已选中的文本或嵌入式图形，单击文本框则自动将其插入到文本框中。

2. 设置文本框格式

设置文本框格式包括位置、大小、填充颜色、边框、阴影、三维效果设置等。文本框的设置与上述图片操作类似，在此不再赘述。

3.8.2　拼写和语法检查

在默认情况下，键入文字的同时 Word 会自动进行拼写检查，同时用红色波浪下划线标志可能的拼写问题，用绿色波浪下划线标志可能的语法问题。除自动检查外，用户随时都可以进行拼写和语法的检查，操作过程如下：

①单击"常用"工具栏上的拼写和语法按钮，或执行工具菜单中的"拼写和语法"命令，或按快捷键"F7"来启动检查，之后进入"拼写和语法"对话框。

②检查中，若发现问题，在对话框中以红色标注单词问题，以绿色标注语法问题，同时在正文中将问题部分选中，如图 3.71 所示。

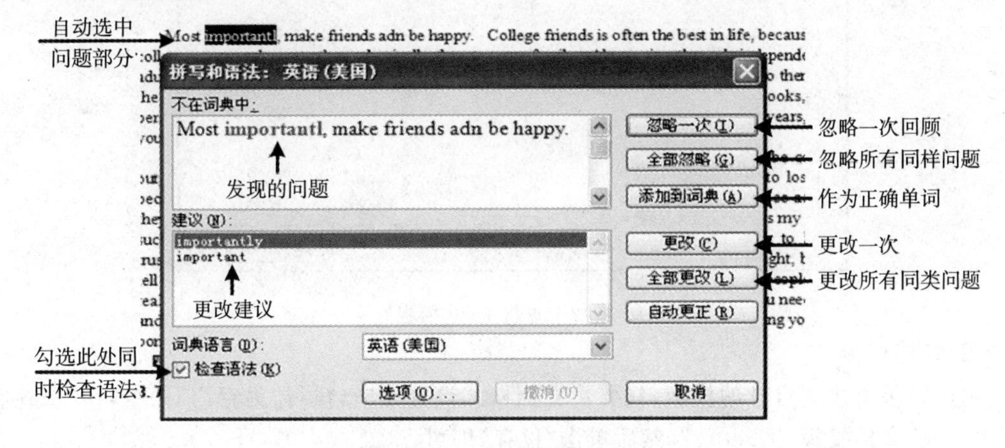

图 3.71　"拼写和语法"检查

③在对话框中输入正确内容或双击选中建议的内容，单击"更改"或"全部更改"。

说明：

①之所以称之为问题单词，是因为单词检查是以 Office 内置的词典为依据的。对于词典中收录的单词，Word 即认为是正确的单词，否则认为是问题单词。

②语法检查本身难度较大，Word 无法做出全部正确的判断，对于中文更是如此，用户应结合实际情况和自身经验做出判断。

3.8.3 字数统计

利用字数统计功能，可统计文档中的页数、段落数和行数、中文和英文字符数，以及包含或不包含空格的字符数。不选择任何文本则对全文进行统计，若选择，仅对选择的部分进行统计。

说明："文件"菜单中的"属性"对话框中的"统计"也包含有同样的全文统计信息。

3.8.4 模板和样式

1. 模板

任何文档都是以模板为基础的，模板决定文档的基本结构和文档设置，如字体、段落、页面设置、特殊格式和样式等。使用模板可以节省许多格式设置的操作，大大提高工作效率。默认情况下，Word 使用共用模板 Normal，用户也可以根据需要选择使用 Word 提供的其他模板，同时 Word 也允许用户建立自己的模板。

(1)使用模板新建文档

执行"文件"菜单中的"新建"命令后，Word 自动打开"任务窗格"，在任务窗格中列举了多种类型的模板，实际工作中多使用"本机上的模板"。选择"本机上的模板"，从弹出的"模板"对话框中选择所要模板，单击"确定"即可，如图 3.72 所示。

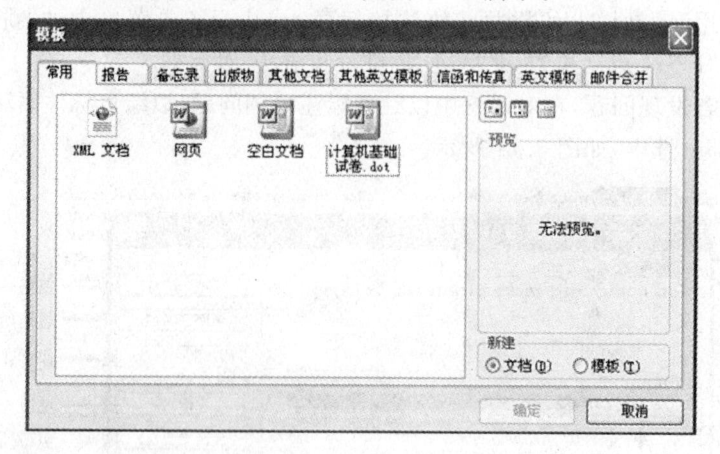

图 3.72 本机上的"模板"

(2)新建模板

用户如果要建立自己的模板，只要将文档格式设置完毕，执行"另存为"命令，在"保存类型"中选择"文档模板(＊.dot)"，然后单击"保存"即可。

2. 样式

样式是指一组已命名的字符格式和段落格式的组合。在文档中，如果有多处内容需设置为相同的格式，虽然可以使用格式刷来完成，但要一个一个地去“刷”，不仅非常麻烦而且效率低下。同样的要求，如果使用样式功能来完成，可以大大提高工作效率。其功能是，当修改了某一样式的格式后，所有基于此样式的内容的格式也自动跟随改变。此外，样式还可以应用于目录的生成等。

Word 提供了众多的标准样式，也允许用户定义自己的样式。

(1)新建样式

将所选内容的格式设置完毕后(也可在其后出现的“新样式”对话框中设置)，单击“任务窗格”窗口中的“新样式”按钮，在弹出的“新样式”对话框的“名称”框中输入样式的名称(如“我的标题”)，单击“确定”即可，如图 3.73 所示。

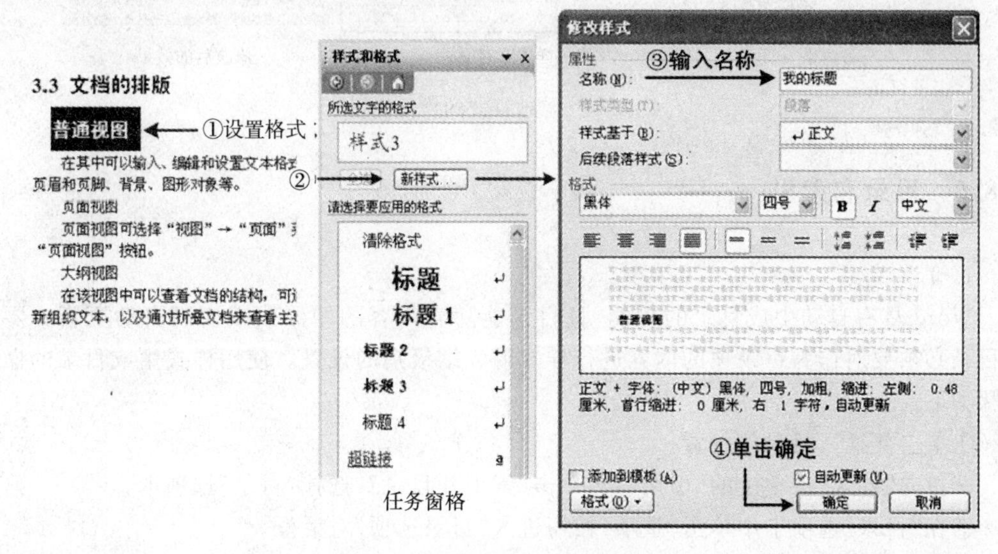

图 3.73　新建样式的操作流程

(2)应用样式

无论是用户自定义的样式还是系统提供的样式，两者的使用方法均相同。操作过程如图 3.74 所示。

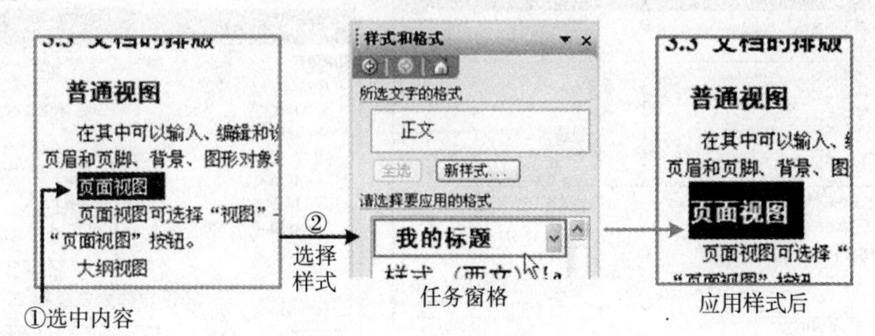

图 3.74　应用样式的操作流程

(3)修改样式

单击要修改的样式右端的下拉箭头按钮，在任务窗格选项中选择“修改”，在“修改样式”对话框中进行设置，如图 3.75 所示。

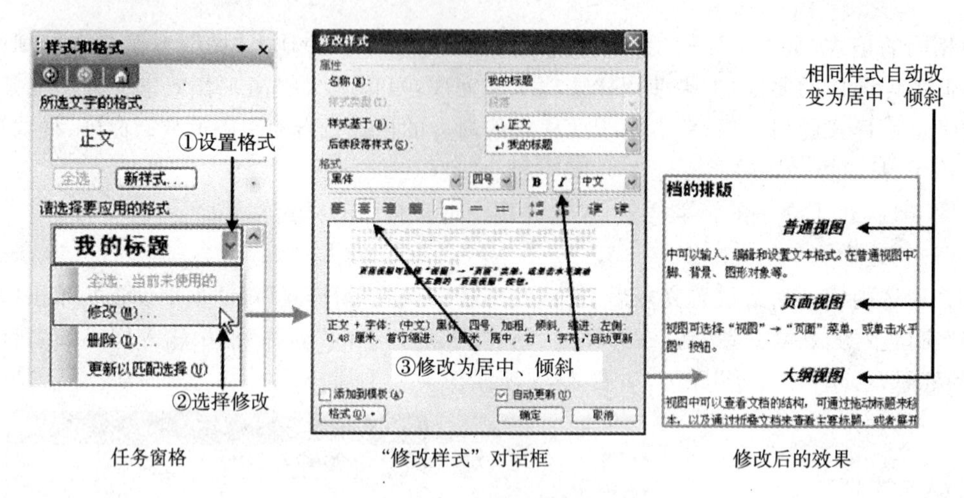

图 3.75　修改样式的操作流程

3.8.5　目录和索引

1. 目录

Word 具有自动生成目录的功能，且目录能随着内容的增添或减少而自动更新。要生成目录必须要对作为目录项的内容进行样式或大纲级别的设置。使用样式生成目录的操作步骤如下：

①单击要插入目录的位置。

②指向“插入”菜单上的“引用”，再单击“索引和目录”，选择“目录”选项卡。

③在“目录”选项卡中单击“选项”按钮进入“目录选项”对话框。

④勾选“样式”选项，在“目录级别”下键入 1 到 9 的数字，并删除不需要的数字。

⑤单击“确定”。

操作流程如图 3.76 所示。

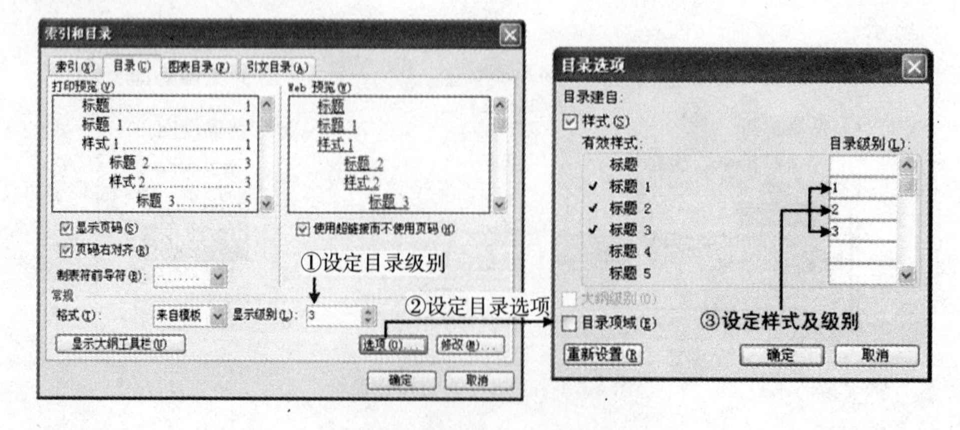

图 3.76　生成目录的操作流程

2. 索引

索引用于列出文档中的词条和主题，以及它们出现的页码。用户要编制索引，先要在文档中标记索引项(索引项可以是词、词组或符号)，然后执行“插入”菜单中“引用”下面的“索引和目录”，在弹出的对话框中选择“索引”，最后单击“确定”完成索引的操作。标记索引项的方法有手动标记和自动标记两种，一般使用自动标记较为方便。

生成索引的具体操作步骤如下：

①生成索引项文档：自动标记是将索引项单独存入一个文档，且每一个索引项为一个段落，最后将文档保存备用。

②标记索引项：在“索引和目录”的“索引”选项中，单击“自动索引”，在随后出现的“打开索引自动标记文件”对话框中选择在“步骤①”中生成的索引文档。

③生成索引：定位要插入索引的位置（一般在文档的最后），再次进入“索引和目录”的“索引”选项中，单击“确定”即可完成索引的操作。

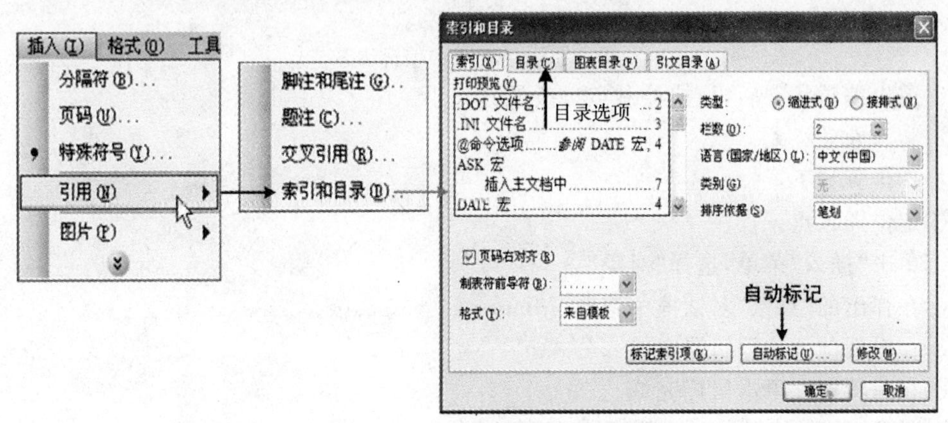

图 3.77　生成索引的操作流程

3.8.6　插入对象

对象所指的内容较为广泛，除上述提及的图片和艺术字之外，还有数学公式、图表、Excel 电子表格、PowerPoint 幻灯片，甚至于音频和视频等。

1. 插入 Excel 工作表

操作步骤如下：

①定位插入点。

②指向“常用”工具栏上的“插入 Microsoft Excel 工作表”按钮，拖拽到所需要的行数和列数后单击，即在插入点处插入 Excel 工作表，如图 3.78 所示。

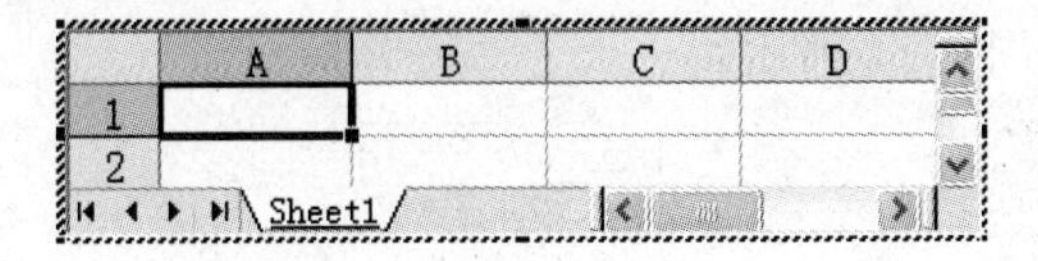

图 3.78　插入的 Excel 工作表

③输入内容后在表外单击即完成，如图 3.79 所示为插入后的工作表。

④如需重新编辑，可双击插入的工作表，进入编辑状态后，像使用 Excel 工作表一样进行各种操作，如果拖拽边框上的控制点，则可改变行数或列数，如图 3.80 所示。

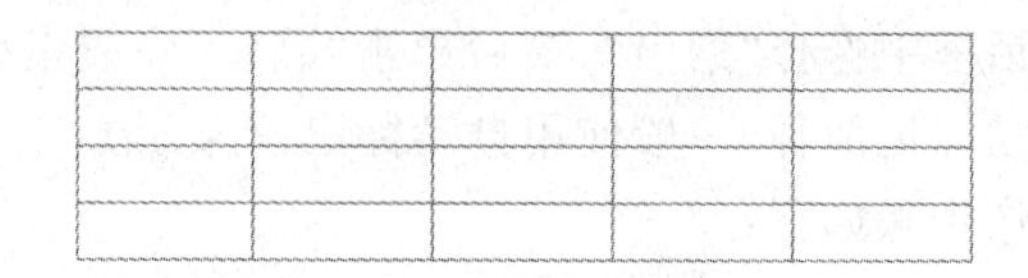

图 3.79　插入的 Excel 工作表

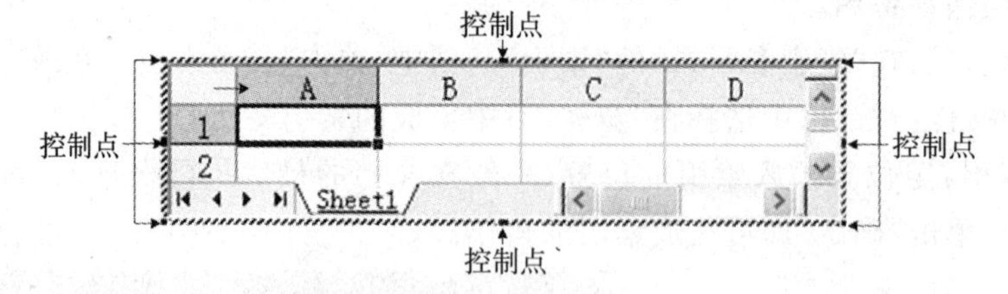

图 3.80　工作表的编辑状态

⑤退出编辑状态后，拖拽控制点可改变其大小。

2. 插入数学公式

操作步骤如下：

①定位插入点。

②单击“插入”菜单，选择“对象”。

③在弹出的“对象”对话框中选择“Microsoft 公式 3.0”。

④在出现的公式编辑器中输入公式。

⑤在编辑框外单击鼠标完成。

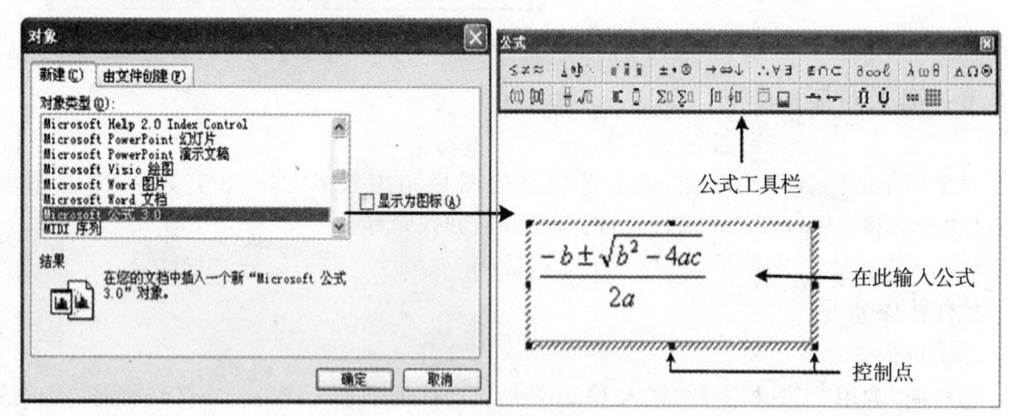

图 3.81　插入公式的操作步骤

⑥插入后的公式如图 3.82 所示。

$$\frac{-\mathrm{b}\pm\sqrt{b^2-4ac}}{2a}$$

图 3.82　插入后的公式

⑦若需重新编辑，双击插入的公式即可进入其编辑状态；

⑧拖拽控制点即可改变其大小。

说明：以上为 Office 软件自带的公式编辑器，专业的数学公式编辑器“Math Type”使用起来则更为方便。

3.8.7 自动更正

自动更正功能可以检测并自动更正键入的错误,如误拼的单词、错误的大小写等,例如,若键入“thsi”,则自动替换为“this”。自动更正还可以快速地插入文字、图形或符号,例如,可通过键入“(c)”来插入版权符号“©”。

自动更正除自身所带的更正词条外,也允许用户添加自己经常使用的词条。如可将“bbmc”添加到自动更正选项中,使其替换为“蚌埠医学院”。操作步骤如下:

①单击“工具”菜单中的“自动更正选项”,打开如图3.83所示的对话框。

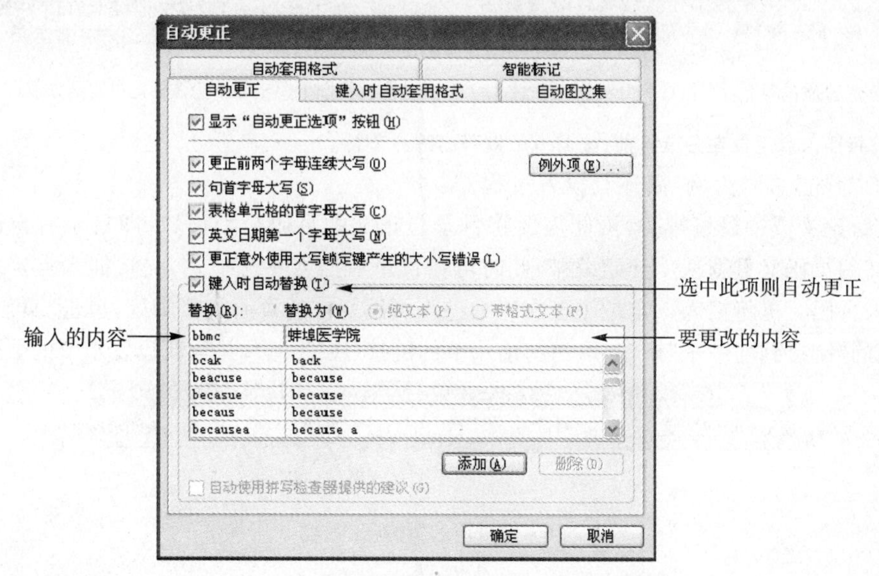

图3.83 “自动更正”对话框

②在“替换”内输入“bbmc”,在“替换为”框内输入“蚌埠医学院”。

③单击“添加”。

④最后单击“确定”。

完成词条的添加后,只要输入“bbmc”即会自动更正为“蚌埠医学院”。

3.8.8 分节

通常情况下,文档的纸张大小和方向、页边距、页眉页脚、分栏及页码等在全文中是一致的。若要改变这些设置,使文档具有不同的格式,就要用到Word提供的分节功能。

单击“插入”菜单中的“分隔符”命令,选择一种分节符类型(如图3.84所示),即可在插入点处插入一个分节符。

在插入分节符之前,Word将整篇文档视为一节。分节符起着隔离其前面格式的作用,如果删除了某个分节符,它前面的内容会合并到后面的节中,并且采用后者的格式。通常情况下,分节符只能在“普通”视图下看到,如果要在页面视图中显示分节符,可单击“常用”工具栏上的显示/隐藏编辑标记。

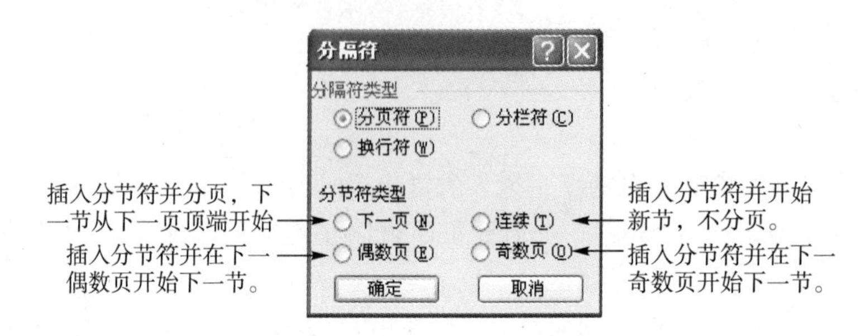

图 3.84 “分隔符”对话框

有放射性的环境中。能学会做工然后能够独自不停地工作，但不能行走的机器人，今天已经在世界各地的工厂中使用，而且他的用途正在日益扩大。
分节符(连续)

普通视图下可直接看到分节符

有放射性的环境中。能学会做工然后能够独自不停地工作，但不能行走的机器人，今天已经在世界各地的工厂中使用，而且他的用途正在日益扩大。分节符(连续)

页面视图下单击显示隐藏标记可看到分节符

说明：将插入点定位在分节符前，按 Delete 键可删除分节符。

下面以设置页码为例，简述其设置过程。

在进行论文或书籍编排时，可能需要将目录与正文的页码分别设置，即目录有自己的页码，而正文的页码又重新从 1 开始编排，此时可在目录后插入一分节符，先将插入点定位于目录区，插入页码。再将插入点定位于正文区并进入页码所在的页眉或页脚区，单击“页眉页脚”工具栏上的“链接到前一个”按钮，取消与前一节的链接(图 3.85)，并重新设置本节的页码。

图 3.85 “页眉和页脚”工具栏

3.9 打印文档

文档编排完毕，最后一项要做的工作就是打印。打印前要正确连接打印机并接通电源及放入纸张。为保证一次性打印成功，一般要先预览文档的编排是否满足要求，这可通过“打印预览”命令来查看，否则要重新编排以符合打印要求。

3.9.1 打印预览

1. 打印预览的操作

单击“常用”工具栏上的“打印预览”按钮，或执行文件菜单中的“打印预览”命令，进入打印预览窗口，此时鼠标指针变为放大镜，单击可实现页面的放大缩小显示。

2. 打印工具栏简介

打印工具栏如图 3.86 所示。

①放大镜：在预览和编辑状态间切换。

②单页预览：每次只显示一整页。

③多页预览：按住鼠标拖拽可在屏幕上显示多页。

④显示比例：调整显示页面的大小。

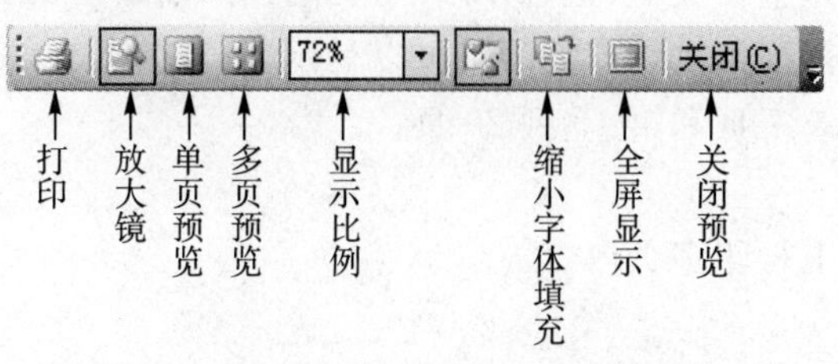

图 3.86 “打印预览”工具栏

⑤缩小字体填充：可以在不改变原始排版效果的基础上，将最后一页的几个字符内容缩排到整张页面中。

⑥全屏显示：隐去标题栏及菜单栏，以增加屏幕的有效显示空间。

⑦关闭：返回到预览前的视图方式。

3.9.2 打印文档

1. 打印文档的操作

单击“常用”工具栏上的“打印”按钮，则将文档直接送往打印机并完整打印一份。如果要改变打印方式，则执行文件菜单中的“打印”命令，或按快捷键“Ctrl＋P”，之后进入“打印”对话框。在该对话框中可对打印参数进行设置，如打印范围、打印份数等。如图 3.87 所示。

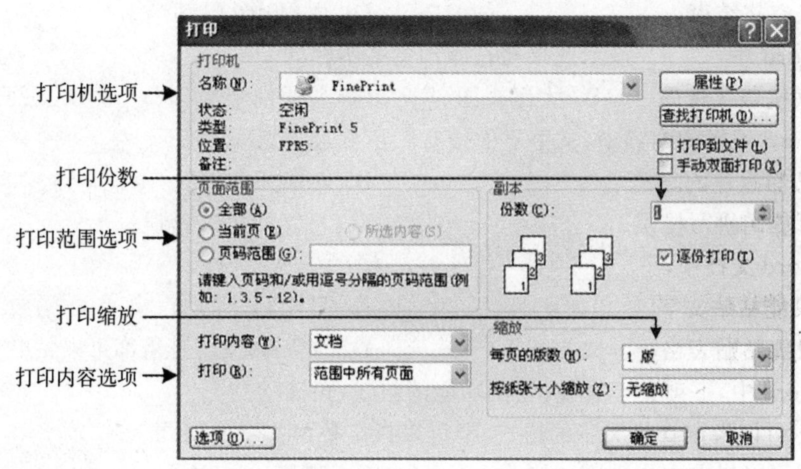

图 3.87 “打印”对话框

2. 打印对话框简介

(1)打印机

打印机指定要使用的打印机，一般使用默认打印机。

(2)打印份数

打印份数设定一次要打印的份数，默认为一份。

(3)打印范围

打印范围默认为打印整个文档,也可作以下选择:插入点所在的页、选定的内容、指定要打印的页码范围。页码范围可以是连续的也可以是不连续的,若在页码范围框中输入“1,5,7,10－20”,则打印第1、5、7页和第10到20页。

(4)打印缩放

打印缩放可在一页上打印多页内容。

(5)打印内容

打印内容指定打印范围内的所有内容或是其他内容,如文档的属性,默认为文档所有内容。同时还可指定是打印范围内的奇数页还是偶数页。

(6)手动双面打印

手动双面打印先打印奇数页,奇数页打印完毕后单击“确定”再打印偶数页。

习　题

一、单项选择题

1. 在Word中,如果要用某段文字的字符格式去设置另一段文字的字符格式,而不是复制其文字内容,可使用“常用”工具栏中的______按钮。
   A. 格式选定　B. 格式刷　C. 格式工具框　D. 复制
2. 在Word中,每个段落是______。
   A. 以句号结束　B. 以Enter键结束
   C. 以空格结束　D. 由Word自动结束
3. 在Word中,______显示效果与打印预览基本相同。
   A. 联机版式视图　B. 大纲视图　C. 普通视图　D. 页面视图
4. 在Word编辑的内容中,文字下面带有红色波浪下划线的表示______。
   A. 已修改过的文档　B. 对输入的确认
   C. 可能的拼写错误　D. 可能的语法错误
5. 在Word文档中,______。
   A. 只能粘贴文字　B. 只能粘贴图形
   C. 只能粘贴表格　D. 文字、图形、表格都可以粘贴
6. 在Word中,下列关于查找、替换功能的叙述,正确的是______。
   A. 不可以指定查找文字的格式,但可以指定替换文字的格式
   B. 不可以指定查找文字的格式,也不可以指定替换文字的格式
   C. 可以指定查找文字的格式,但不可以指定替换文字的格式
   D. 可以指定查找文字的格式,也可以指定替换文字的格式
7. 在Word的编辑中,执行“另存为”命令,当输入新文档名并确定之后,则______。
   A. 原文档被当前文档覆盖　B. 当前文档与原文档互不影响
   C. 当前文档与原文档互相影响　D. 当前文档被原文档覆盖
8. 在Word中,当前已打开一个文档,若想打开另一文档,则______。
   A. 首先关闭原来的文档,才能打开新文档

B. 打开新文档时，系统会自动关闭原文档

C. 可直接打开另一文档，不必关闭原文档

D. 新文档的内容将会加入原来打开的文档中

9. 在编辑 Word 文档时，如果输入的字符总是覆盖文档中插入点处的字符，原因是___。

A. 当前文档正处于改写方式　　B. 当前文档正处于插入方式

C. 文档中没有字符被选择　　D. 文档中有相同的字符

10. 在 Word 中，若要控制段落第一行的起始位置缩进两个字符，应在“段落”对话框中通过____来实现。

A. 悬挂缩进　B. 首行缩进　C. 左缩进　D. 首字下沉

11. 在 Word 中，选定一行文本的最方便快捷的方法是______。

A. 在行首拖动鼠标至行尾　　B. 在选定行的左侧单击鼠标

C. 在选定行位置双击鼠标　　D. 在该行位置右击鼠标

12. 在 Word 中，若要将“格式刷”重复应用多次，应该______。

A. 单击“格式刷”按钮　　B. 双击“格式刷”按钮

C. 右击“格式刷”按钮　　D. 拖动“格式刷”按钮

13. 在 Word 中，段落对齐方式中的“分散对齐”指的是______。

A. 左右两端都对齐，字符少的则加大间隔，把字符分散开以使两端对齐

B. 左右两端都要对齐，字符少的则靠左对齐

C. 或者左对齐或者右对齐，只要统一就行

D. 段落的第一行右对齐，末行左对齐

14. 在 Word 文档中，如果要求上下两段之间留有较大间隔，最好的解决方法是______。

A. 在每两行之间用按回车键的办法添加空行

B. 在每两段之间用按回车键的办法添加空行

C. 通过段落格式设定来增加“段前”或“段后”间距

D. 用字符格式设定来增加间距

15. 下列关于 Word 文档创建项目符号的叙述中，正确的是______。

A. 以段落为单位创建项目符号　　B. 以选中的文本为单位创建项目符号

C. 以节为单位创建项目符号　　D. 可以任意创建项目符号

16. 将一页分成两页，正确的做法是使用______命令。

A.“插入”菜单中的“页码”　　B.“插入”菜单中的“分隔符”

C.“插入”菜单中的“自动图文集”　　D.“格式”菜单中的“字体”

17. 对 Word 文档中“节”的说法，错误的是______。

A. 整个文档可以是一个节，也可以将文档分成几个节

B. 分节符由两条点线组成，点线中间有“节的结尾”4 个字

C. 分节符在 Web 视图中不可见

D. 不同节可采用不同的格式

18. 在 Word 中，关于打印预览叙述错误的是______。

A. 在打印预览中，可以缩放文档显示比例

B. 无法对打印预览的文档编辑

C. 预览的效果和打印出的文档效果相匹配

D. 在打印预览方式中可同时显示多页文档

19. 关于 Word 的分栏，下列说法正确的是______。

A. 最多可以分 2 栏　　B. 不能对部分段落分栏

C. 各栏的宽度可以不同　　D. 各栏之间的间距是固定的

20. Word 的文本框可用于将文本置于文档的指定位置，文本框中不能插入______。

A. 文本内容　　B. 图形内容　　C. 声音内容　　D. 特殊符号

21. 要将在其他软件中制作的图片复制到当前 Word 文档中，下列说法中正确的是___。

A. 不能将其他软件中制作的图片复制到当前 Word 文档中

B. 可通过剪贴板将其他软件中制作的图片复制到当前 Word 文档中

C. 可以通过鼠标直接从其他软件中将图片移动到当前 Word 文档中

D. 不能通过"复制"和"粘贴"命令来传递图形

22. 在 Word 中，"表格"菜单里的"排序"命令功能是______。

A. 在某一列中，根据各单元格内容的大小，调整它们的上下顺序

B. 在某一行中，根据各单元格内容的大小，调整它们的左右顺序

C. 在整个表格中，根据某一列各单元格内容的大小，调整各行的上下顺序

D. 在整个表格中，根据某一行各单元格内容的大小，调整各列的左右顺序

23. Word 表格中，如果想精确地设定单元格的列宽，应______。

A. 使用鼠标拖动表格线

B. 使用鼠标拖动标尺上的"移动表格列"

C. 使用"表格"菜单中的"表格属性"对话框

D. 通过输入字符来控制

24. 在 Word 的编辑状态，要输入数学公式，应使用插入菜单中的______命令。

A. 分隔符　　B. 对象　　C. 符号　　D. 页码

25. 在 Word 中，除利用菜单命令改变段落缩排方式、调整左右边界等外，还可直接利用______改变段落缩排方式、调整左右边界。

A. 工具栏　　B. 格式栏　　C. 符号栏　　D. 标尺

26. 在 Word 表格中，可对表格的内容进行排序，不能作为排序类型的是______。

A. 笔画　　B. 拼音　　C. 数字　　D. 偏旁部首

27. 关于 Word，下列说法错误的是______。

A. 既可以编辑文本内容，也可以编辑表格

B. 可以利用 Word 制作网页

C. 可在 Word 中直接将所编辑的文档通过电子邮件发送给接收者

D. Word 不能编辑数学公式

28. 在 Word 中，要求在打印文档时每一页上都有页码，______。

A. 已经由 Word 根据纸张大小分页时自动加上

B. 应当由用户执行"插入"菜单中的"页码"命令加以指定

C. 应当由用户执行"文件"菜单中的"页面设置"命令加以指定

D. 应当由用户在每一页的文字中自行输入

29. 在 Word 的编辑状态，当前插入点在表格的任一单元格内，按 Enter 键后，______。

A. 插入点所在的行加高　　B. 对表格不起作用

C. 在插入点下增加一表格行　　D. 插入点所在的列加宽

30. 在 Word 中，表格拆分指的是______。

A. 从某两行之间把原来的表格分为上下两个表格

B. 从某两列之间把原来的表格分为左右两个表格

C. 从表格的正中间把原来的表格分为两个表格，方向由用户指定

D. 在表格中由用户任意指定一个区域，将其单独存为另一个表格

二、多项选择题

1. 在 Word 中，下列关于查找与替换操作的叙述，错误的有______。

A. 查找与替换内容不能是特殊格式文字

B. 查找与替换不能对段落格式进行操作

C. 能查找并替换段落标记、分页符

D. 查找与替换可以对指定格式进行操作

2. 在 Word 中，下列叙述正确的有______。

A. 为保护文档，用户可以设定以“只读”方式打开文档

B. Word 是一种纯文本编辑工具

C. 利用 Word 可以制作图文并茂的文档

D. 文档输入过程中，可设置每隔 10 分钟自动进行保存文件操作

3. 在 Word 中，下列关于页边距设置的说法，正确的有______。

A. 用户可以使用“页面设置”对话框来设置页边距

B. 用户既可以设置左右页边距，也可以设置上下页边距

C. 页边距的设置只影响当前页

D. 用户可以使用标尺来调整页边距

4. 在 Word 中，下列有关“首字下沉”命令的说法，正确的有______。

A. 下沉的首字可跨行显示

B. 最多可下沉 3 行

C. 可悬挂下沉

D. 可根据需要调整下沉文字与正文的距离

5. 打印的______能在 Word 的“打印”对话框中进行设置。

A. 起始页码　　B. 页码位置　　C. 打印份数　　D. 范围

6. Word 中段落的对齐方式有______。

A. 左对齐　　B. 右对齐

C. 居中　　D. 分散对齐和两端对齐

7. Word 中表格具有______功能。

A. 在表格中支持插入子表

B. 在表格中支持插入图形

C. 提供了绘制表头斜线

D. 提供了整体改变表格大小和移动表格位置的控制手柄

8. 在 Word 中,图形与文本混排时,文字可以有多种形式环绕于图形,以下属于 Word 中文字环绕方式的有______。

A. 四周型　　B. 穿越型　　C. 上下型　　D. 左右型

9. 在 Word 中,下列有关"间距"的说法,正确的有______。

A. 单击"格式→字体"命令,可设置"字符间距"

B. 单击"格式→段落"命令,可设置"字符间距"

C. 单击"格式→段落"命令,可设置"行间距"

D. 单击"格式→段落"命令,可设置"段落前后间距"

10. 在 Word 中,下列关于选择图片操作的叙述,正确的有______。

A. 只有选中图片后,才能对其进行编辑操作

B. 依次单击各个图片,可以选择多个图片

C. 按住 Shift 键,依次单击各个图片,可以选择多个图片

D. 单击选择对象按钮,在页面内并拖动出一个包括要选的图片在内的矩形

11. 在 Word 中,下列关于页眉页脚的叙述正确的有______。

A. 能同时编辑页眉和页脚窗口和文档窗口中的内容

B. 可以使偶数页和奇数页具有不同的页眉和页脚

C. 用户设定的页眉和页脚在普通视图方式下无法显示

D. 用户设定的页眉和页脚必须在页面视图方式或打印预览中才能看见

12. 在 Word 中,有关样式的说法正确的有______。

A. 样式就是应用于文档中的文本、表格和列表的一套格式特征

B. 使用样式能够提高文档的编辑排版效率

C. 样式能够自动录入文字

D. 样式一经生成不能修改

13. 下列方式中能保存 Word 文档的有______。

A. 单击"常用"工具栏的"保存"按钮

B. 单击菜单栏中"文件"下拉菜单中"保存"的命令

C. 按"Ctrl＋S"快捷键

D. 按"Shift＋C"快捷键

14. 下列有关 WORD 格式刷的叙述中,错误的有______。

A. 格式刷能复制纯文本的内容

B. 格式刷只能复制字体格式

C. 格式刷只能复制段落格式

D. 格式刷可以复制字体格式也可以复制段落格式

15. 在 Word 文档中,可以插入的分隔符有______。

A. 分页符　　B. 分栏符　　C. 换行符　　D. 分节符

16. 以下对 Word 描述正确的有______。

A. Word 既可以实现图文混排,也可以进行简单的表格制作

B. Word 支持图文混排,但图形不能随文字的移动而移动

C. Word 可以接受"画图"程序产生的图形

D. Word排版后可在打印前通过打印预览看到文档的实际打印效果

17. 下列关于Word中“保存”与“另存为”命令描述错误的有______。

A. 在任何情况下，“保存”与“另存为”命令没有区别

B. 保存新文档时，“保存”与“另存为”作用相同

C. 保存旧文档时，“保存”与“另存为”命令作用相同

D. 保存命令只能保存新文档，另存为命令只能保存旧文档

18. Word中，能编辑的文件类型有______。

A. txt　　B. doc　　C. dot　　D. exe

19. Word中，要修改页眉和页脚可以通过______来实现。

A. 视图菜单中的页眉和页脚命令　　B. 格式菜单中的样式命令

C. 文件菜单中的页面设置命令　　D. 双击文档中的页眉和页脚位置

20. 在Word“插入”菜单中，其中的“图片”命令可插入______。

A. 图表　　B. 艺术字　　C. 剪贴画　　D. 自选图形

三、填空题

1. 在Word中，文件菜单下方列出的文档是____________，默认有______个。

2. 在Word中输入特殊符号，除Word自身提供的插入特殊符号功能外，还可以通过______来实现。

3. 在Word中，若要在某处将段落分为两段，只要在此____________即可。

4. 在Word中，切换“插入”与“改写”状态，一是____________，二是____________。

5. 在Word中，当要选择多个区域时，在选择时应按____________键。

6. 在Word中，使用剪贴板，可以实现____________和____________操作。

7. 在Word中，查找不仅可以按其内容进行，也可以按其____________进行。

8. 在Word中，格式刷的作用是________________________。

9. 在Word中，默认情况下，行间距的单位可以是行，也可以是______，除此以外，用户还可以______。

10. 在Word中，在文本框内可放置____________________。

四、简答题

1. 文字处理软件的主要功能有哪些？

2. 列举两个最为常用的文字处理软件。

3. Word的对齐方式有哪些？

4. 如何设置表格的标题行重复？

5. 什么是模板？其作用是什么？

第 4 章

电子表格软件 Excel 2003

【本章主要教学内容】

本章主要介绍中文 Excel 2003 的概述、工作簿基本操作、数据的输入与编辑、工作表的格式化、公式与函数、图表操作和数据分析与管理等内容。

【本章主要教学目标】

◆了解电子表格软件的基本概念。

◆掌握电子表格的创建、编辑、格式化、公式与函数、图表和常用的数据分析操作。

◆熟悉 Excel 2003 的合并计算、数据透视表等功能。

4.1 Excel 2003 概述

Excel 2003 是 Microsoft 公司套装办公软件 Office 2003 中的一个组件，可以高效地完成各种表格和图表的设计，进行复杂的数据计算与分析，被广泛地应用于经济、金融、财务、审计和统计等各个领域。

4.1.1 Excel 2003 的功能简介

1. 基本功能

(1)电子表格处理功能

电子表格处理是 Excel 2003 最基本的功能，用户不仅可以方便、快速地输入数据，还可以对工作表进行各种编辑操作以及格式化操作。

(2)数据库管理功能

数据库存储了大量数据，Excel 2003 提供了丰富的内部函数和强大的数据库管理功能，可以对数据进行排序、检索和分类汇总等统计、分析和运算操作。

(3)图表功能

Excel 2003 提供了丰富多彩的统计图表，利用图表能将工作表或数据库中的数据生成各种形式的统计图，直观地反映数据的变化规律。

2. 新增功能

(1)增强的列表功能

Excel 2003 提供的列表功能，可以通过在工作表中创建列表来对相关数据进行分组和执行操作。在将某一区域指定为列表后，就可以方便地管理和分析列表数据而不必理会列表之外的其他数据。

(2)XML 支持

XML 全称为“扩展标记语言”，是对 HTML 的一种功能扩展。XML 支持简化了在 PC 和后端系统之间访问和捕获信息、取消对信息的锁定以及允许在组织中和业务合作伙伴之间创建集成的商务解决方案的进程。

(3)智能文档设计

智能文档设计用于通过动态响应用户操作的上下文来扩展工作簿的功能，特别适用于过程中的工作簿。智能文档可以帮助用户重新使用现有内容，并且可以使共享信息更加容易。

(4)信息权限管理

信息权限管理(IRM)允许单独的作者指定谁可以访问和使用文档或电子邮件，并且有助于防止未经授权的用户打印、转发或复制敏感信息。

(5)并排比较工作簿

并排比较工作簿使用户可以同时滚动浏览两个工作簿，以查看这两个工作簿之间的差异，而无需将所有更改都合并到一个工作簿中。

4.1.2　Excel 2003 的启动与退出

1. Excel 2003 的启动

Excel 2003 安装完成后，便可以通过以下几种方式启动 Excel 2003：

①双击桌面上已建立的 Excel 2003 快捷方式图标。

②单击“开始”→“程序”→“Microsoft Office”→“Microsoft Office Excel 2003”命令。

③单击“开始”→“运行”，在弹出对话框的“打开”文本框中输入“excel”，然后单击“确定”按钮。

④在“我的电脑”中任意一文件夹下，双击一个 Excel 2003 格式的文件（扩展名为“xls”），都可以启动 Excel 2003 并打开该文件。

2. Excel 2003 的退出

退出 Excel 2003 的操作与退出 Word 2003 的操作类似，此处不再赘述。退出 Excel 2003 时，如果用户没有对新建或更新的文件进行保存，系统会提示用户进行保存。

4.1.3　Excel 2003 的工作界面

启动 Excel 2003 后，其工作界面如图 4.1 所示。

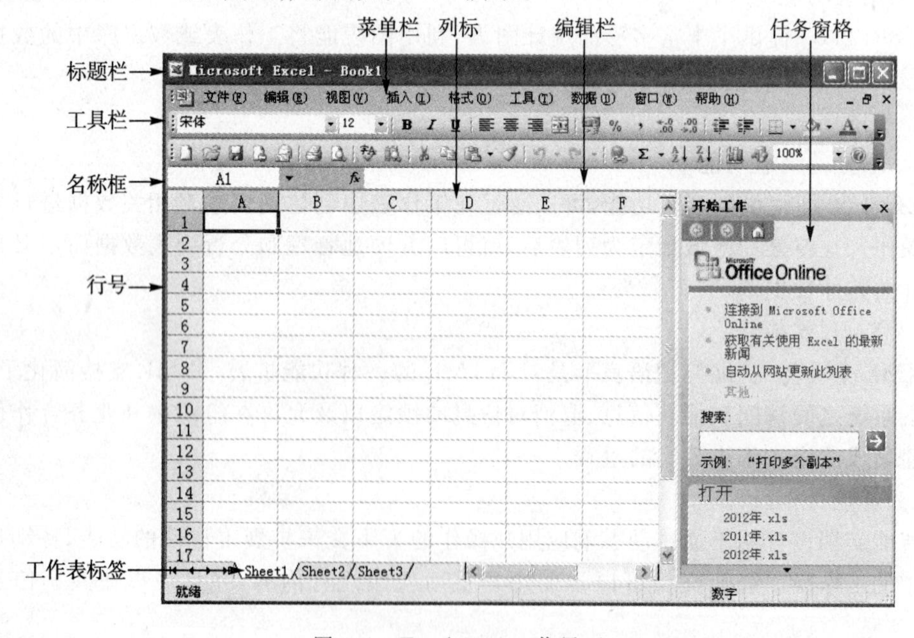

图 4.1　Excel 2003 工作界面

1. 标题栏

标题栏位于主窗口的最上方，与所有 Windows 应用程序一样，用来指示当前所使用的程序名称及所编辑的文档（工作簿）名称。标题栏左端是控制菜单按钮，标题栏右端是窗口最小化控制按钮，最大化控制按钮和关闭按钮。

2. 菜单栏

菜单栏是 Excel 2003 的操作核心，所有对数据、工作表等进行操作的命令都能在菜单栏中找到。

3. 工具栏

默认情况下，显示的工具栏有"常用"工具栏和"格式"工具栏，其他工具栏可通过单击"视图"→"工具栏"命令来调出。

4. 名称框

名称框位于"格式"工具栏下面一行的左边，用来显示活动单元格、图表项或绘图对象的名称，或者给单元格区域取名。若在名称框中直接输入单元格名称，并按回车键，可以快速地选中这些单元格。

5. 编辑栏

Excel 2003 的编辑栏，用于输入、编辑工作表的内容，也可以显示活动单元格中的数据或公式。如果单元格中含有公式，则公式的结果显示在单元格中，公式本身显示在编辑栏中。

当光标定位在编辑区时，在编辑栏会出现以下按钮：

①取消按钮✕：取消输入的内容。

②输入按钮✓：确认输入的内容。

③插入函数按钮 fx：用来插入函数。

6. 工作表标签

一个工作簿由不同的工作表组成，每个工作表用不同的工作表标签来标记。工作表标签位于工作簿窗口底部，其默认名称为"Sheet1"、"Sheet2"、"Sheet3"等。单击工作表标签将激活相应的工作表，单击标签滚动按钮可以按顺序查看所建立的工作表，显示其他的工作表标签。

7. 任务窗格

跟 Word 2003 一样，Excel 2003 的任务窗格也是为了方便用户操作而设计得非常人性化的功能。在 Excel 2003 中提供了 11 个任务窗格，按下任务窗格标题栏旁的下拉箭头▼，然后从中选择需要的任务窗格即可。

4.1.4　基本概念

1. 工作簿

工作簿是在 Excel 2003 中用来运算和存储数据的文件，其扩展名为"xls"。一个工作簿默认包含 3 个工作表，最多可有 255 个工作表。启动 Excel 2003 后，系统自动建立名称为 Book1 的工作簿。

2. 工作表与活动工作表

工作表是一张二维电子表格，由行和列组成。每个工作表最多由 65536 行和 256 列组成。行的编号从上到下，用数字"1"到"65535"编号；列的编号从左到右，用字母"A"到"IV"编号。在使用工作表时，当前正在对其进行操作的工作表称为"活动工作表"。

3.单元格与活动单元格

单元格是工作表的行和列交叉的地方，它是 Excel 2003 处理数据的最小单位。每个单元格都有唯一的标识，称为"单元格地址"，一般是用列标和行号来标识的，如 A2、B5 等。当前正在对其进行操作的单元格称为"活动单元格"，其边框线用粗线显示。

4.单元格区域

单元格区域是指工作表中多个单元格组成的矩形区域，单元格区域的地址由矩形左上角的单元格地址和右下角的单元格地址组成，中间用"："相连。例如"B3：D9"表示以 B3 单元格和 D9 单元格为对角顶点的矩形区域中的所有单元格。

4.2 工作簿基本操作

Excel 2003 中所有的操作都是在工作簿中进行的，下面介绍在使用 Excel 2003 时工作簿和工作表的一些基本操作。

4.2.1 创建工作簿

1.新建工作簿

启动 Excel 2003 后，系统会自动建立一个名为"Book1"的新工作簿，除此之外新建工作簿的方法还有以下几种：

①单击"文件"→"新建"命令。

②单击常用工具栏上的"新建"按钮。

③按下快捷键"Ctrl＋N"。

2.保存工作簿

保存工作簿的方法有以下 3 种：

①单击"文件"→"保存"命令。

②单击常用工具栏上的"保存"按钮。

③按下快捷键"Ctrl＋S"。

3.打开工作簿

如果要编辑已存在的工作簿，首先要将其打开，打开工作簿的方法有以下 3 种：

①单击"文件"→"打开"命令。

②单击常用工具栏上的"打开"按钮。

③按下快捷键"Ctrl＋O"。

另外，在默认情况下，"文件"菜单底部会显示最近打开过的 4 个文件，如果要打开的工作簿在此显示，只需选中单击此文件名即可。

4.关闭工作簿

工作簿编辑完成并保存后，就可以关闭工作簿。关闭工作簿而不退出 Excel 2003 的方法有以下几种：

①单击"文件"→"关闭"命令。

②单击工作簿窗口右上角的“关闭”按钮✕。

③按下快捷键“Ctrl＋F4”。

4.2.2　管理工作表

使用工作表可以对数据进行有效的组织和管理，可以同时在多张工作表上输入并编辑数据，并且可以对来自不同工作表的数据进行汇总计算。

1.选中工作表

在对工作表执行移动、复制、删除等操作之前，需要先选中(或激活)工作表。在Excel 2003中用鼠标直接单击工作表标签即可选中该工作表，而选中多个工作表的方法有以下两种：

①先单击第一个工作表的标签，然后按住Shift键再单击最后一个工作表的标签，可选中两个以上相邻的工作表。

②先单击第一个工作表的标签，然后按住Ctrl键再单击其他工作表的标签，可选中两个以上不相邻的工作表。

选中多个工作表后，对当前工作表的操作会同样作用到其他被选中的工作表中。要取消选中状态，只需要用鼠标单击任意一个工作表标签即可。

2.插入工作表

系统默认每个工作簿中有三个工作表，如果需要更多的工作表，用户可以通过“插入”菜单自主添加。操作步骤为：选中工作表，单击“插入”→“工作表”命令，系统会自动在该工作表之前插入新工作表，其名称依次为Sheet4，Sheet5，……

此外，用户也可以利用快捷菜单插入工作表，具体操作步骤为：右击工作表标签，选择“插入”命令，在弹出的“插入”对话框中选择“常用”选项卡上的“工作表”选项，单击“确定”按钮即可。

3.移动或复制工作表

移动或复制工作表在Excel 2003中的应用非常广泛，用户可以在同一个工作簿中移动或复制工作表，也可以在不同的工作簿之间移动或复制工作表。

移动或复制工作表的操作步骤如下：

①打开要移动或复制工作表的源工作簿和目的工作簿。

②在源工作簿中选中需要移动或复制的工作表。

③单击“编辑”→“移动或复制工作表”命令，或右击选中的工作表标签，从快捷菜单上选择“移动或复制工作表”命令，打开“移动或复制工作表”对话框，如图4.2所示。

④在对话框的“工作簿”下拉列表框中选择目的工作簿；在“下列选定工作表之前”列表中选择将要移动或复制的工作表插入到目的工作簿的那个工作表之前；选中“建立副本”复选框，将选中工作表复制到目的工作簿中；清除“建立副本”复选框，将选中工作表移动到目的工作簿中。

⑤单击“确定”按钮。

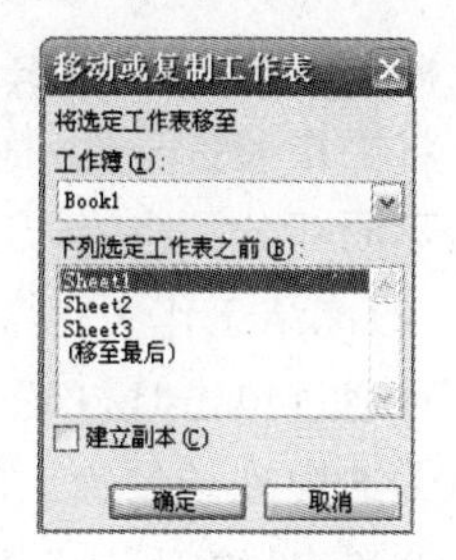

图4.2　移动或复制工作表

此外，如果要在同一个工作簿中移动工作表，可以直接使用鼠标横向拖动工作表标签到需要的位置。如果要在同一个工作簿中复制工作表，则可以按住 Ctrl 键，然后使用鼠标横向拖动工作表标签到需要的位置。

4. 删除工作表

对于多余的工作表，用户可以将它删除，但被删除的工作表不能还原。删除工作表的常用方法有两种：

①选中工作表，单击“编辑”→“删除工作表”命令。

②右击工作表标签，在快捷菜单中选择“删除”命令。

5. 重命名工作表

重命名工作表可以使工作表的名称更加形象，常用的方法有三种：

①选中工作表，单击“格式”→“工作表”→“重命名”命令。

②双击工作表标签，直接输入新名称。

③右击工作表标签，在快捷菜单中选择“重命名”命令。

6. 拆分与冻结工作表

如果表格比较大，不能完整地显示在窗口中的时候，用户可以通过拆分或冻结表格的方法来满足要求。拆分工作表是指将工作表按照水平或垂直方向分割成独立的窗格，在每个窗格中可以独立地显示并滚动到工作表中的不同部分。冻结工作表则是指将工作表的一部分窗格冻结，然后在活动的窗格中查看和编辑数据。

(1)拆分工作表

可通过单击“窗口”→“拆分”命令来实现，操作步骤如下：

①选中拆分位置上的单元格。

②单击“窗口”→“拆分”命令，则从选中的单元格处将原窗格拆分为四个窗格，如图 4.3 所示。

成绩.xls

	A	B	C	D	E	F	G
1	学号	姓名	班级	人体解剖	大学英语	计算机	
2	2011001	陈朋	一班	65	67	74	
3	2011002	石新雨	二班	85	60	76	
4	2011003	汤树淮	二班	78	60	65	
5	2011004	徐利	一班	92	77	61	
6	2011005	潘小波	一班	87	62	85	
7	2011006	杨建	二班	90	90	81	
8	2011007	彭新	一班	60	64	80	
9	2011008	李超	二班	93	69	80	
10	2011009	郑淮	二班	91	86	76	
11	2011010	胡冠	一班	68	74	75	
12	2011011	全红露	一班	94	83	79	
13							

Sheet

图 4.3　拆分工作表

提示：如果要将工作表还原为正常显示，可以执行“窗口”→“取消拆分”命令。

将工作表拆分后，拖动水平滚动条和垂直滚动条，用户可以在一个工作表窗口中查看工作表不同部分的内容，还可以随时拖动分隔条来调整分隔位置。

(2)冻结工作表

可通过单击“窗口”→“冻结窗格”命令来实现，操作步骤如下：

①选中冻结位置上的单元格。

②单击“窗口”→“冻结窗格”命令，则从选中的单元格处将窗口分割成四个窗格，分割条显示为细实线，如图 4.4 所示。

成绩.xls

	A	B	C	D	E	F
1	学号	姓名	班级	人体解剖	大学英语	计算机
2	2011001	陈朋	一班	65	67	74
3	2011002	石新雨	二班	85	60	76
4	2011003	汤树淮	二班	78	60	65
5	2011004	徐利	一班	92	77	61
6	2011005	潘小波	一班	87	62	85
7	2011006	杨建	二班	90	90	81
8	2011007	彭新	一班	60	64	80
9	2011008	李超	二班	93	69	80
10	2011009	郑淮	二班	91	86	76
11	2011010	胡冠	一班	68	74	75
12	2011011	全红露	一班	94	83	79
13						

Sheet1 / Sheet4 / Sheet2 / Sheet3

图 4.4　冻结工作表

提示：如果要将工作表还原为正常显示，可以执行“窗口”→“取消冻结窗格”命令。

将工作表冻结后，向右拖动水平滚动条，垂直分割线的左边窗格不动；向下拖动垂直滚动条，水平分割线的上边窗格不动。

7. 隐藏工作表

有时候用户不希望别人查看某些工作表，可以使用 Excel 2003 的隐藏功能将工作表隐藏起来。当工作表被隐藏时，它的标签也同时被隐藏。隐藏的工作表仍然处于打开状态，其他文档仍然可以利用其中的信息。

使用“格式”菜单隐藏工作表的操作步骤如下：

①选定要隐藏的工作表。

②单击“格式”→“工作表”→“隐藏”命令，将当前工作表隐藏。

提示：要取消被隐藏的工作表，可执行“格式”→“工作表”→“取消隐藏”命令，在弹出的“取消隐藏”对话框中选择要取消隐藏的工作表，单击“确定”即可。

4.3　数据的输入与编辑

4.3.1　选取单元格、行、列和单元格区域

在工作表中输入数据或公式时，首先要选取相应的单元格或单元格区域。

1. 选取单个单元格

选取单元格就是使之成为活动单元格，选取单个单元格最简便的方法就是用鼠标单击该单元格。另外，用户还可以在名称框中直接输入单元格的地址，然后按下 Enter 键完成选取。

2. 选取连续的单元格

选取多个连续的单元格，可以先单击起始单元格，然后按住鼠标左键不放拖动至终止单元格再释放左键即可，所选区域反相显示。另外，用户还可以单击起始单元格，然后按住 Shift 键再单击终止单元格完成选取。

3. 选取不连续的单元格

选取多个不连续的单元格，可以先单击所要选取的第一个单元格，然后按住 Ctrl 键，再

分别单击所要选取的其余单元格。

4. 选取整行或整列

选取一行或一列，可以直接单击相应的行号或列标。选取多个相邻的行或列，可以先选中第一行或第一列，然后按住 Shift 键，再选取最后一行或最后一列即可；选取多个不相邻的行或列，可以先选中第一行或第一列，然后按住 Ctrl 键，再分别选取其他的行或列。

5. 选取工作表中所有的单元格

单击工作表左上角行号与列标交汇处的“全选”按钮，或者直接按“Ctrl＋A”组合键，就可以选中所有单元格。取消单元格选定区域只需单击相应工作表中的任意单元格即可。

4.3.2 数据输入

Excel 2003 提供了多种数据类型，不同的数据类型在表格中的显示方式不同。根据数据的应用范围，将数据分为数值、货币、会计专用、日期、时间、百分比、分数、科学记数、文本、特殊及常规、自定义等类型，默认为常规型。

1. 输入数值

在 Excel 2003 中，数值型数据使用得最多，它由数字 0～9、正负号、小数点、百分号“%”、千位分隔号“,”等组成。在默认状态，单元格中的数值为右对齐。

如果要在单元格中输入正数，可以直接在单元格中输入；如果要在单元格中输入负数，则要在数字前加一个负号或将数字括在括号内，如“－20”或(20)。分数的输入较为麻烦，例如要输入 $\frac{5}{8}$，则要先输入数字 0，再输入一个空格，最后输入 5/8。若直接输入 5/8，则表示 5 月 8 日。

如果输入的数字位数超过 11 位，Excel 自动采用科学记数法显示该数字，如：1.65E＋11。如果输入数字后，单元格中显示“＃＃＃＃＃＃”，则表示当前的单元格宽度不够。

2. 输入文本

在 Excel 2003 中文本可以是汉字、英文字母、数字、空格及其他合法的键盘能键入的符号，文本通常不参与计算。在默认状态，单元格中的文本为左对齐。

非数字文本可直接输入；由纯数字组成的文本要以单引号(')开头来输入。如学号 01010321 应输入为：'01010321，若直接输入，Excel 2003 会将其视为数值型数据而省略掉首位的“0”并且右对齐。

如果输入的文本长度超过单元格的宽度，Excel 2003 允许该文本覆盖相邻的单元格以显示全部文本。如果相邻的单元格中已有数据，就会被截断显示部分内容。

3. 输入日期和时间

工作表中日期和时间的显示方式取决于所在单元格的数字格式，系统默认日期和时间型数据在单元格中右对齐。输入日期时，按 “年/月/日”或“年－月－日”格式输入；输入时间时，按“时：分：秒”格式输入。如果按 12 小时制输入，尾部要加上空格和字母“a 或 am”或“p 或 pm”表示上午或下午，否则，Excel 将按 AM(上午)处理。如：

输入日期 2010 年 5 月 1 日：在选定单元格中输入 2010－5－1 或 2010/5/1。

输入时间 2010 年 5 月 1 日 18 时 58 分：在选定单元格中输入 2010－5－1　18：58。

4.3.3　自动填充数据

为了方便用户录入，Excel 2003 提供了数据自动填充功能，用户可以以序列的方式填充单元格。

1.填充相同的数据

当需要在同一行或同一列上输入一组相同的数据时，只需要在第一个单元格中输入该数据，然后将鼠标对准该单元格的右下角，当鼠标变成一个“十”字型（称为“填充柄”）时，拖动鼠标经过待填充的区域即可，如图 4.5 所示。

2.填充规律变化的数据

如果需要产生一组规律性变化的数据序列，例如，产生 1、2、3、4、5 等或 1 月 5 日、3 月 5 日、5 月 5 日、7 月 5 日等，这时，至少先要输入前两个数据（趋势初始值），然后选定有初始输入的前两个单元格，拖动填充柄即可自动产生按规律变化的一系列数据，如图 4.6 所示。

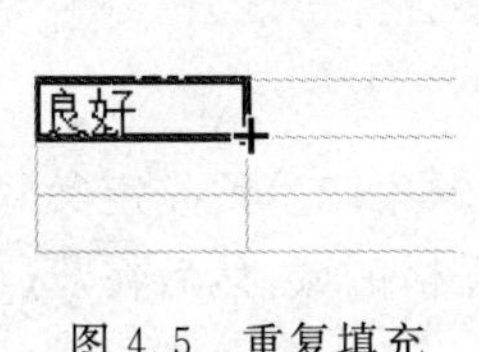

图 4.5　重复填充

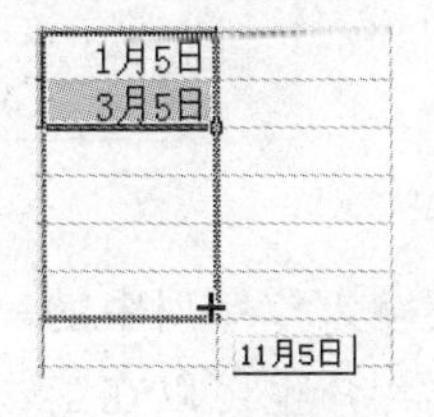

图 4.6　规律填充

3.序列填充

当数据具有等差序列、等比序列特性时，可以进行序列填充。

序列填充的操作步骤为：

①选定具有初始值的单元格，按住鼠标左键拖动至填充区域。

②单击“编辑”→“填充”→“序列”命令，弹出“序列”对话框，如图 4.7 所示。

③在对话框中完成填充类型、序列步长值等设置。

④单击“确定”按钮，完成数据填充。

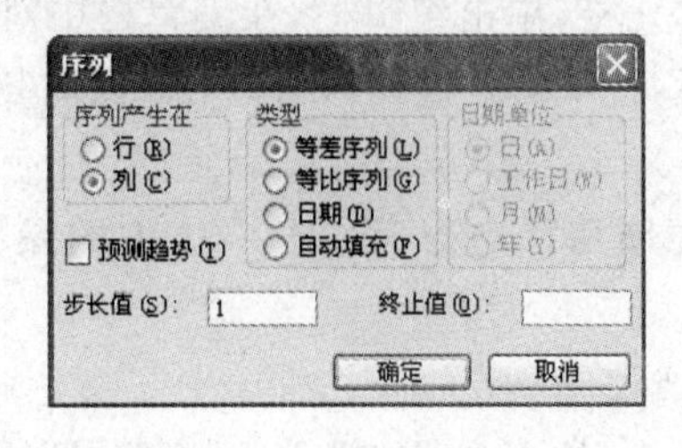

图 4.7　“序列”对话框

4.自定义序列

当需要经常输入一些特殊的序列时，可以执行“工具”→“选项”→“自定义序列”菜单命令来将其加入到 Excel 2003 的自定义序列中，以节省每次输入的时间。

【例 4.1】　将某班学生会成员的名字添加到自定义序列中。

操作步骤如下：

①单击“工具”→“选项”命令，打开“选项”对话框，如图4.8所示。

②单击“自定义序列”选项卡，选择“自定义序列”列表中的“新序列”。

③在“输入序列”编辑区输入学生会成员的姓名，输完一项按Enter键确认。

④全部输入完毕，单击“添加”按钮将输入的序列添加到“自定义序列”列表。

⑤单击“确定”按钮。

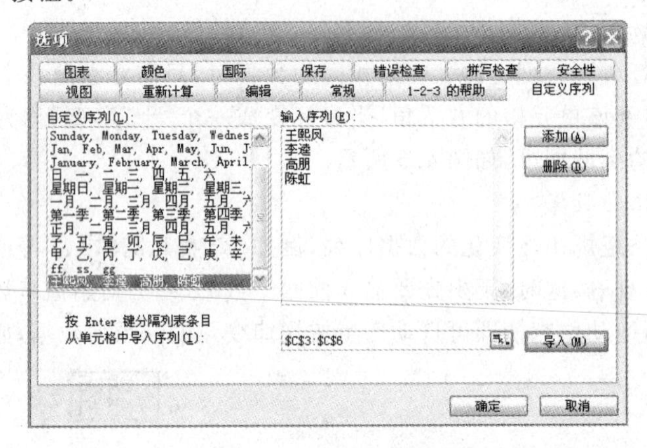

图4.8 添加自定义序列

此后，只要输入该序列中的一个名字，拖动填充柄即可顺序产生预先定义好的其他学生的姓名。另外，用户也可以在工作表中选中序列所在的单元格区域，然后在“选项”对话框中单击“导入”按钮，将序列加入自定义序列。

4.3.4 编辑单元格

1.编辑单元格数据

在单元格中输入了数据之后，可以对其中的数据进行编辑修改。编辑单元格的常用方法有以下两种：

①双击需要修改数据的单元格，直接对其中的数据进行编辑。

②选中需要修改数据的单元格，单击编辑栏，在编辑栏中对数据进行编辑修改。

当完成数据的编辑修改后，按Enter键确认修改，按ESC键取消修改。

2.复制和移动

在Excel 2003中数据的复制和移动与Word 2003中的操作类似，可以使用剪贴板，也可以使用鼠标拖动完成操作。

(1)利用剪贴板进行复制或移动

选中要复制(移动)的单元格，按下快捷键“Ctrl＋C”(“Ctrl＋X”)将单元格内容复制到剪贴板中，然后单击目的单元格，按下快捷键“Ctrl＋V”将单元格内容粘贴到当前位置即可。

(2)鼠标拖动进行复制或移动

移动单元格首先选中需要移动的单元格或单元格区域，然后将鼠标指针指向选中单元格或单元格区域的边缘并拖动鼠标至目的地即可，如图4.9所示。如果要复制单元格，则在鼠标拖动的同时要按下Ctrl键。

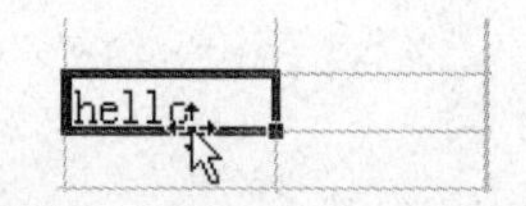

图 4.9　用鼠标拖动移动单元格

(3)选择性粘贴

当用户只需复制单元格中的特定内容,而不是全部内容时,可以使用"选择性粘贴"命令来实现。

【例 4.2】　对包含公式的单元格区域"C2:C8",只复制其数值到单元格区域"D2:D8"。

操作步骤如下:

①选择仅复制数值的单元格或单元格区域,即"C2:C8"。

②单击"编辑"→"复制"命令。

③选择目标区域左上角的单元格,即 D2 单元格。

④单击"编辑"→"选择性粘贴"命令,打开"选择性粘贴"对话框,如图 4.10 所示。

⑤在"粘贴"选项区域中,选择"数值"单选按钮。

⑥单击"确定"完成操作。

图 4.10　"选择性粘贴"对话框

提示:使用"选择性粘贴"还可以实现加、减、乘、除等运算,或进行转置等操作。

3. 插入和删除

(1)插入单元格、行或列

操作步骤如下:

①选中要插入位置的单元格。

②单击"插入"→"单元格"或"行"或"列"命令。

如果选择的是"插入"→"单元格"命令,则会弹出"插入"对话框(如图 4.11 所示),在对话框中单击"活动单元格右移"或"活动单元格下移"选项,最后单击"确定"按钮即可。

(2)删除单元格、行或列

操作步骤如下:

①选中要删除位置的单元格或行或列。

②单击"编辑"→"删除"命令。

如果选中的是单元格,则执行"编辑"→"删除"命令会弹出"删除"对话框(如图 4.12 所示),在对话框中单击"右侧单元格左移"或"下方单元格上移"选项,最后单击"确定"按钮即可。

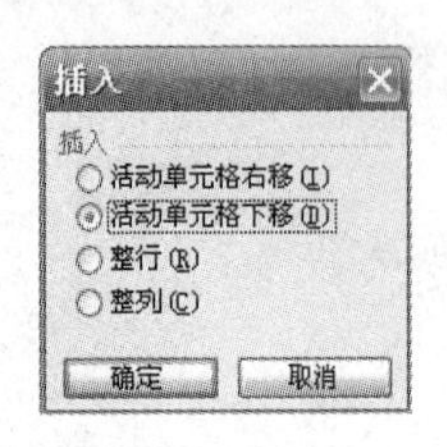

图 4.11 插入单元格

图 4.12 删除单元格

4.隐藏行或列

如果不希望有些数据在屏幕上显示或打印,但在工作表中需要保留这些数据,可以将其暂时隐藏起来。

隐藏行或列的操作步骤如下:

①选择要隐藏的行或列,可以是连续的或不连续的多行或多列。

②单击"格式"→"行"("列")→"隐藏"命令,就完成了行(列)的隐藏。

提示:若要取消隐藏,可以首先选择要取消隐藏的区域,然后单击"格式"→"行"("列")→"取消隐藏"命令即可。

5.查找和替换

在存放大量数据的工作表中,使用 Excel 2003 提供的查找和替换功能可以快速查找到某些数据,并可以用新的数据替换原有数据,实现数据的批量修改。

用户可以单击"编辑"→"查找"("替换")命令,或按下"Ctrl+F"("Ctrl+H")启动查找(替换)功能。具体操作步骤与 Word 2003 中的操作类似,此处不再赘述。

4.4 设置工作表的格式

好的工作表不但要数据准确无误而且还要美观大方,因此对工作表进行格式化是不可缺少的操作。设置工作表的格式,主要是对工作表设置单元格格式、自动套用格式、条件格式以及行高和列宽等。

4.4.1 格式化单元格

单元格的格式化主要包括单元格的数字、对齐、字体、边框和图案的格式设置。除了可以通过格式工具栏的相应按钮完成设置,还可以通过单击"格式"→"单元格"命令,或从快捷菜单中选择"设置单元格格式"命令,在弹出的"单元格格式"对话框中设置相应的选项卡来完成。

1.设置数字格式

在"单元格格式"对话框的"数字"选项卡下,"分类"列表框中列出了 11 种内置格式,其中:

(1)数值

将选中单元格的数据类型设为数值,在右边的格式中可以设置小数位数,是否使用千位分隔符以及负数的显示方式。

(2)货币

将选中单元格的数据类型设为货币，在右边的格式中可以设置小数位数，货币符号以及负数货币的显示方式。

(3)会计专用

和货币类似，但它会对一列数值进行货币符号和小数点对齐。

(4)日期/时间

将选中单元格的数据类型设为日期/时间，可以设置日期/时间的显示方式和区域。

(5)百分比

将选中单元格的数据以百分数形式显示，可以设置小数位数。

(6)分数

将选中单元格的数据以分数形式显示，可以选择分数的类型。

(7)科学计数

将选中单元格的数据以科学计数的形式显示，可以设置小数位数。

(8)文本

将选中单元格中的数字作为文本处理。

2. 设置对齐方式

"单元格格式"对话框的"对齐"选项卡中，在"文本对齐方式"选项区域可以设置单元格中数据的水平对齐方式和垂直对齐方式；在"方向"选项区域可以设置单元格中数据的旋转角度。此外，"文本控制"选项区域的复选框可以实现以下功能：

(1)自动换行

根据文本宽度及单元格宽度自动换行，并自动调整单元格的高度，使全部内容都能显示在该单元格中。

(2)缩小字体填充

缩小单元格中的字符的大小，使数据的宽度与列宽相同。

(3)合并单元格

将两个或多个单元格合并为一个单元格，合并后的单元格引用为合并前左上角单元格的引用。

3. 设置字体、边框和底纹

默认情况下，Excel 2003 中输入的字体为"宋体"，字形为"常规"，字号为"12(磅)"，工作表中的边框线以灰色显示，打印时不会输出。用户如果需要打印边框，需要对单元格区域进行边框的设置。此外，为改善工作表的视觉效果，用户可以为单元格添加底纹。

Excel 2003 中字体、边框和底纹的设置与 Word 2003 中的操作类似，此处不再赘述。

【例 4.3】 将某医药公司 2009 年销售情况统计表(如图 4.13 所示)中的标题行 A1:G1 合并及居中，将"总额百分比"列设置成百分比样式，并保留两位小数。

操作步骤如下：

①选择要设置对齐方式的单元格区域"A1:G1"。

②单击"格式"→"单元格"命令，打开"单元格格式"对话框，选择"对齐"选项卡，如图 4.14所示。

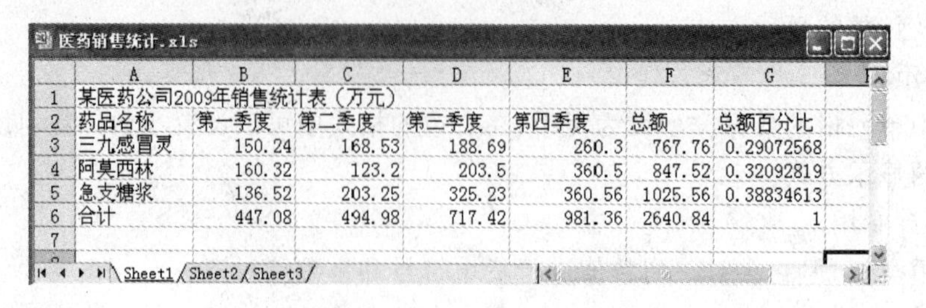

医药销售统计.xls

	A	B	C	D	E	F	G
1	某医药公司2009年销售统计表（万元）						
2	药品名称	第一季度	第二季度	第三季度	第四季度	总额	总额百分比
3	三九感冒灵	150.24	168.53	188.69	260.3	767.76	0.29072568
4	阿莫西林	160.32	123.2	203.5	360.5	847.52	0.32092819
5	急支糖浆	136.52	203.25	325.23	360.56	1025.56	0.38834613
6	合计	447.08	494.98	717.42	981.36	2640.84	1
7							

Sheet1 / Sheet2 / Sheet3

图 4.13　某医药公司 2009 年销售情况统计表

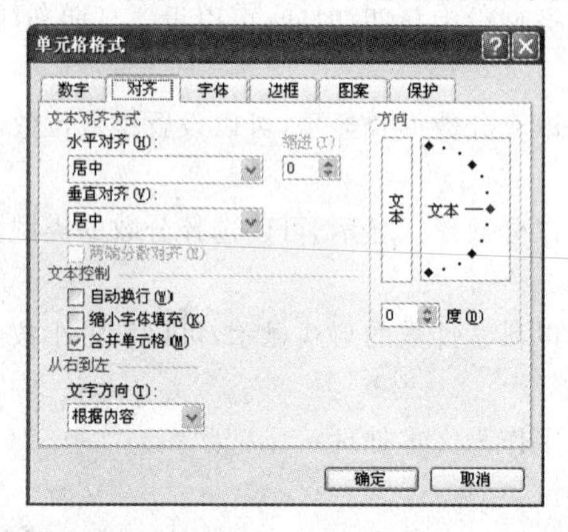

图 4.14　“对齐”选项卡

③在“水平对齐”下拉列表框中选择“居中”;在“文本控制”选项区域选中“合并单元格”复选框,并单击“确定”按钮。

④回到工作表选中要设置数字格式的单元格区域“G3:G6”。

⑤单击“格式”→“单元格”命令,打开“单元格格式”对话框,选择“数字”选项卡,如图4.15所示。

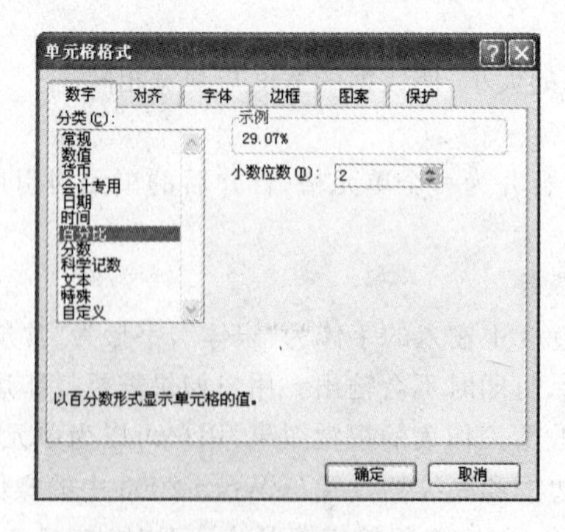

图 4.15　“数字”选项卡

⑥在“分类”列表框中选择格式类型为“百分比”,并将小数位数设为“2”。

⑦单击“确定”按钮。

4.4.2　自动套用格式

Excel 提供了 17 种标准形式的表格，稍作修改就可以满足用户的一般要求。这样既可以美化工作表，又能节省时间提高效率。自动套用格式操作步骤如下：

①选择要自动套用格式的单元格区域。

②单击菜单中的“格式”→“自动套用格式”命令，打开“自动套用格式”对话框，如图4.16所示。

③选择一种所需要的套用格式，并单击“确定”按钮。

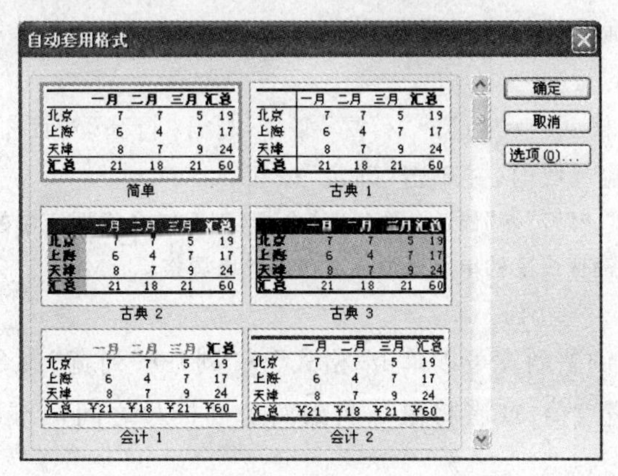

图 4.16　“自动套用格式”对话框

提示：如果不需要自动套用格式中的某些格式，单击“选项”按钮，对话框底部会出现“要应用的格式”复选框，取消复选框可以清除不需要的格式类型。

4.4.3　条件格式

条件格式是指当指定条件为真时，Excel 2003 自动应用于单元格的格式，包括单元格的底纹和字体颜色等。

【例 4.4】　利用条件格式将“学生成绩统计表”中各科成绩不及格的学生成绩设置为红色显示。操作步骤如下：

①选择要设置条件格式的单元格区域。

②单击“格式”→“条件格式”命令，打开“条件格式”对话框，如图 4.17 所示。

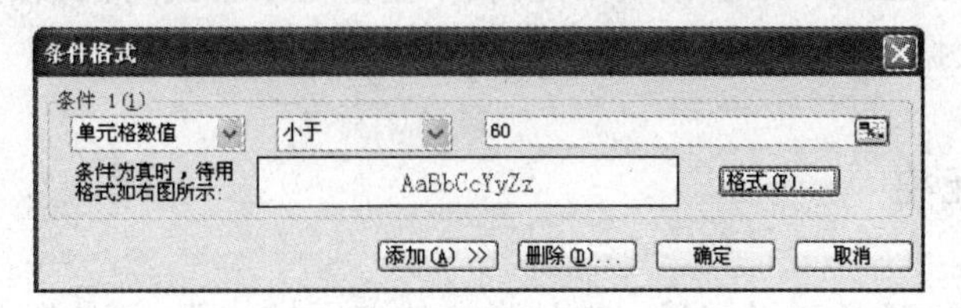

图 4.17　“条件格式”对话框

③在“条件 1(1)”选项区域的第一个下拉列表框中选择“单元格数值”；在第二个下拉列表框中选择“小于”；在第三个框中输入数值“60”。

④单击“格式”按钮，在打开的“单元格格式”对话框中设置字体颜色为红色。

⑤单击“确定”按钮完成操作。

提示：如果要删除条件格式，可在对话框中单击“删除”按钮，选中不需要的格式后，单击“确定”即可。

4.4.4 行高和列宽

1. 调整行高

调整行高可以单击“格式”→“行”→“行高”命令来实现，或者将鼠标放到两个行标号之间，当鼠标变成✚形状时向上下拖动即可。

利用菜单命令精确设置行高的操作步骤如下：

①选定需要设置的行。

②单击菜单中的“格式”→“行”→“行高”命令，打开“行高”对话框，如图 4.18 所示。

③在“行高”框中输入数值，并单击“确定”按钮。

提示：如果执行“格式”→“行”→“最适合的行高”命令，则系统会根据行中的内容自动调整行高，选中行的行高会以行中单元格高度最高的单元格为标准自动做出调整。

2. 调整列宽

与调整行高类似，调整列宽可以单击“格式”→“列”→“列宽”命令，在“列宽”对话框（如图 4.19 所示）中输入宽度值，或者将鼠标放到两个列标号之间，当鼠标变成✚形状时向左右拖动即可。

图 4.18 “行高”对话框

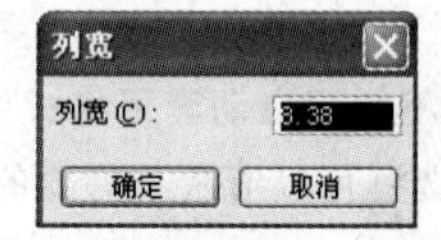

图 4.19 “列宽”对话框

提示：如果执行“格式”→“列”→“最适合的列宽”命令，则系统会根据列中的内容自动调整列宽，选中列的列宽会以列中单元格数值最长的单元格为标准自动做出调整。

4.5 公式与函数

公式与函数是 Excel 2003 中最重要的内容，正是由于公式与函数的应用，才使得 Excel 2003 具有强大的数据计算与分析能力。

4.5.1 引用单元格

所谓“引用单元格”是指引用某一地址指向的单元格的值，就是告诉 Excel 在哪些单元格中查找公式中所需的数值。通过引用可以在公式中使用工作表不同部分的数据，也可以在多个公式中使用同一个单元格的数据。在 Excel 2003 中单元格的引用分为相对引用、绝对引用、混合引用和三维地址引用。

1. 相对引用

相对引用是指被引用的单元格与引用的单元格的位置关系是相对的，随着引用单元格位置的变化，被引用的单元格地址会自动递增或递减。相对引用的单元格地址使用相对地址，表示方法为：列标行号，如：C10、D21。相对地址是 Excel 2003 默认的表示方法。

2. 绝对引用

绝对引用是指被引用的单元格与引用的单元格的位置关系是绝对的，无论引用单元格的位置如何变化，被引用的单元格地址不会改变。绝对引用的单元格地址使用绝对地址，表示方法是：＄列标＄行号。如：＄C＄10、＄D＄21。

3. 混合引用

混合引用是在列标与行号中同时使用相对地址和绝对地址两种，即行号用绝对地址，列标用相对地址表示；或者列标用绝对地址，行号用相对地址表示。如：C＄10、＄D21。

4. 三维地址引用

在 Excel 2003 中不仅可以引用同一工作表的单元格，还可以引用同一工作簿不同工作表的单元格、不同工作簿的单元格，甚至其他应用程序的数据。

引用格式为：

①同一工作簿不同工作表中单元格的引用格式：工作表名！单元格地址。

②不同工作簿中工作表单元格的引用格式：[工作簿名]工作表名！单元格地址。

若所引用工作簿与当前工作簿不在同一文件夹下，使用时需要指定所引用工作簿所在的磁盘、路径。在盘符与工作表名之间要用两个单引号“'”括起来。比如：＝B2＋'D:\[Book1. xls]Sheet1'！＄A＄1。

【例 4.5】 在当前工作表的 C6 单元格中引用同一工作簿 Sheet2 工作表中的 D8 单元格内容。

操作步骤如下：

①在当前工作表选中 C6 单元格。

②输入公式“＝Sheet2！D8”，按 Enter 键确认后结果如图 4.20 所示。

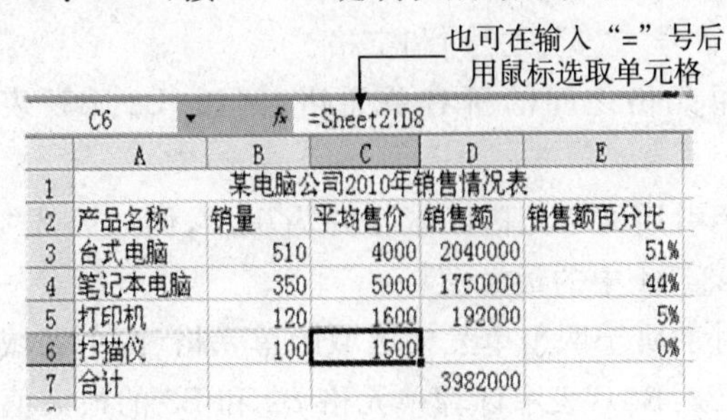

	A	B	C	D	E
1	某电脑公司2010年销售情况表				
2	产品名称	销量	平均售价	销售额	销售额百分比
3	台式电脑	510	4000	2040000	51%
4	笔记本电脑	350	5000	1750000	44%
5	打印机	120	1600	192000	5%
6	扫描仪	100	1500		0%
7	合计			3982000	

图 4.20　跨工作表引用结果

4.5.2　公式

公式是指使用运算符和函数，对工作表数据及普通常量进行运算的表达式。

1. 公式的组成

公式以等号“＝”开头，之后为表达式，如公式：“＝Max(A2:D5)＋20”。公式由以下部分构成：

①运算符：表示运算关系的符号，如例中的加号“＋”、引用符号“：”。

②函数：一些预定义的计算关系，可将参数按特定的顺序或结构进行计算，如例中的求最大值函数“Max”。

③单元格引用：参与计算的单元格或单元格范围，如例中的单元格范围“A2：D5”。

④常量：参与计算的常数，如例中的数值“20”。

2. 公式的输入

在 Excel 2003 中，可以按以下操作步骤输入公式：首先选中需要输入公式的单元格，然后在编辑栏或直接在单元格中输入公式的标记“＝”，再输入表达式，最后按 Enter 键确认。输入公式后，单元格中显示的通常不是公式的具体内容，而是公式的计算结果。

提示：若要取消公式的输入，可按下 ESC 键。

3. 运算符

运算符对公式中的数据进行特定类型的运算，Excel 2003 中包含以下四类运算符：

(1)算术运算符

算术运算符用于完成基本的数学运算，包括“＋”(加号)、“－”(减号)、“*”(乘号)、“/”(除号)、“%”(百分号)和“^”(乘幂)。例如：在单元格中输入公式“＝3＋5”，其结果为 8。

(2)比较运算符

比较运算符也称“关系运算符”，用于比较两个数值的大小关系并产生逻辑值 TRUE 或 FALSE。包括“＝”(等号)、“＞”(大于号)、“＜”(小于号)、“＞＝”(大于等于号)、“＜＝”(小于等于号)和“＜＞”(不等于号)。例如：在单元格中输入公式“＝6＞9”，其结果为 FALSE。

(3)文本运算符

文本运算符就是“&”(连字符)，用于将多个文本连接成组合文本。例如：在 A1 单元格中输入“Excel”，在 A2 单元格中输入“2003”，然后在 A3 单元格中输入公式“＝A1&A2”，则 A3 单元格的结果为“Excel 2003”。

(4)引用操作符

引用运算符有“：”(冒号)、“，”(逗号)和空格。

①冒号：表示两个单元格之间的所有单元格，例如“B2：B5”表示多个单元格 B2、B3、B4、B5。

②逗号：表示将多个引用的单元格区域合并为一个，例如公式“＝Max(A1，B2：B4)”表示计算单元格 A1、B2、B3、B4 中的最大值；

③空格：表示对同时隶属于两个单元格区域的单元格(两个区域的重叠部分)的引用，例如公式“＝Max(B1：B3 B2：B4)”表示计算单元格 B2 和 B3 的最大值。

4. 运算符优先级

如果公式中同时用到多个运算符，Excel 2003 将按冒号、空格、逗号、负号、百分号、乘幂、乘除号、加减号、文本串联符、比较运算符的优先级顺序进行运算。如果公式中包含相同优先级的运算符，例如公式中同时包含乘法和除法，则 Excel 2003 将按从左到右的顺序进行计算。如果要更改求值的顺序，可以将公式中先计算的部分用圆括号括起来。

5. 出错信息

当输入的公式发生错误时，Excel 2003 将不能有效地运算，会在相应单元格中显示错误信息,了解这些错误信息可以帮助用户查找和更正错误。

表4－1　Excel中常见错误信息

错误信息	产生原因
＃＃＃＃＃	可能是:1.单元格宽度不够;2.使用了负的日期;3.使用了负的时间。
＃NULL!	可能是:为公式中两个不相交的区域指定了交叉点。
＃DIV/0!	除数为0。可能是:1.公式中除数为零;2. 引用了空白单元格 3.引用了包含零值的单元格。
＃VALUE!	输入值错误。可能是:1.在公式中参数使用不正确;2.运算符使用不正确;3.输入数据类型不正确。
＃REF!	引用了无效的单元格。可能是:公式中引用的单元格被删除。
＃NAME?	公式中有不能识别的名字或字符。可能是:1. 使用了不存在的名称;2. 函数名输入错误;3. 在公式中文本没加双引号。
＃NUM!	公式中某个函数的参数设置错误。可能是:参数类型不正确。
＃N/A	可能是:引用单元格时,单元格中没有可用的数值。

6.复制公式

公式编辑完成后,如果其他单元格需要编辑同样的公式,可以利用Excel 2003提供的复制公式功能。复制公式可用以下两种方法:

(1)利用剪贴板进行公式复制

剪贴板进行复制的操作步骤为:选中含有公式的源单元格,然后执行“编辑”→“复制”命令,再选中要复制公式的目的单元格,执行“编辑”→“粘贴”命令即可。

(2)鼠标拖动进行公式复制

鼠标拖动进行复制的操作步骤为:选中含有公式的源单元格,然后将鼠标指针指向其右下角的填充柄上,当出现十字光标时按下左键拖动至目的地址即可。

【例4.6】 根据某电脑公司2010年销售情况表,由公式计算销售额合计和销售额百分比,其中“销售额合计＝各产品销售额之和”,“销售额百分比＝销售额/销售额合计”。

操作步骤如下:

①选择销售额合计所在单元格,即D7单元格。

②在D7单元格中输入公式“＝D3＋D4＋D5＋D6”,回车确认。

③选择E3单元格,输入公式“＝D3/＄D＄7”,回车确认。

④拖动E3单元格的填充柄将公式复制到E4、E5、E6单元格。

⑤将“E3:E6”单元格区域的数值格式设为百分数,结果如图4.21所示。

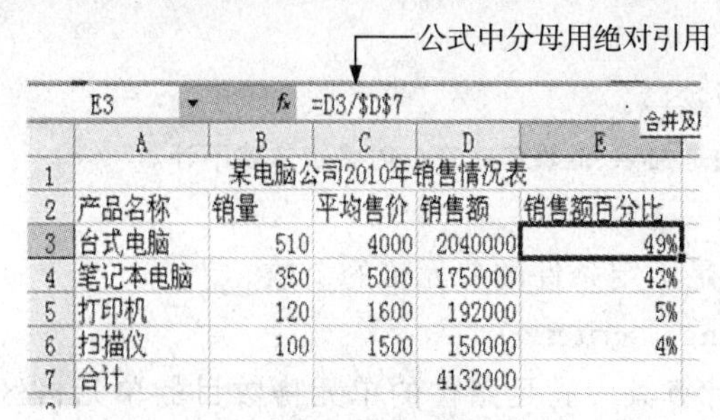

图4.21　公式计算结果

4.5.3　函数

在 Excel 2003 中按函数的功能分为：数学与三角函数、文本函数、逻辑函数、数据库函数、日期与时间函数、统计函数、财务函数、查找与引用函数和信息函数几大类。

1. 函数的表示

函数的格式为：<函数名>（<参数 1>，<参数 2>，……）。

其中的参数可以是数字、文本、逻辑值、数组或单元格引用，相当于数学上的自变量。

2. 常用函数

(1)求和函数

功能：计算单元格区域中所有数值的和。

格式：SUM(number1，number2，……)

参数："number1，number2，……"为 1 到 30(最多 30 个参数)个需要求和的参数。

例如：SUM(A1:A3)，SUM(A1，A2，A3)。

(2)条件求和函数

功能：根据指定条件对若干单元格求和。

格式：SUMIF(range，criteria，sum_range)

参数：range 是用于条件判断的单元格区域；criteria 确定哪些单元格将被相加求和的条件，其形式可以为数字、表达式或文本；sum_range 是需要求和的实际单元格区域。

例如：SUMIF(A1:A3，">60"，B1:B3)。

提示：如果忽略了"sum_range"，则对 range 区域中的单元格求和。

(3)求平均值函数

功能：返回参数的平均值(算术平均值)。

格式：AVERAGE(number1，number2，……)

参数："number1，number2，……"为需要计算平均值的参数(最多 30 个参数)。

例如：AVERAGE(A2:A5)，AVERAGE(A2:B3)。

提示：当单元格中填入的是文字、逻辑值或空白时将被忽略不计。

(4)计数函数

功能：统计参数表中数字参数和包含数字的单元格个数。

格式：COUNT(Value1，Value2，……)

参数："value1，value2，……"为 1 到 30 个包含或引用各种类型数据的参数，但只有数字类型的数据才被计算。

例如：COUNT(G2:G21)。

提示：当单元格中填入的是文字、逻辑值或空白时将被忽略不计。

(5)条件计数函数

功能：计算区域中满足给定条件的单元格的个数。

格式：COUNTIF(range，criteria)

参数：range 为需要计算其中满足条件的单元格数目的单元格区域。criteria 为确定哪些单元格将被计算在内的条件，其形式可以为数字、表达式或文本。

例如：COUNTIF(F2：F21,“＞＝85”)。

(6)LEFT 函数

功能：基于所指定的字符数返回文本字符串中的第一个或前几个字符。

格式：LEFT(text，num_chars)

参数：text 是要提取字符的文本字符串；num_chars 指定要由 LEFT 所提取的字符数，num_chars 必须大于或等于 0。

例如：LEFT(“HELLO”,2)的返回值为“HE”。

提示：如果“num_chars”大于文本长度，则返回所有文本；如果省略“num_chars”，则假定其为 1。

(7)IF 函数

功能：执行真假值判断，根据逻辑计算的真假值，返回不同结果。

格式：IF(logical_test，value_if_true，value_if_false)

参数：logical_test 为计算结果为 TRUE 或 FALSE 的任意值或表达式；value_if_true 为 logical_test 为 TRUE 时返回的值；value_if_false 为 logical_test 为 FALSE 时返回的值。

例如：IF(A2＞＝60,“合格”,“不合格”)的返回值为“合格”(A2＞＝60)或“不合格”(A2＜60)。

提示：IF 函数可以最多嵌套七层以构造复杂的检测条件，如“IF(A2＞＝85,"优秀",IF(A2＞60,"合格","不合格"))”可返回三种结果。

(8)FREQUENCY 函数

功能：以一列垂直数组返回某个区域中数据的频数分布。

格式：FREQUENCY(data_array，bins_array)

参数：data_array 是一个数组或对一组数值的引用，用来计算频数；bins_array 是间隔的数组或对间隔的引用，用于对 data_array 中的数值进行分组。

例如：FREQUENCY (A2：A10,B2：B5)的返回值为“A2：A10”中的数按“B2：B5”的间隔值进行分组后各组的频数。

提示：函数必须以数组公式的形式输入，如上述示例应先选中结果区域“C2：C6”(分组数比间隔值多一个)，然后输入公式，最后按下“Ctrl＋Shift＋Enter”得到结果。

3. 函数的使用

在 Excel 2003 中，函数可以直接输入，也可以通过“插入”→“函数”命令输入。当用户对函数非常熟悉时，可采用直接输入法，输入时必须以“＝”开头。如果用户对函数不太熟悉，可以利用“插入”→“函数”命令，按照提示完成参数的输入。

【例 4.7】　利用 AVERAGE 函数计算 2011 级某班学生的平均成绩，并用 COUNTIF 函数计算各科成绩大于等于 85 分的人数。

操作步骤如下：

①选中要放置 AVERAGE 函数结果的单元格，本例即单击 G2 单元格。

②直接在单元格中输入公式“＝AVERAGE(D2：F2)”，Enter 键确认后如图 4.22 所示。

③拖动 G2 单元格的填充柄将公式复制到“G3：G12”单元格区域。

④选择 D13 单元格，单击“插入”→“函数”命令，弹出“插入函数”对话框，如图 4.23 所示。

G2 =AVERAGE(D2:F2)

	A	B	C	D	E	F	G
1	学号	姓名	班级	人体解剖	大学英语	计算机	平均成绩
2	2011001	陈朋	一班	65	67	74	68.66667
3	2011002	石新雨	二班	85	60	76	
4	2011003	汤树淮	二班	78	60	65	
5	2011004	徐利	一班	92	77	61	
6	2011005	潘小波	一班	87	62	85	
7	2011006	杨建	二班	90	90	81	
8	2011007	彭新	一班	60	64	80	
9	2011008	李超	二班	93	69	80	
10	2011009	郑淮	二班	91	86	76	
11	2011010	胡冠	一班	68	52	58	
12	2011011	全红露	一班	94	83	79	
13	85分以上人数						

Sheet1 / Sheet4 / Sheet2 / Sheet3

就绪 数字

图 4.22 输入 AVERAGE 函数

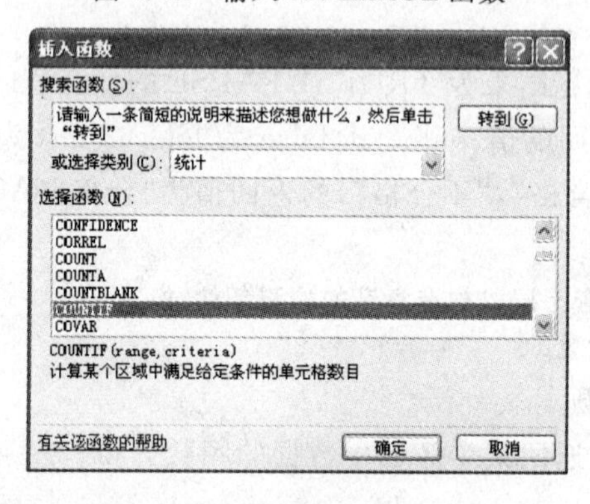

图 4.23 “插入函数”对话框图

⑤在“选择类别”下拉框中选择“统计”；在“选择函数”列表中选择“COUNTIF”函数，单击“确定”按钮打开“函数参数”对话框，如图 4.24 所示。

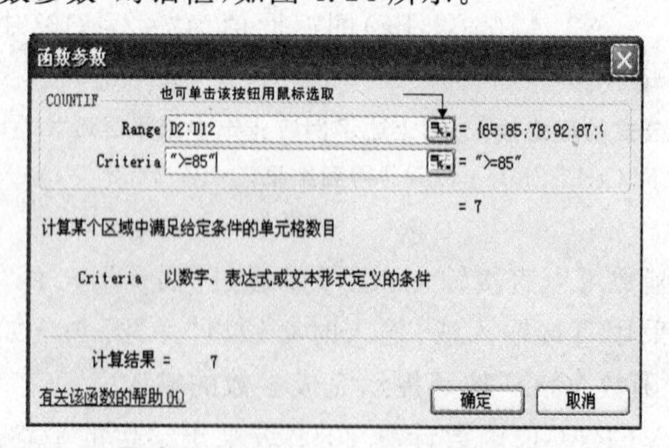

图 4.24 COUNTIF 函数参数设置

⑥在 Range 框中输入单元格区域“D2:D12”；在 Criteria 框中输入条件参数“＞＝85”，并单击“确定”按钮。

⑦拖动 D13 单元格的填充柄将公式复制到 E13 和 F13 单元格。

4.6 数据图表功能

利用 Excel 2003 的图表功能将系列数据以图表的方式进行表达，可以使数据更加直观、生动，更容易比较数据之间的差异，发现数据的变化规律。

4.6.1 数据图表的组成

在 Excel 2003 中，可以选择两种方式建立图表：

①嵌入式图表：是将建立的图表作为对象插入到工作表中。

②工作表图表：是将建立的图表作为独立的工作表。

图表由图表区、绘图区、标题、数据系列、坐标轴、图例等基本部分构成。具体介绍如下：

①图表区：由整个图表及其所包含的元素组成的区域。

②绘图区：绘图区是指以坐标轴为界并包含全部数据系列的长方形区域。

③标题：标题包括图表标题和坐标轴标题。图表标题只有一个，而坐标轴标题最多允许4个。

④数据系列：数据系列是由数据点构成的，每个数据点对应工作表中的一个单元格内的数据，数据系列对应工作表中一行或一列数据。

⑤坐标轴：坐标轴包括“分类 x 轴”和“数值 y 轴”，默认显示在绘图区左边的为 y 轴，显示在绘图区下方的为 x 轴。

⑥图例：图例由图例项和图例项标示组成，用于标示图表中的数据系列。默认显示在绘图区右侧，为细实线边框围成的长方形。

⑦数据表：数据表用于图表中的数据源的显示，位于图表下方。

4.6.2 创建数据图表

创建图表，可以用常用工具栏上的“图表向导”按钮，也可以使用“插入”菜单中的“图表”命令，还可以利用图表工具栏创建图表。

【例 4.8】 在“建材销售”表中选取西北区和华北区两行创建嵌入图表，图表类型为簇状柱形图，图表标题为“建筑材料销售统计”。

操作步骤如下：

①选定要创建图表的数据区域（或在下面第③步的“数据区域”选项卡中设定），如图 4.25 所示。

②单击常用工具栏中的“图表向导”按钮或单击菜单中的“插入”→“图表”命令，出现如图 4.26 所示的“图表类型”对话框，在“图表类型”列表中选择“柱形图”，在“子图表类型”中单击“簇状柱形图”。

③单击“下一步”按钮，打开“图表源数据”选项，如图 4.27 所示。“数据区域”选项卡用于设置图表的数据区域以及指定数据系列产生在行或是列；“系列”选项卡用于修改数据系

列名称和数值及分类轴标志。本例可以看到“数据区域”选项卡的“数据区域”文本框中自动添加了第①步中选定的单元格区域。

建材销售.xls

	A	B	C	D	E	F
1	公司建筑材料销售统计（万元）					
2	销售材料	管线材	钢材	电缆	水泥	其它
3	西北区	3240	4566	6576	5665	6788
4	东北区	4863	6653	7764	6675	7656
5	华北区	3842	4356	4644	5655	6766
6	西南区	6854	7654	5769	6657	7789
7	华中区	4586	5655	7765	6787	8754
8	华南区	7765	6789	4443	6675	5576
9	销售平均值	5192	5946	6160	6352	7222
10						

Sheet1 / Sheet2 / Sheet3

图 4.25　选定图表的数据源

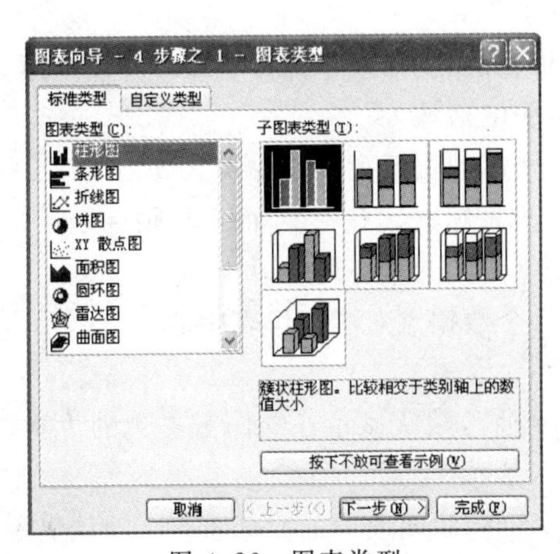

图 4.26　图表类型

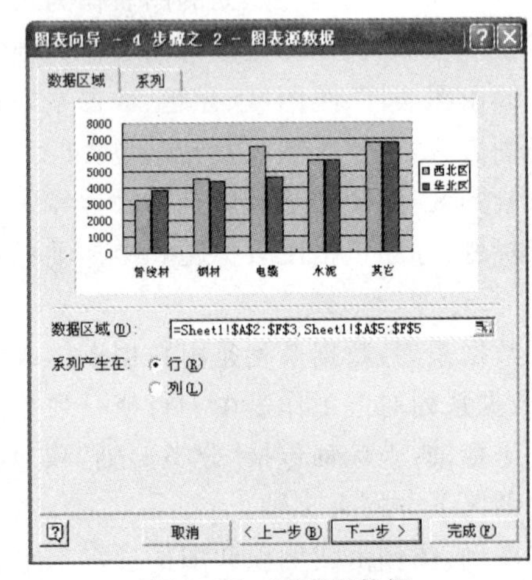

图 4.27　图表源数据

④单击“下一步”按钮，进入“图表选项”对话框，如图 4.28 所示。在对话框中用户可以完成以下设置：

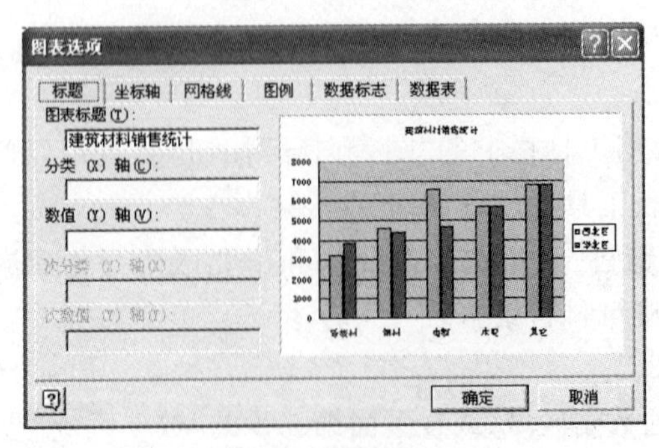

图 4.28　图表选项

• 标题：可以设置图表或坐标轴的标题。本例在“图表标题”框中输入“建筑材料销售统计”作为图表的标题。

• 坐标轴：可以显示或隐藏坐标轴。

• 网格线：可以显示或隐藏网格线。

• 图例：可以添加图例并确定图例的位置。

• 数据标志：可以为数据点添加或删除数据标志。

• 数据表：可以设置是否在图表下面的网格中显示数据系列的值。

⑤单击“下一步”按钮，进入“图表位置”对话框（如图 4.29 所示），在此可以设定图表的位置。本例选中“作为其中的对象插入”单选按钮，建立嵌入式图表。

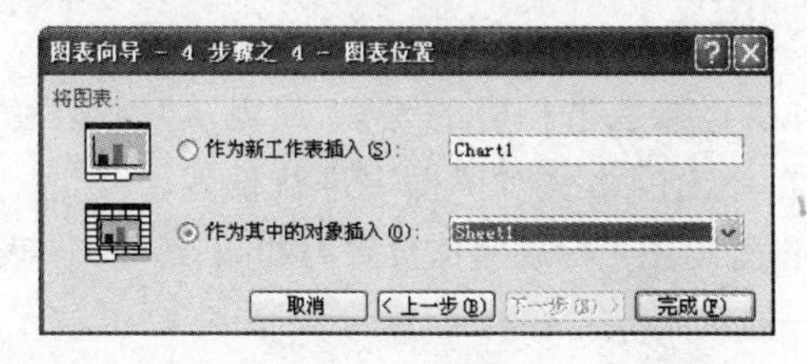

图 4.29　图表位置

⑥单击“完成”按钮完成图表的创建，结果如图 4.30 所示。

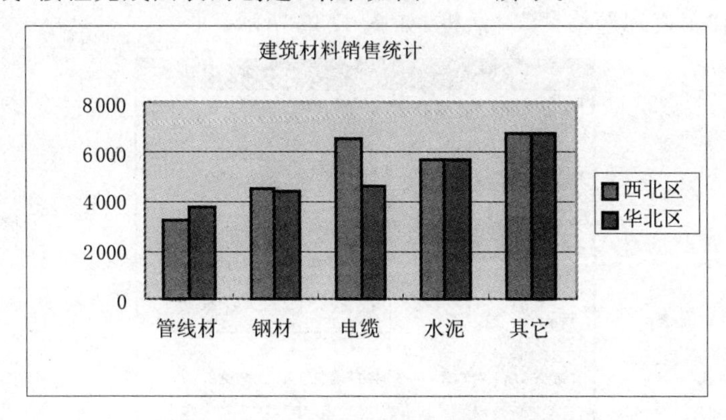

图 4.30　二地区建材销售统计图表

提示：在上述“图表向导”的每一步骤中，单击“上一步”按钮可以返回上一操作步骤；单击“取消”按钮可以重新操作；若单击“完成”按钮，则 Excel 自动按默认的方式完成后面的工作。

4.6.3　图表编辑

图表创建完成后，可以对图表的各元素进行编辑和修改。当数据表中的数据发生变化时，图表也会自动随之改变。

1. 选中图表的不同元素

除了单击选中图表的相应元素外，还可以借助图表工具栏更准确地选中图表各元素。操作步骤为：在图表上的任意位置单击激活图表，然后从“图表”工具栏的“图表对象”下拉列表框中，选中所需的图表元素，如图 4.31 所示。

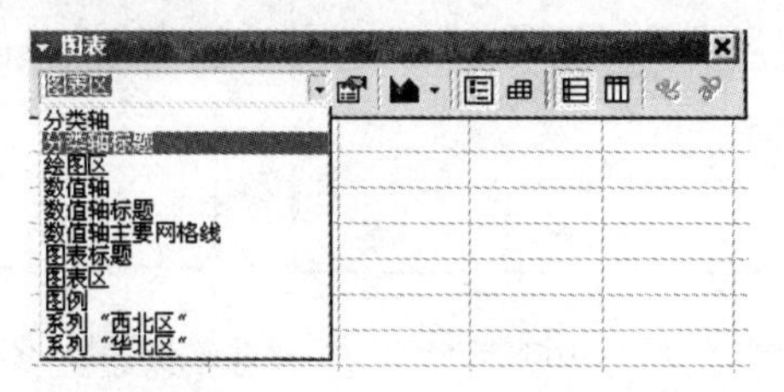

图 4.31　选中图表的不同部分

2. 改变图表大小

改变图表大小的操作与其他对象的改变大小的操作类似，在此不再赘述。

3. 移动和复制图表

选中图表后，按下鼠标左键并拖动，可以移动图表；按住 Ctrl 键拖动图表，可以复制图表。

4. 编辑图表中的元素

编辑图表中的元素可以直接双击相应的元素，或者从“图表”工具栏中选取相应元素，然后单击右侧的格式按钮，在弹出的格式对话框中进行设置。

【例 4.9】 将例 4.8 创建的图表标题字体设置为幼圆、16 磅，图表区填充效果设为“花束”。

操作步骤如下：

①选中该图表，单击“视图”→“工具栏”→“图表”，将图表工具栏显示出来。

②在“图表”工具栏的“图表对象”下拉列表框中选择“图表标题”，并单击右侧“图表标题格式”按钮，弹出“图表标题格式”对话框，如图 4.32 所示。

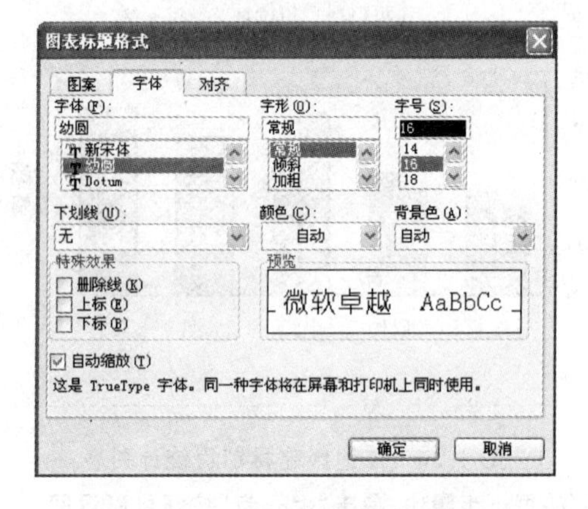

图 4.32 “图表标题格式”对话框

③选择“字体”选项卡，分别设置字体为幼圆，字号为 16 磅，并单击“确定”按钮完成设置。

④再次选中图表，在“图表”工具栏的“图表对象”下拉列表框中选择“图表区”，并单击右侧“图表区格式”按钮，弹出“图表区格式”对话框，如图 4.33 所示。

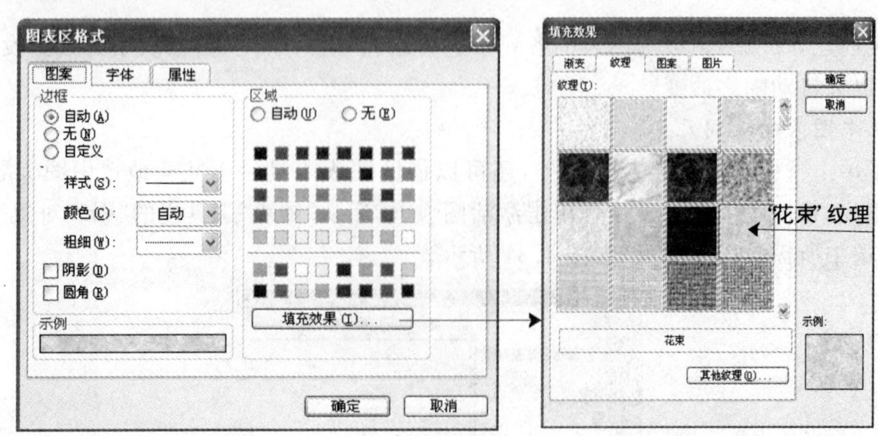

图 4.33 “图表区格式”及“填充效果”对话框

⑤选择“图案”选项卡，单击“填充效果”按钮，在“填充效果”对话框中选择“纹理”选项

卡，并在纹理列表中选择“花束”纹理，单击“确定”按钮返回对话框。

⑥单击“确定”按钮，结果如图 4.34 所示。

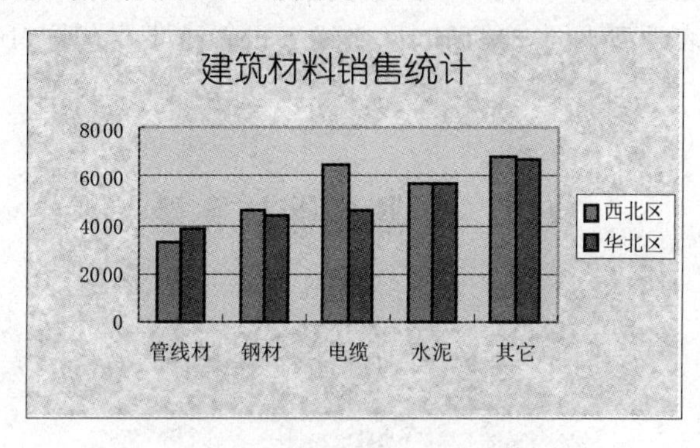

图 4.34　图表区背景修改

5. 更改图表中的数据系列

在已制作好的图表中增加或删除部分数据系列，可以单击“图表”→“源数据”命令或右击图表出现的在快捷菜单上选择“源数据”命令完成。

【例 4.10】　在例 4.8 创建的图表中添加华南区数据。

选中图表后，按以下步骤操作：

①单击“图表”→“源数据”命令，打开“源数据”对话框。

②选择“数据区域”选项卡，在工作表中重新选择需要的数据源。本例按下 Ctrl 键后选取单元格区域“A8:F8”，将华南区数据添加到源数据中，如图 4.35 所示。

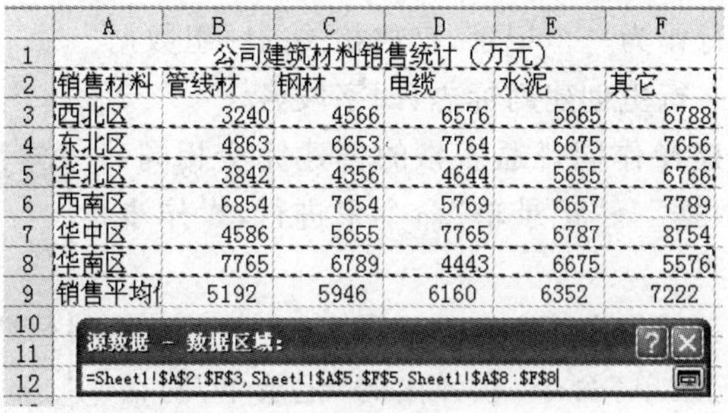

	A	B	C	D	E	F
1	公司建筑材料销售统计（万元）					
2	销售材料	管线材	钢材	电缆	水泥	其它
3	西北区	3240	4566	6576	5665	6788
4	东北区	4863	6653	7764	6675	7656
5	华北区	3842	4356	4644	5655	6766
6	西南区	6854	7654	5769	6657	7789
7	华中区	4586	5655	7765	6787	8754
8	华南区	7765	6789	4443	6675	5576
9	销售平均(	5192	5946	6160	6352	7222
10						
11						
12						

源数据 － 数据区域：

=Sheet1!$A$2:$F$3,Sheet1!$A$5:$F$5,Sheet1!$A$8:$F$8

图 4.35　添加华南区数据

③单击“确定”按钮完成图表的修改，结果如图 4.36 所示。

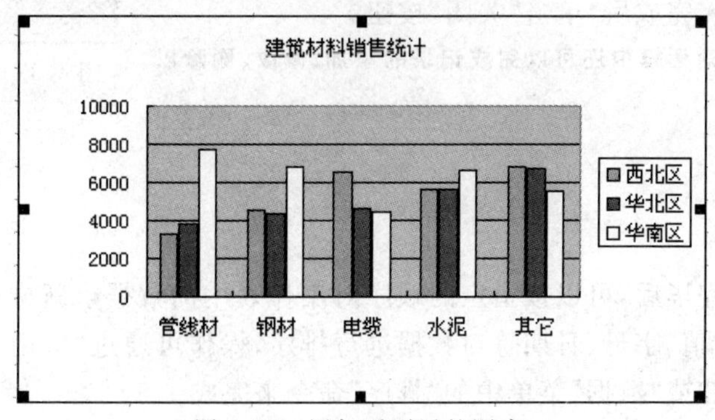

图 4.36　添加系列后的图表

6.改变图表类型

改变图表类型可通过单击“图表”→“图表类型”命令，在“图表”对话框中选择其他图表类型来完成。由于图表类型不同，坐标轴、网格线等设置也不尽相同，所以在转换图表类型时，有些设置会丢失。

4.7 数据分析与管理

4.7.1 数据清单

Excel 2003 为了更有效地分析和管理数据，提供了许多分析和管理数据的工具，如排序、筛选、分类汇总等。要使用这些数据管理功能，数据区域必须满足“数据清单”的要求。

数据清单又称“数据列表”，相当于数据库管理系统中的“数据库”，第一行的各列为字段名称，以下各行为记录。

数据清单应满足以下条件：

①一个数据清单最好独占一个工作表，如果要在一个工作表中存放多个数据清单，则各个数据清单之间要以空行或空列分隔。

②数据清单中不要留有空行、空列。

③数据清单的每一列作为一个字段，存放相同类型的数据。

④数据清单的每一行作为一个记录，存放相关的一组数据。

⑤在数据清单的第一行里创建列标志，即字段名。

数据清单的具体创建操作同普通表格的创建完全相同，但也可采用菜单中的“数据”→“记录单”命令来进行，操作步骤如下：

①在工作表中选择一行依次输入各个字段名。

②单击“数据”→“记录单”命令，在弹出的“记录单”对话框中输入首记录。如图 4.37 所示。

③首记录输入完成，按下 Enter 键继续输入新的记录。

④全部记录输入完成后，单击“关闭”按钮。

提示：在“记录单”对话框中还可以完成记录的添加、修改、删除以及条件查找等操作。

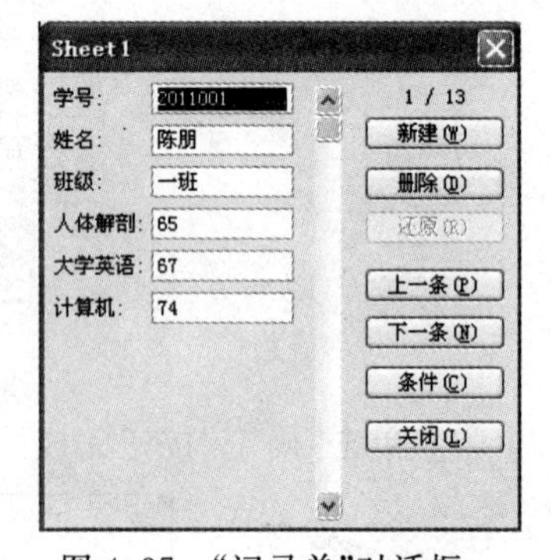

图 4.37 “记录单”对话框

4.7.2 排序

数据清单建立完毕后，可以按指定的顺序对工作表中的数据重新排序。排序有升序和降序两种，可以按数值、字母、日期等对数据进行排序，操作可通过“常用”工具栏的“升序排列”、“降序排列”按钮或“数据”菜单中的“排序”命令来完成。

1. 单列数据的排序

如果只对工作表的某一列数据进行排序，可以使用常用工具栏上的排序按钮，也可以使用“数据”菜单中的“排序”命令。

【例 4.11】 对 2011 级学生成绩表按“姓名”笔画升序排序。

操作步骤如下：

①选择数据清单中“姓名”所在列的任一单元格。

②单击“常用”工具栏的“升序排列”按钮。

2. 多列数据的排序

在排序时，可能会遇到要排序的列中有多个数据相同的情况，这时可通过设置主要关键字以外的其他关键字来对这些具有相同数据的记录进一步排序。

【例 4.12】 对 2011 级学生成绩表将“班级”按笔画升序排序，当班级相同时再按“计算机”成绩降序进行排序。

操作步骤如下：

①选中数据清单中任一单元格，单击“数据”→“排序”命令，弹出如图 4.38 所示排序对话框。

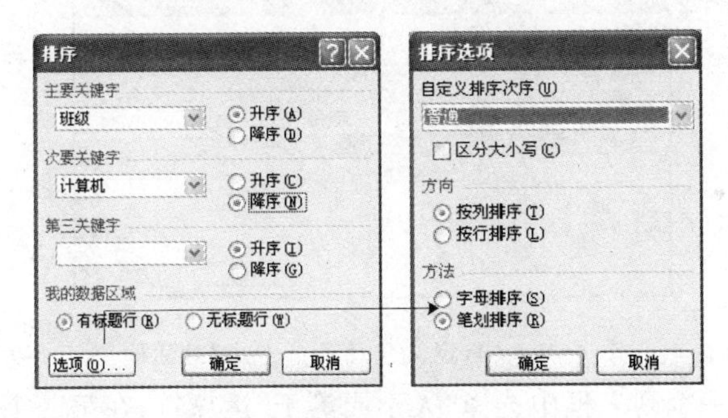

图 4.38 “排序”及“排序选项”对话框

②在主要关键字下拉列表框中选择“班级”，并选中“升序”；在次要关键字下拉列表框中选择“计算机”，并选中“降序”；在“我的数据区域”选项区域选中“有标题行”。

③单击“选项”按钮，弹出“排序选项”对话框。在对话框的“方法”选项区域选择“笔画排序”单选按钮并单击“确定”按钮。

④单击“确定”按钮完成排序。

4.7.3 筛选

筛选是显示工作表中符合条件的数据记录，而将不符合条件的数据记录隐藏。简单条件使用自动筛选，复杂条件则使用高级筛选。

1. 自动筛选

【例 4.13】在 2011 级学生成绩表中筛选出计算机成绩大于等于 80 分的学生信息。

操作步骤如下：

①单击数据清单中任一单元格或选中整个数据清单。

②单击“数据”→“筛选”→“自动筛选”命令，可以看到每个字段名称旁显示自动筛选标

记("下三角"按钮),如图 4.39 所示。

成绩.xls

	A	B	C	D	E	F
1	学号	姓名	班级	人体解	大学英	计算机
2	2011004	徐利	一班	92	77	61
3	2011003	汤树淮	二班	78	60	65
4	2011001	陈朋	一班	65	67	74
5	2011010	胡冠	一班	68	74	75
6	2011002	石新雨	二班	85	60	76
7	2011009	郑淮	二班	91	86	76
8	2011011	全红露	一班	94	83	79
9	2011007	彭新	一班	60	64	80
10	2011008	李超	二班	93	69	80
11	2011006	杨建	二班	90	90	81
12	2011005	潘小波	一班	87	62	85
13						

Sheet1 / Sheet4 / Sheet2 / Sheet3

图 4.39 自动筛选

③若只筛选某一特定值的记录,则单击自动筛选标记从下拉列表中选择此特定值即可;若要进行自定义条件筛选,则要在下拉列表中选择"自定义"。本例单击"计算机"旁的筛选标记并选择"自定义",弹出"自定义自动筛选方式"对话框,如图 4.40 所示。

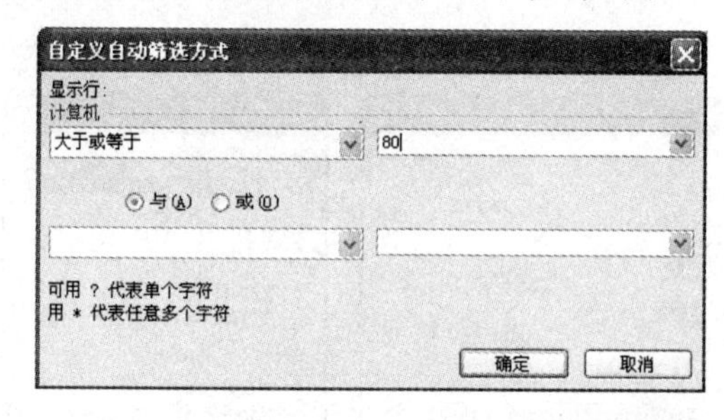

图 4.40 "自定义自动筛选方式"对话框

④在对话框的第一个列表框中选择"大于或等于"运算符,在第二个框中输入数值"80"。

⑤单击"确定"按钮。

提示:自定义条件最多可设置两个,可以是"与"或"或"的关系。

2.高级筛选

高级筛选除了能完成自动筛选的功能外,还能完成比自动筛选更为复杂的筛选。

高级筛选的条件不是在对话框中设置的,而是在工作表的某个区域中给定的,因此在使用高级筛选之前要建立一个条件区域。一个条件区域至少要包含两行,至少有两个单元格。第一行中的单元格用来指定字段名称,第二行中的单元格用来设置对于该字段的筛选条件。

【例 4.14】 在 2011 级学生成绩表中筛选出一班计算机成绩大于等于 80 分的学生信息。

操作步骤如下:

①建立条件区域。可以先将表头复制到某个空白区域,然后在其下方输入条件,注意,同行的条件是"与"的关系,不同行的条件是"或"的关系。本例中条件区域为"A14:F15",如图 4.41 所示。

②选择数据区域,即"A1:F12"。

③单击"数据"→"筛选"→"高级筛选"命令,出现如图 4.42 所示对话框。

④在对话框中可以看到数据区域"A1:F12"已被加入"列表区域"框,在"条件区域"框中输入或单击右侧按钮用鼠标选取条件区域"A14:F15"。

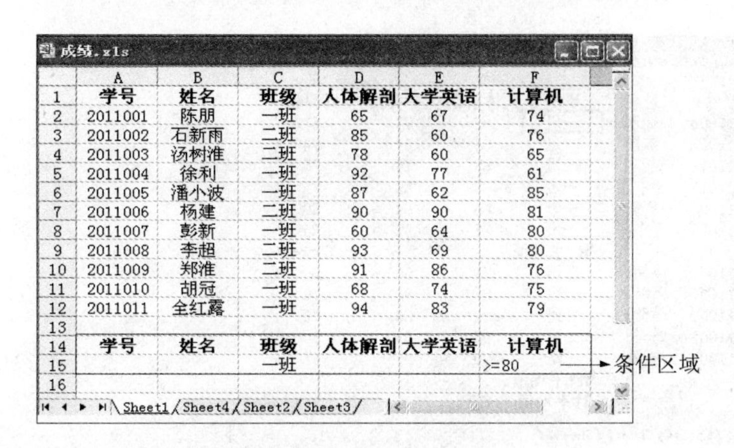
成绩.xls

	A	B	C	D	E	F
1	学号	姓名	班级	人体解剖	大学英语	计算机
2	2011001	陈朋	一班	65	67	74
3	2011002	石新雨	二班	85	60	76
4	2011003	汤树淮	二班	78	60	65
5	2011004	徐利	一班	92	77	61
6	2011005	潘小波	一班	87	62	85
7	2011006	杨建	二班	90	90	81
8	2011007	彭新	一班	60	64	80
9	2011008	李超	二班	93	69	80
10	2011009	郑淮	二班	91	86	76
11	2011010	胡冠	一班	68	74	75
12	2011011	全红露	一班	94	83	79
13						
14	学号	姓名	班级	人体解剖	大学英语	计算机
15			一班			>=80
16						

图 4.41　建立条件区域

图 4.42　“高级筛选”对话框

⑤选择筛选结果的显示方式，一种可在原有区域显示筛选结果；另一种可将筛选结果复制到其他位置。若选择后一种，必须在“复制到”框中输入复制到区域的地址。本例选择“在原有区域显示筛选结果”。

⑥单击“确定”按钮，完成筛选。

3. 筛选的取消

如果要取消对某一列的筛选，可单击该列自动筛选标记选择“全部”选项。如果要取消对所有列进行的筛选，可选择“数据”→“筛选”→“全部显示”命令。

4.7.4　分类汇总

分类汇总就是把数据按指定类别进行统计，统计结果有求和、平均值、最大值、最小值及计数等。

1. 分类汇总

【例 4.15】　在 2011 级学生成绩表中按班级对计算机成绩的平均分进行汇总。

操作步骤如下：

①先对数据清单按分类字段进行排序，本例中即按班级进行排序。

②单击“数据”→“分类汇总”命令，打开“分类汇总”对话框，如图 4.43 所示。

③在“分类字段”下拉列表框中，选择需要用来分类的数据列。选定的数据列应与步骤①中进行排序的列相同，本例选择“班级”字段。

④在“汇总方式”下拉列表框中，单击需要用于计算分类汇总的函数，本例选择“平均值”。

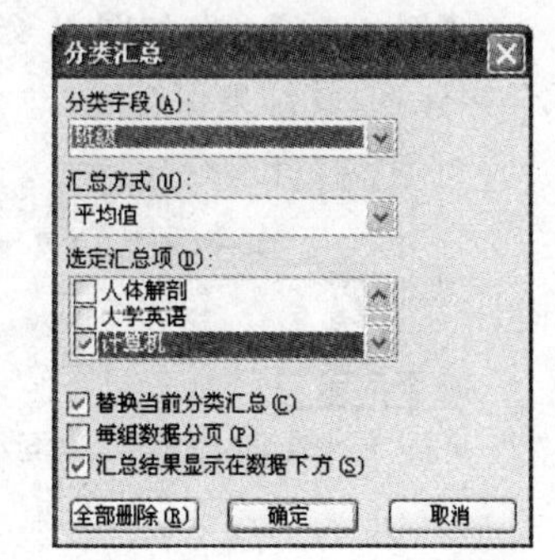

图 4.43　“分类汇总”对话框

⑤在“选定汇总项”列表框中，选定与需要对其汇总计算的数值列对应的复选框，本例选择“计算机”。

⑥单击“确定”按钮，即可生成分类汇总，如图 4.44 所示。

成绩.xls

	A	B	C	D	E	F
1	学号	姓名	班级	人体解剖	大学英语	计算机
2	2011004	徐利	一班	92	77	61
3	2011001	陈朋	一班	65	67	74
4	2011010	胡冠	一班	68	74	75
5	2011011	全红露	一班	94	83	79
6	2011007	彭新	一班	60	64	80
7	2011005	潘小波	一班	87	62	85
8			一班 平均值			75.66666667
9	2011003	汤树淮	二班	78	60	65
10	2011002	石新雨	二班	85	60	76
11	2011009	郑淮	二班	91	86	76
12	2011008	李超	二班	93	69	80
13	2011006	杨建	二班	90	90	81
14			二班 平均值			75.6
15			总计平均值			75.63636364

Sheet1 / Sheet4 / Sheet2 / Sheet3

图 4.44　分类汇总结果

2. 清除分类汇总

在“分类汇总”对话框中单击“全部删除”按钮即可清除分类汇总结果。

4.7.5　合并计算

利用 Excel 2003 提供的数据合并功能，可以汇总一个或多个源区中的数据。在进行合并计算时，存放合并计算结果的工作表称为“目标工作表”，其中接收合并数据的区域称为“目标区域”；被合并计算的各个工作表称为“源工作表”，被合并计算的数据区域称为“源区域”。

Excel 2003 提供了两种数据合并计算的方法，一是通过位置，即将源区域有相同位置的数据进行汇总；二是通过分类，即当源区域没有相同的布局时，则采用分类方式进行汇总。

1. 通过位置合并计算

通过位置合并计算要求所有源区域中的数据被相同地排列，即每一个源区域中要合并计算的数值必须在被选定源区域的相同的相对位置上。

【例 4.16】　在如图 4.45 所示工作簿中对“安徽公司”工作表和“上海公司”工作表进行合并计算，其结果保存在“总公司”工作表中。

	A	B	C	D	E
1	2010年销售收入				
2	部门	第一季度	第二季度	第三季度	第四季度
3	电器部	21.5	22.6	20.5	28.6
4	服装部	22.7	18.6	19.8	26.6
5	信息部	16.3	15.8	17.6	19.8
6	房产部	45.3	34.5	23.8	33.5

安徽公司 / 上海公司 / 总公司

	A	B	C	D	E
1	2010年销售收入				
2	部门	第一季度	第二季度	第三季度	第四季度
3	电器部	26.8	28.6	30.5	32.6
4	服装部	25.6	23.2	23.5	28.9
5	信息部	18.6	20.5	18.6	21.5
6	房产部	55.8	56.4	45.6	48.6

安徽公司 / 上海公司 / 总公司

图 4.45　位置合并源工作表

操作步骤如下：

①单击“总公司”工作表标签，将其选定为合并计算的目标工作表，并在其中选定“B3：E6”为目标区域，如图 4.46 所示。

②单击“数据”→“合并计算”命令，弹出“合并计算”对话框，如图 4.47 所示。

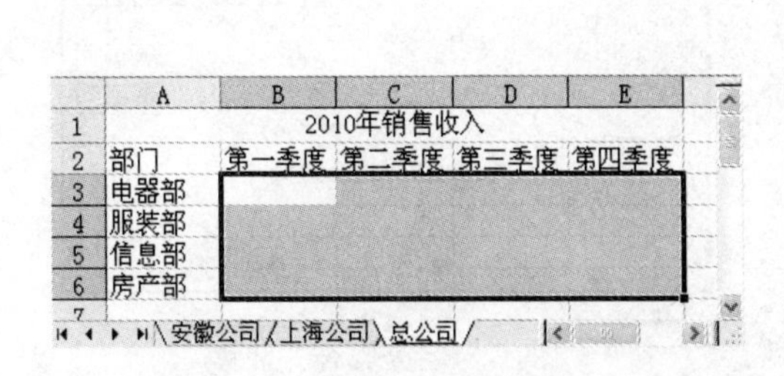

	A	B	C	D	E
1		2010年销售收入			
2	部门	第一季度	第二季度	第三季度	第四季度
3	电器部				
4	服装部				
5	信息部				
6	房产部				
7					

图 4.46　位置合并的目标区域选定

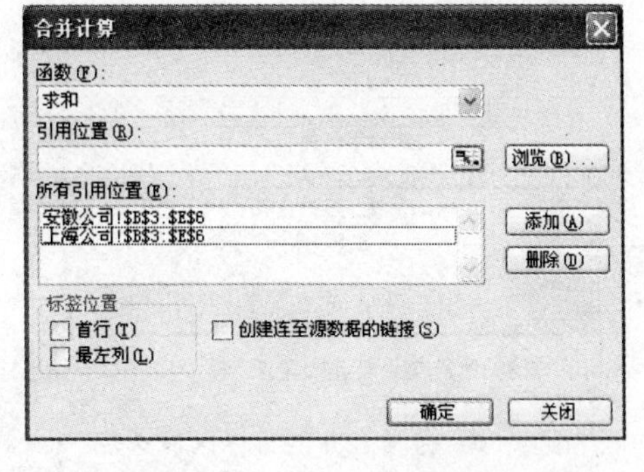

图 4.47　“合并计算”对话框

③在“函数”下拉列表框中，选择“求和”函数；在“引用位置”框中，输入或用鼠标选取要合并计算的源区的引用“安徽公司！B3:E6”，并单击“添加”按钮。

④对要进行合并计算的所有源区域重复上述步骤，此处继续将“上海公司！B3:E6”也添加到“所有引用位置”列表中。

⑤单击“确定”按钮，合并计算的结果如图 4.48 所示。

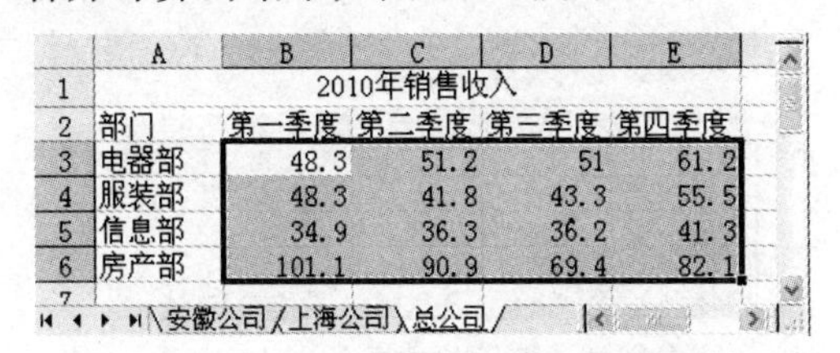

	A	B	C	D	E
1		2010年销售收入			
2	部门	第一季度	第二季度	第三季度	第四季度
3	电器部	48.3	51.2	51	61.2
4	服装部	48.3	41.8	43.3	55.5
5	信息部	34.9	36.3	36.2	41.3
6	房产部	101.1	90.9	69.4	82.1
7					

图 4.48　位置合并计算结果

2. 通过分类合并计算

通过分类合并计算是指当多个源区域包含相似的数据却以不同方式排列时，可以根据行或列标记，按照不同分类对数据进行合并计算。

【例 4.17】　在例 4.16 所示工作簿中将“上海公司”工作表的房产部删除，增加一项图书部收入，如图 4.49 所示，试重做合并计算。

	A	B	C	D	E
1		2010年销售收入			
2	部门	第一季度	第二季度	第三季度	第四季度
3	电器部	21.5	22.6	20.5	28.6
4	服装部	22.7	18.6	19.8	26.6
5	信息部	16.3	15.8	17.6	19.8
6	房产部	45.3	34.5	23.8	33.5
7					

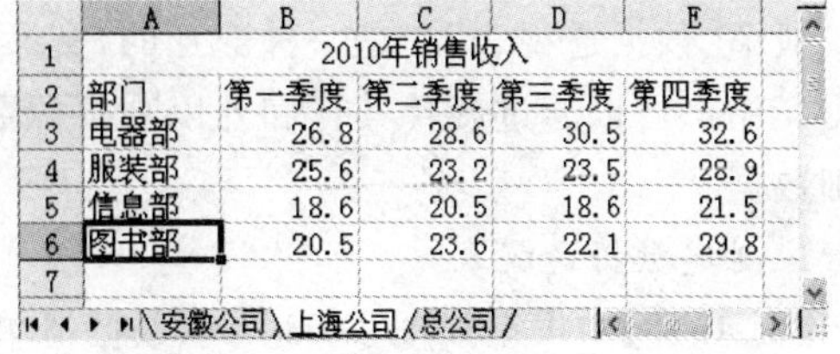

	A	B	C	D	E
1		2010年销售收入			
2	部门	第一季度	第二季度	第三季度	第四季度
3	电器部	26.8	28.6	30.5	32.6
4	服装部	25.6	23.2	23.5	28.9
5	信息部	18.6	20.5	18.6	21.5
6	图书部	20.5	23.6	22.1	29.8
7					

图 4.49　分类合并源工作表

操作步骤如下：

①单击“总公司”工作表标签，在工作表中增加一项“图书部”，并选定“A3:E7”为目标区域，其中“A3:A7”为列标记，如图 4.50 所示。

②单击“数据”→“合并计算”命令，出现“合并计算”对话框，如图 4.51 所示。

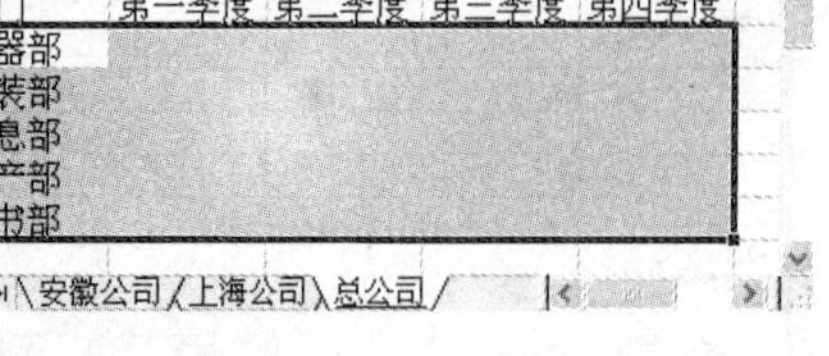
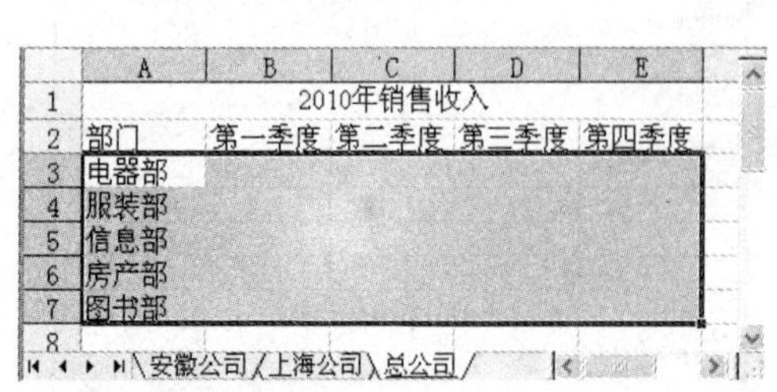

	A	B	C	D	E
1	2010年销售收入				
2	部门	第一季度	第二季度	第三季度	第四季度
3	电器部				
4	服装部				
5	信息部				
6	房产部				
7	图书部				

图 4.50 分类合并的目标区域选定

图 4.51 分类合并计算

③在“函数”框中，选定“求和”函数；在“引用位置”框中，输入或用鼠标选取“安徽公司!A3:E6”的引用，并单击“添加”按钮。

④重复上述步骤将“上海公司! A3:E6”也添加到“所有引用位置”列表中。

⑤如果源区域顶行有分类标记，则选定“标题位置”下的“首行”复选框；如果源区域左列有分类标记，则选定“标题位置”下的“最左列”复选框。本例勾选“最左列”复选框。

⑥单击“确定”按钮，合并计算的结果如图 4.52 所示。

	A	B	C	D	E
1	2010年销售收入				
2	部门	第一季度	第二季度	第三季度	第四季度
3	电器部	48.3	51.2	51	61.2
4	服装部	48.3	41.8	43.3	55.5
5	信息部	34.9	36.3	36.2	41.3
6	房产部	45.3	34.5	23.8	33.5
7	图书部	20.5	23.6	22.1	29.8

图 4.52 分类合并计算结果

提示：用户可以利用链接功能来实现表格的自动更新，即当源数据改变时，Excel 2003 会自动更新合并计算表。只需要在“合并计算”对话框中选定“创建连至源数据的链接”复选框即可。

4.7.6 数据透视表

所谓“数据透视表”就是一种交互的、交叉制作的 Excel 报表，可以快速合并和比较大量数据。用户可以通过旋转其行和列以观察源数据的不同汇总，并且可以显示感兴趣区域的明细数据。

1. 创建数据透视表

【例 4.18】 根据如图 4.53 所示数据清单建立数据透视表。

创建数据透视表的步骤如下：

①选中数据清单中任一单元格。

②单击“数据”→“数据透视表和数据透视图”命令，出现“数据透视表和数据透视图向导—3 步骤之 1”对话框，如图 4.54 所示。从中选择数据源类型为“Microsoft Office Excel 数据列表或数据库”，选择所需创建的报表类型为“数据透视表”。

数据透视表.xls

	A	B	C	D	E	F
1	某公司2011年销售统计					
2	业务员	产品	产品型号	单价	数量	销售额
3	王小国	海尔冰箱	BCD-211B	3200	100	￥320,000
4	王小国	海尔冰箱	BCD-181C	2800	160	￥448,000
5	王小国	海尔冰箱	BCD-161B	2500	180	￥450,000
6	王小国	格力空调	XQF30-8	2700	500	￥1,350,000
7	王小国	格力空调	GYJ30-8	2800	800	￥2,240,000
8	李明	海尔冰箱	BCD-211B	3200	150	￥480,000
9	李明	海尔冰箱	BCD-181C	2800	130	￥364,000
10	李明	格力空调	XQF30-8	2700	800	￥2,160,000
11	李明	格力空调	GYJ30-8	2800	1000	￥2,800,000

Sheet5　Sheet1　Sheet2　Sheet3

图 4.53　某公司销售统计数据清单

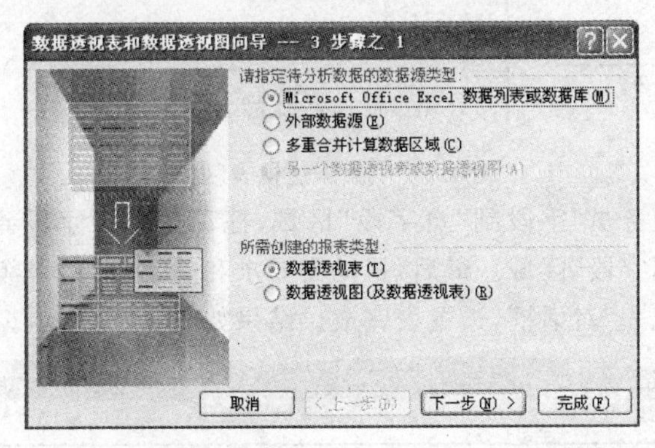

图 4.54　数据透视表和数据透视图向导——3 步骤之 1

③单击“下一步”按钮，出现“数据透视表和数据透视图向导——3 步骤之 2”对话框，如图 4.55 所示。在“选定区域”文本框中输入整个数据清单的单元格区域引用，即“＄A＄2：＄F＄11”。

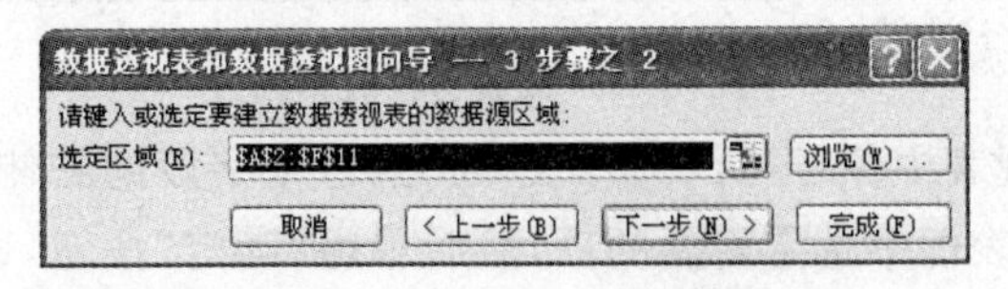

图 4.55　数据透视表和数据透视图向导——3 步骤之 2

④单击“下一步”按钮，出现“数据透视表和数据透视图向导——3 步骤之 3”对话框，如图 4.56 所示。其中“新建工作表”或者“现有工作表”单选按钮决定透视表将建立在一张新的工作表上还是就在本工作表的某个区域上，这里选择“新建工作表”单选按钮。

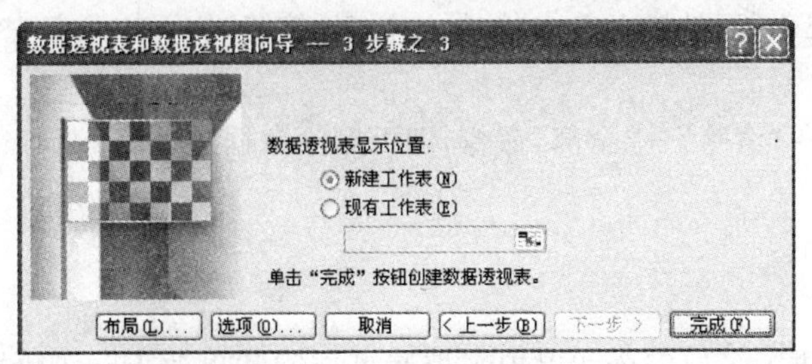

图 4.56　数据透视表和数据透视图向导——3 步骤之 3

⑤单击“完成”按钮。在“数据透视表字段列表”中列出了所有的“字段名”;同时,在工作表上出现了一个透视表框架,如图 4.57 所示。可以看到数据透视表由四个区域构成:页字段区域、行字段区域、列字段区域和数据项区域。

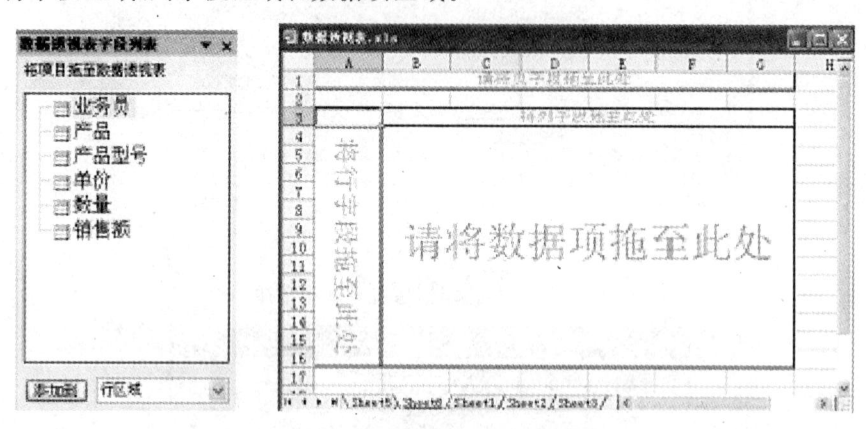

图 4.57 “数据透视表”框架

⑥用鼠标拖动“业务员”字段到“页字段”区域,拖动“产品”字段到“行字段”区域,拖动“产品型号”字段到“列字段”区域。最后,拖动需要求和的字段“销售额”到“数据项”区域。

⑦关闭“数据透视表”对话框,透视表完成。结果如图 4.58 所示。

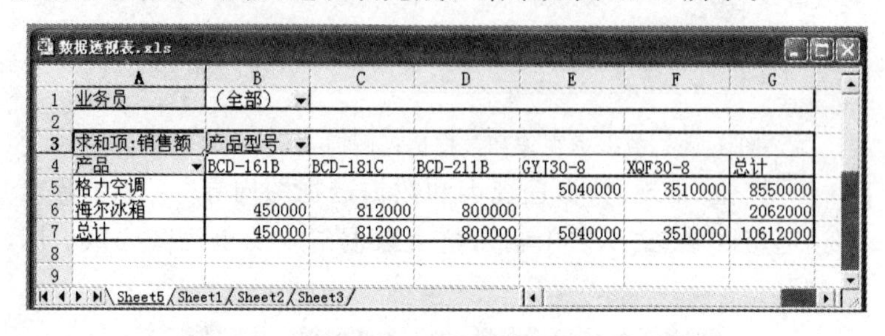

	A	B	C	D	E	F	G
1	业务员	(全部)					
2							
3	求和项:销售额	产品型号					
4	产品	BCD-161B	BCD-181C	BCD-211B	GYJ30-8	XQF30-8	总计
5	格力空调				5040000	3510000	8550000
6	海尔冰箱	450000	812000	800000			2062000
7	总计	450000	812000	800000	5040000	3510000	10612000
8							
9							

图 4.58 数据透视表结果

在所完成数据透视表中位于“页”、“行”、“列”上每个字段的右侧均有一个下三角按钮。单击该按钮,从下拉列表框中选定需要的项,然后单击“确定”按钮,即可得到选定项的数据透视表。

2. 删除数据透视表

如果要删除数据透视表,操作步骤如下:

①选中要删除数据透视表的任一单元格。

②在“数据透视表”工具栏上单击“数据透视表”按钮,从下拉菜单中执行“选定”→“整张表格”命令。

③单击“编辑”→“清除”→“全部”命令,即可删除数据透视表。

4.7.7 数据保护

Excel 2003 提供了多层安全和保护来控制可访问和更改 Excel 数据的用户,最高一层的保护设置在文件级。用户可以根据不同的情况对工作簿、工作表和单元格进行保护。

1.设置文件的打开或修改权限

为了防止他人打开或修改含有重要数据的工作簿，可以设置打开或修改该工作簿的权限密码，具体步骤如下：

①单击“工具”→“选项”命令，弹出“选项”对话框，在对话框中选择“安全性”选项卡，如图4.59所示。

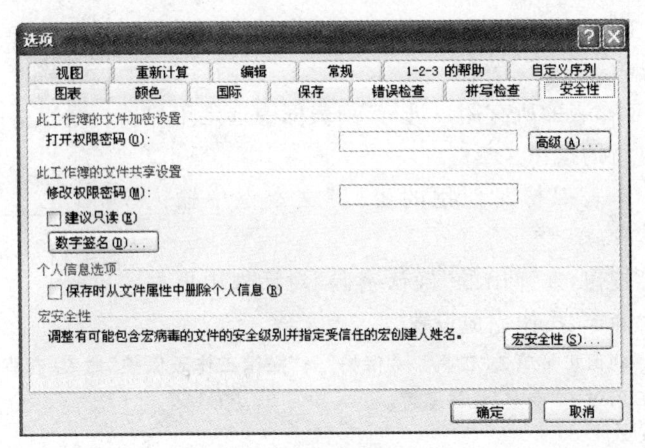

图4.59　“安全性”选项卡

②在“打开权限密码”文本框中输入打开权限密码，可以防止没有打开权限密码的用户打开该工作簿。

③在“修改权限密码”文本框中输入修改权限密码，可以防止没有修改权限密码的用户修改工作簿的功能和结构。

④单击“确定”按钮，在弹出的“确认密码”对话框中再次输入密码，并单击“确定”按钮完成设置。

2.保护工作簿

保护工作簿功能可以防止他人对工作簿的结构或窗口进行改动。其操作步骤如下：

①单击“工具”→“保护”→“保护工作簿”命令，弹出“保护工作簿”对话框，如图4.60所示。

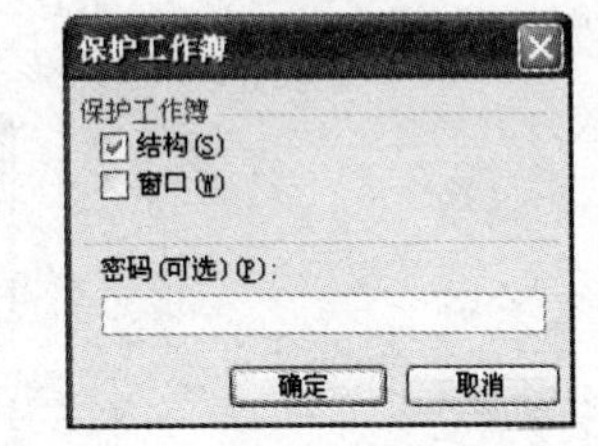

图4.60　“保护工作簿”对话框

②在对话框的“保护工作簿”选项区域中用户可单击复选框选择工作簿的保护功能：

- 结构：可禁止工作表的插入、删除、移动、重命名、隐藏。
- 窗口：可保护工作表窗口不被移动、缩放、隐藏或关闭。

③在“保护工作簿”对话框中的密码文本框中输入密码。

④单击“确定”按钮，在弹出的“确认密码”对话框中再次输入密码，并单击“确定”按钮完成设置。

提示：撤销工作簿的保护可单击“工具”→“保护”→“撤销工作簿保护”命令，在弹出的对话框中输入密码后单击“确定”即可。

3.保护工作表

对工作簿的保护，虽然可防止他人对工作表进行删除，移动等操作，但是仍然不能禁止对工作表中数据的编辑修改。保护工作表功能可以禁止对工作表进行编辑，防止数据被他人修改。具体操作步骤如下：

①将要保护的工作表选为当前工作表。

②单击“工具”→“保护”→“保护工作表”命令，弹出“保护工作表”对话框，如图 4.61 所示。

③在对话框中选中“保护工作表及锁定的单元格内容”复选框，可以防止对工作表的更改，并且可以防止对锁定单元格的更改。

④在“允许此工作表的所有用户进行”列表框中选定用户可以在工作表中进行的操作。

⑤在“取消工作表保护时使用的密码”文本框中输入密码。

⑥单击“确定”按钮，在弹出的“确认密码”对话框中再次输入密码，并单击“确定”按钮完成设置。

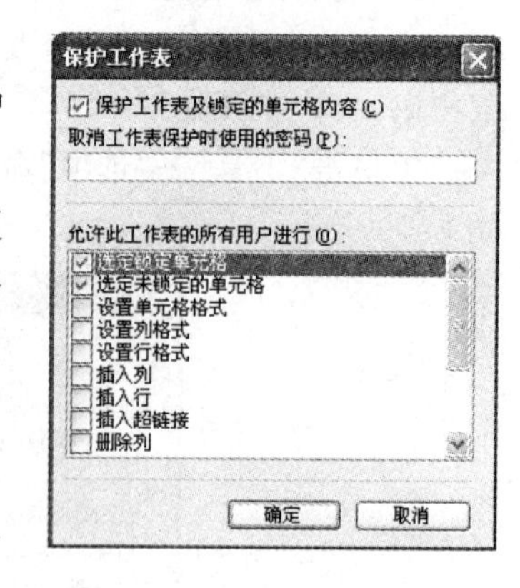

图 4.61 “保护工作表”对话框

提示：撤销工作表的保护可单击“工具”→“保护”→“撤销工作表保护”命令，在弹出的“撤销工作表保护”对话框中输入密码后单击“确定”按钮即可。

4. 保护单元格

如果单元格中的数据是公式计算出来的，那么选定单元格后，在编辑栏会出现公式的内容。用户可以对单元格中的公式加以保护和隐藏，以防止他人看出数据是如何计算的。

保护单元格的操作步骤如下：

①选定要保护的单元格或单元格区域。

②单击“格式”→“单元格”命令，在弹出“单元格格式”对话框中选择“保护”选项卡，如图 4.62 所示。

③在选项卡中用户可单击复选框选择单元格的保护功能：

- 锁定：工作表被保护后，单元格不能被修改。
- 隐藏：工作表被保护后，隐藏单元格中的公式。

④单击“确定”按钮。

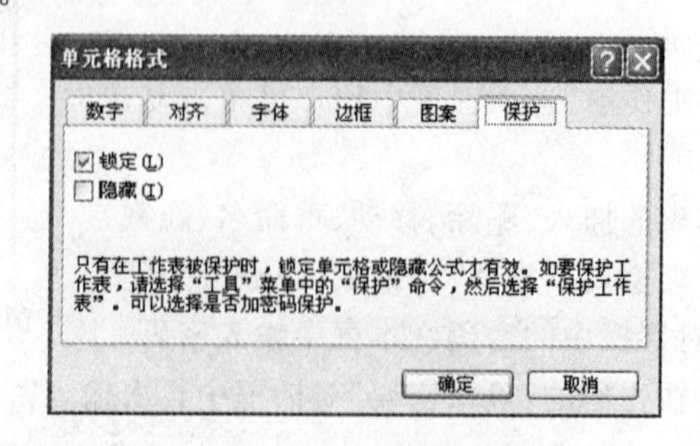

图 4.62 “保护”选项卡

提示：只有在工作表被保护时，锁定单元格和隐藏公式才有效，否则，设置的单元格保护是无效的。

4.8　打　印

对已经编辑完成的工作表和图表，可以通过打印机打印出来。在打印之前，首先要设置页面区域和做好分页的工作。

4.8.1　打印区域设置

1. 设置页面区域

在打印前，首先要对打印的区域进行设置，否则，系统会把整个工作表作为打印区域。设置页面区域，用户可以控制只将工作表的某一部分打印出来。

设置页面区域的步骤如下：

①激活打印区域所在的工作表，选定需要打印的区域。

②单击“文件”→“打印区域”→“设置打印区域”命令，Excel 2003 就会把选定的区域作为打印的区域。

2. 分页

有的工作表可能会很大，对于超过一页的工作表，系统能够自动设置分页符。但是有时用户需要对工作表中的某些内容进行强制分页，这就需要在工作表中插入分页符。

在插入分页符时，应注意开始新页的那个单元格的选定。如果是进行垂直分页，应先选定单元格所在的列；如果是进行水平分页，应先选定单元格所在的行。

分页的操作步骤如下：

①选定要开始新页的单元格、行或列。

②单击“插入”→“分页符”命令。

4.8.2　页面设置

工作表在打印之前，要进行页面的设置。单击菜单中的“文件”→“页面设置”命令，就会弹出“页面设置”对话框(如图 4.63 所示)，在该对话框中可以对页面、页边距、页眉/页脚和工作表进行设置。

1. 设置页面

页面选项主要包括纸张大小、打印方向、缩放，起始页码等选项。

2. 设置页边距

页边距是指纸张上开始打印内容的边界与纸张边沿的距离。页边距选项可以对纸张的上、下、左、右边距进行设置，还可以设置页眉/页脚距页边的距离。

3. 设置页眉/页脚

Excel 2003 中的页眉和页脚的功能类似于 Word 2003 中的页眉和页脚，位于打印页的顶端和底端，主要显示文档的标题或者页码信息。

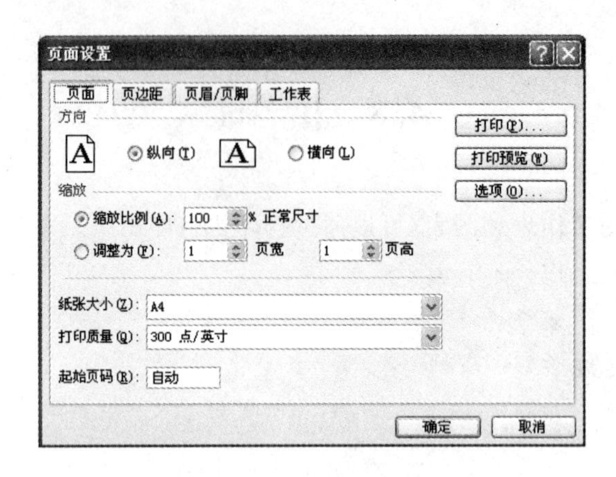

图 4.63 “页面设置”对话框

4. 设置工作表

在“页面设置”对话框的“工作表”选项卡中可以对打印区域、标题行区域、打印顺序以及是否打印网格线等选项进行设置。

4.8.3 打印预览

页面设置完毕后，在正式打印之前，还应该在打印预览视图下对打印效果进行预览，以确认打印效果符合自己的需要。

实现打印预览功能可以在 Excel 2003 中单击常用工具栏上“打印预览”按钮或执行“文件”→“打印预览”命令。

4.8.4 打印

在打印预览视图下确认工作表的内容、格式正确无误后，即可正式打印工作表。

在 Excel 2003 中打印工作表可以执行“文件”→“打印”命令来实现。在“打印”对话框中(如图 4.64 所示)，用户可以对打印范围、打印内容、打印份数等进行设置。

图 4.64 “打印”对话框

习　题

一、单项选择题

1. 在 Excel 2003 中，工作簿指的是（　　）。

A. 数据库　　B. 若干类型的表格共存的单一电子表格

C. 图表　　D. 在 Excel 中用来存储和处理数据的工作表的集合

2. 在 Excel 2003 中，每张工作表最多有（　　）列，（　　）行。

A. 16,256　　B. 64,512　　C. 256,65536　　D. 512,128

3. 在工作表名称上双击鼠标，可对工作表名称进行（　　）。

A. 重命名　　B. 计算　　C. 隐藏　　D. 改变大小

4. 在 Excel 2003 中，字符型数据默认对齐方式是（　　）。

A. 中间对齐　　B. 右对齐　　C. 左对齐　　D. 自定义

5. 以下操作中不属于 Excel 2003 操作的是（　　）。

A. 自动排版　　B. 自动填充数据　　C. 自动求和　　D. 自动筛选

6. 在 Excel 2003 中，下列叙述中不正确的是（　　）。

A. 每个工作簿可以由多个工作表组成

B. 输入的字符不能超过单元格宽度

C. 每个工作表有 256 列、65536 行

D. 单元格中输入的内容可以是文字、数字、公式

7. 公式“＝SUM(C2:C6)”的作用是（　　）。

A. 求 C2 到 C6 这五个单元格数据之和

B. 求 C2 和 C6 这两个单元格数据之和

C. 求 C2 和 C6 这两个单元格的比值

D. 以上说法都不对

8. Excel 2003 工作簿存盘时默认的文件扩展名为（　　）。

A. slx　　B. xls　　C. doc　　D. gib

9. 要选定不相邻的矩形区域，应在鼠标操作的同时，按住（　　）键。

A. ＜Alt＞　　B. ＜Ctrl＞　　C. ＜Shift＞　　D. ＜Home＞

10. 在 Excel 2003 中，若单元格引用随公式所在单元格位置的变化而改变，则称之为（　　）。

A. 相对引用　　B. 绝对引用　　C. 混合引用　　D. 3D 引用

11. 在 Excel 2003 公式中乘法运算符的标记为（　　）。

A. ×　　B. (　)　　C. ∧　　D. *

12. 在单元格中输入公式时，应先输入（　　）作为标志。

A. 引号　　B. 分号　　C. 等号　　D. 问号

13. 在 Excel 2003 中当鼠标移到填充柄上，鼠标指针变为（　　）。

A. 双箭头　　B. 双十字　　C. 黑十字　　D. 黑矩形

14. 当输入数字超过单元格能显示的位数时，则以（　　）来表示。

A. 科学记数法　B. 百分比　C. 货币　D. 自定义

15. 在 Excel 2003 单元格中输入后能直接显示“1/2”的数据是(　　)。

A. 1/2　B. 0 1/2　C. 0.5　D. 2/4

16. 在工作表中，如果将 F4 单元格中的公式“=B3-(C3+E3)*20”复制到 F5 单元格，则公式为(　　)。

A. =B3-(C3+E3)*20　B. =B4-(C4+E4)*20

C. =B5-(C5+E5)*20　D. =B6-(C6+E6)*20

17. 在 Excel 2003 中建立图表后，当工作表的数据发生变化后，则(　　)。

A. 图表将被删除

B. 图表保持不变

C. 图表将自动随之发生改变

D. 需要通过某种操作，才能使图表发生改变

18. 下列(　　)函数是计算工作表中一串数值的最小值。

A. SUM(A1:A10)　B. AVG(A1:A10)

C. MIN(A1:A10)　D. COUNT(A1:A10)

19. 在 Excel 2003 中，各运算符号的优先级由大到小顺序为(　　)。

A. 算术运算符>关系运算符>逻辑运算符

B. 算术运算符>逻辑运算符>关系运算符

C. 逻辑运算符>算术运算符>关系运算符

D. 关系运算符>算术运算符>逻辑运算符

20. 在进行分类汇总之前，必须对工作表数据进行(　　)。

A. 筛选　B. 排序　C. 查找　D. 定位

二、多项选择题

1. 以下关于 Excel 2003 电子表格软件，叙述正确的有(　　)。

A. 一个工作簿可以有多个工作表

B. 一个工作簿只能有一个工作表

C. 工作簿的扩展名为 XLS

D. Excel 2003 是 Microsoft 公司开发的

2. 在 Excel 2003 中，下列(　　)字符可以作为数字。

A. $　B. %　C. +　D. 6

3. 退出 Excel 2003，可用下列哪些方法(　　)。

A. 单击“文件”菜单的“关闭”命令　B. 双击标题栏的程序控制按钮

C. 单击标题栏的关闭按钮×　D. 用键盘组合键“ALT+F4”

4. 在“自定义筛选”对话框中，可以设定(　　)条件。

A. 1 个　B. 2 个　C. 3 个　D. 4 个

5. 在 Excel 2003 中，打印预览中可以进行(　　)。

A. 显示上页、下页　B. 修改工作表内容

C. 设置页面、页边距　D. 全屏显示

6. 在 Excel 2003 中，单元格地址的引用方式可以是(　　)。

A. 绝对引用　B. 相对引用　C. 混合引用　D. 间接引用

7. 在 Excel 2003 的公式中，可以进行的运算有(　　)。

A. 数学运算　B. 文字运算　C. 比较运算　D. 逻辑运算

8. 在 Excel 2003 工作表中，建立函数的方法有(　　)。

A. 直接在单元格中输入函数

B. 直接在编辑栏中输入函数

C. 利用编辑栏上的“插入函数”按钮

D. 利用“插入”菜单下的“函数”子菜单

9. 在 Excel 2003 中，提供了几种筛选命令，分别是(　　)。

A. 自动筛选　B. 人工筛选　C. 高级筛选　D. 高级自动筛选

10. 下列关于编辑单元格内容的说法，正确的有(　　)。

A. 双击待编辑的单元格可对其内容进行修改

B. 单击待编辑的单元格，然后在编辑栏内进行修改

C. 要取消对单元格内容的改动，可在修改后按 Esc 键

D. 向单元格输入公式必须在编辑栏中进行

三、简答题

1. 单元格、工作表与工作簿它们之间的关系如何？

2. 复制或移动数据有哪些方法？

3. 如何改变单元格的宽度或高度？

4. 绝对引用与相对引用的使用方法是怎样的？

5. 设置高级筛选条件区域时应该注意什么？

第 5 章

PowerPoint 2003

【本章主要教学内容】

本章主要介绍 PowerPoint 2003 演示文稿的建立、编辑、动画设置、放映、发布及打包等操作。

【本章主要教学目标】

◆了解 PowerPoint 2003 的基本概念。
◆掌握幻灯片基本操作及放映方式。

5.1　PowerPoint 2003 概述

PowerPoint 2003 是 Office 系列软件的核心组件之一，是一个专门用于制作演示文稿的软件，它将各种文字、图表、图形、声音等多媒体信息以幻灯片形式展示出来，展示效果声形俱佳、图文并茂。现已广泛应用于教学、会议报告、广告宣传、产品演示、论文答辩、项目论证等多种场合。

5.1.1　PowerPoint 2003 主要功能及特点

1. 文字与图形的编辑功能

用户可以使用 PowerPoint 2003 的文字处理功能方便地进行文字输入、编辑和格式化操作，还可以绘制多种图形，以达到美化演示文稿的目的。

2. 模板功能

PowerPoint 2003 提供了丰富的模板供用户选用，用户可以根据所需风格选用不同的设计模板来设计演示文稿。

3. 多媒体支持功能

PowerPoint 提供了动态显示幻灯片上文本、图像和其他对象的功能，还可以添加声音、动画和影片，从而达到图、文、声并茂的效果。

4. 超链接与数据共享

PowerPoint 的超链接能够从一张幻灯片转到其他幻灯片、网页、演示文稿及文件，拓宽了演示文稿的内容。PowerPoint 与 Word、Excel 等软件之间有着紧密的联系，它们之间可以相互调用、资源共享。

5. 打包成 CD

“打包成 CD”可以把演示文稿和所有支持文件打包，并从 CD 自动运行演示文稿，以便在没有安装 Office 软件的计算机上查看。

6. 通用性强，易学易用

PowerPoint 2003 的界面和使用方法与 word、Excel 等软件基本保持一致，它还提供了多种幻灯片版式、模板以及详细的帮助系统，使其具有简单易学、方便实用等特点。

5.1.2　PowerPoint 2003 的启动和退出

1. 启动 PowerPoint 2003

启动 PowerPoint 2003 主要有以下两种方法：

(1)利用“开始”菜单

启动步骤：单击桌面任务栏的“开始”按钮，弹出“开始”菜单，选择“程序”子菜单，单击 PowerPoint 2003 选项即可。

(2)利用快捷方式

双击桌面的 PowerPoint 2003 快捷方式图标,就可以启动 PowerPoint 2003。

2. 退出 PowerPoint 2003

退出 PowerPoint 2003 主要有以下两种方法:

①单击“文件”菜单→“退出”。

②单击 PowerPoint 2003 窗口标题栏上的“关闭”按钮。

注意:如果退出之前没有保存演示文稿,则执行“退出”命令后,PowerPoint 会弹出警告对话框提示用户保存文档。

5.1.3 PowerPoint 2003 工作界面

PowerPoint 2003 启动后,会自动新建一个名为“演示文稿 1”的演示文稿。如图 5.1 所示为 PowerPoint 2003 初始工作界面。

1. 标题栏

标题栏位于窗口顶部,包括控制菜单、应用程序名称、当前演示文稿名称和 3 个窗口控制按钮(“最小化”、“还原/最大化”和“关闭”)。

2. 菜单栏

菜单栏位于标题栏下方,包含 PowerPoint 2003 全部工作命令,它由“文件”、“编辑”、“视图”、“插入”、“格式”、“工具”、“幻灯片放映”、“窗口”和“帮助”9 个菜单项组成。

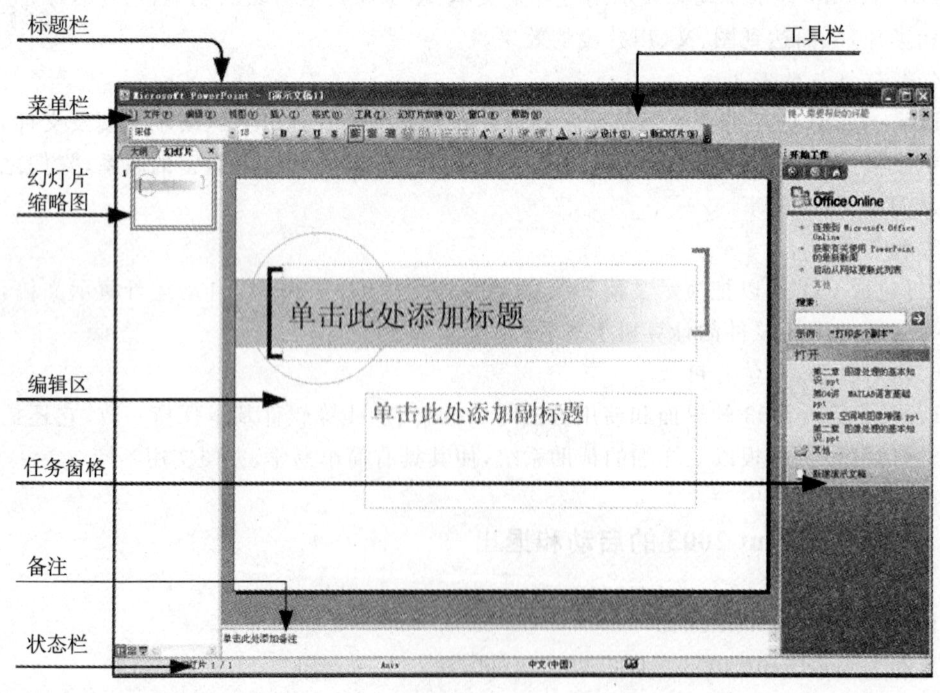

图 5.1 PowerPoint 2003 工作界面

(1)“文件”菜单

主要用于演示文稿的管理,可以对演示文稿进行“打开”、“保存”、“关闭”、“导入”、“导出”、“退出”等操作。

(2)“编辑”菜单

主要是对幻灯片编辑区中的对象(如文字、图形等)进行操作,包括“剪切”、“复制”、“粘贴”、“清除”、“查找”、“删除幻灯片”等菜单命令。

(3)“视图”菜单

包含在各种视图之间进行选择与切换、工具栏项目和绘图辅助工具的设置等菜单命令。

(4)“插入”菜单

包含插入“新幻灯片”、“幻灯片编号”、“图片”、“影片和声音”、“对象和超链接”等菜单命令。

(5)“格式”菜单

主要是对演示文稿中的内容进行格式化操作,包含“字体”、“项目符号和编号”、“对齐方式”、“幻灯片版式”、“幻灯片设计”、“背景”等菜单命令。

(6)“工具”菜单

包括“拼写检查”、“语言选择”、“自动更正”、“自定义”以及“选项”等菜单命令。

(7)“幻灯片放映”菜单

主要用来设置放映幻灯片的不同形式,菜单命令包括“观看放映”、“设置放映方式”、“操练计时”、“自定义动画”、“幻灯片切换”、“自定义放映”等。

(8)“窗口”菜单

对窗口中打开的演示文稿进行排列或选择不同的演示文稿,菜单命令包括“新建窗口”、“全部重排”、“重叠”等。

(9)“帮助”菜单

提供了详细的关于用户如何使用 PowerPoint 2003 的帮助信息。

3. 工具栏

工具栏是菜单栏的直观化,工具栏中的每一个按钮代表一个命令,这些命令都可以在菜单栏里找到。通过工具栏进行操作和通过菜单进行操作的结果一样。操作方法与 Word 相同。

4. 编辑区

编辑区是用户进行文稿编辑、处理的重要区域,可以添加文本、绘制图形,插入图片、图表、声音、超链接、影片等。

5. 任务窗格

任务窗格位于编辑区右侧,可以通过拖动其标题栏来改变位置,也可以单击其右上角的“关闭”按钮将其关闭。单击任务窗格右上角的“▼”按钮即可显示 PowerPoint 2003 提供的 16 个任务窗格列表。

6. 状态栏

状态栏位于窗口的最底部,显示了当前演示文稿的常用参数及工作状态,如视图模式、幻灯片编号等。

5.1.4　PowerPoint 2003 视图方式

PowerPoint 2003 最常用的视图方式是普通视图、大纲视图、幻灯片浏览视图和幻灯片放映视图。

1. 普通视图

普通视图是 PowerPoint 2003 默认视图方式，可以通过单击“视图”菜单→“普通”切换为普通视图。

普通视图左侧窗格包含“大纲”和“幻灯片”两个选项卡。单击“幻灯片”选项卡中任意一张幻灯片缩略图，编辑区会显示相应幻灯片的内容，用户可对幻灯片内的对象进行编辑、格式设置等操作，还可通过拖动分隔条来改变窗格的大小。

2. 大纲视图

大纲视图主要用于查看、编排演示文稿的大纲，单击“大纲”选项卡即可切换为大纲视图。在大纲视图中，每一张幻灯片前面都有一个标号，表明幻灯片的序号；标号后面有一个方格，代表一张幻灯片；方格后面可以输入幻灯片的标题。

提示：单击大纲视图中某段文字的段落提示点，就可以把该段落包括下属各个级别文字内容一起选中。

3. 幻灯片浏览视图

单击窗体左下角的“田”按钮便切换为幻灯片浏览视图。幻灯片浏览视图以缩略图的形式显示演示文稿中的所有幻灯片，在这种视图下可以方便快捷地对幻灯片进行移动、复制、删除、设置幻灯片放映时间、选择幻灯片切换效果、进行动画预览等操作。

注意：在幻灯片浏览视图下，用户无法修改幻灯片中的内容。

4. 幻灯片放映视图

幻灯片放映视图用于显示实际的放映效果，此时为满屏状态，无法对幻灯片中的对象进行编辑、格式设置等操作。

5.1.5 创建演示文稿

演示文稿是指包含用户所有要演示的内容和效果，并可以在计算机中进行编辑和播放的文件，扩展名为“ppt”。演示文稿一般包括若干页，每一页就是一张幻灯片，这些幻灯片既相互独立又相互联系。

单击“开始任务”任务窗格的“▼”按钮，打开下拉菜单，选择“新建演示文稿”命令，即可显示相应的任务窗格。PowerPoint 2003 主要提供了以下几种建立演示文稿的方法：

1.“空演示文稿”

没有任何内容和格式的文稿，用户可以从零开始制作幻灯片。

2.“根据设计模板”

在已经具备设计风格、字体和颜色方案的 PowerPoint 模板的基础上，创建演示文稿。用户不仅可以使用 PowerPoint 提供的模板，还可以自己创建模板。

3.“根据内容提示向导”

该向导会提供有关幻灯片的建议，用户只需要根据向导提示进行简单选择即可方便地制作出一个演示文稿。

4.“根据现有演示文稿”

在已有演示文稿基础上创建新演示文稿。使用此命令将创建现有演示文稿的副本作为新演示文稿，用户可在新演示文稿中进行设计和内容更改。

【例 5.1】 创建一个演示文稿，如图 5.2 所示。

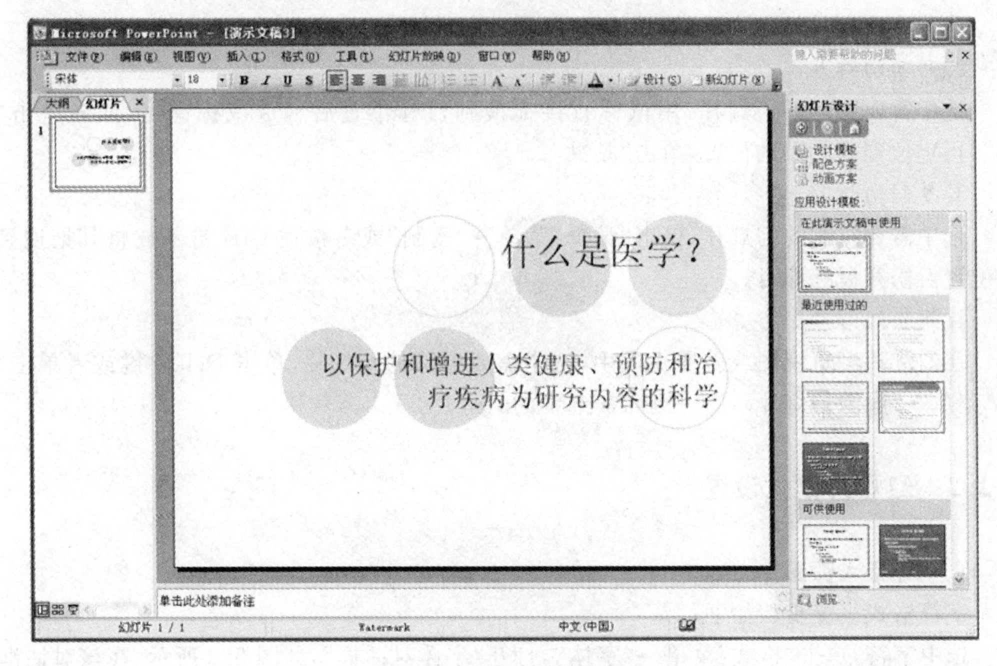

图 5.2　例【5.1】显示效果

具体操作步骤如下：

①启动 PowerPoint 2003，单击“文件”菜单→“新建”，选择“新建演示文稿”任务窗格中的“空演示文稿”选项，在“应用幻灯片版式”任务窗格里，双击“标题幻灯片”选项；

②单击“单击此处添加标题”占位符，输入标题“什么是医学?”，单击“单击此处添加副标题”占位符，输入副标题“以保护和增进人类健康、预防和治疗疾病为研究内容的科学”；

③单击“格式”菜单→“幻灯片设计”，在“幻灯片设计”任务窗格选择“watermark”模板，单击“应用于选定的幻灯片”选项。

5.2　幻灯片的编辑

5.2.1　幻灯片的基本操作

幻灯片的基本操作主要包括幻灯片的删除、添加、移动和复制。在普通视图中即可进行幻灯片的基本操作，但在幻灯片浏览视图中操作会更方便。

1. 插入新幻灯片

常用的插入新幻灯片的方法有以下几种：

①指定幻灯片插入位置，单击“插入”菜单→“新幻灯片”。

②选中幻灯片，单击“插入”菜单→“幻灯片副本”，即可在该张幻灯片的后续位置插入一

张与选定幻灯片相同的幻灯片。

③指定幻灯片插入位置，按回车键或使用快捷菜单即可增加一张新幻灯片。

④指定幻灯片插入位置，使用快捷键“Ctrl＋M”可插入一张新幻灯片。

2. 移动幻灯片

选中需要移动的幻灯片，用鼠标直接拖拽到目标位置后释放鼠标即可，或者单击“剪切”，再定位到要粘贴的位置，单击“粘贴”。

3. 复制幻灯片

选中需要复制的幻灯片，单击“编辑”菜单→“复制”或者按住 Ctrl 键不放将其拖拽到目标位置后松开鼠标即可。

4. 删除幻灯片

在幻灯片浏览视图或普通视图中，选中需要删除的幻灯片，单击 Delete 键或者单击“编辑”菜单→“删除幻灯片”，即可删除被选中的幻灯片。

5.2.2 幻灯片格式设置

1. 字符格式设置

字符格式设置步骤如下：

选中字符，单击“格式”菜单→“字体”，打开“字体对话框”，如图 5.3 所示，在该对话框中进行字符格式设置。

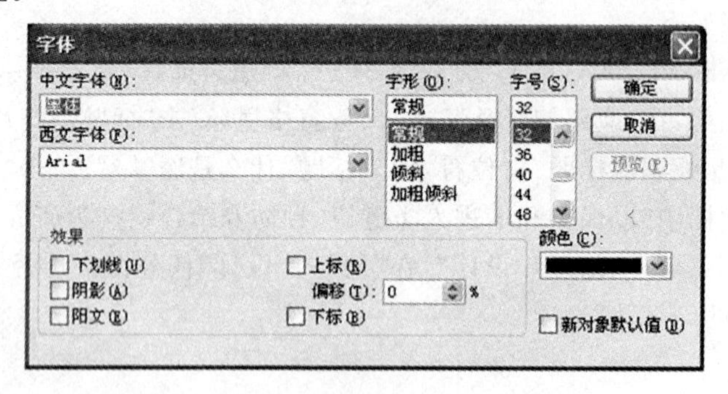

图 5.3 “字体”对话框

2. 段落格式设置

(1)段落对齐方式设置

选中文本，单击“格式”菜单→“对齐方式”，在子菜单中提供了 5 种对齐方式：“左对齐”、“居中”、“右对齐”、“两端对齐”和“分散对齐”。

(2)段落缩进方式设置

选中文本，用鼠标拖动标尺上的缩进标记，即可为段落设置缩进。

(3)行距和段落间距设置

选中文本，单击“格式”菜单→“行距”，在打开的“行距”对话框中进行行距的设置。

(4)项目符号和编号设置

选中文本，单击“格式”菜单→“项目符号和编号”，在打开的“项目符号和编号”对话框中进行项目符号、编号的设置。

3. 对象格式设置

PowerPoint 2003 可以对插入的图片、自选图形、文本框等对象进行格式设置，可设置对象的填充颜色、线条、尺寸、位置、边框、阴影等。

具体操作步骤如下：

选中对象，单击“格式”菜单→“占位符”，打开“设置占位符格式”对话框，如图 5.4 所示，在此对话框中进行对象格式设置。

注意：若选中图形，单击“格式”菜单→“占位符”，弹出“设置自选图形”对话框；若选中图片，单击“格式”菜单→“图片”，弹出“设置图片格式”对话框；若选中文本框，单击“格式”菜单→“文本框”，弹出“设置文本框格式”对话框。

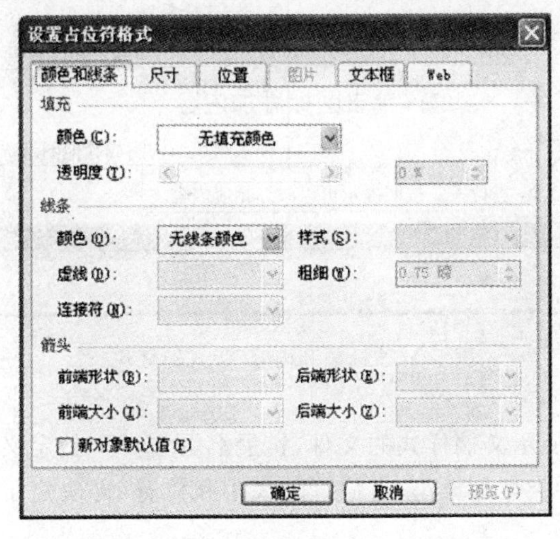

图 5.4　“设置占位符格式”对话框

5.2.3　幻灯片外观

1. 幻灯片版式

“版式”指的是幻灯片内容在幻灯片上的排列方式，版式由占位符组成。这里的“占位符”是指创建新幻灯片时出现的虚线方框。占位符中可放置文字(如标题和项目符号列表)和幻灯片内容(如表格、图表、图片、形状和剪贴画等)。PowerPoint 2003 提供了 31 个版式，分为“文字版式”、“内容版式”、“文字和内容版式”及“其他版式”四类。每次添加新幻灯片时，都可以在“幻灯片版式”任务窗格中为其选择一种版式。

具体操作步骤如下：

①在普通视图下，选中左侧窗格的幻灯片缩略图；

②单击“格式”菜单→“幻灯片版式”，打开“幻灯片版式”任务窗格；

③在“幻灯片版式”任务窗格中选择所需版式；

④应用某种版式后，可在相应的占位符内，按照提示插入各种对象。如图 5.5 所示。

注意:应用某种版式后,可根据需要调整幻灯片中的占位符位置、格式和大小。

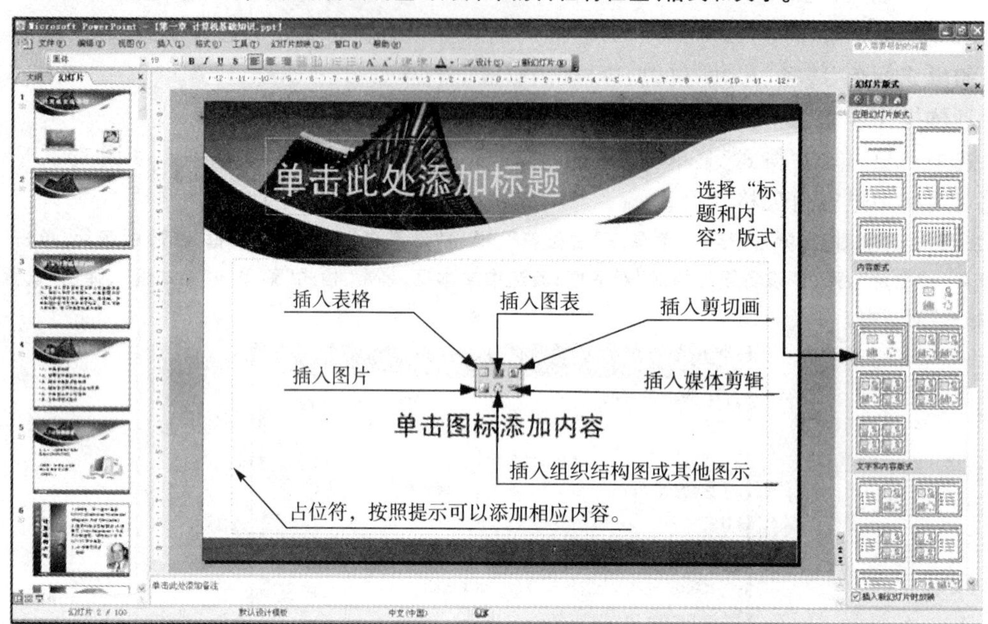

图 5.5 “标题和内容”版式幻灯片

2. 幻灯片模板

设计模板是指包含演示文稿样式的文件,扩展名为“pot”,其定义了幻灯片母版及标题母版的项目符号、字体的类型和大小、占位符的大小和位置(即决定了幻灯片的版式)、背景设计、配色方案等。

PowerPoint 2003 提供了多种可以直接应用于演示文稿的设计模板,模板可以让整个演示文稿的思路更清晰、逻辑更严谨,处理图表、文字、图片等内容更方便。

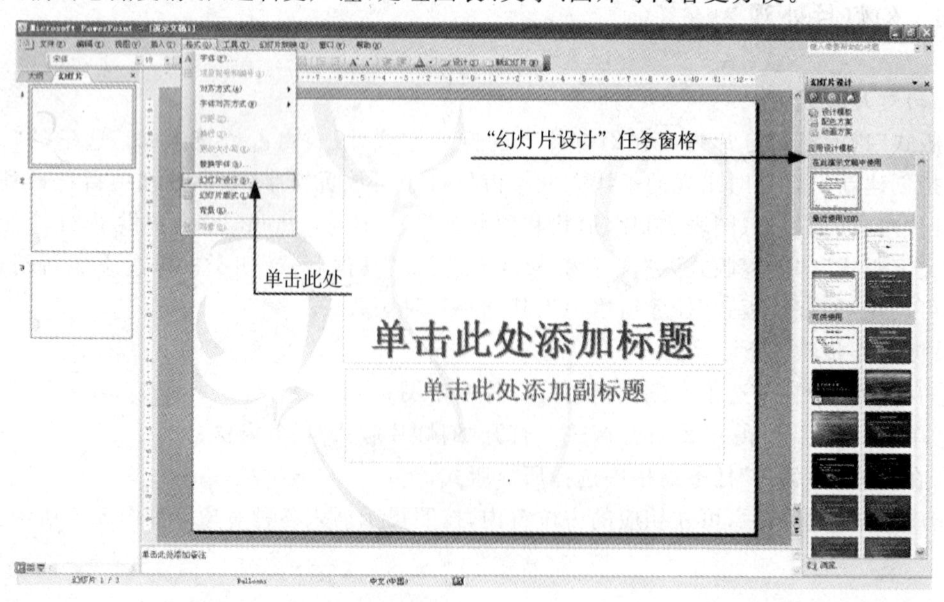

图 5.6 “幻灯片设计”任务窗格

具体操作步骤如下：

①单击“格式”菜单→“幻灯片设计”，如图5.6所示，打开“幻灯片设计”任务窗格；

②若要对所有幻灯片应用设计模板，则在“幻灯片设计”任务窗格中直接单击所需模板；若要对单张幻灯片应用设计模板，则单击所需模板的按钮，再单击“应用于所选定的幻灯片”，如图5.7(a)所示。

在“幻灯片设计”任务窗格中，如没有找到所需模板，可以单击“浏览…”命令，打开“应用设计模板”对话框继续寻找，如图5.7(b)所示。用户可根据需要随时更改所用模板。

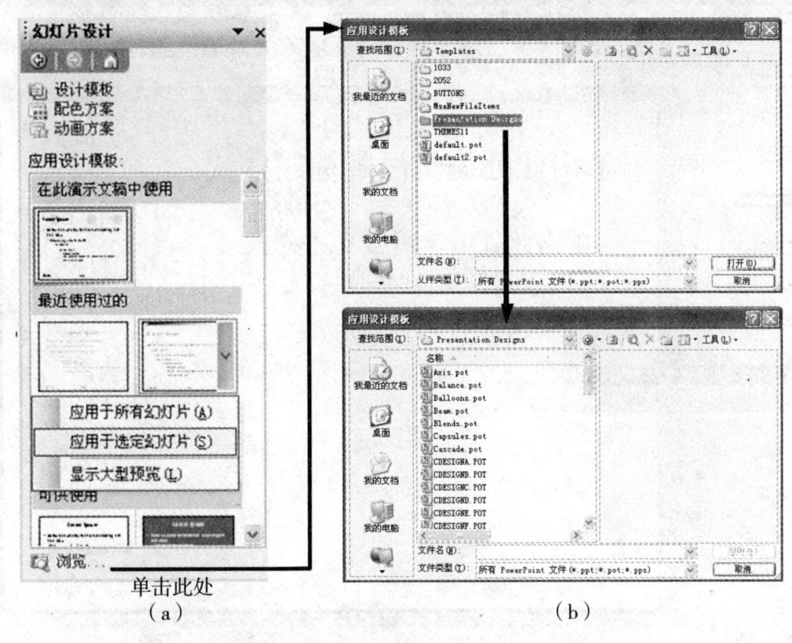

图5.7 幻灯片模板应用和“应用设计模板”对话框

3.幻灯片母版

幻灯片母版能够控制基于该母版创建的每一张幻灯片的标题和文本的格式以及位置，包括文本的字体、字号、颜色、阴影等效果。当母版改变时，基于该母版创建的所有幻灯片的样式都会受到影响。

单击“视图”菜单→“母版”→“幻灯片母版”，即可进入幻灯片母版编辑状态，如图5.8所示。

母版设置完成后，单击“幻灯片母版视图”工具栏中的“关闭母版视图”按钮，即可回到原先编辑时的视图方式。

说明：在编辑幻灯片时，母版是固定的。只有打开“视图”菜单，选择“母版”命令中的“幻灯片母版”选项后，才能对母版进行修改。

单击“视图”菜单→“页眉和页脚”，即可打开“页眉和页脚”对话框，如图5.9所示，可在该对话框设置幻灯片日期和时间、幻灯片编号、页脚等。

(1)“日期和时间”

选择“幻灯片”选项卡，选中“日期和时间”复选框，如果需要演示日期与系统实时日期一致，就选中“自动更新”；如果需要固定日期，就选中“固定”，并输入指定日期。

(2)“幻灯片编号”

“幻灯片编号”选项可以实现对幻灯片的编号功能,当删除或增加幻灯片页数时,编号会自动更新。如果第一页不需要编号,就选中“标题幻灯片中不显示”复选框。

(3)“页脚”

“页脚”选项可以实现为每一张幻灯片显示添加文本信息的功能,只需在文本框输入文字信息即可,最后单击“全部应用”按钮即可。

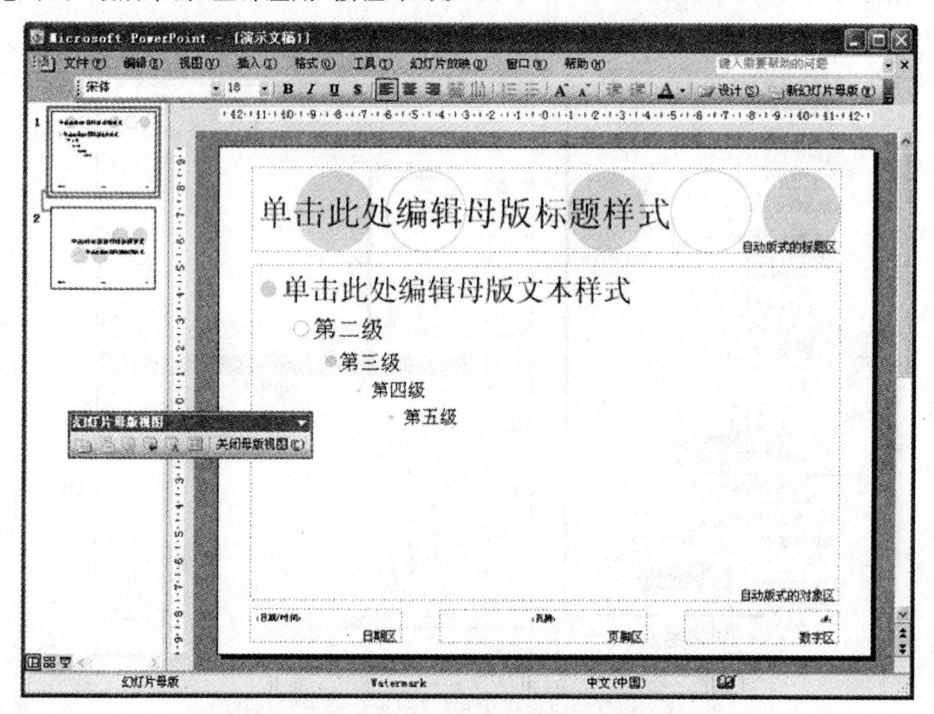

图 5.8 “幻灯片母版”视图

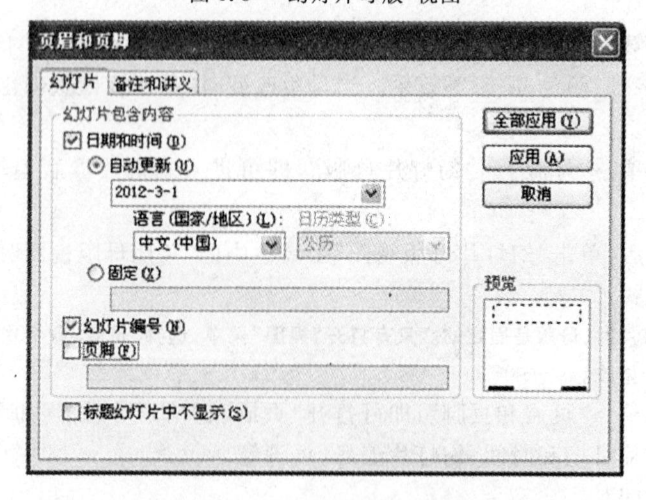

图 5.9 “页眉和页脚”对话框

4. 幻灯片配色方案

配色方案是指用于演示文稿的八种协调色的集合。“配色方案”也可用于对图表和表格或对添加至幻灯片的图片重新着色。每个设计模板均带有几套不同的配色方案。当用户为演示文稿选择了一种设计模板以后，该模板会自动将它所带的默认配色方案应用于演示文稿中。

具体操作步骤如下：

①在普通视图下，选中需调整色彩的幻灯片；

②单击"格式"菜单→"幻灯片设计"→"配色方案"，即可打开"幻灯片设计－配色方案"任务窗格，选择应用配色方案；

③单击"编辑配色方案…"命令，弹出"编辑配色方案"对话框，如图5.10所示，对话框上有"标准"和"自定义"两个选项卡。"标准"选项卡中给出了几种标准的配色方案，每个小图标代表一种标准色彩方案。单击满意的一种；

④单击对话框中的"预览"按钮，此时幻灯片上出现了色彩的变化。

⑤如果对标准配色方案均不满意，则单击"自定义"选项卡，如图5.10所示，在其中对颜色进行设置即可。

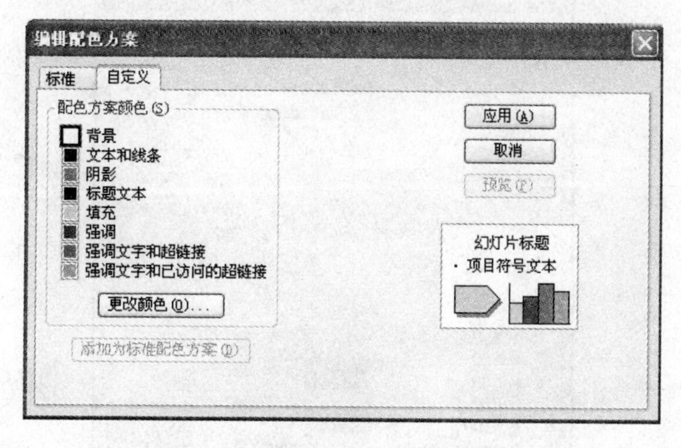

图5.10 "编辑配色方案"对话框

⑥对满意的配色方案，单击"应用"按钮便将其应用于本张幻灯片；若单击"全部应用"按钮，则将其应用于演示文稿中的所有幻灯片。

在幻灯片的编辑过程中，如果觉得其中的某张幻灯片的配色方案较好，可以将此配色方案应用于一张或是多张幻灯片中。

将一张幻灯片配色方案应用于另一张幻灯片的具体操作步骤如下：

①在幻灯片浏览视图中，选择一张具有所需配色方案的幻灯片；

②单击"格式刷"可以重新配色一张幻灯片，而双击"格式刷"可以重新配色多张幻灯片；

③依次单击要应用配色方案的幻灯片；

④完成后，按ESC键退出"格式刷"。

提示：也可以将一份演示文稿的配色方案应用于另一份。同时打开两份演示文稿，然后按前述步骤操作。

5. 幻灯片背景

背景包括阴影、模式、纹理等。用户可以通过更改幻灯片的颜色、图案、纹理等来改变幻灯片的背景，也可使用图片作为幻灯片背景。在幻灯片或母版上只能使用一种背景。

单击"格式"菜单→"背景"，弹出"背景"对话框，单击"背景填充"内的▼按钮，单击"填充效果”，即可打开“填充效果”对话框，如图 5.11 所示，包括以下四种填充方式：

(1)“渐变”选项卡

“渐变”选项卡包含“颜色”、“透明度”、“底纹样式”、“变形”四种填充子菜单，可以使用某种单一的颜色进行填充，也可以使用多种色彩产生一种颜色过渡的效果进行填充，还可选择“预设颜色”效果。选项卡右侧的“示例”为预览效果。

(2)“纹理”选项卡

“纹理”选项卡提供“水滴”、“鱼类化石”等纹理效果。

(3)“图案”选项卡

“图案”选项卡提供“小棋盘”、“苏格兰方格呢”等图案效果。

(4)“图片”选项卡

“图片”选项卡可以让用户进行自定义背景图片设置。选中图片后，系统自动把图片调整为与幻灯片相同大小。

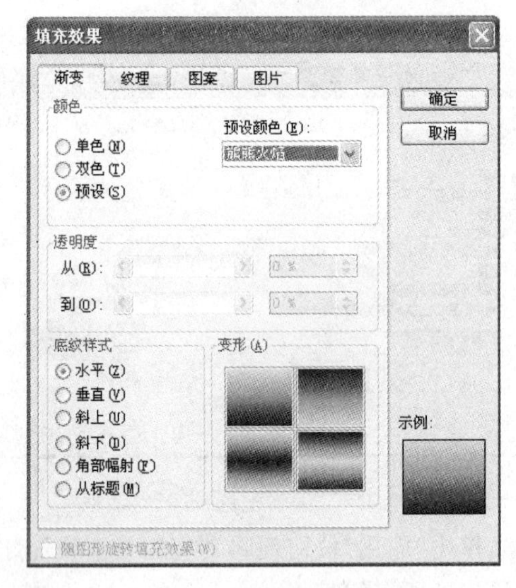

图 5.11 “填充效果”对话框

5.2.4 插入对象

1. 添加字符

(1)在“占位符”中添加文本

在 PowerPoint 里，文本的编辑操作一般在占位符中进行。在幻灯片相应的标题或文本框占位符中单击即可输入文本。

(2)通过“文本框”添加文本

单击“插入”菜单→“文本框”→“水平”(或“垂直”)插入一个新文本框也可以添加文本。

(3)插入符号和特殊字符

将插入光标移动到要插入符号或特殊字符的位置，单击“插入”菜单→“特殊符号”，可进行符号和特殊字符的插入操作。

2. 插入图片

插入图片主要有以下三种方法：

(1)用菜单命令插入图片

① 插入“剪贴画”。单击“插入”菜单→“图片”→“剪贴画”，显示“剪贴画”任务窗格。在“搜索文字”文本框内不输入任何字符，在“搜索范围”选择“所有收藏集”，“结果类型”选择“剪贴画”，单击“搜索”按钮，任务窗格即可显示系统提供的所有剪贴画，单击所需的剪贴画并插入即可。

② 插入其他图片。单击“插入”菜单→“图片”→“来自文件”，弹出如图5.12所示的“插入图片”对话框，选择需要插入的图片。

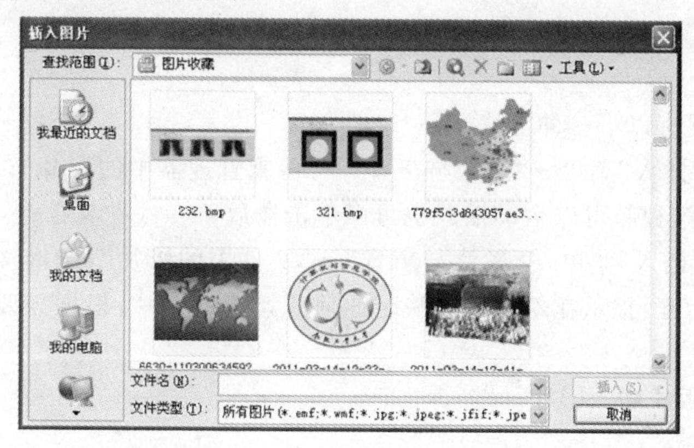

图5.12　“插入图片”对话框

(2)用版式方式插入图片

在内容版式中，利用版式提供的图标“单击图标添加内容”添加图片。

(3)背景方式插入图片

单击“格式”菜单→“背景”→“填充效果”→“图片”选项卡，如图5.13所示，在此选项卡中单击“选择图片”按钮，弹出“插入图片”对话框，选中图片后单击“插入”→“确定”按钮即可。

图5.13　通过背景命令添加图片

3.插入声音和影片

(1)插入声音

插入声音主要有以下三种方法：

方法1:单击“插入”菜单→“影片和声音”→“媒体剪辑库中的声音”,显示“剪辑画”任务窗格,单击一个声音图标,即可把选中的声音插入到演示文稿中。

方法2:单击“插入”菜单→“影片和声音”→“文件中的声音”,打开“插入声音”对话框,选中声音文件并确定。此时,系统提示“是否需要在幻灯片放映时自动播放声音”,单击“是”按钮,插入的声音在放映幻灯片时就会自动播放,并且在幻灯片上显示一个图标,双击试听。

方法3:通过版式插入声音。

(2)插入影片

插入影片主要有以下三种方法：

方法1:单击“插入”菜单→“影片与声音”→“剪辑管理器中的影片”,即可插入媒体剪辑库中已有的视频,该视频可以自动播放也可以单击播放。

方法2:单击“插入”菜单→“影片与声音”→“文件中的影片”,选择文件并确定,这时会弹出一个信息提示框,提示在幻灯片放映时如何开始播放影片,根据需要单击“自动”或“在单击时”按钮即可。

方法3:通过版式插入影片。

4.插入艺术字

插入艺术字的操作同Word。

5.插入图表

PowerPoint可以将Excel制作的统计图表直接通过复制和粘贴应用于幻灯片。

单击“插入”菜单→“表格”,在弹出的对话框中设定表格的行数和列数,单击“确认”即可;还可通过版式插入表格。

6.插入组织结构图

在介绍某单位或部门的结构关系或层次关系时,经常要采用一类形象地表达结构、层次关系的图形,该类图形称为组织结构图。

具体操作步骤如下：

①在“幻灯片版式”任务窗格中选择“其他版式”列表中的“标题和图示或组织结构图”版式。

②双击“双击添加图示或组织结构图”图标,打开“图示库”对话框,选择一种组织结构图,单击“确定”按钮。

③根据需要,在插入的组织结构中按提示添加文本。

组织结构图与其他对象一样,也可以对其进行改变大小、移动位置、剪切、复制、粘贴等操作。

5.2.5 插入和编辑超链接

PowerPoint 2003为幻灯片中大部分对象(如文本、文本框、图形等)提供了超链接功能。

创建超链接主要有两种方式:使用“动作设置”命令或使用“超链接”命令。如果是链接到幻灯片、文件等,这两种方式具有类似效果;如果是链接到网页、邮件地址等,使用“超链接”命令方式较为方便,用户还可以设置提示信息;如果是设置鼠标移过时的声音效果,则使用“动作设置”命令方式。

如果是为文本设置超链接,则在已设置超链接的文本上自动添加下划线,并且颜色变为配色方案中指定的颜色。使用该处超链接后,其颜色会发生改变,所以通过颜色可以分辨出已访问的超链接。

1. 动作设置

具体操作步骤如下:

①选中幻灯片中要设置超级链接的对象;

②单击“幻灯片放映”菜单→“动作设置”,弹出“动作设置”对话框,如图 5.14 所示;

③在“动作设置”对话框中,选择“单击鼠标”或“鼠标移过”选项卡,然后选择“超链接到”,单击按钮弹出“超链接到”下拉列表框,选择超链接幻灯片位置。这样在放映这张幻灯片时,单击鼠标或鼠标移过时就能跳转到被链接的幻灯片。“播放声音”选项可以设置放映时的声音效果。

PowerPoint 包含多个已经制作好的动作按钮,可以将其直接插入到幻灯片中并定义超链接。单击“幻灯片放映”菜单→“动作按钮”,选择第一个按钮(“自定义”按钮),在幻灯片上拖动,也弹出如图 5.14 所示的“动作设置”对话框。

动作按钮上的图形使用易理解的符号,如左箭头表示“上一张”,右箭头表示“下一张”。

注意:动作按钮的大小、形状、颜色是可以改变的;在放映时,只要单击该动作按钮即可激活与之相链接的对象。

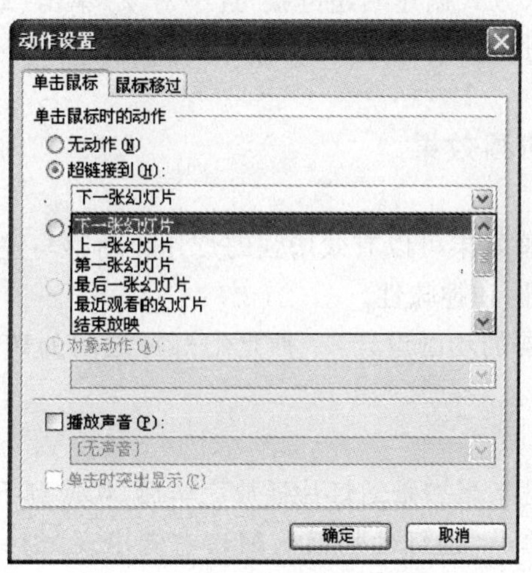

图 5.14 “动作设置”对话框

2. 插入“超链接”

插入“超链接”与“动作设置”设置的超链接不同。这种方式不能播放声音,但可以设置“屏幕提示”。放映时,当鼠标指针停在被链接的对象上,会变为图标,并显示输入过的提示文字。

选中对象，单击“插入”菜单→“超链接”或单击鼠标右键，在出现的快捷菜单上选择“超链接”命令，弹出“插入超链接”对话框，如图 5.15 所示。

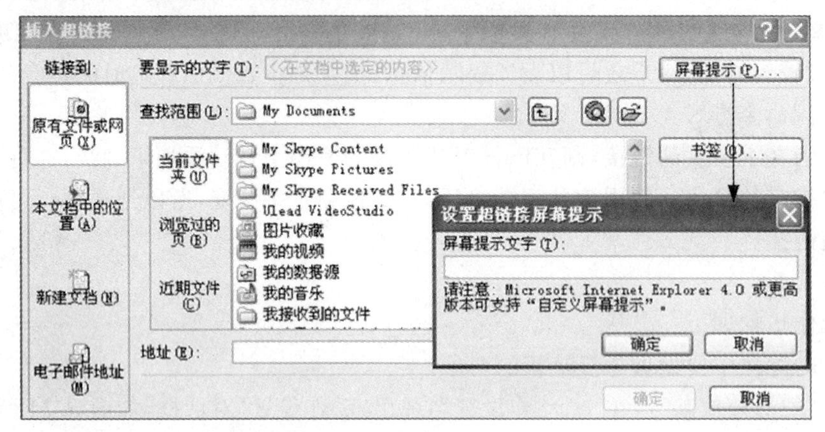

图 5.15“插入超链接”对话框

“插入超链接”对话框左侧提供 4 个“链接到:”选项：

①“原有文件或网页”，即当前文档、浏览页、近期文件；

②“本文档中的位置”，即本演示文稿中的幻灯片标题；

③“新建文档”，即新建文档的名称与路径；

④“电子邮件地址”，即邮件的地址与主题。

3. 删除超链接

如要删除某个超链接，选中对象，单击“插入”菜单→“超链接”，在弹出的“插入超链接”对话框中单击“删除链接”按钮即可。

如要删除用“动作设置”方式创建的超链接，选中对象，单击“幻灯片放映”菜单→“动作设置”，在弹出“动作设置”对话框中选择“无动作”单选按钮。

5.2.6 添加幻灯片的动画效果

PowerPoint 提供的动画效果可以有效增强幻灯片的动感与美感，为幻灯片的设计锦上添花，提高演示文稿的生动性和趣味性。

PowerPoint 有两种不同的动画设计：一种是幻灯片之间的切换，另一种是幻灯片内部动画。

1. 幻灯片切换

幻灯片间的切换效果是指当一张幻灯片播放完毕后，切换到下一张幻灯片的过渡效果。

单击“幻灯片放映”菜单→“幻灯片切换”，窗口右侧出现“幻灯片切换”任务窗格，如图 5.16 所示。在“幻灯片切换”任务窗格内，可对幻灯片的切换类型、速度、声音、切换方式等切换效果进行设置。

单击“播放”按钮可为当前幻灯片设置切换效果，如要将当前演示文稿的所有幻灯片都设置成该切换效果，则单击“应用于所有幻灯片”按钮。

图 5.16　幻灯片切换窗格

2.幻灯片内部动画

幻灯片内部动画是指在放映一张幻灯片时，随着放映进展，逐步显示片内不同对象动画的过程，简称片内动画。

幻灯片内部动画一般分为两种方法:“动画方案”和“自定义动画”。

(1)动画方案

“动画方案”能设置幻灯片的文本、形状、图片、图表和其他对象的动画效果，动画效果由系统预先定义，如“出现并变暗”、“突出显示”等，用户选择后即可应用于当前幻灯片或所有幻灯片。

单击“幻灯片放映”菜单→“动画方案”，出现如图5.17所示的任务窗格，在其中进行编辑即可。

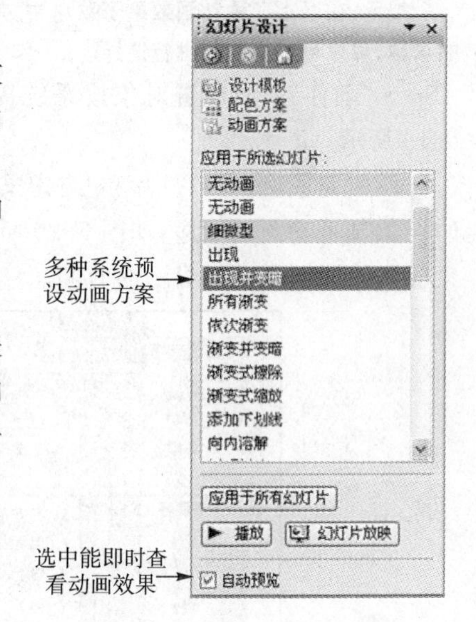

图 5.17　“动画方案”示意图

说明:① 动画方案可设置幻灯片切换效果；

② 动画方案对已应用了幻灯片版式的文本占位符起作用。

(2)自定义动画

“自定义动画”能够对幻灯片内的图片、图形、文本等对象分别进行多动画效果设置。具体操作步骤如下:

①进入“普通”视图方式；

②选择需要设置动画的对象；

③单击“幻灯片放映”菜单→“自定义动画”；

④在“自定义动画”任务窗格内，单击“添加效果”按钮，如图 5.18 所示，系统提供四种自定义动画效果设置:

图 5.18 “添加效果”下拉菜单

• “进入”设置对象进入幻灯片的效果；

• “强调”设置幻灯片中的文本或对象某些突出效果；

• “退出”设置对象在某一时刻离开幻灯片时的效果；

提示:在以上三种动画效果子菜单中,单击“其他效果”命令,在弹出的列表框中列出了多种动画效果的名称,用户可根据需要进行选择。

• “动作路径”设置对象按系统提供或用户设定的路径进行移动。动作路径设置如图 5.19 所示。

设置完成后,在幻灯片和“自定义动画”任务窗格会显示数字,这些数字代表幻灯片放映时对象显示动画的顺序,如图 5.20 所示。默认情况下,可以在放映时单击鼠标左键或空格键等来控制对象动画显示的时间。

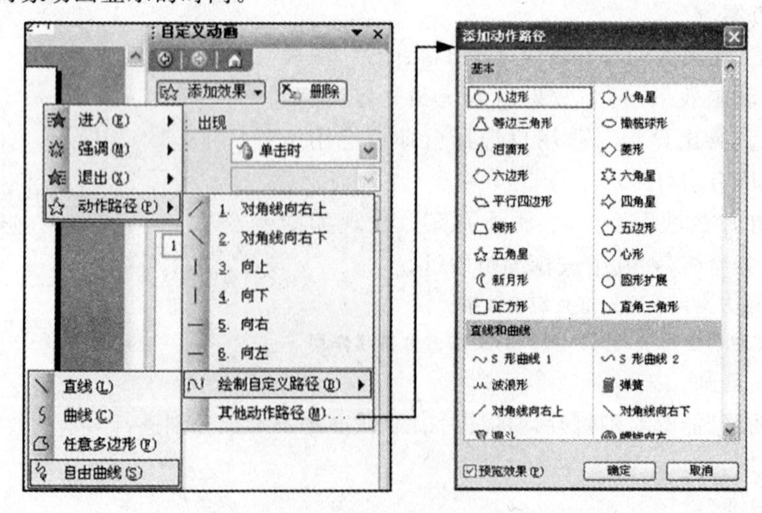

图 5.19 动作路径设置

自定义动画中的“效果选项”命令能够对已经设置动画的对象进行进一步设置,如播放速度、方向、顺序、触发条件、次数等。

选中对象,点击“自定义动画”任务窗格内的 按钮,如图 5.20 所示,单击“效果选项”,

打开如图 5.21 所示的对话框：

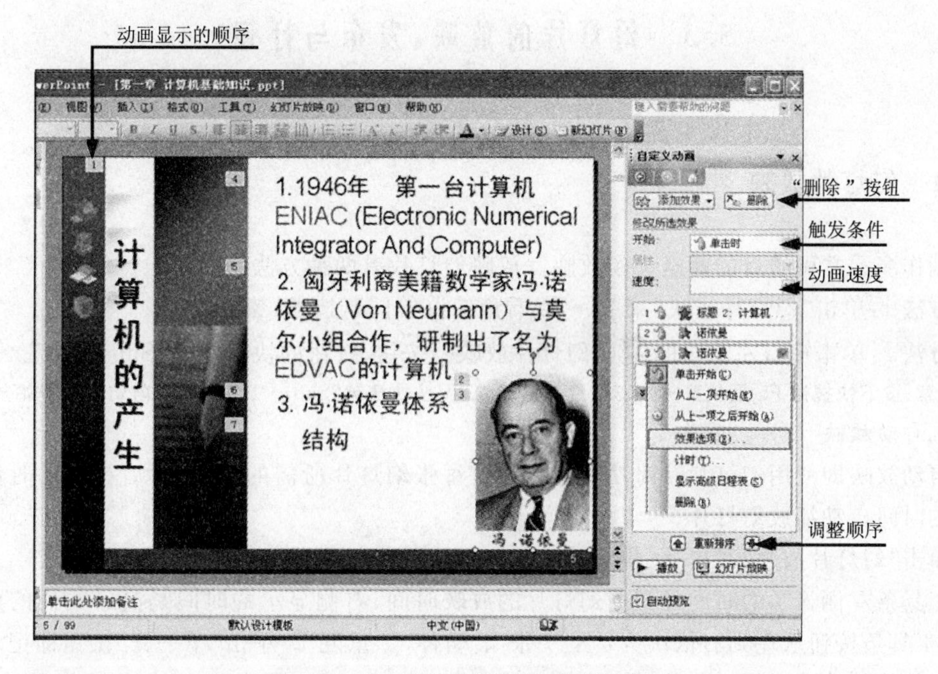

图 5.20　"自定义动画"设置效果示意图

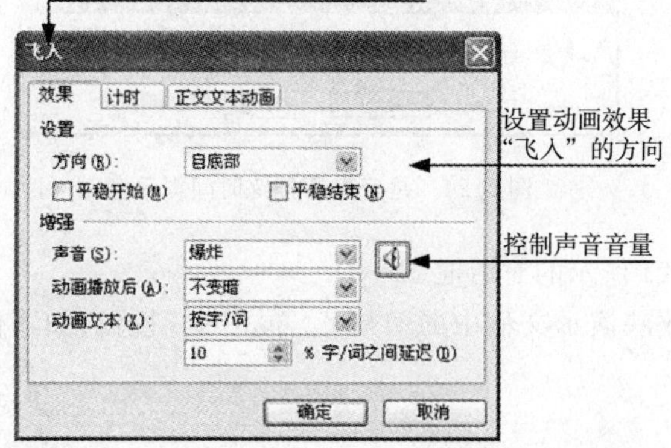

图 5.21　"效果"选项卡

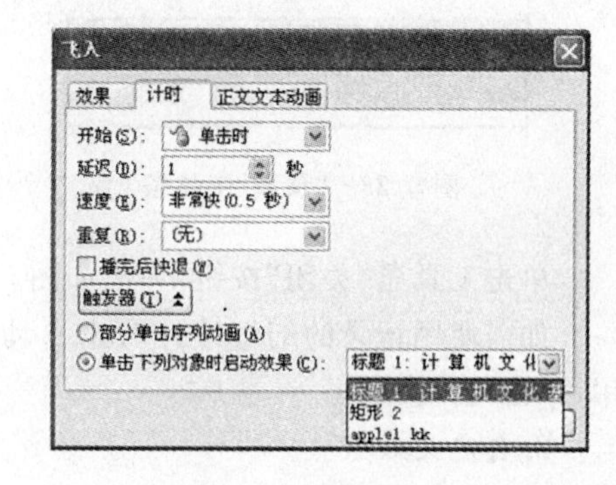

图 5.22　"计时"选项卡

① 在"效果"选项卡中，可以设置动画出现时的声音、动画播放后文本的变化、文本出现的方式等。

② 在"计时"选项卡中，可以设置动画的播放效果是由用户控制还是由时间控制，还是由两者同时控制，如图 5.22 所示。"触发器"按钮可以设置单击幻灯片内的某个对象时，启动当前对象的动画效果。

③ 在"正文文本动画"选项卡中，可设置文本出现的效果、时间间隔和出现次序。

3. 动画效果的删除

选择需要删除的动画效果，单击"删除"按钮即可，参见图 5.20。

5.3 幻灯片的放映、发布与打包

5.3.1 幻灯片放映

制作演示文稿的目的就是为了放映。放映幻灯片有两种方法：

方法 1：单击“幻灯片放映”菜单→“观看放映”(等同于按 F5 键)。

方法 2：单击窗口左下角的 (“幻灯片放映”)按钮，按钮的快捷键为“Shift+F5”。

注意：按下快捷键 F5 是从第一张幻灯片开始放映，而按快捷键“Shift+F5”是从当前幻灯片开始放映。

1. 自动放映

自动放映即使用幻灯片计时功能记录放映每张幻灯片所需的时间，然后在放映时使用记录的时间自动播放幻灯片。

单击“幻灯片放映”菜单→“排练计时”，弹出如图 5.23 所示的“预演”工具条。

工具条左侧显示的时间是当前幻灯片的放映时间，右侧显示的时间是演示文稿的放映时间，工具条按钮从左到右依次为：“下一张”、“暂停”、“重复”。单击“下一张”按钮即记录下一张幻灯片的放映时间。

图 5.23 “预演”工具条

图 5.24 是否保留排练时间提示框

单击工具条“关闭”按钮，弹出如图 5.24 所示的对话框。

如需使用记录的幻灯片计时来自动放映演示文稿中的幻灯片，单击“是”按钮；如不使用，单击“否”按钮。

2. 自定义放映

(1)定义自定义放映

自定义放映就是对已有的演示文稿，用户自定义幻灯片放映的数量和放映的顺序。

具体操作步骤如下：

① 单击“幻灯片放映”菜单→“自定义放映”，打开“自定义放映”对话框，如图 5.25 所示；

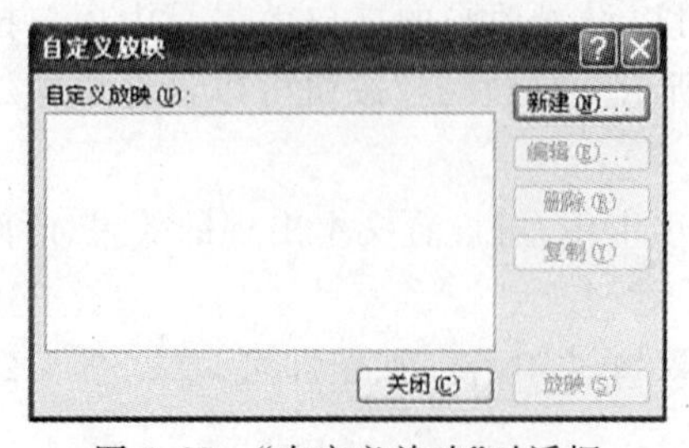

图 5.25 “自定义放映”对话框

② 单击“新建”按钮，打开“定义自定义放映”对话框，如图5.26所示；

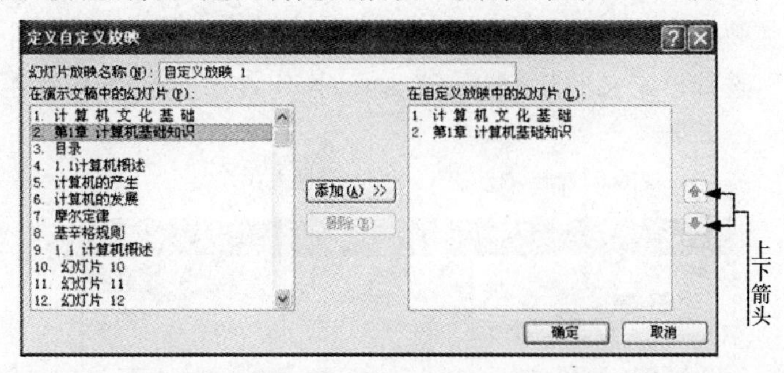

图5.26　“定义自定义放映”对话框

③ 在左侧的方框中选择需放映的幻灯片，单击“添加”按钮添加放映的幻灯片，单击“删除”按钮可删除放映的幻灯片，单击上下箭头可调整放映顺序。

(2)控制放映

PowerPoint提供多种控制放映的命令。在放映状态下，单击鼠标右键弹出快捷菜单，在此快捷菜单中单击“帮助”，弹出“幻灯片放映帮助”提示框，如图5.27所示，在此可以找到控制放映的命令，如按ESC键，可随时退出幻灯片放映状态等。

提示：在按住Alt键不放的同时，依次按D和V键即可在窗口模式下放映演示文稿。

(3)放映过程中在幻灯片上书写

在放映状态下，单击鼠标右键，在打开的快捷菜单中选择“指针选项”命令，在子菜单中任选“圆珠笔”、“毡尖笔”和“荧光笔”三种画笔命令之一，即可在幻灯片上书写或绘图，按ESC键退出。

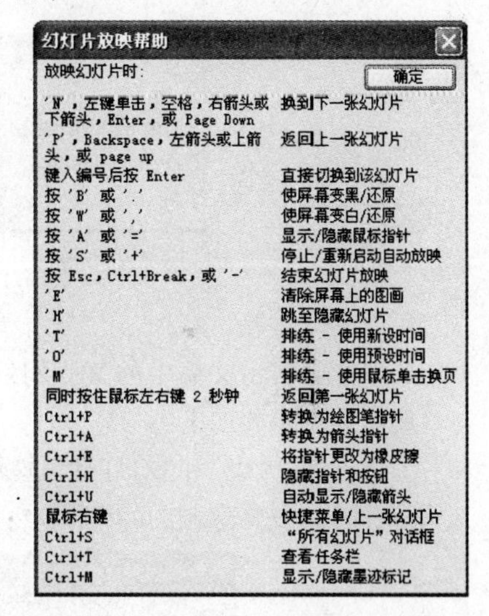

图5.27　“幻灯片放映帮助”提示框

在此快捷菜单中，选择“指针选项”→“墨迹颜色”命令，可以对绘图笔颜色进行设置，如图5.28所示；选择“橡皮擦”或“擦除幻灯片上的所有墨迹”命令，即可清除墨迹。结束放映时，用户可将墨迹保留。

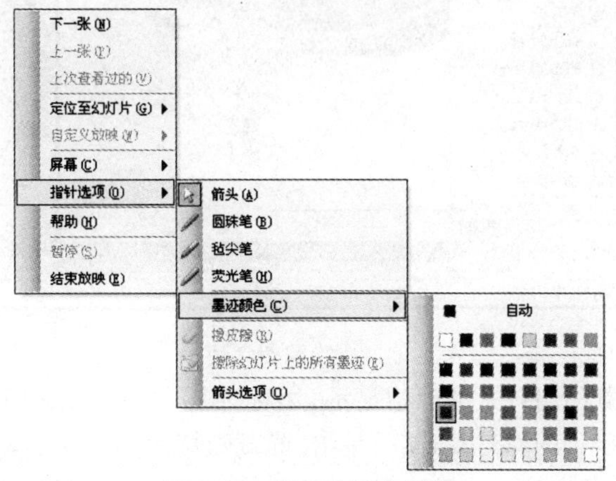

图5.28　设置绘图笔颜色

3. 设置放映方式

单击“幻灯片放映”菜单→“设置放映方式”，弹出如图 5.29 所示的对话框，设置放映方式为“自定义放映”，选择已定义的某种自定义方式；换片方式选择“如果存在排练时间，则使用它”。

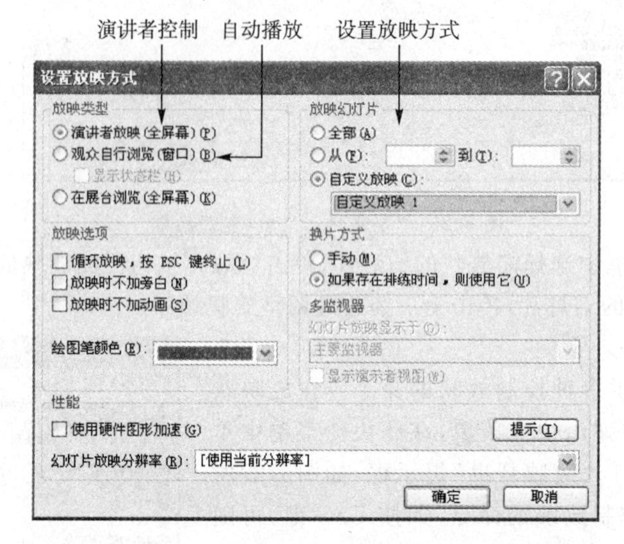

图 5.29 “设置放映方式”对话框

4. 隐藏幻灯片

如不希望演示文稿中的某张幻灯片放映时出现，可隐藏该幻灯片。

具体操作步骤如下：

①在包含“大纲”和“幻灯片”选项卡的窗格中，单击“幻灯片”选项卡；

②右键单击要隐藏的幻灯片，然后单击“隐藏幻灯片”，如图 5.30 所示。

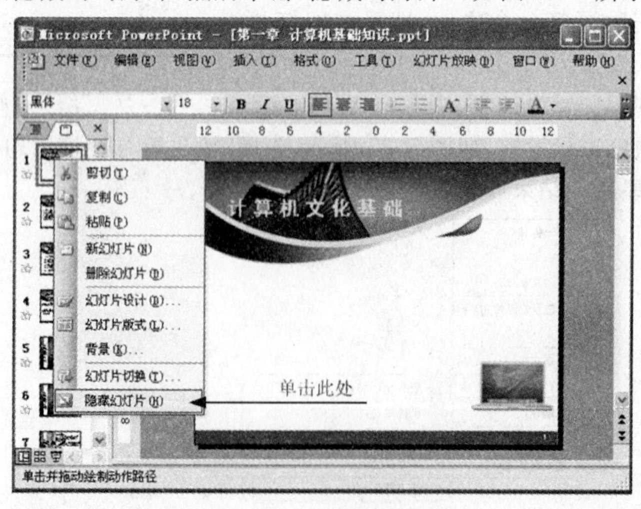

图 5.30 隐藏幻灯片

设置完成后，在隐藏的幻灯片的旁边显示图标，图标内部有幻灯片编号。要显示隐藏的幻灯片，右键单击要显示的幻灯片，然后单击“隐藏幻灯片”。

隐藏的幻灯片仍然留在演示文稿中，它在放映该演示文稿时是隐藏的。用户可以对演示文稿中的任何幻灯片分别打开或关闭“隐藏幻灯片”选项。

5.3.2 幻灯片发布

PowerPoint 2003 可以把演示文稿转变为网页形式进行发布。

单击“文件”菜单→“另存为”，打开“另存为”对话框。指定文件的保存位置和文件名，如果需要更换网页的标题，单击“更改标题”按钮，打开“设置页标题”对话框进行设定。单击 发布(P)... 按钮，即弹出“发布为网页”对话框，如图 5.31 所示，它包含“发布内容”、“显示演示者备注”、“浏览器支持”等设置。用户设置结束后，选中“在浏览器中打开已发布的网页”，单击 发布(P) 按钮，此时幻灯片以网页形式显示。

转变为网页形式的演示文稿也可以用 PowerPoint 进行预览，单击“文件”菜单→“网页预览”，系统自动启动浏览器预览。

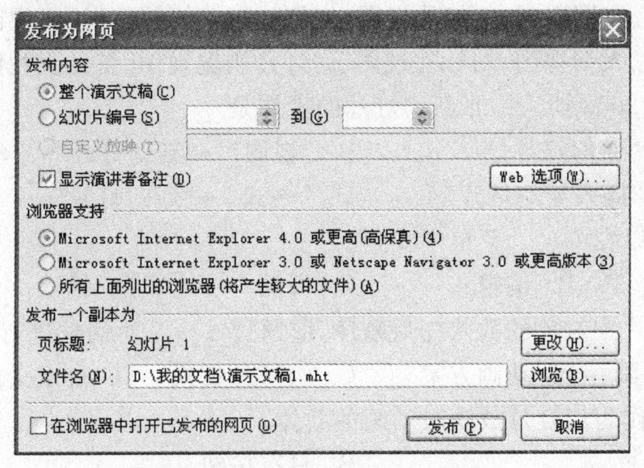

图 5.31 “发布为网页”对话框

5.3.3 幻灯片打包

单击“文件”菜单→“打包”→“打包向导”，弹出“‘打包’向导”对话框，如图 5.32 所示，按提示操作即可完成打包。

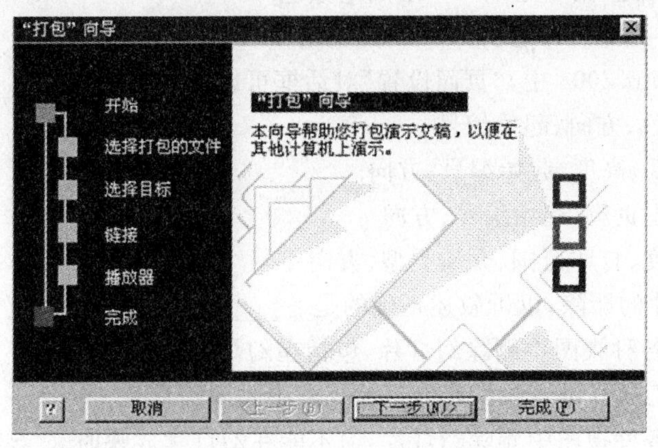

图 5.32 “‘打包’向导”对话框

习　题

一、单项选择题

1. PowerPoint 2003 文档的默认扩展名是______。

A. xls　　B. doc　　C. exe　　D. ppt

2. 在 PowerPoint 2003 里，选择“空演示文稿”新建文档时，第一张幻灯片的默认版式是______。

A. 项目清单　　B. 空白　　C. 只有标题　　D. 标题幻灯片

3. PowerPoint 2003 的视图包括______。

A. 普通视图、大纲视图、幻灯片浏览视图、讲义视图

B. 普通视图、大纲视图、幻灯片视图、幻灯片浏览视图、幻灯片放映

C. 普通视图、大纲视图、幻灯片视图、幻灯片浏览视图、备注页视图

D. 普通视图、大纲视图、幻灯片视图、幻灯片浏览视图、备注页视图、幻灯片放映

4. PowerPoint 2003 插入一张新幻灯片的操作是______。

A. “插入”→“新幻灯片(N)”　　B. “视图”→“新幻灯片”

C. “编辑”→“插入新幻灯片”　　D. “格式”→“新幻灯片”

5. 母版命令可以在______菜单中找到。

A. 文件　　B. 编辑　　C. 视图　　D. 插入

6. 要设置幻灯片中对象的放映先后顺序，应通过______对话框进行设置。

A. 自定义动画　　B. 动画方案　　C. 幻灯片切换　　D. 自定义放映

7. ______能够作为幻灯片放映时动画的载体。

A. 只有文本框　　B. 只有按钮

C. 幻灯片中所有对象　　D. 只有剪贴画

8. 在幻灯片放映时，要临时进行“涂写”操作，应该______。

A. 按住右键直接拖拽

B. 鼠标右击，选“指针选项”→“箭头”

C. 鼠标右击，选“指针选项”→“绘图笔颜色”

D. 鼠标右击，选“指针选项”→“屏幕”

9. 在 PowerPoint 2003 中，“页面设置”对话框可以设置幻灯片的______。

A. 大小、颜色、方向、起始编号

B. 大小、宽度、高度、起始编号、方向

C. 大小、页眉页脚、起始编号、方向

D. 宽度、高度、打印范围、介质类型、方向

10. 关于幻灯片的删除，以下叙述正确的是______。

A. 可以在各种视图中删除幻灯片，包括在幻灯片放映时

B. 只能在幻灯片浏览视图和幻灯片视图中删除幻灯片

C. 可以在各种视图中删除幻灯片，但不能在幻灯片放映时

D. 不能在备注页视图中删除幻灯片

11. 在 PowerPoint 2003 中，普通视图包含 3 个窗格，但不包括______。

A. 大纲窗格　B. 摘要窗格　C. 备注窗格　D. 幻灯片窗格

12. 以下不是 PowerPoint 2003 母版的是______。

A. 讲义母版　B. 幻灯片母版　C. 大纲母版　D. 备注母版

13. 在 PowerPoint 2003 窗口中，如果同时打开两个演示文稿，则会______。

A. 同时打开两个演示文稿

B. 打开第一个时，第二个将被关闭

C. 当打开一个时，第二个无法打开

D. 执行非法操作，PowerPoint 2003 将自动关闭

14. PowerPoint 2003 中，“格式”下拉菜单中的______命令可以用来改变某一张幻灯片的布局。

A. 背景　B. 幻灯片版面设置

C. 幻灯片配色方案　D. 字体

15. 在 PowerPoint 2003 的______下，可以用拖动方法改变幻灯片的顺序。

A. 大纲视图　B. 备注页视图

C. 幻灯片浏览视图　D. 幻灯片放映

16. 可以最为便捷地实现向幻灯片中的文本应用不同动画效果的操作是______。

A. “自定义动画”任务窗格中应用效果

B. 使用“配色方案”

C. 应用“动画方案”

D. 使用带有动画效果的剪贴画自定义项目符号

17. 在______中插入图标可以使其在每张幻灯片上的位置自动保持相同。

A. 讲义母版　B. 幻灯片母版　C. 标题母版　D. 备注母版

18. 在 PowerPoint 2003 中取消幻灯片中的对象的动画效果可执行______命令来实现。

A. 幻灯片放映中的“自定义动画”　B. 幻灯片放映中的“预设动画”

C. 幻灯片放映中的“动作设置”　D. 幻灯片放映中的“动作按钮”

二、多项选择题

1. 在 PowerPoint 2003 中，下面哪些命令不能实现幻灯片中对象的动画效果______。

A. “幻灯片放映”中的“自定义动画”命令

B. “幻灯片放映”中的“动画方案”命令

C. “幻灯片放映”中的“动作设置”命令

D. “幻灯片放映”中的“动作按钮”命令

2. 在 PowerPoint 2003 中，要切换到幻灯片母版中，应当______。

A. 单击视图菜单中的“母版”，再选择“幻灯片母版”

B. 按住 Alt 键的同时单击“幻灯片视图”按钮

C. 按住 Ctrl 键的同时单击“幻灯片视图”按钮

D. 按住 Tab 键的同时单击“幻灯片视图”按钮

3. 幻灯片版式和母版之间的关系是______。

A. 任何一种幻灯片版式都采用同样的母版风格

B. 母版可以成对建立，每一对母版包括“幻灯片母版”和“标题母版”，它们的风格会影响不同的幻灯片版式

C. 如果没有建立“标题母版”，只有唯一的“幻灯片母版”，则任何一种幻灯片版式都将采用同一母版的风格

D. 采用“标题幻灯片”版式的幻灯片将采用“标题母版”的风格

4. 在 PowerPoint 2003 中使用图片时，以下用法正确的是______。

A. 当一张幻灯片中包含多张图片时，图片之间会互相遮挡，可在图片上单击右键，选择“叠放次序”调整先后顺序

B. 如果图片的背景色为单一色调，可选中图片，利用图片工具栏中的“设置透明色”工具，将图片背景设为透明

C. 如果希望将整个图片作为幻灯片的背景，可调整图片大小，使其覆盖整个幻灯片

D. 如要减小演示文稿占用存储空间的大小，可利用图片工具栏设置“压缩图片”

5. 在文本占位符中的文字上添加超链接，该文字会自动添加下划线并改变颜色。那么制作超链接时，能不添加下划线并变色的操作是______。

A. 修改“工具”→“选项”中的设置

B. 在文本框中输入文字，并选择在文本框边框添加超链接

C. 绘制矩形自选图形，使其覆盖在占位符上，在矩形图形上添加超链接，并设置其填充色和线条颜色为透明

D. 修改配色方案

6. 为演示文稿添加背景音乐，希望整个放映过程中始终播放音乐，并且音乐可反复播放，直到演示文稿结束。必须进行的设置是______。

A. 在第一张幻灯片中，单击“插入”→“影片和声音”→“文件中的声音”，选择音乐文件，并允许“自动”播放

B. 如果第一张幻灯片包含动画效果，需将声音动画移动到最前面，并设置其后的第一个动画效果为“从上一项开始”，以便播放音乐的同时显示其他动画

C. 在声音动画的“效果选项”中，设置“停止播放”为“在 xx 张幻灯片后”，xx 数值可大于等于幻灯片页数

D. 在声音动画的“计时”中，设置“重复”为“直到幻灯片末尾”；在“声音设置”中选中“幻灯片放映时隐藏声音图标”

7. PowerPoint 2003 可以指定每个动画发生的时间，可以实现让当前动画与前一个动画同时出现的操作是______。

A. 从上一项开始

B. 从上一项之后开始

C. 在自定义动画的“开始”中选择“之前”

D. 在自定义动画的“开始”中选择“之后”

8. 使用模板时，以下说法正确的是______。

A. 模板中的背景设置将应用到选定幻灯片

B. 模板中的母版设置将应用到选定幻灯片

C. 可对不同的幻灯片应用不同的模板

D. 模板中的设置将替换当前演示文稿的模板

9. 放映演示文稿时，以下控制放映操作正确的是______。

A. 按B键变黑屏，按W键变白屏

B. 按快捷键“Ctrl＋P”调出的画笔可在放映时在幻灯片上涂抹

C. 按E键可擦除涂写在幻灯片上的内容

D. 要定位到某张幻灯片，可直接输入幻灯片编号，再按Enter键

10. 将演示文稿打包成CD，以下说法正确的是______。

A. 可在未安装PowerPoint的电脑上播放演示文稿

B. 打包时可包含演示文稿中用到的字体、多媒体文件等

C. 如果电脑上没有光盘刻录机，则无法打包

D. 打包到CD时，只有Windows XP操作系统才能直接刻录到光盘上

11. 将演示文稿发布为网页时，可具备的功能是______。

A. 可从“文件”菜单选择“网页预览”，观看发布为网页后的效果

B. 允许在网页中显示备注中的内容，作为提示信息

C. 允许在网页中播放所有动画效果

D. 可以只发布部分幻灯片为网页

12. 有关动画出现的时间和顺序的调整，以下说法正确的是______。

A. 动画必须依次播放，不能同时播放

B. 动画出现的顺序可以调整

C. 有些动画可设置为满足一定条件时再出现，否则不出现

D. 如果使用排练计时，则放映时无需单击鼠标控制动画的出现时间

三、填空题

1. 在PowerPoint 2003中，通过____________命令可为幻灯片添加背景。

2. 在PowerPoint 2003中，放映当前幻灯片的快捷键是____________。

3. 在PowerPoint 2003中，放映幻灯片时，按____________键可以结束幻灯片放映。

四、简答题

1. 简述演示文稿的视图方式及其特点。

2. 幻灯片母版、版式和设计模板的区别。

3. 如何设置幻灯片里面对象的动画效果?

4. 如何设置幻灯片的放映方式。

五、操作题

1. 设计并建立个人简介演示文稿文件，至少包含6张幻灯片，幻灯片格式自定。要求设计精美、图文并茂、言简意赅，可以根据实际需要添加背景音乐。

第 6 章

网络基础与 Internet 技术

【本章主要教学内容】

本章主要介绍了计算机网络的发展、网络的定义、基本功能及组成部件、网络拓扑结构、数据通信概念。OSI 参考模型的体系结构、各层主要功能、IP 地址的编码规则。局域网的基本组成部件：服务器、客户端、传输介质、网络适配器及网络操作系统。互联网定义、WWW 服务、电子邮件服务、远程登录及文件传输服务。最后给出了常用网络命令的使用方法。

【本章主要教学目标】

◆了解 Internet 的发展历史、计算机网络分类及数据通信基本概念。

◆熟悉局域网常用拓扑结构和 OSI 模型网络体系结构。

◆掌握 IP 地址的划分规则，及 Internet 上提供的各种服务。

◆应用 TCP/IP 中常用命令进行简单的网络管理和配置。

6.1 计算机网络的基本概念

计算机网络(Computer Network)是计算机技术和通信技术相互结合、相互渗透而形成的一门学科,它的发展已经经历了从简单到复杂、从单一到综合的过程,融合了信息采集技术、信息处理技术、信息存储技术、信息传输技术等各种先进的信息技术。计算机网络使人们不受时间和地域的限制,实现资源共享。

6.1.1 计算机网络的定义

目前计算机网络技术仍旧处在迅速发展的过程中,作为一个技术术语很难像数学概念那样给它一个严格的定义,国内外各种文献资料上的说法也不尽一致。

一般来说,现代计算机网络是自主计算机的互联集合。这些计算机各自是独立的,地位是平等的,它们通过有线或无线的传输介质连接起来,在计算机之间遵守统一的通信协议实现通信。不同的计算机网络可以通过网络互联设备实现互联,构成更大范围的互联网络,实现信息的高速传送、计算机的协同工作以及软、硬件和信息资源的共享。

这个定义从以下几方面理解:

①一个网络中一定包含多台具有自主功能的计算机,所谓"具有自主功能"是指这些计算机离开了网络也能独立运行和工作。

②这些计算机之间是相互连接的,所使用的通信手段可以形式各异,距离可远可近,连接所使用的媒体可以是双绞线、同轴电缆、光纤等各种有线传输介质或卫星、微波等各种无线传输介质。

③相互通信的计算机之间必须遵守相应的协议,按照共同的标准完成数据的传输。

④计算机之间相互连接的主要目的是为了进行信息交换、资源共享或协同工作。

6.1.2 计算机网络的主要功能

随着人们对计算机网络需求的不断上升和计算机网络技术的进一步提高,计算机网络的功能也越来越强大。计算机网络的主要目标是实现资源共享,而其主要功能如下:

1.资源共享

计算机的很多软、硬件资源是比较昂贵的,如规模大的计算中心、大容量的硬盘、数据库、某些应用软件以及特殊设备等。组建计算机网络的主要目标之一就是让网络中的各用户可以共享分散在不同地点的各种软、硬件资源。在局域网中,服务器通常提供大容量的硬盘,用户不仅可以共享服务器硬盘中的文件,还可以独占服务器中的部分硬盘空间,这样,用户就可以在一个无盘的工作站上完成自己的任务。

2.信息传输与集中处理

在计算机网络中,各计算机之间可以快速、可靠地传送各种信息。如利用计算机网络可以实现在一个地区甚至全国范围内进行信息系统的数据采集、加工处理、预测决策等工作。

3. 均衡负荷与分布处理

对于一些综合型的大任务,可以通过计算机网络采用适当的算法,将大任务分散到网络中的各计算机上进行分布式处理,也可以通过计算机网络用各地的计算机资源共同协作,进行重大科研项目的联合开发和研究。

4. 综合信息服务

通过计算机网络可以向全社会提供各种经济信息、科研情报和咨询服务。其中 Internet 上的万维网(World Wide Web ,WWW)服务就是一个最典型也是最成功的例子。综合服务数据网络(ISDN)就是指将电话、传真机、电视机和复印机等办公设备纳入计算机网络中,提供了数字、语音、图形图像等多种信息的传输。

6.1.3 计算机网络的分类

对计算机网络的分类可以从几个不同的角度进行:根据网络所覆盖的地理范围分类,或根据网络的拓扑结构分类等。

1. 按地理覆盖范围分

通常根据网络覆盖范围和计算机之间互联的距离将计算机网络分为以下三类:

(1)广域网(WAN:Wide Area Network)

广域网又称远程网,是通信距离远、覆盖范围大(达几十公里至几千公里)的计算机网络。广域网一般由多个部门或多个国家联合组建,能实现大范围内的资源共享。

(2)城域网(MAN:Metropolitan Area Network)

一个城市地区范围内的网络常称为城域网。城域网是介于广域网与局域网之间的一种高速网络。城域网设计的目标是要满足在几十公里范围内的大量企业、公司、科研院所的多个局域网互联的需求,以实现大量用户之间的数据、语音、图形与视频等多种信息的传输。

(3)局域网(LAN:Local Area Network)

局域网一般在 10 公里以内,以一个单位或一个部门的小范围为限(如一所学校、一个建筑物内),由这些单位或部门单独组建。这种网络组网便利,传输效率高。如图 6.1 所示为一局域网示意图。

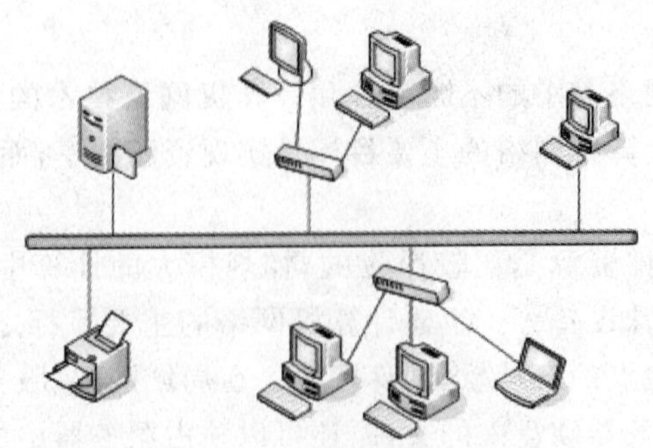

图 6.1 局域网示意图

2. 按网络拓扑结构分

网络拓扑(Topology)定义了计算机、打印机及其他各种网络设备之间的连接方式,描述了线缆和网络设备的布局以及数据传输时所采用的路径。网络拓扑在很大程度上决定了网络的工作方式,我们对网络拓扑进行描述时,通常是抛开网络中的具体设备,用点和线来抽象出网络系统的逻辑结构。网络的拓扑结构通常有如下几种:星型、总线型、环型和树型网状结构。网络中各个节点相互连接的方法和模式称为网络拓扑。

(1)星型(Star)网

以中央节点为中心,把若干个外围节点连接起来形成辐射式的互联结构,中央节点对各设备间的通信和信息交换进行集中控制和管理,如图 6.2 左图所示。

星型结构的网络中使用的传输技术要根据中央节点来决定,若中央节点是交换机,则传输技术为点到点式;若中央节点是共享式 HUB,则传输技术为广播式。

星型结构的特点:

• 每台主机都是通过独立的线缆连接到中心设备,线缆成本相对于总线结构的网络要高一些,但是任何一条线缆的故障都不会影响其他主机的正常工作。

• 中心节点是整个结构中的关键点,如果出现故障,整个网络都无法工作。星型结构是局域网中最常使用的拓扑结构。

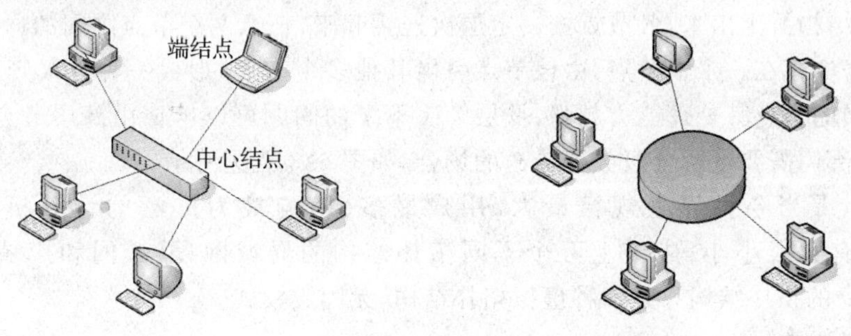

图 6.2　星型网络结构和环型网络结构示意图

(2)环型(Ring)网

将各节点通过一条首尾相连的通信线路连接起来形成封闭的环型结构网,环中信息的流动是单向的,由于多个节点共用一个环,因此必须进行适当的控制,以便决定在某一时刻哪个节点可以将数据放在环上,如图 6.2 右图所示。环型网络中使用的传输技术通常是广播式。

环型结构的特点:

• 同一时刻只能有一个用户发送数据。

• 环中通常会有令牌用于控制发送数据的用户顺序。

• 在环网中,发送出去的数据沿着环路转一圈后会由发送方将其回收。

(3)总线(Bus)网

将各个节点的设备用一根总线连接起来,网络中的所有节点(包括服务器、工作站和打印机等)都是通过这条总线进行信息传输,任何一个节点发出的信息都可以沿着总线向两个方向传输,并能被总线中所有其他节点监听到;另外,总线的负载量是有限的,而且总线的长度也有限制,所以工作站的个数不能任意多,工作站都通过 T 型搭线头连到总线上。作为通信主干线路的总线可以使用同轴电缆和光缆等传输介质,如图 6.3 左边所示。

总线型网络中使用的大多是广播式的传输技术。总线结构的特点:

• 总线两端必须有终结器,用于吸收到达总线末端的信号,否则,信号会从总线末端反射回总线中,造成网络传输的误码。

• 在一个时刻只能允许一个用户发送数据，否则会产生冲突。

• 若总线断裂，整个网络失效。

总线型拓扑结构在早期建成的局域网中应用非常广泛，但在现在所建成的局域网中已经很少使用了。

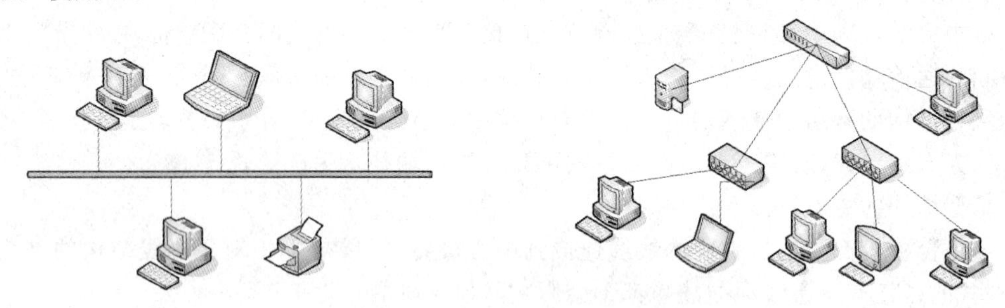

图 6.3 总线型和树型网络结构示意图

(4)树型(Tree)网：

从星型结构派生出来，各节点按一定层次连接起来，任意两个节点之间的通路都支持双向传输，网络中存在一个根节点，由该节点引出其他多个节点，形成一种分级管理的集中式网络，越顶层的节点其处理能力越强，低层解决不了的问题可以申请由高层节点解决，适用于各种管理部门需要进行分级数据传送的场合，如图 6.3 右边所示。

Internet 是当今世界上规模最大、用户最多、影响最为广泛的计算机互联网络。Internet 上有大大小小、成千上万个不同拓扑结构的局域网、城域网和广域网。因此，Internet 本身的拓扑结构只是一种虚拟拓扑结构，无固定模式。

6.1.4 数据通信技术

1. 数字通信与模拟通信

计算机通信就是将一台计算机产生的数字信号通过通信信道传送给另一台计算机。将计算机输出的信号通过数字信道传送的，称为数字通信；通过电话线路等模拟信道传送的，称为模拟通信。

2. 数据通信的方式

按照信号的传送方向与信息交互的方式，数据通信有以下几种。

(1)单工(Simplex)通信

即单向通信。信号只能向一个方向传递，而没有反方向的传输，如目前的无线广播即属于这种类型。

(2)半双工(Half Duplex)通信

通信的双方都可以发送信号，但双方不能同时发送信号。

(3)全双工(Full Duplex)通信

即双向同时通信。通信的双方可以同时发送和接收信息。

3. 基带传输与频带传输

信道上的信号传输有基带传输和频带传输两种方式。基带传输采用数字信号(Digital Signals)发送，而频带传输采用的是模拟信号(Analog Signals)发送。目前一些较先进的数字信道采用的是基带传输，如数字数据网(DDN)。计算机网络的远距离通信也使用成本低而又较为普及的电话交换网的频带传输。

4. 数据传输速率

数据传输速率，是指信号在信道中的传递速度，即带宽。常用的传输速率单位有 bps (bit percent second，比特每秒)、Kbps(千比特每秒)和 Mbps(兆比特每秒)。

5. 数据交换技术

计算机网络中的通信是通过通信子网来实现的。通信子网由通信处理机、通信线路以及其他通信设备组成，主要完成网络中数据传输等通信处理任务。通信处理机在网络拓扑结构中被称为网络节点。通信子网中的节点只负责将数据从一个节点传送到另一个节点，而不关心通信的内容。这种在节点之间进行的数据通信称为数据交换。数据交换技术分为以下三种：线路交换、报文交换和分组交换。

6.1.5　网络体系结构与 OSI 参考模型

1. 网络体系结构的概念

计算机网络是由许多互相连接的节点组成的，连接在网络上的系统各不相同。要保证各节点之间能有条不紊地交换数据，每个节点就必须遵守事先约定好的通信规则。这些为实现网络中的数据交换而建立的规则、标准和约定称为网络协议(Network Protocol)。

网络协议在计算机网络中是必不可少的，一个完整的计算机网络必须包含一系列复杂的协议集合。网络协议集合所采用的组织方式是层次结构模型。将计算机网络中的层次模型及各层协议的集合称为网络的体系结构。

2. OSI 参考模型

在 20 世纪 80 年代早期，国际标准化组织(ISO：International Standards Organization)即开始致力于制定一套普遍适用的规范集合，以使得全球范围的计算机平台可进行开放式互联和通信。ISO 创建了一个有助于开发和理解计算机的通信模型，即开放系统互联参考模型 OSI/RM(Open System Interconnect/Reference Model)。

OSI 模型将网络当中通信双方的系统结构划分为七层：即物理层、数据链路层、网络层、传输层、会话层、表示层和应用层，如图 6.4 所示，在图中分别使用英语单词首字母缩写 PH、DL、N、T、S、P 和 A 表示从下到上的物理层、数据链路层、网络层、传输层、会话层、表示层和应用层。

每一层均有自己的一套功能集，并与紧邻的上层和下层交互作用。在顶层，应用层完成与网络用户之间的交互。在 OSI 模型的底端是携带信号的网络电缆和连接器。总的说来，在顶端与底端之间的每一层均能确保数据以一种可读、无错、排序正确的格式被发送。

由此可见，整个开放系统由作为信源和信宿的端开放系统及若干个中继开放系统通过物理媒体连接构成。端系统相当于主机，中继开放系统相当于通信子网中的节点机。在主机系统中要有七层网络协议，但在通信子网中的 IMP 却不一定要有七层，通常只有下面三个层次，甚至可以只有物理层和数据链路层。

在图 6.4 中，若主机 A 要发送数据给主机 B，则数据将由主机 A 的应用层向下传递，在传递过程中逐层添加协议包装，最后通过物理层的网络电缆将数据传送出去，而主机 B 在接收数据时，则是从物理层向上传递，在传递过程中逐层去掉协议包装，最后在应用层获取到的是与主机 A 应用层发送出来的完全相同的数据。

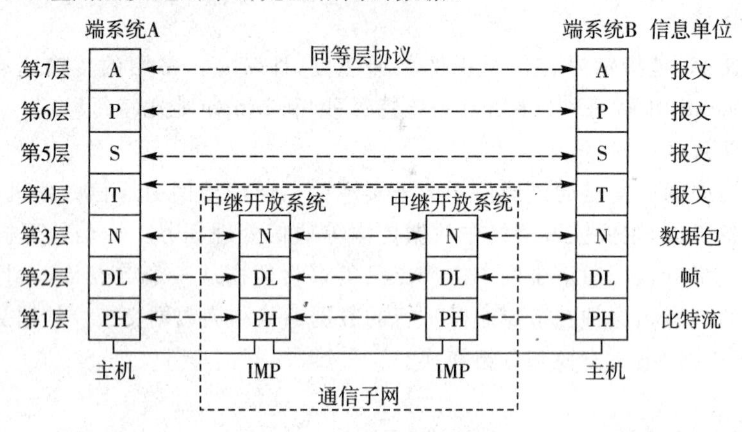

图 6.4　OSI/RM 参考模型

(1)物理层(Physical Layer)

物理层的主要功能是完成相邻结点之间原始比特流的传输。物理层协议关心的典型问题是:使用什么样的物理信号来表示数据“1”和“0”，一个比特持续的时间多长，数据传输是否可同时在两个方向上进行，最初的连接如何建立，完成通信后连接如何终止，物理接口(插头和插座)有多少引脚以及各引脚的用处。物理层的设计主要包括物理层接口的机械、电气、功能和过程特性，以及物理层接口连接的传输介质等问题。物理层的设计还涉及通信工程领域内的一些问题。

国际电子与电气工程师协会(IEEE)已制定了物理层协议的标准，特别 IEEE 802 规定了以太网和令牌环网应如何处理数据。术语“第一层协议”和“物理层协议”，均是指描述电信号如何被放大及如何通过电缆传输的标准。

(2)数据链路层(Data Link Layer)

数据链路层的主要功能是如何在不可靠的物理线路上进行数据的可靠传输。数据链路层完成的是网络中相邻结点之间可靠的数据通信。为了保证数据的可靠传输，发送方把用户数据封装成帧(Frame)，并按顺序传送各帧。在一帧中我们可以判断哪一段是地址，哪一段是控制域，哪一段是数据，哪一段是校验码等。

由于物理线路的不可靠，因此发送方发出的数据帧有可能在线路上发生差错或丢失，从而导致接收方不能正确接收到数据帧。为了能让接收方对接收到的数据进行正确性判断，发送方为每个数据块计算出 CRC(循环冗余检验)并加入到帧中，这样接收方就可以通过重新计算 CRC 来判断数据接收的正确性。一旦接收方发现收到的数据有错，将立即请求发送方重传这一帧数据，即在数据链路层对差错的控制方法采用的是自动请求重发 ARQ。再者，相同帧的多次传送也可能使接收方收到重复帧。数据链路层必须解决由于帧的损坏、丢失和重复发送所带来的问题。另外，数据链路层还要解决流量控制问题。

总而言之，数据链路层的主要作用是:通过一些数据链路层协议和链路控制规程，在不太可靠的物理链路上实现可靠的数据传输。

(3)网络层(Network Layer)

网络层的主要功能是进行路由选择，目的是完成不同网络中主机之间的数据包传输，其关键问题之一是使用数据链路层提供的服务将每个数据包从源端传输到目的端，这包括产生从源端到目的端的路由，并要求这条路径经过尽可能少的中间交换节点，这就是路由选择的原则。路由选择的算法可以是简单的、固定的；也可以是复杂的、动态适应的。每个节点在为数据包进行路由选择时，只决定将数据转发给自己的哪个相邻节点，而不考虑数据到达下一个节点后将怎样传输的问题。如果在子网中同时出现过多的数据包，子网可能形成拥塞，因此必须加以避免，而拥塞控制和流量控制也属于网络层的内容。

当数据包不得不跨越两个或多个网络时，又会产生很多新问题。例如第二个网络的寻址方法可能不同于第一个网络，第二个网络也可能因为第一个网络的数据包太长而无法接收，两个网络使用的协议也可能不同等等。网络层必须解决这些问题，使异构网络能够互联。在单个局域网中，网络层是冗余的，因为数据是以帧的方式直接从一台计算机传送到另一台计算机，因此基本不需要使用网络层所提供的功能。

(4)传输层(Transport Layer)

传输层的主要功能是完成网络中不同主机上的用户进程之间可靠的数据通信。

由图6.4可见，在整个通信网络中，传输层是第一个端到端，即主机到主机的层次。有了传输层之后，高层用户就可以利用该层提供的服务直接进行端到端的数据传输，而不必知道通信子网的存在，在互联网的环境中，各子网所能提供的网络服务往往是不一样的，而传输层的设计就是为了使通信子网的用户能够得到一个统一的通信服务，它弥补了通信子网所提供服务的差异和不足，而在各通信子网提供的服务的基础上，利用本身的传输协议，增强了服务功能。

通常，在高层用户请求建立一条传输通信连接时，传输层就通过网络层在通信子网中建立一条独立的网络连接。若需要较高的吞吐量，传输层也可以建立多条网络连接来支持一条传输连接，这就是传输分流的概念。为了节省费用，传输层也可以让多个传输连接合用一条网络连接，称为复用。若通信子网提供的服务很多，传输协议就可以设计得很简单；反之，若通信子网提供的网络服务少了，传输协议的设计就必然变得复杂。

(5)会话层(Session Layer)

会话层以上的各层是面向应用的，而会话层以下的各层是面向通信的。会话层最主要的目的是在传输层提供服务的基础上增加一些协调对话的功能，以便为上一层提供更好的服务。

一个会话连接持续的时间可能很长。在此时间内，下面的网络连接或传输连接都可能出现故障。若故障出现在会话连接即将结束时，则整个会话活动必须全部重复一遍，这显然是非常不合理的。为解决这样的问题，会话层在一个会话连接中设置一些同步点，这样，一旦传输连接出现故障，会话活动可在出故障前的最后一个同步点开始重复，而不需要全部重复一遍。

在会话连接上的正常数据交换方式是双工方式，通信的双方能在任何时间发送数据，因而效率较高。但在这种方式下，要发生网络故障，协调起来是比较困难的。因此会话层允许用户采用半双工的交替方式，并设置了几种权标(Token，即令牌)。持有令牌的一方才可以执行某种关键性操作。令牌在双方交替方式下对协调双方的会话是非常有用的。

会话连接通过传输连接实现，会话连接面向应用，传输连接着重传输的可靠性，它们之间对应关系分为三种：一对一（即一个会话连接对应一个传输连接。）、一对多、多对一。

(6)表示层(Presentation Layer)

表示层主要功能是为不同的计算机体系结构之间通信提供一种公共语言，以便能进行互操作，这是因为网络上的计算机可能采用不同的数据表示，所以需要在数据传输时进行数据格式的转换。例如在不同的机器上常用不同的代码来表示字符串（ASCII 码或 EBCDIC 码）、整型数（二进制反码或补码）以及机器字的不同字节顺序等。为了让采用不同数据表示法的计算机之间能够相互通信并交换数据，我们在通信过程中使用抽象的数据结构（如抽象语法表示 ASN.1）来表示传送的数据，而在机器内部仍然采用各自的标准编码。管理这些抽象数据结构，并在发送方将机器的内部编码转换为适合于网上传输的编码以及在接收方做相反的转换等工作都是由表示层来完成的。另外，表示层还涉及数据压缩和解压、数据加密和解密等工作。

(7)应用层(Application Layer)

联网的目的在于支持运行于不同计算机中的进程之间进行通信，而这些进程是为完成不同的用户任务而设计的。应用层包含着大量的、人们普遍需要的协议。

例如，若要通过网络仿真某个远程主机的终端并使用该远程主机的资源，PC 机用户可以使用应用层提供的仿真终端软件。这个仿真终端程序使用虚拟终端协议 VTP 将键盘输入的数据传送到主机的操作系统，并接收显示于屏幕上的数据。由于每个应用有不同的要求，因此应用层的协议集在 ISO 的 OSI 模型中并没有定义，但是，有些确定的应用层协议，包括虚拟终端、文件传输和电子邮件等都可作为标准化的候选。

6.1.6 计算机局域网基础

1. 局域网的特点

局域网具有以下特点：

①覆盖范围小，适用于机关、学校等较小单位的内部组网。

②具有较高的数据传输速率。目前采用的多是 100Mbps。

③具有较高的传输质量。由于传输距离短，因而失真小、误码率低。

④安装和维护都较为方便灵活。

⑤成本低。由于其所采用的网络拓扑结构、传输介质和传输协议都较为简单，因而组网和维护成本低廉。

2. 局域网的协议

由于局域网本身的特点，它的体系结构与 OSI 参考模型有很大的不同。IEEE 于 1980 年为局域网制定了一系列标准，统称为 IEEE 802 标准。许多 IEEE 802 标准已成为 ISO 国际标准。

3. 局域网的组成

局域网由网络硬件系统与网络软件系统构成。

(1)网络硬件系统

网络硬件系统主要包括服务器、工作站、网络接口卡、传输介质和通信设备等。

①服务器(Server):网络服务器是微机局域网的核心部件。网络操作系统是在网络服务器上运行的,网络服务器的运行效率直接影响到整个网络的效率。因此,一般要用高档微机或专用服务器计算机作为网络服务器,它要求配置高速CPU、大容量内存、大容量硬盘等。

网络服务器主要有以下四个作用:

a.运行网络操作系统。控制和协调网络中各微机之间的工作,最大限度地满足用户的要求,并做出及时响应和处理。

b.存储和管理网络中的共享资源。如数据库、文件、应用程序、磁盘空间、打印机、绘图仪等。

c.为各工作站的应用程序服务。如采用客户机/服务器(Client /Server)结构,使网络服务器不仅担当网络服务器,还担当应用程序服务器。

d.对网络活动进行监督及控制。对网络进行实际管理,分配系统资源,了解和调整系统运行状态,关闭或启动某些资源等。

②工作站(Workstation):连接到网络上且功能独立的个人计算机。工作站可以连接到网络上实现网络通信和共享网络资源,也可以不连接到网络上,仅作为单独计算机使用(但终端机除外)。对工作站的配置没有具体要求,只要能满足用户的使用要求即可。

③网络接口卡(NIC:Network Interface Card):又称网络适配器,简称网卡,是网络连接中必不可少的关键部件。网卡的一端连接到计算机,另一端连接到传输介质,每一台服务器和工作站都至少配有一块网卡。网卡的接口有:与粗缆连接的AUI接口、与细缆连接的BNC接口、与双绞线连接的RJ-45接口、USB接口(如图6.5所示)。

图6.5　RJ-45接口PCI网卡(左)、USB接口无线网卡(中)、PCI接口无线网卡(右)

④传输介质:常用的有线传输介质有双绞线、同轴电缆、光纤等。常用的无线传输介质有激光、微波等。

⑤通信设备:包括中继器、集线器、网桥、网关和路由器等。

· 中继器(Repeaters):用于信号的再生、放大及转发,用来扩大传输距离。

· 集线器(Hub):相当于多端口的中继器,是网络中连接多个计算机或其他设备的连接设备。Hub是一个共享设备,主要提供信号放大和中转的功能,它把从一个端口接收的所有信号向所有端口分发出去。

· 交换机(Switch):是一种类似于集线器但又优于集线器的完成封装转发数据包功能的网络连接设备。如图6.6所示为24端口交换机实物图。

图6.6　24口交换机

· 网桥(Bridge):用于连接多个局域网的网络设备。网络与网络之间的通信通过网桥传递,各局域网内部的通信被网桥所隔离,从而达到隔离子网的目的。

· 路由器(Router):能在网络中为网络数据的传输自动进行线路选择,实现网络节点之间通信信息的存储转发的网络设备。

· 网关(Gateway):网关是在不同网络间实现协议转换并进行路由选择的专用网络通信设备。

(2)网络软件系统

网络软件系统包括网络操作系统、网络数据库管理系统和网络应用软件。

① 网络操作系统(NOS):是应用于网络上的操作系统,直接运行于服务器上。它是网络用户与计算机网络之间的接口。目前较为流行的网络操作系统有 Microsoft 公司的 Windows NT 和 Windows 2000Server、Novell 公司的 NetWare、Unix 以及 Linux 等。

② 网络数据库管理系统:网络数据库管理系统可以将网络上各种形式的数据组织起来,科学高效地进行存储、处理、传输和提供使用,是网络应用的核心。为使不同的数据库管理系统所创建的数据库之间能够互用,微软公司制定了访问数据库的标准接口 ODBC(开放数据库互联)。利用 ODBC,不同的数据库管理系统就可以使用统一的标准访问不同的数据库。

③ 网络应用软件:根据用户解决实际问题的需要而开发的应用于网络上的软件系统。

6.2 Internet 基础

6.2.1 Internet 概述

Internet 是一个全球性的网络,由数以千计的小型网络及数以百万计的商业、教育、政府和个人计算机组成,被称为“网络的网络”。它源于美国,是由符合 TCP/IP 协议的多个计算机网络组成的一个覆盖全球的计算机网络。Internet 最初是为了实现科研和军事部门的计算机之间的互联及提高可靠性而设计。随着通信线路的不断改进和计算机技术的不断提高,特别是微型机的普及,Internet 的应用几乎无处不在、无时不有。它包含了政府、商业、学术等难以计数的信息资源,在人类进入信息化社会的进程中起到不可估量的作用。Internet 的出现极大地改变了我们传统的工作方式、学习方式和生活方式。Internet 的逻辑结构参见图 6.7。

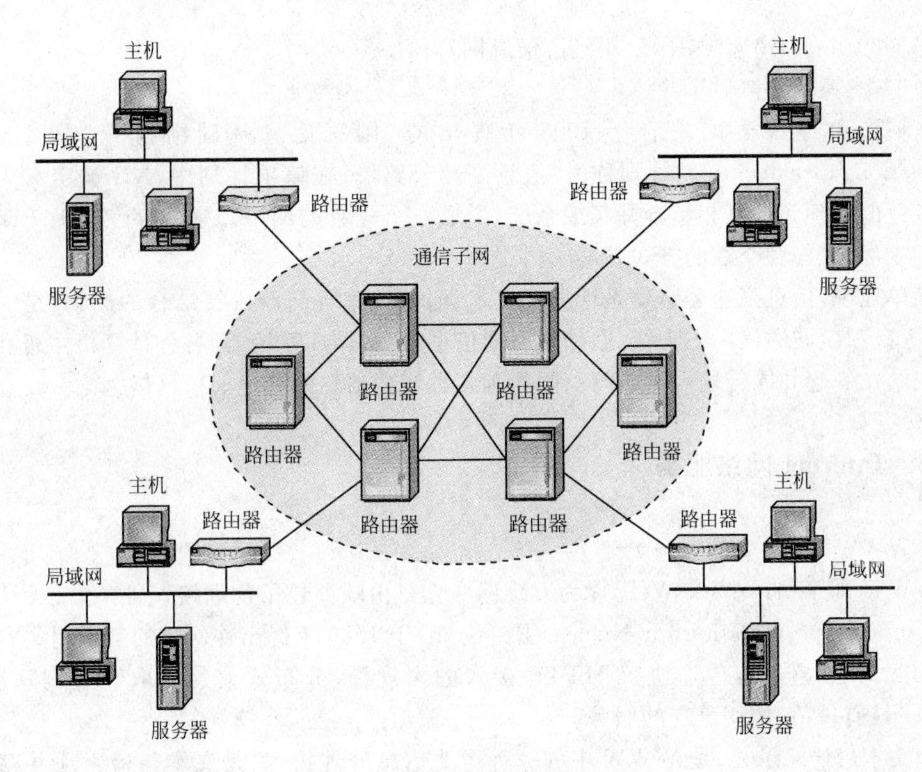

图 6.7　Internet 逻辑结构示意图

6.2.2　Internet 的发展

1. Internet 的历史

Internet 起源于 20 世纪 60 年代末期美国国防部高级研究计划署(ARPA：Advanced Research Project Agency)建立的军用实验通信网 ARPAnet。ARPAnet 最初只连接了美国的三所大学和一个研究所。

1983 年，由美国国家科学基金会(NSF：National Science Foundation)提供资助，美国的很多大学、研究机构和政府部门把自己的局域网并入 NSFnet，进行电子邮件的交换和共享各种资源。

1986 年，NSFnet 建成后取代了 ARPAnet 而成为互联网的主干网。

1994 年，美国的 Internet 由商业机构全面接管，这使 Internet 由单纯的科研网络演变成世界性商业网络。自此，Internet 开始飞速发展，从国防利器转变为大众的工具，并跨越地域限制，在全球掀起网络浪潮。Internet 也因此成为世界上规模最大、用户最多、影响最广的全球性的计算机网络。

未来的 Internet 将朝着更大、更快、更安全、更及时、更方便的方向发展。

2. Internet 在我国

自 1994 年以来，我国已建成了四大主干互联网络，并于 1997 年 10 月实现互联。它们是 CSTnet(中国科技网)、ChinaNet(中国公用计算机互联网)、CERnet(中国教育和科研计算机网）和 China Gbnet（中国公用经济信息网）。

3."信息高速公路（NII）"

人们形象地将美国政府于 1993 年提出的"国家信息基础结构"（NII，National Information Infrastructure）计划称为"信息高速公路"。在该项计划中，NII 被定义为："将内容广泛的物理元件互相结合并集成系统，形成一个完善的网络。它的存在有助于永远改变人们生活、工作和交往的方式。"

简单地说，信息高速公路就是计算机技术、通信技术等高新科技结合的产物，是一个以光纤、卫星和微波通信为主干线，联结所有通信系统、数据库系统，同各种计算机主机和用户终端联结在一起并能传输视频、音频、图像等多种媒体信息的高速通信网络。

6.2.3　Internet 网络服务

1. WWW 服务

WWW 即 World Wide Web，译为万维网。它是由欧洲粒子物理接入研究中心（CERN，the European Organization for Nuclear Research）于 1989 年提出并研制的基于超文本标记语言 HTML 和超文本传输协议 HTTP 接入的大规模、分布式信息获取和查询系统，是 Internet 最有价值、应用最广的服务。

超文本（Hypertext）是 WWW 中的一种重要信息处理技术，是文本与检索项共存的一种文件表示和信息描述方法，检索项就是指针，每一个指针可以指向任何形式的计算机可以处理的信息源，即在超文本中已实现了相关信息的链接。这种用指针设定相关信息链接的方式就称为超链接（Hyperlink）。如果一个多媒体文档中含有这种超链接的指针，这个多媒体文档就称为超媒体（Hypermedia），它是超文本的一种扩充，不仅包含文本信息，还包含诸如图形、声音、动画、接入视频等多种信息。由超链接相互关联起来的，分布在不同地域、不同计算机上的超文本和超媒体文档就构成了全球的信息网络。WWW 为"World Wide Web"的缩写，意即全球信息网或万维网，简称"Web"或"3W"。它是一个运行在 Internet 上的相互关联、图文并茂、动态的交互式信息平台。

2. 电子邮件（Electronic Mail）

电子邮件 E-mail（Electronic Mail）是 Internet 上使用最多也是最受欢迎的应用之一，使用 E-mail 简单、方便、快速、经济，而且可以传递的数据种类繁多。

电子邮件也是一种客户端/服务器模式的应用，客户端负责完成信件的编写、阅读、排序和删除等处理操作，被称为用户代理；而邮件服务器负责完成信件的传递、存储等操作。

邮件传输协议 SMTP（Simple Mail Transfer Protocol）是网络中最常使用的邮件协议，用于实现将用户代理的邮件发送到邮件服务器以及将邮件在邮件服务器之间传递的过程。

邮局协议 POP（Post Office Protocol）一般用于邮件的读取，目前使用的是第三版的 POP 协议，简称 POP3。

3. 远程登录（Telnet）

远程登录是 Internet 提供的一种基本信息服务，也是客户端/服务器模式的应用，该服务是在 Telnet 协议的支持下使本地主机暂时成为远程主机仿真终端的过程。用户可通过本地主机的键盘和显示器与远程主机交互作用，从而使用远程主机对外开放的功能和资源，如查询对外开放的图书馆和数据库等。

用户使用 Telnet 进行远程登录时，必须事先成为远程主机的合法用户，拥有相应的账号和密码。

4. 文件传输(FTP)

FTP 是"File Transfer Protocol（文件传输协议）"的英文缩写，负责将文件从一台计算机传输到另一台计算机。FTP 既代表一种协议，也代表一种服务，这种服务是 Internet 提供的极为实用的服务之一。使用 FTP 可以传输多种类型的文件，如文本文件、二进制文件、图像文件、声音文件和视频文件等。

FTP 服务分普通服务和匿名服务两种。普通 FTP 服务是向注册用户提供的文件传输服务，登录时需要用户提供已注册的账户和密码。而匿名(Anonymous)FTP 服务是向 Internet 用户提供的有限的文件传输服务，用户不用注册即可用"Anonymous"作为账户、以任何一个电子邮件地址作为密码进行登录。登录后可进行文件的下载(Download)与上传(Upload)操作。

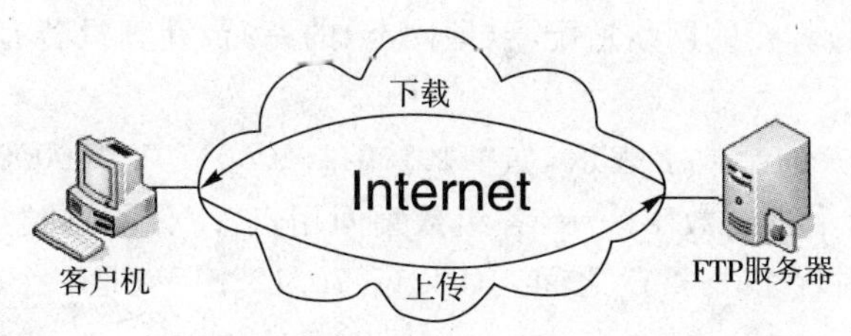

图 6.8　上传与下载示意图

5. 扩展服务方式

扩展服务方式是指在 TCP/IP 协议基本功能的支持下，由某些专用的应用软件提供的接口方式。它们的代表应用就是电子公告牌系统(BBS)。

BBS 是"Bulletin Board System"的缩写，意即电子公告牌系统，就是 Internet 上的电子布告栏。BBS 包含了新闻组、电子邮件和聊天会话等功能，是集教育性、知识性和娱乐性于一体的信息服务系统。BBS 上的网络新闻(Netnews)为具有共同兴趣的用户提供了一种交流思想和观点以及进行讨论的平台。

6.2.4　TCP/IP 协议

1. TCP/IP 概述

TCP/IP（TCP：Transmission Control Protocol——传输控制协议/IP：Internet Protocol——网际协议）是 ARPAnet 最初开发的网络协议。虽然 TCP/TP 协议都不是 OSI 标准，但它们是目前最流行的商业化的协议，并被公认为当前的工业标准或"事实上"的标准。

2. TCP/IP 工作原理

TCP/IP 协议所采用的通信方式是分组交换方式，即数据在传输时被分成若干段，每个数据段称为一个"数据包"，数据包是 TCP/IP 协议的基本传输单位。每个数据包都被编上序号，以便接收端把数据还原成原来的格式；IP 协议给每个数据包加上发送主机和接收主机的地址，以便数据包在网上进行传输。数据包可以通过不同的传输途径(路由)进行传递。在传输过程中，由于路径不同及其他一些原因，可能会出现数据顺序颠倒、数据丢失、数据失真或者重复的现象，这些问题都由 TCP 协议来处理，它具有检查和处理错误的功能，在必要时还可以请求发送端重发。

简而言之，IP 协议负责数据的传输，而 TCP 协议负责数据的可靠传输，Internet 基本上都是将这两种协议一起使用。

6.2.5 Internet 的资源定位

1. IP 地址

在 TCP/IP 网络中，每台主机都有唯一的地址，它是通过 IP 协议来实现的。IP 协议要求在每次与 TCP/IP 网络建立连接时，每台主机都必须为这个连接分配一个唯一的地址。需要指出的是，这里的主机是指网络上的一个节点，不能简单地理解为一台计算机。实际上，IP 地址是分配给计算机的网络适配器(即网卡)的，一台计算机若有多个网络适配器，就可以有多个 IP 地址。

IP 地址用 32 位二进制数字表示，如“11010011010001101000000000000001”。实际使用中将其转化为 4 组十进制数字表示，各组数字间用点“.”分隔，即“点分十进制表示法”。这样，每组数字的范围就在 0～255 之间。如“211.70.128.1”就是一个有效的用十进制数字表示的 IP 地址。

在组建一个网络时，为了避免该网络所分配的 IP 地址与其他网络上的 IP 地址发生冲突，必须为该网络申请一个网络标识号，然后再给该网络上的每个主机设置一个唯一的主机号码，这样网络上的每个主机就都拥有一个唯一的 IP 地址。

在一个网络内部，IP 地址的分配方法有“静态”分配和“动态”分配两种。静态分配是指预先给每一台网络设备分配一个固定的不相互重复的 IP 地址；动态分配是指在网络设备启动时临时向其管理机申请 IP 地址，因此其 IP 地址是不固定的。静态分配的好处是当网络发生问题时，比较容易跟踪；缺点是当某些网络设备没有上网时，IP 地址浪费较多。

目前的 32 位二进制地址的格式(称 IPv4)，虽然可提供 40 亿个 IP 地址，但随着 Internet 的不断发展，IP 地址的分配问题便突显出来。因此，在新一代的 IPv6 版本中，地址长度将由原来的 32 位扩大到 128 位，可提供多达 160 亿个 IP 地址。

2. 域名服务系统

(1)域名服务系统

IP 地址的“点分十进制表示法”虽然简单，但单纯用数字表示的 IP 地址对于用户来说既难于记忆又难于识别。为解决这一问题，Internet 引进了“域名服务系统”(DNS：Domain Name System)，使用域名来代替 IP 地址。域名就是主机名的一种字符化表示，与 IP 地址相比，域名更易于记忆与识别。Internet 上的每个域名对应着唯一的一个 IP 地址。当用户输入域名后，域名服务器就将其解析为相应的 IP 地址。例如，当用户输入域名“www.bbmc.edu.cn”后，域名服务器就自动将其转换为“211.70.128.1”。输入域名或输入 IP 地址，这两种方式对于用户来说其效果是一样的。

(2)DNS的结构

Internet的域名系统采用层次结构，每一层构成一个子域名，子域名之间用圆点“.”隔开，自左至右分别为主机名、网络名、机构名、顶级域名。

(3)顶级域名的划分

以机构区分的顶级域名有COM(商业机构)、NET(网络服务机构)、GOV(政府机构)、MIL(军事机构)、ORG(非盈利性组织)、EDU(教育部门)等。这些域名的注册服务，按照ISO.3166标准，一般由各国的网络信息中心负责(中国是CNNIC)。如图6.9所示。

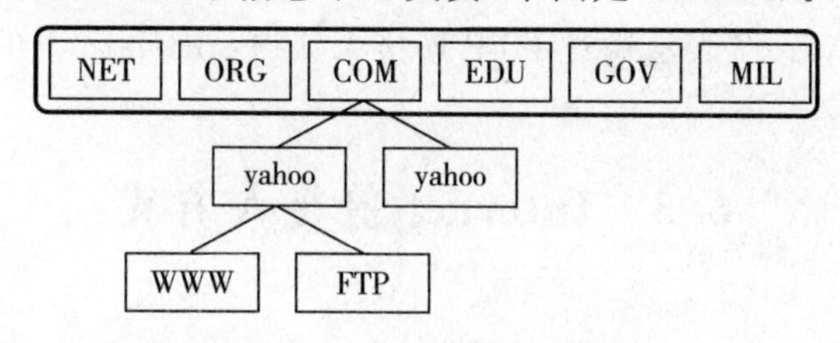

图6.9 以机构划分的顶级域名

以地域区分的顶级域名有CN(中国)、FR(法国)、UK(英国)等。如图6.10所示。

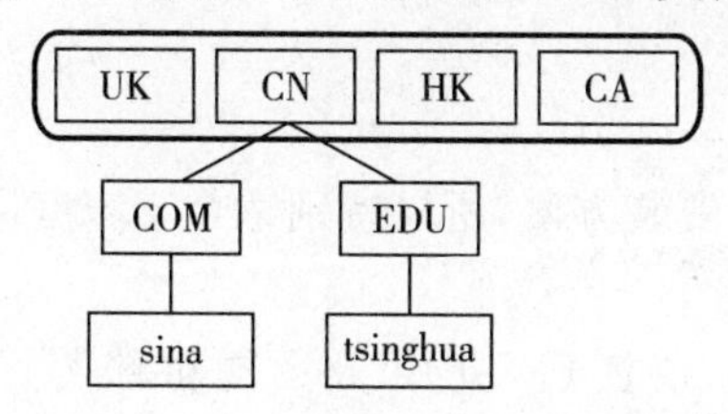

图6.10 以区域划分的顶级域名

我国域名体系分为“类别域名”和“行政区域名”两套。类别域名有六个，依照申请机构的性质分为AC(科研机构)、COM(工、商、金融等)、EDU(教育机构)、GOV(政府机构)、NET(网络服务商)和ORG(各种非盈利性的组织)。行政区域名是按照我国的各个行政区域划分而成的，其划分标准依照国家技术监督局发布的国家标准而定，包括行政区域名34个，适用于我国的各省、自治区、直辖市，如BJ(北京市)、SH(上海市)、TJ(天津市)、AH(安徽)等。

(4)中文域名

由于互联网起源于美国，因而英文成为互联网上资源的主要描述性文字。为了使中文用户可以在不改变自己的文字习惯的前提下，使用中文来访问互联网上的资源，中国互联网络信息中心(CNNIC)于2000年11月份推出并管理形如“中文.公司”格式的中文域名。中文域名允许使用中文、英文、阿拉伯数字等字符，允许以中文句号“。”代替英文圆点“.”，并兼容简体与繁体字。

3.统一资源定位器

WWW的一个重要特点是采用了统一资源定位符URL。URL是一种用来唯一标识网络信息资源的位置和存取方式的机制，给资源的位置提供一种抽象的识别方法，并用这种方法给资源定位。通过这种定位就可以对资源进行存取、更新、替换和查找等各种操作，并可在浏览器上实现WWW、E-mail、FTP、新闻组等多种服务。因此，URL相当于一个文件名在网络范围的扩展，是与Internet相连的机器上的任何可访问对象的一个指针。

URL由以冒号隔开的两大部分组成，并且在URL中的字符对大小写没有要求。即：

＜连接模式＞:＜路径＞。连接模式是资源或协议的类型,目前支持的有 http、ftp、news、telnet 等。路径一般包含主机名称、端口号、类型和文件名、目录号等,其中主机名称为存放资源的主机在 Internet 中的域名或 IP 地址,并以双斜杠"//"开头。

具体格式为:"＜URL 的访问方式＞://＜主机名称＞:＜端口号＞/＜路径＞"

HTTP 的 URL 格式为:"http//主机名称[:端口号]/文件路径和文件名",如"http://www.tsinghua.edu.cn/index.htm"表示通过 WWW 访问清华大学的主页。

FTP 的 URL 格式为:"ftp://[用户名[:口令]@]主机/路径/文件名",如"ftp://ftp.tsinghua.edu.cn/software/"表示通过 FTP 连接来获得 software 下的资源。

6.3 Internet 的接入方式

用户要想使用 Internet 提供的服务,首先必须将自己的计算机接入 Internet。

6.3.1 通过拨号接入

由于这种方式费用低廉、安装方便,所以特别适合于家庭上网使用。

1. 申请账号

用户必须向 ISP 提出申请注册,并由 ISP 提供账号、密码及拨号电话号码。ISP(Internet Service Provider——Internet 服务提供商)是专门为接入 Internet 提供服务的商业机构。

2. 所需硬件

计算机、电话线、ADSL、网卡和信号分离器(滤波器)。安装原理参见图 6.11。ADSL(Asymmetric Digital Subscriber Line——非对称数字用户线路)有内置式、外置式和 USB 接口等几种。ADSL 俗称宽带猫,用来进行数字信号与模拟信号的相互转换。

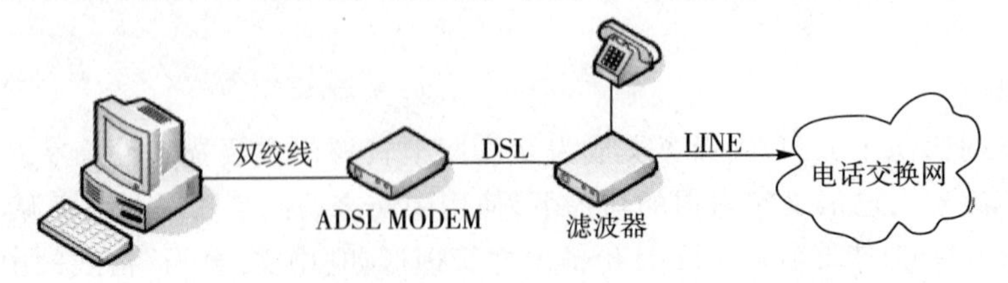

图 6.11 ADSL 连接原理图

3. 所需软件

Windows 操作系统已提供了上网所必需的相关软件,如没有特殊需要就不需再安装其他软件。

6.3.2 通过局域网接入

局域网接入是指用户的计算机连接到一个已经接入 Internet 的计算机局域网上,一旦局域网连接到 Internet,那么连接到这个网络上的所有计算机便能访问 Internet 上的资源和享受 Internet 所提供的服务。通常一些较大的单位，如机关、公司、学校，甚至住宅小区都拥有自己的计算机局域网。

局域网一般都是通过专线方式接入 Internet，用户通过局域网接入 Internet 不仅可以减少接入费用，而且网络传输速度也比前面几种方式要快。此外，通过局域网接入 Internet 不需要任何拨号操作，用户的计算机只要开机就可始终在线。连接示意图参见图 6.12。

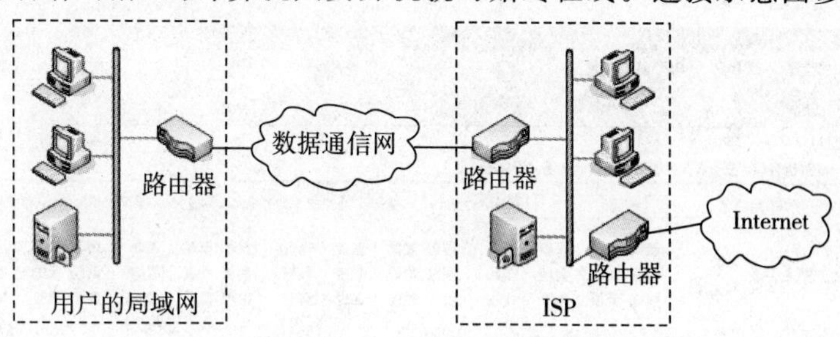

图 6.12　通过局域网接入 Internet 示意图

6.3.3　通过线缆调制解调器接入

线缆调制解调器（Cable Modem）是通过现有有线电视（CATV，Community Antenna Television）网进行数据高速传输的通信设备。其传输速率可以达到 10Mbps 以上，用户无需拨号且可以始终在线并共享带宽资源。随着有线电视网的发展壮大和人们生活质量的不断提高，通过 Cable Modem，利用有线电视网访问 Internet 已成为越来越受业界关注的一种高速接入方式。

6.4　Internet 浏览器

浏览器是用户与 Internet 的接口，是访问 WWW 资源的客户端工具软件。它能够帮助用户成功地穿梭于千千万万个网站之间，帮助用户记忆浏览了哪些站点、下载上传文件、搜索信息和打印文档资料、收发电子邮件、访问新闻组和欣赏多媒体等。

目前常用的浏览器有 Internet Explorer（IE）、Navigator 和 Opera 等，用户可利用它们在网上畅游，充分享受网上冲浪的乐趣。IE 由微软（MS）公司开发，它界面友好、方便易用、功能强大，在我国拥有众多用户。下面以 IE 6.0 版本为例介绍其各项功能及其使用。

6.4.1　IE 的启动

启动 IE 有两种方法，一是双击桌面 IE 快捷方式图标；另一是单击“开始”菜单中“程序”项下的“Internet Explorer”。

6.4.2 IE 窗口简介

启动 IE 后的窗口如图 6.13 所示。与其他应用程序窗口类似,由标题栏、菜单栏、工具栏和浏览区等组成。

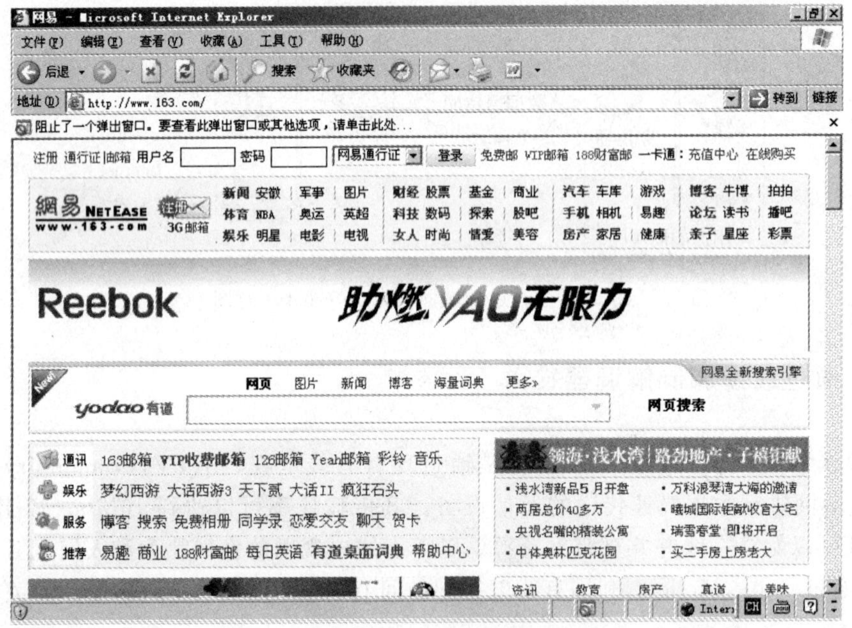

图 6.13 IE 的窗口

1. 菜单栏

IE 的菜单有"文件"、"编辑"、"查看"、"收藏"、"工具"和"帮助"六大项。

2. 工具栏

有"标准按钮"工具栏和"地址栏",主要命令及其功能如下:

①前进、后退⇦后退 ▾ ⇨ ▾:向前或向后查看已浏览过的网页。单击右端的下拉箭头可有选择地浏览已浏览过的网页。

②停止:停止页面的下载。

③刷新:更新当前页面的显示,以查看页面最新内容。

④主页:启动 IE 时自动登录的网站的首页。

⑤搜索 搜索:查找包含关键字的网页。

⑥收藏夹 收藏夹:收藏用户自己喜爱或经常要访问的网址。

⑦历史:过去一段时间浏览过的网页。

⑧邮件:启动 Outlook Express 以新建、阅读、发送邮件,阅读订阅的新闻。

⑨地址栏:用于输入欲访问的资源名(网址、驱动器、文件夹、应用程序等),单击其右端的"转到"或按回车键即可访问该资源。如图 6.14 所示,输入"http://www.ahmu.edu.cn"后单击"转到"或直接按回车键即可登录该网站。

图 6.14　IE 的地址栏

3. 浏览区

页面内容的显示区，是 IE 的窗口的主要部分。

6.4.3　IE 的使用

1. 浏览网页

(1)通过输入网址浏览

在地址栏输入网址按回车键或单击“转到”。输入网址时，“http://www”可以省略，按“Ctrl＋回车键”可在网址后自动加上“.com.cn”。利用这些技巧可以提高输入网址时的效率。

(2)使用地址栏历史记录浏览

单击地址栏右端的下拉箭头，可从中选择浏览过的网页。如图 6.15 所示。

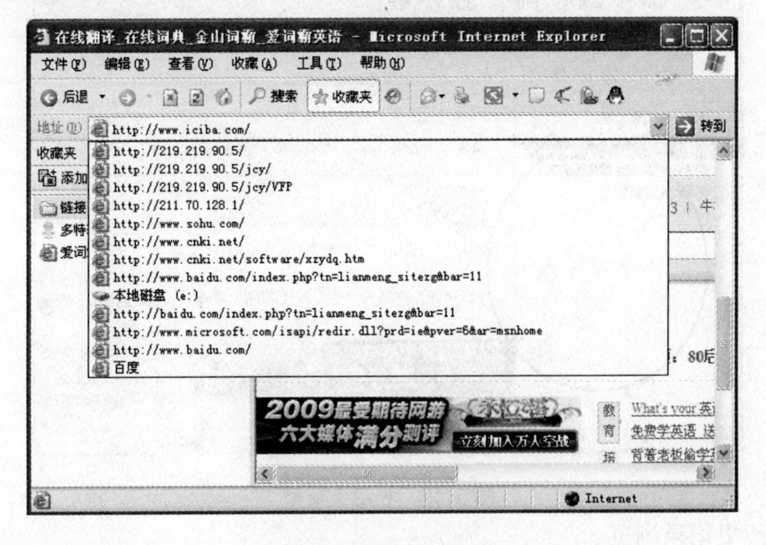

图 6.15　网址历史记录

(3)通过超链接浏览

为方便用户访问，各 Web 网页大量使用了超级链接技术，单击超链接即可跳转到其所链接的资源。

(4)使用收藏夹浏览

方法一：单击菜单栏上的“收藏”，从弹出的菜单中选择欲访问的网址，如图 6.16 所示。

方法二：单击工具栏上的“收藏夹”按钮，在 IE 窗口左侧出现收藏夹窗格，单击其中所要访问的网页即可，如图 6.17 所示。

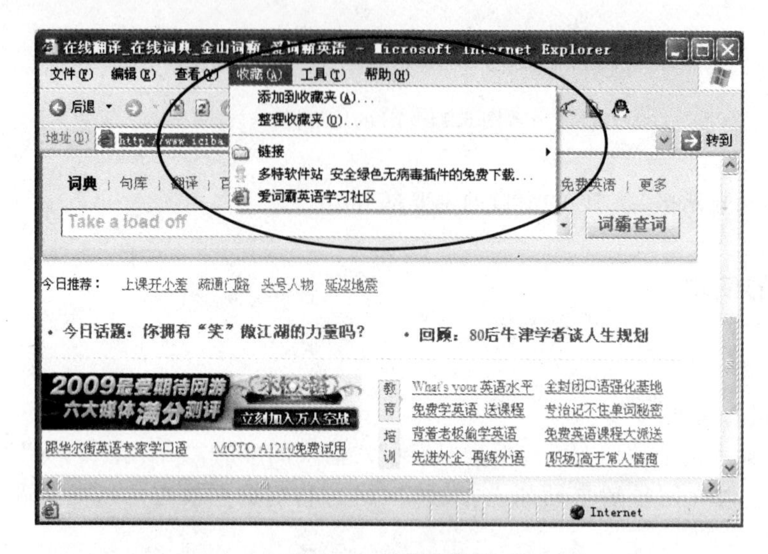

图 6.16　收藏夹菜单

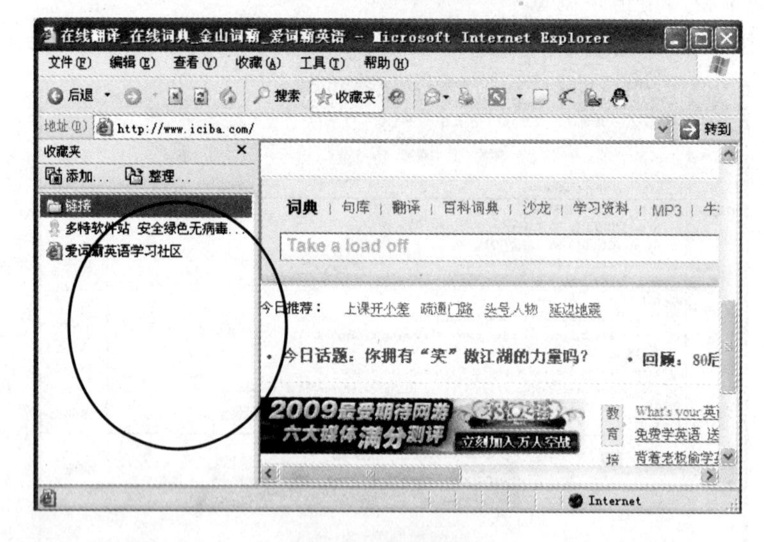

图 6.17　收藏夹窗格

(5)使用历史记录浏览

单击工具栏上的“历史”按钮，在如图 6.18 所示的窗口左侧历史记录窗格内，单击欲查看的网站即可。

(6)使用向前、向后按钮浏览

想查看刚刚浏览过的网页，可单击工具栏上的“向前”或“向后”按钮查看。

(7)在新窗口中浏览

鼠标右键单击网页内的某超级链接，从弹出的快捷菜单中选择“在新窗口中打开”，即可在一个新的窗口中浏览该网页。

(8)刷新网页

浏览过的网页内容被自动存储到本地硬盘中，若希望查看当前网页的最新信息，可单击工具栏上的“刷新”按钮或直接按“F5”键，IE 将重新连接到该站点以下载最新内容。

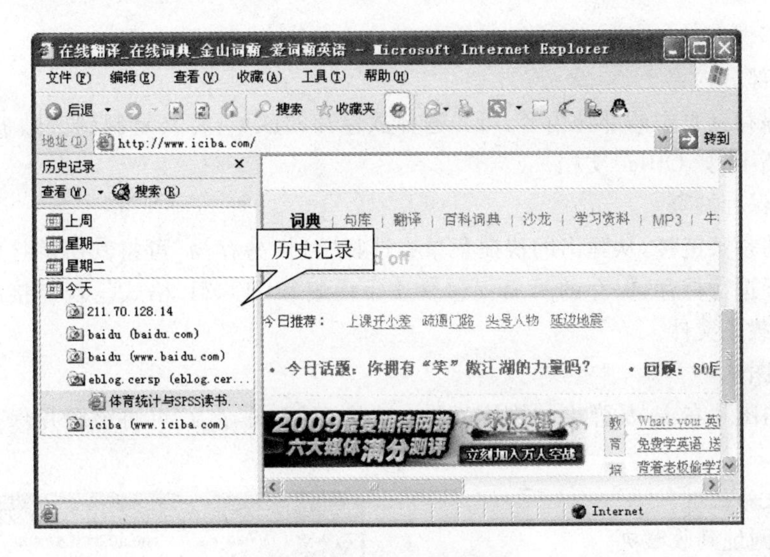

图 6.18 历史记录窗格

2. 保存网页内容

(1)保存整个页面

单击"文件"菜单中的"保存"或"另存为"，将弹出如图 6.19 所示的"保存网页"对话框。

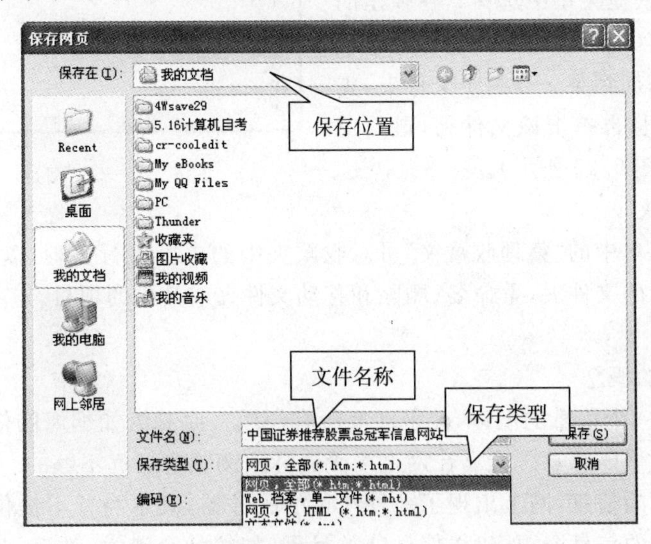

图 6.19 选择保存位置、类型，指定名称

在保存时，可根据实际需要选择保存的类型。单击"保存类型"右端的下拉箭头后，可按以下几种类型保存。

① 若选择"网页，全部(＊.htm；＊.html)"，则将网页内容全部保存。操作结束后，在保存网页的同一文件夹中将包含一个与保存网页同名的文件夹，该文件夹保存了网页中除文字以外的其他内容。如本例，若以"教育新闻"保存网页，则在同一文件夹内将包含一个名为"教育新闻.files"的文件夹。

② 若选择"Web 档案，单一文件(＊.mht)"，则将网页内容全部保存在一个文件内。

③ 若选择"文本文件(＊.txt)"，则以文本的格式保存网页的内容，文字以外的其他内

容及格式均不保存。

(2)保存部分内容

若只想保存网页中的部分内容,可先选择欲保存的区域,将其复制到剪贴板,然后再粘贴到其他文档中,如 Office 文档。

(3)直接保存网页

若右击的是某链接,从弹出的快捷菜单中选择"目标另存为"可将其所链接的页面在不打开的情况下进行保存,保存的页面仅包含文字内容和 HTML 格式。若链接的是一个程序文件,则下载该文件。

(4)保存图片

鼠标指向图片右击,从弹出的快捷菜单中选择"图片另存为"可将该图片保存到指定的文件夹。

3. 收藏夹的使用

(1)收藏网址到收藏夹

用户可将自己经常需要访问的网址添加到收藏夹,以方便以后登录该网站。方法是:单击"收藏"菜单中的"添加到收藏夹"(也可右击页面,从弹出的快捷菜单中选择),在弹出的对话框中输入名称(也可使用默认名称)后,单击"确定"。若想添加到某一分类子文件夹,先单击"创建到"按钮,再单击该文件夹,最后单击"确定"按钮(如图 6.20 所示)。

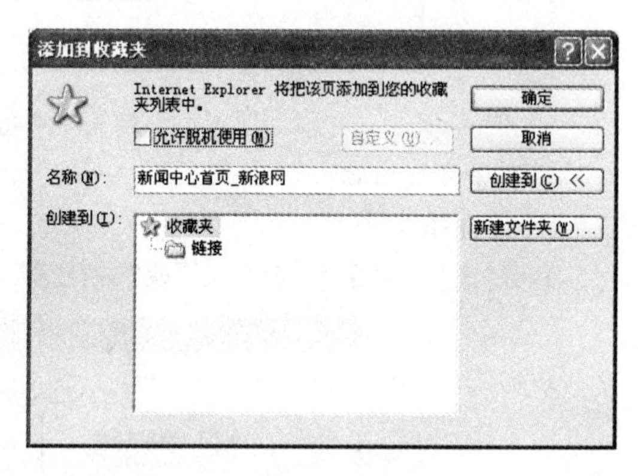

图 6.20　添加网址到收藏夹

(2)整理收藏夹

单击"收藏"菜单中的"整理收藏夹"可对收藏夹中的内容进行整理,以方便使用。整理的内容包括创建新的文件夹,重命名、删除和移动文件夹或其中的项目。

4. 搜索信息

(1)搜索引擎的概念

Internet 就像一个信息的海洋,几乎涉及所有领域。面对浩如烟海的信息资源,用户往往会有一种无从下手的感觉。光靠在网上漫无边际地浏览是远远不够的。为了帮助用户迅速找到自己所需要的信息,网上出现了一种独特的服务器,其本身并不提供信息,而是致力于组织和整理网上的信息资源,建立信息分类目录,如按社会科学、教育、艺术、商业、娱乐、计算机等分类。用户联上这些站点后,通过一定的索引规则就可以方便地查找到所需信息的存放位置。我们将这些提供搜索服务的服务器称为搜索引擎。是 Internet 中知名的搜索引擎有百度、Google、Yahoo 等。

搜索引擎一般提供多种搜索方式:主题分类方式和内容关键字方式是最常用的两种方法。

(2)搜索引擎的使用

①按内容关键字方式搜索。

方法一:直接在 IE 的地址栏内输入欲搜索的内容(如"计算机网络")后按回车键或单击"转到"按钮即可。

方法二:登录搜索引擎网站,如百度(http://www.baidu.com)。在搜索框内输入需要查询的内容，再选择搜索类型后，按回车键或点击搜索框右侧的“百度搜索”按钮，就可以得到符合查询需求的网页内容（如图 6.21 所示）。

图 6.21　百度搜索页面

此外，还可按多关键字（用空格分隔）进行搜索，得到更为精确的搜索内容。如图 6.22 所示，在“上海”和“人民公园”之间用空格隔开，可搜索到与上海有关的人民公园的信息。

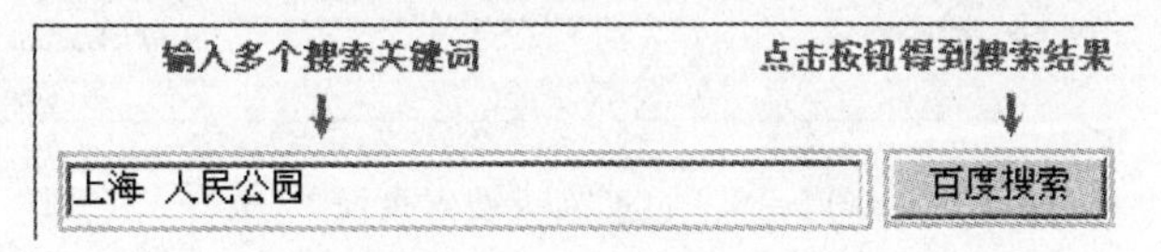

图 6.22　搜索内容输入框

②按主题分类搜索。仍以百度为例，在图 6.21 所示界面中单击“更多”即出现如图6.23 所示的分类目录页面。需要说明的是，各搜索引擎的分类方式一般是不相同的。

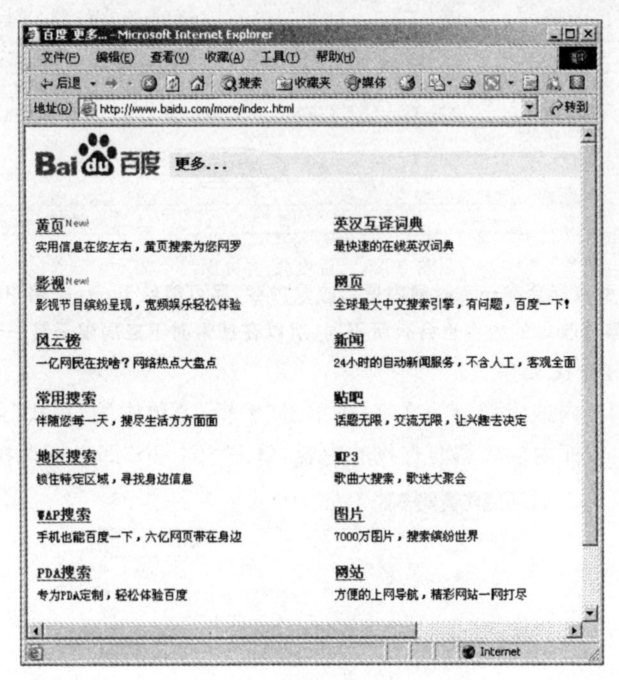

图 6.23　百度分类目录页面

③高级搜索。以百度搜索引擎为例，单击“百度搜索”按钮右边的“高级搜索”即进入如图 6.24 所示的高级搜索页面。高级搜索中可附加许多条件，如包含关键字还是不包含关键字，时间、地区、网页中所使用的语言，关键字位置等，使搜索的结果更加精确。

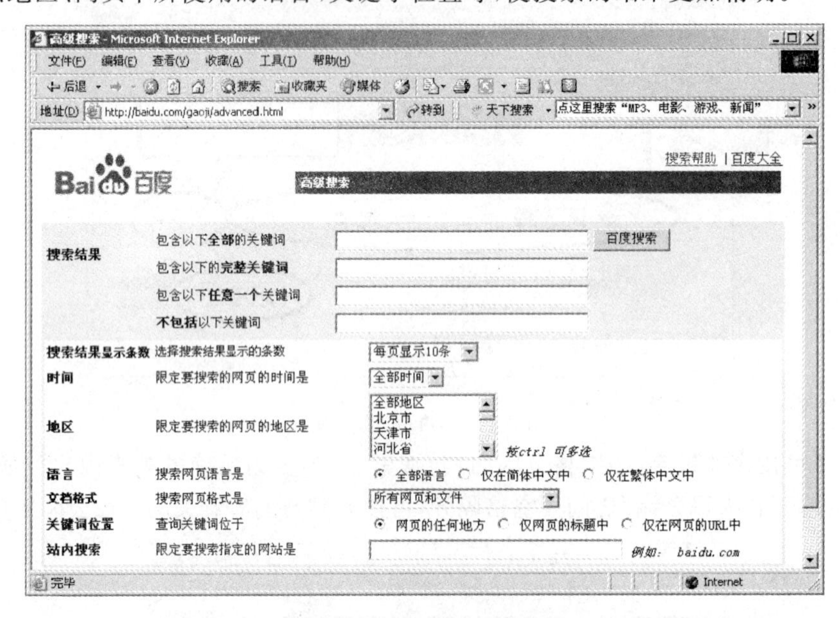

图 6.24 百度高级搜索页面

④在结果中搜索。在前一次搜索结果的范围内搜索，相当于按多个关键字搜索。在搜索框内输入欲查找的内容，单击“在结果中找”，如图 6.25 所示。

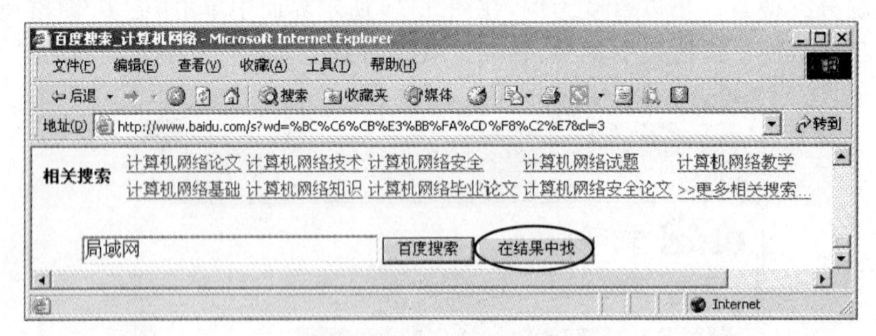

图 6.25 百度搜索页面

提示：所有的搜索引擎都会在一定时间内更新收录内容，尽可能给 Internet 用户提供更好的服务。此外，由于不同的搜索引擎所收录的内容也会有所不同，所以在搜索时不应局限于某一个搜索引擎。

5. 在当前网页内查找文字

若需要在当前网页内搜索指定的文字，可单击“编辑”菜单中的“查找”或按“Ctrl＋F”快捷键。在出现的查找内容框内输入需要查找的内容，单击“下一个”即进行查找，如图 6.26 所示。

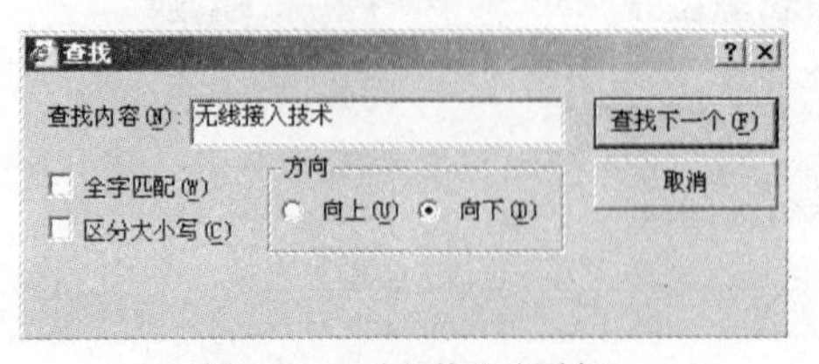

图 6.26 “查找”对话框

6.4.4 IE 选项的设置

使用 IE 的默认选项设置，即可满足一般用户的使用需要。但若对选项进行定制，则能更方便、高效、安全地使用 Internet 所提供的各种资源。单击“工具”菜单中的“Internet 选项”，即出现如图 6.27 所示的“Internet 选项”对话框。

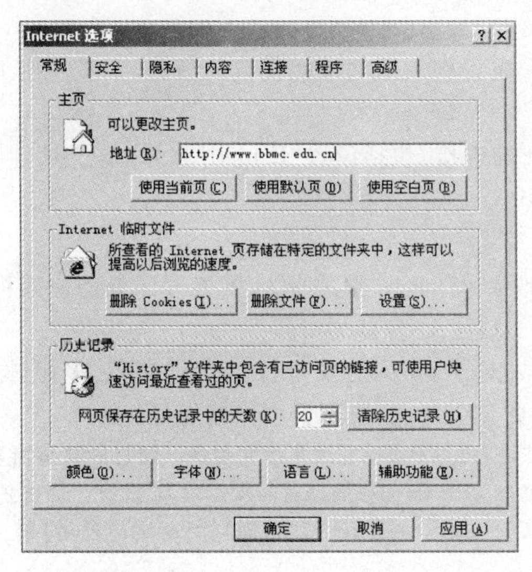

图 6.27 IE 常规选项设置

1.“常规”选项

(1)主页

主页是启动 IE 后自动登录到的网站的第一个网页，也是用户看到的第一个网页。通常将其设为用户最常用的站点。

(2)设置

单击“设置”，可在弹出的对话框中查看 Internet 临时文件、定义存放 Internet 临时文件所用的磁盘空间的大小或移动 Internet 临时文件夹的位置，参见图 6.28。

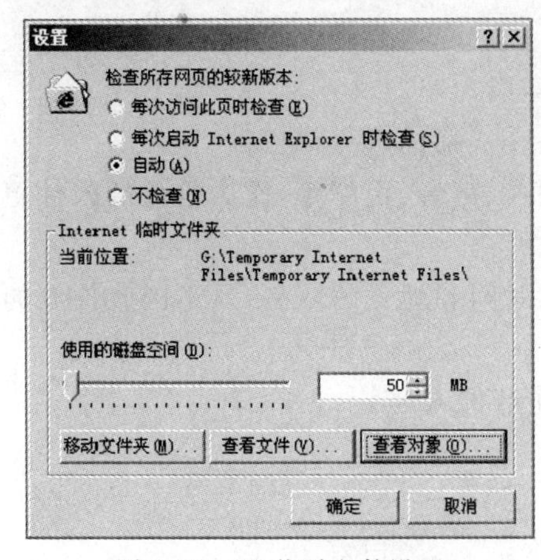

图 6.28 IE 临时文件设置

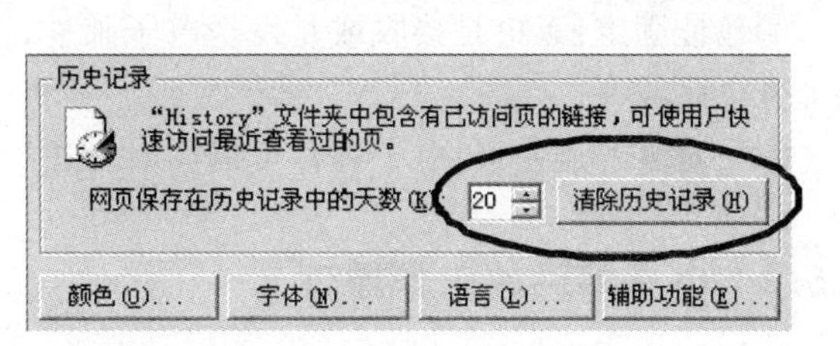

图 6.29 IE 历史记录设置

(3)设置历史记录

历史记录文件夹保存了已浏览过的网页的快捷方式。如图 6.29 所示,用户可设置历史记录保存的天数及清除历史记录。

(4)颜色、字体、语言、辅助功能

用于设置网页颜色、字体、使用的语言及是否使用网页格式。单击相应按钮即可进入相应设置选项。

2.“安全”选项

安全功能可帮助用户阻止别人访问未经授权的信息,一般使用 IE 的默认设置即可。

3.“连接”选项

用于建立与 Internet 的连接,包括设置“E-mail”账号、电子邮件服务器等。可以按拨号方式或通过局域网连接 Internet。

4.“程序”选项

用于设定处理电子邮件、新闻、网页、联系人列表等服务的应用程序。

5.“高级”选项

这里的选项众多,用来对 Web 页的安全性、浏览、打印、多媒体等诸多方面进行设置。通过这些设置,可增加网页安全性、加快网页浏览速度等。

提示:IE 使用范围虽然广泛,但并不表明它就是最完美的。如它的单页面多窗口浏览,不仅占用系统资源而且切换麻烦。现在有许多基于 IE 内核的浏览器软件对 IE 进行了功能扩展,使用起来比 IE 要方便得多,功能也要强大得多,如 GreenBrowser、Firefox(火狐)、Maxthon(遨游)等,都具有其独特功能以方便用户使用。

6.5 电子邮件

电子邮件(Electronic Mail)是基于计算机网络进行信息传递的现代化通信手段。它是 Internet 所提供的服务的一个重要组成部分,是网上交流信息的一种重要工具。

6.5.1 电子邮件的特点

①可以用计算机工具方便地书写、编辑或处理信件;

②通过 Internet,可以便利地与世界各地的组织或个人通信,快速准确;

③内容丰富:不仅可以书写文字,而且可以插入图片、声音、视频等,作为信件的附件更可以发送各种类型的文件;

④地址固定:无论是接收或是发送电子邮件,都无时间和地点的限制,且不因收件人的地址变更而改变;

⑤一对多发送:一封电子邮件可以同时发送给多个收件人。

6.5.2 电子邮件的工作原理

电子邮件的收发过程遵循客户机/服务器模式。电子邮件服务器是 Internet 邮件服务系统的核心，其作用相当于普通信件的“邮局”。Internet上有大量的邮件服务器，如果某个用户要利用某个邮件服务器收发邮件，就必须在该服务器上申请一个合法的账号(包括用户名和密码)。一旦用户在一台邮件服务器中拥有了账号，也就同时在这个邮件服务器中拥有了自己的电子信箱。

发送邮件时，发送人首先将邮件从自己的计算机发送到邮件服务器，再由邮件服务器经Internet传送到收件人邮箱所在的邮件服务器上，最后由收件人接收到自己的计算机中。如图6.30所示。

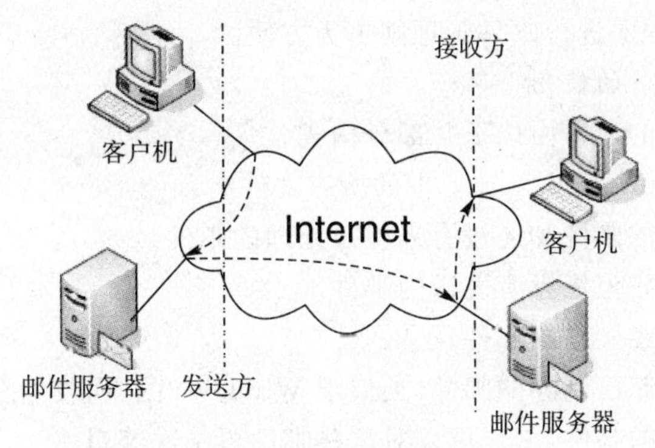

图6.30　邮件发送工作原理图

6.5.3　电子邮件的地址

电子邮件地址类似于家庭的门牌号码，或者更形象地说，相当于你在邮局租用了一个信箱。信箱是邮件服务器中为合法用户开辟的一个存储用户邮件的空间，是用户接收电子邮件的地方。每个电子信箱都有一个全球唯一的地址，格式为：用户名@主机名。其中，用户名是在邮件服务器上为用户建立的电子邮件账户名，主机名是拥有独立IP地址的邮件服务器名。例如：“John@sina.com”就是一个有效的电子邮件地址。

6.5.4　电子邮件的传输协议

电子邮件的发送和接收过程需要专门的电子邮件协议，它是整个网络应用协议的一部分。

1. SMTP协议

SMTP(Simple Mail Transfer Protocol)，即简单邮件传输协议。适用于服务器与服务器之间的邮件交换和传输。Internet上的邮件服务器大多遵循SMTP协议。

2. POP3协议

POP(Post Office Protocol)，即邮局协议，POP3是它的第三版。用户可使用POP3协议来访问ISP邮件服务器上的信箱，以接收发给自己的电子邮件。它提供信息存储功能，负责为用户保存接收到的电子邮件，并且从邮件服务器上下载这些邮件。

6.5.5 电子邮件的管理

电子邮件的管理方法有两种，一是使用客户端邮件管理软件，如 Outlook Express、DreamMail、Foxmail 等；二是以 Web 方式直接登录邮件服务器，利用邮件服务器上的应用程序进行邮件管理。使用客户端邮件管理软件，需要进行账号设置，因此这种方式适合于有固定计算机的用户。对于出差或求学在外的用户，以 Web 方式直接登录邮件服务器，利用邮件服务器上的应用程序进行邮件管理则更为方便。

1. Outlook Express 的使用

Outlook Express 的窗口由以下几部分构成。

文件夹区：包含 Outlook Express 中的所有文件夹。

①收件箱：新收到的邮件和还没有来得及处理的邮件。

②发件箱：已经写好但还没有发送的邮件。

③已发送邮件：已经发送的邮件。

④已删除邮件：存储已删除的邮件，类似于 Windows 的“回收站”。

⑤草稿：尚未完成的邮件，用户可以对这些邮件再一次编辑。

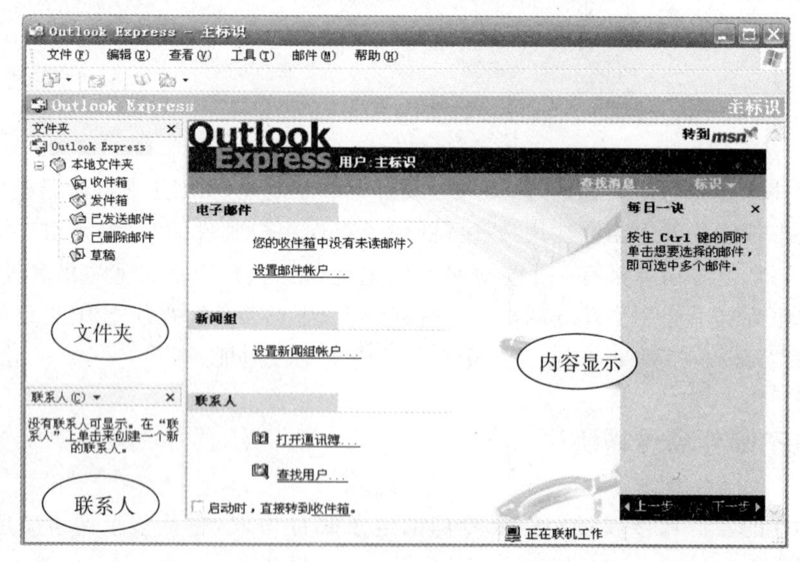

图 6.31 Outlook Express 的窗口

内容显示区：显示相应栏目的内容。比如，选定“收件箱”，则内容显示区显示出所收邮件的收件人、主题和接收时间等。当单击某封邮件时，则在下方的预览区显示出其详细内容。

联系人区：本栏列出了通讯簿中的所有联系人。双击某个联系人，可以打开新邮件窗口进行新邮件的创建。

(1)设置邮件账号

使用 Outlook Express 时，需要对用户的邮件账户进行设定，才能建立与邮件服务器的连接，进行电子邮件的收发。创建电子邮件账号的过程如下：

①单击“工具”菜单中的“账户”，则出现如图 6.32 所示的账户设置对话框。

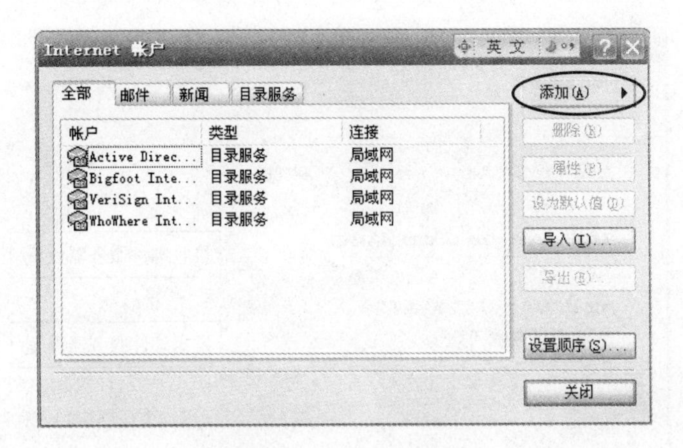

图 6.32　账户设置对话框

②单击“添加”按钮并选取“邮件”，则打开如图 6.33 所示的“Internet 连接向导”对话框，在此输入名称(在发送邮件时，该名称将出现在“发件人”栏中)。

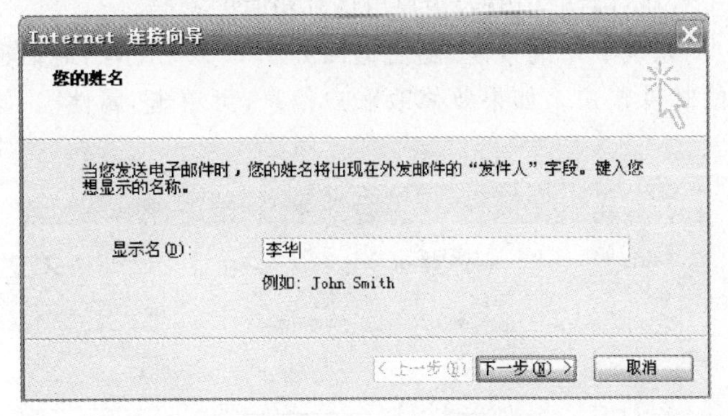

图 6.33　Internet 连接向导

③单击“下一步”，输入用户的电子邮件地址，如 lihua@126.com(参见图 6.34)。

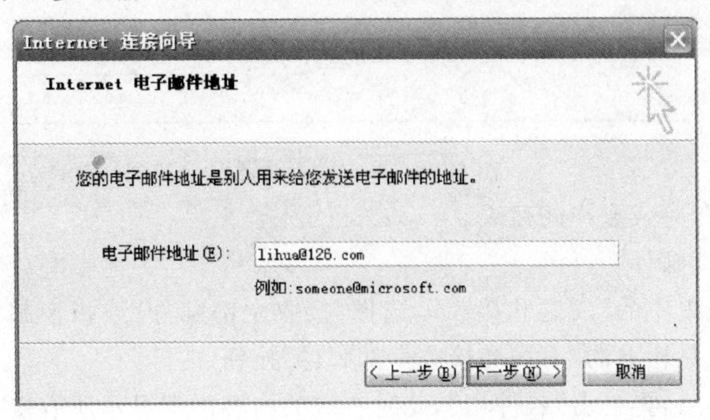

图 6.34　输入邮件地址对话框

④单击“下一步”，在如图 6.35 所示的对话框中输入用于接收和发送邮件的服务器的名称。该名称在申请邮箱的网站中一般都有注明或相关帮助。

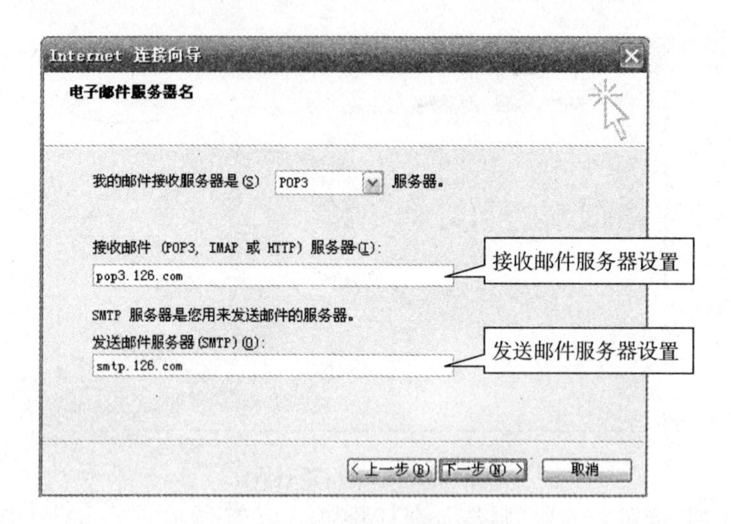

图 6.35　邮件服务器的配置

⑤单击“下一步”,在对话框中输入用户申请邮箱时的密码。

⑥单击“下一步”完成账户的设定,随之返回如图 6.36 所示的对话框。选择“邮件”选项,则显示刚建立的邮件账户。如果要修改账户信息,可单击“属性”。如果要继续添加账户,可重复以上步骤。

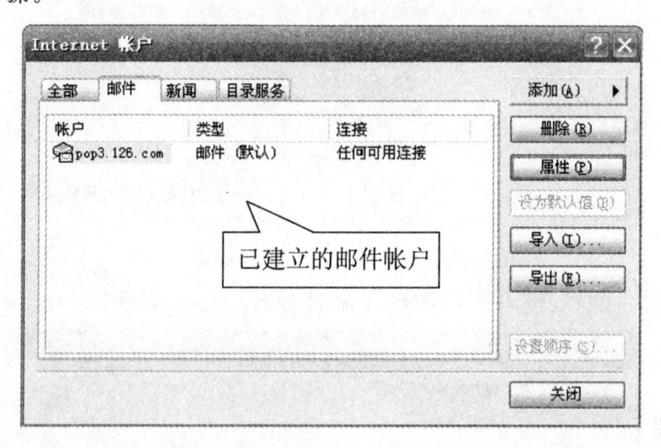

图 6.36　账户设置对话框

⑦单击“关闭”,完成账户的建立。

(2)接收和阅读邮件

单击“工具”菜单中的“发送和接收”,选择“接收全部邮件”或指定邮箱即可(如图 6.37 所示);也可单击工具栏上的“发送和接收全部邮件”按钮。

邮件下载完毕后,再单击“收件箱”,此时右端的内容区即显示所有接收到的邮件。单击某个邮件,即可在其下方的预览区显示出邮件的内容;也可双击该邮件,在单独的浏览窗口中查看。

(3)书写和发送邮件

单击工具栏左端的“写邮件”按钮,则出现如图 6.38 所示的邮件编辑窗口。

①收件人:在此输入收件人的电子邮箱地址。可直接输入邮件地址,也可单击“收件人”按钮,从通讯簿中选择。若用分号“;”将多个邮件地址隔开,则可以同时向多人发送邮件。

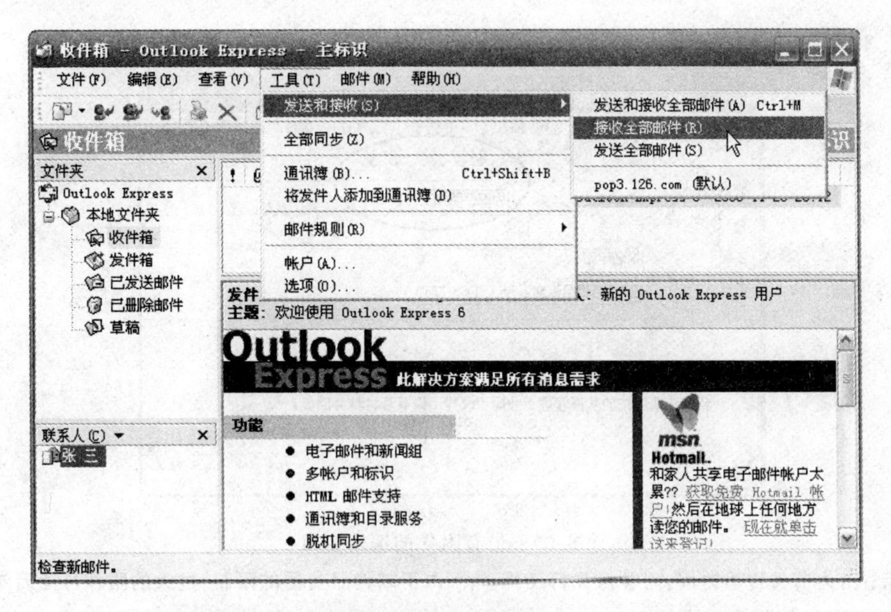

图 6.37　接收邮件

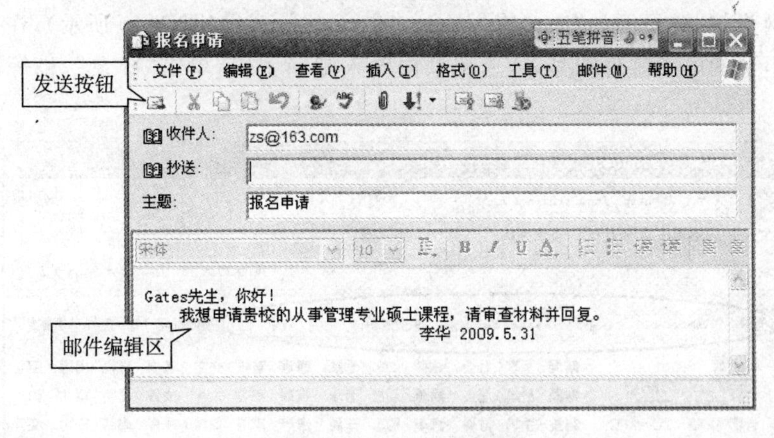

图 6.38　邮件编辑窗口

②抄送：抄送就是将所要发送的邮件同时发送给其他人，并且每个收件人都知道你把这封邮件发给了谁。

③主题：在不打开邮件的情况下，让收件人知道你发送的邮件的大概内容。

④邮件编辑区：书写邮件的区域。

邮件编辑完毕，单击工具栏上的“发送”按钮即可将邮件发送出去。

(4)答复和转发邮件

答复邮件：单击“邮件”菜单中的“答复发件人”即可打开邮件书写窗口。与新建邮件不同的是，收件人栏中会自动填入待回复的收件人的邮件地址和主题，并且保留原发件人的内容。

转发邮件：除了在“收件人”栏中不自动填入邮件地址之外，其他与答复完全相同。

(5)插入附件

附件是发件人要传送给收件人的文件，该文件可以是任何类型，如歌曲、Office 文档、程序等。插入附件的方法是：单击“插入”菜单中的“文件附件”或工单击具栏上的回形针按钮

(如图 6.39 所示),选择待插入的附件,最后单击"附件"以完成附件的插入。

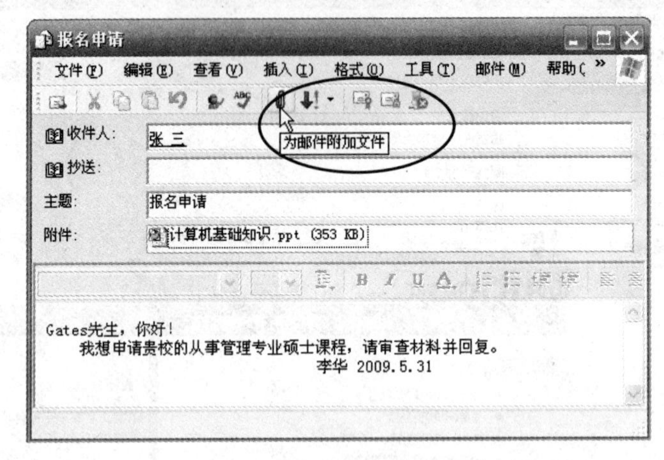

图 6.39 带有附件的编辑窗口

提示:① 为节省传输时间,附件应先行压缩。② 由于邮件服务器的限制,过大的附件可能无法发送。

2. 以 Web 方式管理邮件

以新浪网为例,登录网站"http://www.sina.com.cn"(如图 6.40 所示),在登录名处输入在新浪网申请的电子邮件账号,在密码框内输入邮箱密码,单击"登录",稍等即进入邮箱首页。

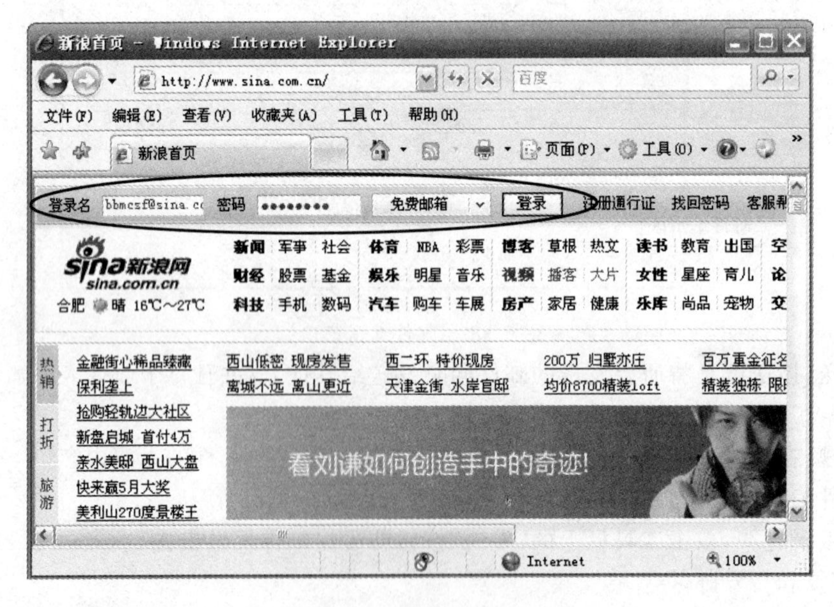

图 6.40 新浪网首页

现在的邮件服务器都提供了功能较强的服务器端邮件管理程序,用户可以像使用客户端邮件应用程序一样对邮件进行各种管理。

6.6　常用网络命令

许多网络操作系统都提供了基于 TCP/IP 协议的用于检测网络状态的命令行工具，掌握一些常用的网络命令行工具，可以帮助我们进行最简单的网络管理和配置维护。限于篇幅，本书只简单介绍几个网络命令的常用方法。

6.6.1　网络参数命令 IPconfig

在 Windows 操作系统中，经常使用 IPconfig 命令查看网络的参数配置信息，尤其是在使用动态主机配置协议 DHCP 自动获取网络参数后，可以使用“IPconfig/all”命令查看本机所自动获取的 IP 地址、子网掩码、DHCP 服务器地址、DNS 服务器地址等信息。

(1)命令行

Ipconfig [/all | /renew [adapter]| /release [adapter]]

(2)参数含义

/all：完整显示所有信息。在没有该选项的情况下 Ipconfig 只显示 IP 地址、子网掩码和每个网卡的默认网关值。

/renew [adapter]：更新 DHCP 配置参数。该选项只在运行 DHCP 客户端服务的系统上可用。如果要查看适配器参数，可用键入使用不带参数的 Ipconfig 命令显示的适配器配置信息。

如果没有参数，那么 Ipconfig 使用程序将向用户提供所有当前的 TCP/IP 配置值，包括 IP 地址和子网掩码。该命令在运行 DHCP 的系统上特别有用，允许用户与 DHCP 服务器进行交互。运行结果如图 6.41 所示。

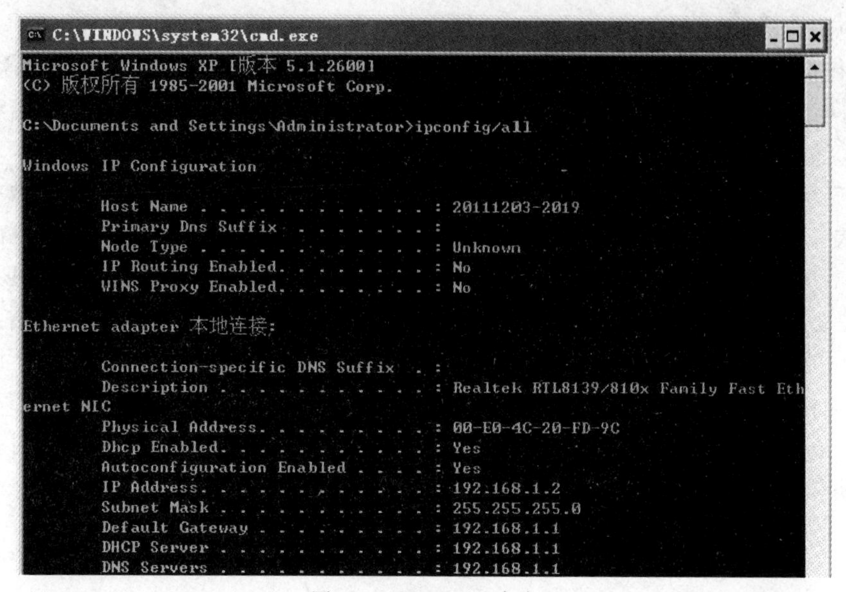

图 6.41　Ipconfig 命令

6.6.2 网络测试命令 Ping

Ping 命令通过向目的 IP 地址发送 ICMP(互联网控制报文协议)“回送请求”数据包，对方收到后发回“回送回答”数据包来测试网络连通性。

(1)命令行

Ping [.t] [.a] [.n count] [.l length] [.f] [.I ttl] [.v tos] [.r count] [.s count] [[.j computer.list] | [.k computer.list]] [.w timeout] destination.list

(2)参数含义

.t:检验与指定计算机的连接，直到用户中断。

.a:将地址解析为计算机名。

.n count:发送 count 指定的数量的回应报文，默认值是 4。

.l length:发送 length 指定的数据长度的回应报文。默认值为 64 字节，最大为 8192 字节。

.f:在包中发送“不分段”标志。该包将不被路由上的网关分段。

.I ttl:将“生存时间”字段设置为 ttl 指定的数值。

.v tos:将“服务类型”字段设置为 tos 指定的类型。

.r count:在“记录路由”字段中记录发出报文和返回报文的路由，指定的 count 值最小可以是 1，最大可以是 9。

.s count:指定由 count 指定的转发次数的时间戳。

.j computer.list:经过由“computer.list”指定的计算机列表的路由报文。中间网关可能分割连续的计算机(松散的源路由)，允许的最大 IP 地址数目是 9。

.k computer.list:经过由“computer.list”指定的计算机列表的路由报文。中间网关可能分割连续的计算机，允许的最大 IP 地址数目是 9。

(3)使用方法

在运行命令的命令行窗口中输入“Ping＋网址”(如 Ping www.sina.com.cn)，Ping 后面可以跟网站的域名或者是 IP 地址，输入以后直接按回车键，就可以检测是否能和远方的主机连通，如果 Ping 成功，就会显示如图 6.42 所示的画面。

图中显示结果表示网络是连通的，其中“bytes＝32”表示发送了 32 字节的数据，“time＜10ms”表示网络的延迟时间很低，“TTL＝128”表示 ICMP 数据包在网络中的生存时间。

如果不出现以上界面，而是显示如图 6.43 所示的“Request timed out”，则说明 Ping 不通，此时需要检查一下连接线路，分析网络故障出现的原因和可能有问题的网络结点。

利用“Ping 127.0.0.1”命令可以测试捆绑在“拨号网络适配器”上的 TCP/IP 协议是否正常工作。在命令提示行界面下输入“Ping 127.0.0.1”，如果出现“Reply from 127.0.0.1: byte＝32 time＜10ms TTL＝32”之类的回应则说明 TCP/IP 协议正常工作，否则就应当将 TCP/IP 协议删除并重新添加和配置。

```
C:\WINDOWS\system32\cmd.exe
Microsoft Windows XP [版本 5.1.2600]
(C) 版权所有 1985-2001 Microsoft Corp.

C:\Documents and Settings\Administrator>ping www.sina.com.cn

Pinging auriga.sina.com.cn [61.172.201.195] with 32 bytes of data:

Reply from 61.172.201.195: bytes=32 time=51ms TTL=246
Reply from 61.172.201.195: bytes=32 time=50ms TTL=246
Reply from 61.172.201.195: bytes=32 time=51ms TTL=246
Reply from 61.172.201.195: bytes=32 time=52ms TTL=246

Ping statistics for 61.172.201.195:
    Packets: Sent = 4, Received = 4, Lost = 0 (0% loss),
Approximate round trip times in milli-seconds:
    Minimum = 50ms, Maximum = 52ms, Average = 51ms

C:\Documents and Settings\Administrator>_
```

图 6.42　Ping 命令响应结果

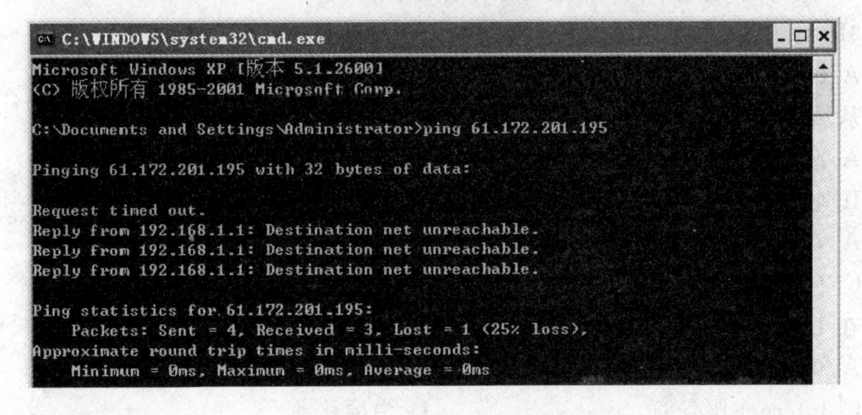

图 6.43　Ping 网络不通

习　题

一、单项选择题

1. 计算机网络最突出的特征是______。

A. 运算速度快　B. 运算精度高　C. 存储容量大　D. 资源共享

2. 局域网的英文缩写为______。

A. LAN　B. WAN　C. ISDN　D. NCFC

3. 两台计算机之间利用电话线路传输数据信号时,必需的设备是______。

A. 网卡　B. 调制解调器　C. 中继器　D. 同轴电缆

4. 在传输数据时,直接把数字信号送入线路进行传输称为______。

A. 调制　B. 单工通信　C. 基带传输　D. 频带传输

5. 在一条通信线路中可以同时双向传输数据的方式称为______。

A. 频带传输　B. 单工通信　C. 全双工通信　D. 半双工通信

6. 在数据通信系统的接收端,将模拟信号还原为数字信号的过程称为______。

A. 调制　B. 解调　C. 差错控制　D. 流量控制

7. 在局域网中，以集中方式提供共享资源并对这些资源进行管理的计算机称为______。
   A. 服务器　B. 工作站　C. 终端　D. 主机
8. 计算机网络按其地理覆盖范围分为______。
   A. 局域网、城域网和广域网　B. 广域网、校园网和局域网
   C. 局域网、校园网和城域网　D. 城域网、广域网和校园网
9. 为网络数据交换而制定的规则、约定和标准称为______。
   A. 协议　B. 文本　C. 文件　D. 软件
10. 关于 TCP/IP 的说法，不正确的是______。
    A. TCP/IP 协议定义了如何对传输的信息进行分组
    B. IP 协议专门负责按地址在计算机之间传递信息
    C. TCP/IP 协议包括传输控制协议和网际协议
    D. TCP/IP 是超本文传输协议
11. “IPv4”中的 IP 地址是由一组长度为______位的二进制数字组成。
    A. 8　B. 16　C. 32　D. 64
12. 从域名“www. bbmc. edu. cn”可以看出该站点是______。
    A. 政府部门　B. 军事机构　C. 商业机构　D. 教育部门
13. IE 收藏夹的作用是______。
    A. 存放电子邮件　B. 存储网页内容
    C. 存放网站的地址　D. 存放本机的 IP 地址
14. 在 Internet 中，ISP 指的是______。
    A. 电子邮局　B. 中国电信
    C. Internet 服务商　D. 中国移动
15. 在 IE 的历史记录中所保存的是______。
    A. 已浏览的页面内容　B. 已浏览的站点地址
    C. 本机的 IP 地址　D. 电子邮件地址
16. 当某人的电子邮件到达时，若他的计算机没有开机，则邮件______。
    A. 退回给发件人　B. 开机时对方重发
    C. 该邮件丢失　D. 存放在接收邮件服务器中
17. 电子邮件通信的双方______。
    A. 可以都没有电子信箱　B. 只要发送方有电子信箱即可
    C. 只要接收方有电子信箱即可　D. 双方都要有电子信箱
18. 在电子邮件中所包含的信息______。
    A. 只能是文字　B. 只能是文字与图形图像信息
    C. 只能是文字与声音信息　D. 可以是文字、声音和图形图像信息电子
19. E-mail 地址格式正确的表示是______。
    A. 主机地址@用户名　B. 用户名，用户密码
    C. 电子邮箱号，用户密码　D. 用户名@主机域名
20. 正确的 IP 地址是______。
    A. 127.0.0.1　B. 202.2.2.2.2　C. 202.202.1　D. 202.257.14.13

二、填空题

1. 计算机网络是计算机技术和____________技术相结合的产物。

2. 常见的网络拓扑结构有____________、____________、____________、____________。

3. Internet 提供的服务有________________、________________、________________、________________、________________。

4. 在 Internet 上，____________可以唯一标识一台主机。

5. URL 就是 Internet 上的资源地址，其格式为____________。

6. 某人的电子邮件地址是“lihua@126. com”，则其接收邮件服务器是____________。

7. 在 Internet 中，“WWW”的含义是____________。

8. 在计算机网络中，实现数字信号和模拟信号之间转换的设备是____________。

三、简答题

1. 什么是计算机网络？它有哪些功能？

2. Internet 的服务方式有哪些？Internet 接入类型有哪几种？

3. 解释网络协议的含义和 TCP/IP 协议的特点。

4. 什么是计算机局域网？它由哪几部分组成？

5. 列举影响网络安全的因素和主要防范措施。

四、操作题

1. 在实验机房局域网中练习设置共享文件夹并让同学访问。

2. 查看本机的 IP、网关、DNS 地址。

3. 练习使用 IE 浏览器，并将“http://www. bbmc. edu. cn”设置为主页。分别练习网页、文字、图片的下载与保存。

4. 访问“http://www. 163. com”，申请免费信箱，练习电子邮件的收、发、读、存及附件粘贴等。

第 7 章

信息技术与信息安全

【本章主要教学内容】

本章主要介绍了信息技术基础知识，计算机病毒、数据加密、数字签名和防火墙技术以及与信息安全相关的法律法规等。

【本章主要教学目标】

◆了解信息技术的基本常识。
◆了解信息安全的重要性、信息安全相关的法律法规。
◆熟悉数据加密、数字签名、防火墙的基本概念和基本原理。
◆掌握计算机病毒的概念、特点、分类及杀毒软件的使用方法。

7.1 信息技术与信息社会

7.1.1 信息技术概述

1.信息与数据

信息和数据是两个互相联系、互相依存又互相区别的概念。信息是对客观事物状态和特征的反映，是事物之间相互作用和联系的表征。数据是人们用来反映客观事实的可以识别的物理符号，它是信息的具体描述，是信息的载体。数据有文字、符号、数字、图形、声音等表现形式。数据经过加工处理之后，才能转化为信息；而信息必须通过数据才能传播，才能对人类产生影响。

信息的主要特征：

• 信息的传递需要物质载体；

• 信息可以感知；

• 信息可以存储、加工、传递、共享、扩散、再生和增值等。

2.信息技术

(1)信息技术的概念

信息技术是指人类获取、存储、加工、传递和利用信息的技术，它是融合现代计算机技术、通信技术、微电子技术和控制技术的一门综合性技术。

随着信息技术的不断发展，其内涵也在不断变化、不断拓展。联合国教科文组织对信息技术的定义是：应用在信息加工和处理中的科学、技术与工程的训练方法和管理技巧；上述方法和技巧的应用，涉及人与计算机的相互作用，以及与之相应的社会、经济和文化等诸种事务。

(2)信息技术的内容

信息技术包括基础层次的信息技术(如新材料技术、新能源技术)，支撑层次的信息技术(如机械技术、电子技术、激光技术、生物技术)，主体层次的信息技术(如通信技术、计算机技术、控制技术)，应用层次的信息技术(如文化教育、商业贸易、工农业生产、社会管理中用以提高效率和效益的各种自动化、智能化、信息化应用软件与设备)。应用层次的信息技术又称为信息应用技术，它广泛应用于生活、工作、教学和科研等各个领域，对人类社会的发展产生了巨大的影响。

(3)信息技术的发展

随着现代社会信息技术的不断发展进步，人们的学习、生活等各方面也发生了重大变化。

① 信息技术的发展历史。人类社会发展至今，已经经历了五次信息技术革命：

• 第一次信息技术革命是语言的使用；

• 第二次信息技术革命是文字的创造；

• 第三次信息技术革命是印刷的发明；

·第四次信息技术革命是电报、电话、广播、电视的发明和普及应用；

·第五次信息技术革命是计算机的普及应用以及计算机与通信技术的有机结合。

② 信息技术的发展趋势。

·高速、大容量。通信技术和计算机技术的发展速度越来越快、容量越来越大。

·综合化。综合化包括业务综合以及网络综合。

·数字化。目前数字化发展迅速，出现了各种新理论、新概念，如数字化世界、数字化地球等，而数字化最主要的优点就是便于大规模生产和综合。

·个人化。个人化主要指可移动性和全球性。一个人在世界任何一个地方都可以拥有同样的通信手段，可以利用同样的信息资源和信息加工途径。

在当今这个“信息爆炸”的时代，信息量越来越大，特别是随着多媒体技术的发展，各种文字、图形、声音、动画在全球范围内广泛传播。为了解决信息传递过程中“车多路窄”的拥挤现象，1993 年美国率先提出了建立信息高速公路的设想。所谓信息高速公路，是指利用大容量、高速率的光纤作为传播媒体，建立覆盖全国乃至全世界范围的光纤网络，通过各种通信手段，在政府机构、大学、研究机构、企业以至普通家庭之间实现计算机网络的互联互通，使所有社会成员都能随时得到他们所需要的信息。

目前，人们在家里，通过网络就可以上班办公；学生在任何地方都能享受到高质量的远程教育；电子商务不断普及，人们通过网络购买自己喜爱的商品，进行网上交易。信息技术的发展将显著地提高人们的生活水平和生活质量。

7.1.2 信息社会与信息化

1.信息社会的概念

信息社会也称信息化社会，是脱离工业化社会以后，信息起主要作用的社会。在农业社会和工业社会中，物质和能源是主要资源，整个社会所从事的是大规模的物质生产；而在信息社会中，信息成为比物质和能源更为重要的资源，以开发和利用信息资源为目的信息经济活动迅速扩大，并在国民经济中占据主导地位，构成社会信息化的物质基础。

2.信息社会的特点

①社会经济的主体由制造业转向以高新科技为核心的第三产业，信息和知识产业占据主导地位。

②劳动力主体不再是机械的操作者，而是信息的生产者和传播者。

③交易结算不再主要依靠现金，而是主要依靠信用。

④贸易不再局限于国内，跨国贸易和全球贸易将成为主流。

3.信息化

(1)信息化的概念

根据“2006－2020 年国家信息化发展战略”的定义，信息化是指充分利用信息技术，开发利用信息资源，促进信息交流和知识共享，提高经济增长质量，推动经济社会发展转型的历史进程。智能化工具又称信息化的生产工具，一般应具备信息获取、信息传递、信息处理、信息再生、信息利用的功能；与智能化工具相适应的生产力称为信息化生产力。

（2）信息化建设

信息化建设包括企业规模，企业在通讯、网站、电子商务方面的投入情况，在客户资源管理、质量管理体系方面的建设成就等。信息化建设是品牌生产、销售、服务等各环节的核心支撑平台，并随着信息技术在企业中应用的不断深入而越来越重要。

（3）信息化层次

① 产品信息化。产品信息化是信息化的基础，含两层意思：一是产品所含各类信息比重日益增大、物质比重日益降低；二是产品嵌入了更多智能化元器件，使产品具有强大的信息处理功能。

② 企业信息化。企业信息化是国民经济信息化的基础，指企业在各个环节广泛利用信息技术，并大力培养信息人才，完善信息服务，加速建设企业信息系统等。

③ 产业信息化。产业信息化是指传统产业广泛利用信息技术，大力开发和利用信息资源，建立各种类型的数据库和网络，实现产业内各种资源、要素的优化与重组，从而促进产业的升级。

④ 国民经济信息化。国民经济信息化是指在经济大系统内实现统一的信息大流动，使金融、贸易、投资、计划、通关、营销等组成一个信息大系统，使生产、流通、分配、消费等经济的四个环节通过信息进一步联成一个整体。

⑤ 社会生活信息化。社会生活信息化指包括经济、科技、教育、军事、政务、日常生活等在内的整个社会体系采用先进的信息技术，建立各种信息网络，大力开发有关人们日常生活的信息内容，丰富人们的精神生活，拓展人们的活动空间。

7.2　信息安全

7.2.1　信息安全概论

1.信息安全的概念

信息安全是指信息系统或信息网络中的硬件、软件及其系统中的数据受到保护，系统能连续可靠正常地运行，不因偶然的或者恶意的原因而遭到破坏、更改、泄露。信息安全是一门涉及计算机科学、网络技术、通信技术、密码技术、信息安全技术、应用数学和信息论等多种学科的综合性学科。

保证信息的保密性、真实性、完整性、未授权拷贝和所寄生系统的安全性是信息安全的主要内容。信息安全的根本目的就是使内部信息不受外部威胁，因此信息通常要加密。为保障信息安全，要求有信息源认证、访问控制，不能有非法软件驻留、非法操作等。

2.信息安全的重要性

信息作为一种资源，对于人类具有特别重要的意义。信息安全的实质就是要保护信息系统或信息网络中的信息资源免受各种类型的威胁、干扰和破坏，即保证信息的安全性。信息安全是任何国家、政府、部门、行业都必须十分重视的问题，是一个不容忽视的国家安全战略；但对于不同的部门和行业来说，其信息安全的重点和要求是不同的。

3.信息安全的主要威胁

信息安全的威胁很多，根据威胁的性质，基本上可以归纳为以下几个方面：

(1)信息泄露

受保护的信息被泄露或透露给某个非授权的实体。

(2)破坏信息的完整性

未经授权，数据被非法增删、修改或破坏。

(3)拒绝服务

信息使用者对信息或其他资源的合法访问被无条件地阻止。

(4)非授权访问

某一资源被某个非授权的主体或以非授权的方式使用。

(5)窃听

用各种合法或非法的手段窃取系统中的信息资源和敏感信息。

(6)假冒

通过欺骗系统或用户达到非法用户冒充合法用户，或者特权小的用户冒充特权大的用户的目的。

(7)旁路控制

攻击者利用系统的安全缺陷或安全性上的薄弱点获得非授权的权利或特权。

(8)授权侵犯

被授权以某一目的使用某一系统或资源的某个人，将此权限用于其他非授权的目的，也称作“内部攻击”。

(9)抵赖

这是一种来自用户的攻击，涵盖范围比较广泛，如否认自己曾经发布过的某条消息、伪造一份对方来信等。

(10)计算机病毒

这是一种在计算机系统运行过程中能够实现传染和破坏功能的程序，行为类似病毒，故称作计算机病毒。

4.信息安全的目标

①真实性:能对伪造来源的信息予以甄别。

②保密性:保证机密信息不被窃听，或窃听者不能了解信息的真实含义。

③完整性:保证数据的一致性和完整性，防止数据被非法用户篡改。

④可用性:保证合法用户对信息和资源的使用不会被不正当地拒绝。

⑤不可抵赖性:建立有效的责任机制，防止用户否认其行为。

⑥可控制性:对信息的传播及内容具有控制能力。

⑦可审查性:对出现的网络安全问题能提供调查的依据和手段。

5.信息安全威胁的主要来源

①自然灾害、意外事故。

②计算机犯罪。

③人为错误，比如使用不当、安全意识差等。

④“黑客”行为。

⑤内部泄密。

⑥外部泄密。

⑦信息丢失。

⑧电子谍报,如信息流量分析、信息窃取等。

⑨信息战。

⑩网络协议自身缺陷,例如TCP/IP协议的安全问题等。

7.2.2 数据加密与数字签名技术

1.数据加密技术

数据加密的基本思想就是伪装信息,使非法介入者无法理解信息的真正含义。通常,我们把没有加密的原始数据称为明文,将加密后的数据称为密文。数据加密包括加密和解密两个方面,加密指通过加密算法和加密密钥将明文转变为密文,而解密则是通过解密算法和解密密钥将密义恢复为明文。数据加密目前仍是计算机系统对信息进行保护的一种最可靠的办法,它利用密码技术对信息进行加密,实现信息隐蔽,从而起到保护信息安全的作用。数据加密技术是网络安全技术的基石。

任何一个数据加密系统至少包括四个部分:明文、密文、加密解密设备或算法、加密解密的密钥。数据加密过程如图7.1所示。

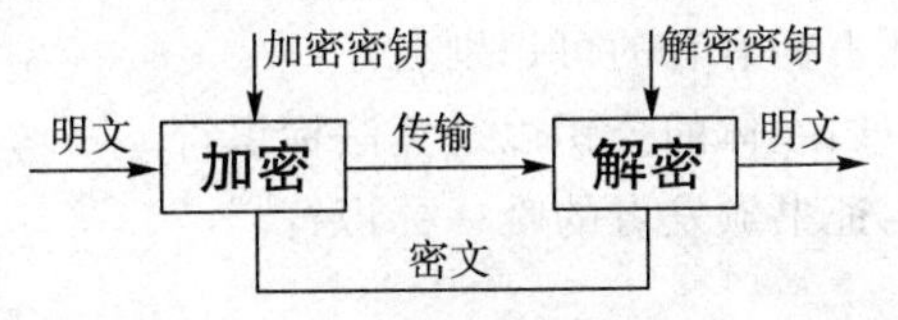

图7.1 数据加密解密过程

计算机加密技术包括密码算法和密钥两个核心内容。密码算法是将被加密信息与密钥结合,产生密文的有关公式、运算关系和法则等;密钥是用来对数据进行编码和解密的一种算法。根据密码算法所用的加、解密密钥是否相同,密码算法可分为密钥相同的常规密码体制(又称对称密码体制)和密钥不相同的公开密码体制。

2.数字签名技术

数字签名(Digital Signature)就是只有信息的发送者才能产生的、别人无法伪造的一段数字串,这段数字串同时也是对信息的发送者发送信息真实性的一个有效证明。数字签名技术是一种实现消息完整性认证和身份认证的重要技术,电子商务、电子政务、电子银行之类的应用要求有电子化的数字签名技术来支持。

数字签名的特点如下:

①不可抵赖:签名者事后不能否认自己签名的行为。

②不可伪造:签名应该是独一无二的,其他人无法伪造签名者的签名。

③不可重用:签名是消息的一部分,不能被挪用到其他文件上。

④完整性:数字签名的文件的完整性很容易验证。

数字签名技术是不对称加密算法的典型应用。数字签名的应用过程是数据源发送方使用自己的私钥对数据校验或其他与数据内容有关的变量进行加密处理,完成对数据的合法

“签名”，数据接收方则利用对方的公钥来解读收到的“数字签名”，并将解读结果用于对数据完整性的检验，以确认签名的合法性。数字签名技术是在网络系统虚拟环境中确认身份的重要技术，在技术和法律上有保证，完全可以代替现实过程中的“亲笔签字”。在数字签名应用中，发送者的公钥可以很方便地得到，但他的私钥则需要严格保密。

3. 数字证书

数字证书是包含了用户的身份信息，由权威认证中心(CA)签发，主要用于数字签名的一个数据文件，相当于一个网上身份证，能够帮助网络上各终端用户表明自己的身份和识别别人的身份。

(1)数字证书的内容

数字证书中一般包含证书持有者的名称、公开密钥、认证中心的数字签名等。国际电信联盟(ITU)在其指定的 X.509 标准中，对数字证书进行了详细的定义。

一个标准的 X.509 数字证书包含以下主要内容：

① 证书版本号：标识证书的版本(版本 1、版本 2 或版本 3)。

② 证书序列号：由证书颁发者分配的本证书的唯一标识符。

③ 证书所使用的签名算法：由对象标识符加上相关的参数组成，用于说明本证书所用的数字签名算法。

④ 证书颁发者：证书颁发者的可识别名(DN)。

⑤ 证书有效期：证书有效期的时间段。

⑥ 证书所有者名称：证书拥有者的可识别名。

⑦ 证书所有者公钥信息：主体的公钥以及算法标识符。

⑧ 颁发者唯一标识符：证书颁发者的唯一标识符。

(2)数字证书的作用

数字证书提供了一种在网上验证身份的方式。数字证书体制主要采用了公开密钥体制，其他还包括对称密钥加密、数字签名、数字信封等技术。我们使用数字证书，通过运用对称和非对称密码体制等密码技术建立起一套严密的身份认证系统，从而保证：

① 信息除发送方和接收方外不被其他人窃取。

② 信息在传输过程中不被篡改。

③ 发送方能够通过数字证书来确认接收方的身份。

④ 发送方对于自己的信息不能抵赖。

(3)数字证书的管理

数字证书是由权威机构签发，能提供在 Internet 上进行身份验证的一种权威性电子文档。在数字证书认证的过程中证书认证中心作为权威的、公正的、可信赖的第三方，其作用是至关重要的。国家工业和信息化部陆续向天威诚信数字认证中心等 30 家相关机构颁发了从业资质。

数字证书一般分为个人数字证书和单位数字证书，申请的证书类别包括电子邮件保护证书、代码签名数字证书、服务器身份验证和客户身份验证证书等。

7.2.3 防火墙技术

1. 防火墙的基本原理

所谓防火墙指的是一个由软件和硬件设备组合而成、在内部网和外部网之间、专用网与公共网之间的界面上构造的保护屏障，防火墙使 Internet 与 Intranet 之间建立了一个安全网关(Security Gateway)，从而保护内部网关免受非法用户的侵入，是一种获取安全性方法的形象说法。防火墙主要由服务访问规则、验证工具、包过滤和应用网关四个部分组成。

防火墙实际上是一种隔离技术，是一种将内部网和公众网(如 Internet)分开的方法。防火墙允许用户“同意”的人和数据进入网络，同时拒绝用户“不同意”的人和数据，最大限度地阻止网络中的黑客的访问。如果不通过防火墙，公司内部的人就无法访问 Internet，Internet 上的人也无法和公司内部的人进行通信。防火墙的结构如图 7.2 所示。

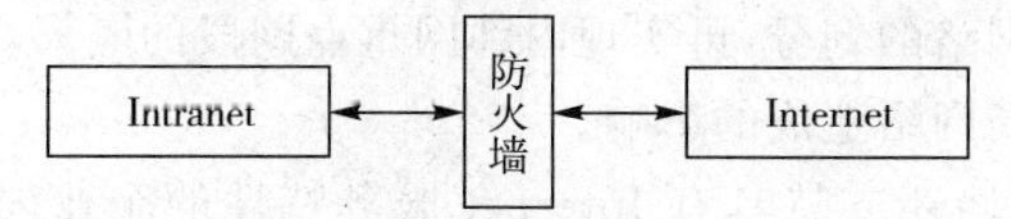

图 7.2　防火墙的结构

防火墙一般具有以下特征：

(1)内部网络和外部网络之间所有网络数据流都必须经过防火墙

这是防火墙所处网络的位置特性，同时也是一个前提。只有当防火墙是内、外部网络之间通信的唯一通道时，才能全面、有效地保护企业内部网络不受侵害。

(2)只有符合安全策略的数据流才能通过防火墙

防火墙最基本的功能是确保网络流量的合法性，并在此前提下将网络流量快速地从一条链路转发到另外一条链路上去。

(3)防火墙自身应具有非常强的抗攻击免疫力

这是防火墙之所以能担当企业内部网络安全防护重任的先决条件。防火墙处于网络边缘，它就像一个边界卫士一样，时刻都要面对黑客的入侵，因此要求防火墙自身要具有非常强的抗击入侵能力。

实现防火墙网络安全策略时，有两条可以遵循的规则：

(1)未被明确允许的都将被禁止。

(2)未被明确禁止的都将被允许。

前一种规则建立了一个非常安全的环境，只有选择的服务才被允许，其缺点是不易使用，提供给用户选择的范围很小。后一种规则建立了一个非常灵活的环境，能给用户提供更多的服务，缺点是一些没有预料到的危险可能会影响网络的安全。

2. 防火墙的功能

(1)防火墙能控制计算机网络中不同信任程度区域间传送的数据流

防火墙对流经它的网络通信进行扫描，能够过滤部分攻击，避免其在目标计算机上被执行。防火墙可以关闭不使用的端口，禁止特定端口的流出通信；禁止来自特殊站点的访问，从而防止来自不明入侵者的攻击。

(2)防火墙作为网络安全的屏障

防火墙作为阻塞点和控制点能极大地提高一个内部网络的安全性,并通过过滤不安全的服务而降低风险。

(3)防火墙可以强化网络安全策略

以防火墙为中心的安全方案,将所有安全软件(如口令、加密、身份认证、审计等)都配置在防火墙上,这种集中安全管理比将网络安全问题分散到各个主机上更经济。

(4)防火墙可以对网络存取和访问进行监控审计

如果所有的访问都经过防火墙,那么防火墙就能记录下这些访问并做出日志记录,同时也能提供网络使用情况的统计数据。当发生可疑动作时,防火墙能进行适当的报警,并提供网络是否受到监测和攻击的详细信息。另外,收集一个网络的使用和误用情况也是非常重要的。

(5)防火墙可以防止内部信息的外泄

利用防火墙对内部网络的划分,可实现内部网重点网段的隔离,从而限制了局部重点或敏感网络安全问题对全局网络造成的影响。

除了安全作用,防火墙还支持具有 Internet 服务特性的企业内部网络技术体系 VPN(虚拟专用网)。

3.防火墙的局限性

①防火墙不能防范不经过防火墙的攻击。

②防火墙不能解决来自内部网络的攻击和安全问题。

③防火墙不能防止策略配置不当或错误配置引起的安全威胁。

④防火墙不能防止可接触的人为或自然的破坏。

⑤防火墙不能防止利用标准网络协议中的缺陷进行的攻击。

⑥防火墙不能防止利用服务器系统漏洞所进行的攻击。

⑦防火墙不能禁止受病毒感染的文件的传输。

⑧防火墙不能防止数据驱动式的攻击。

⑨防火墙不能防止内部的泄密行为。

⑩防火墙不能防止本身的安全漏洞的威胁。

7.2.4 信息网络的道德意识与道德建设

由于计算机网络的开放性和方便性,人们可以轻松地从网络获取信息或向网络发布信息,但同时也很容易干扰和破坏其他网络活动,影响参加网络活动的其他人的生活。因此,要求网络活动的参加者具有良好的品德和严格的自律,树立和培养健康的网络道德,遵守国家有关的法律法规。

1.网络道德

网络道德作为一种实践精神,是人们对网络持有的意识态度、网上行为规范、评价选择等构成的价值体系,是一种用来正确处理、调节网络社会关系和秩序的准则。网络道德的目的是按照善的法则创造性地完善社会关系和自身,其社会需要除了规范人们的网络行为之外,还包括提升和发展自己内在精神的需要。

网络道德的基本原则：诚信、安全、公开、公平、公正、互助。

“网络社会”生活是一种特殊的社会生活，正是由于它的特殊性决定了“网络社会”生活中的道德具有不同于现实社会生活中的道德的特点，具体包括：

(1)自主性

与现实社会的道德相比，“网络社会”的道德呈现出一种更少依赖性、更多自主性的特点与趋势。

(2)开放性

与现实社会的道德相比，“网络社会”的道德呈现出一种不同道德意识、道德观念和道德行为之间经常性的冲突、碰撞和融合的特点与趋势。

(3)多元性

与传统社会的道德相比，“网络社会”的道德呈现出一种多元化、多层次化的特点与趋势。

现在，通常使用网络的人们约定的网络道德有以下几条：

①不应使用计算机危害他人。

②不应干涉他人的计算机工作。

③不应窥视他人的计算机文件。

④不应使用计算机进行盗窃活动。

⑤不应使用计算机作伪证。

⑥不应拷贝或使用没有付费的版权的所有软件。

⑦不应在未经授权或在没有适当补偿的情况下使用他人的计算机资源。

⑧不应挪用他人的智力成果。

⑨应注意编写的程序或设计的系统所造成的社会后果。

⑩使用计算机时应考虑并尊重他人。

2.与网络相关的法律法规

在网络操作和应用中应自觉遵守国家的有关法律法规，自觉遵守各级网络管理部门制定的有关管理方法和规章制度。

(1)知识产权保护

知识产权是一种无形财产权，是从事智力创造性活动取得成果后依法享有的权利。知识产权通常分为两部分，即“工业产权 ”和“版权 ”。根据1967年在斯德哥尔摩签订的《建立世界知识产权组织公约》的规定，知识产权包括对下列各项知识财产的权利：文学、艺术和科学作品；表演艺术家的表演及唱片和广播节目；人类一切活动领域的发明；科学发现；工业品外观设计；商标、服务标记以及商业名称和标志；制止不正当竞争以及在工业、科学、文学或艺术领域内由于智力活动而产生的一切其他权利。总之，知识产权涉及人类一切智力创造的成果。

从法律上讲，知识产权具有三种特征：

①地域性。地域性即除签署有国际公约或双边、多边协定外，依一国法律取得的权利只能在该国境内有效，受该国法律保护。

②独占性或专有性。独占性或专有性即只有权利人才能享有，他人不经权利人许可不得享有。

③时间性。各国法律对知识产权分别规定了一定期限，期满后则权利自动终止。

为了保护智力劳动成果，促进发明创新，早在一百多年前，国际上已开始建立保护知识产权制度。1883 年在巴黎签署了《保护工业产权巴黎公约》，1886 年在瑞士伯尔尼签署了《保护文学艺术作品伯尔尼公约》，1891 年在马德里签署了《商标国际注册马德里协定》。此外还先后签署了《工业品外观设计国际保存海牙协定》(1925 年)、《商标注册用商品和服务国际分类尼斯协定》(1957 年)、《保护原产地名称及其国际注册里斯本协定》(1958 年)、《专利合作条约》(1970 年)、《关于集成电路的知识产权条约》(1989 年)等。

20 世纪 80 年代，中国开始逐步建立知识产权制度。1983 年 3 月，中国施行了商标法；1985 年 4 月施行了专利法；1990 年 9 月又颁布了著作权法。中国于 1980 年加入了世界知识产权组织，于 1985 年参加了《保护工业产权巴黎公约》。1990 年 12 月，中国知识产权研究会成立。1992 年 1 月，中美两国政府签署了《关于保护知识产权备忘录》。至 1994 年 5 月，中国已经加入了《商标国际注册马德里协定》、《专利合作条约》、《保护文学艺术作品伯尔尼公约》、《世界版权公约》等保护知识产权的主要国际公约。

(2)保密法规

Internet 的安全性能对用户进行网络互联时如何确保国家秘密、商业秘密和技术秘密提出了挑战。国家保密局 2000 年 1 月颁布实施了《计算机信息系统国际联网保密管理规定》，该规定是国家颁布的关于计算机信息系统国际互联网保密内容的管理规定。它明确规定了哪些泄密行为或哪些信息措施不当造成泄密的行为触犯了法律，如该规定第二章保密制度的第六条规定："涉及国家秘密的计算机信息系统，不得直接或间接地与国际互联网或其他公共信息网络相连接，必须实行物理隔离。"国家有关信息安全的法律、法规要求人们加强计算机信息系统的保密管理，以确保国家、企业秘密的安全。

(3)防止和制止网络犯罪的法规

网络犯罪是指行为人运用计算机技术，借助于网络对其系统或信息进行攻击，破坏或利用网络进行其他犯罪的总称。网络犯罪既包括行为人运用其编程、加密、解码技术或工具在网络上实施的犯罪，也包括行为人利用软件指令、网络系统或产品加密等技术及法律规定上的漏洞在网络内外交互实施的犯罪，还包括行为人借助于其居于网络服务提供者特定地位或其他方法在网络系统实施的犯罪。总之，网络犯罪是针对和利用网络进行的犯罪，网络犯罪的本质特征是危害网络及网络信息的安全与秩序。

我国《刑法》第二百八十六条规定："违反国家规定，对计算机信息系统功能进行删除、修改、增加、干扰，造成计算机信息系统不能正常运行，后果严重的，处五年以下有期徒刑或者拘役；后果特别严重的，处五年以上有期徒刑。违反国家规定，对计算机信息系统中存储、处理或者传输的数据和应用程序进行删除、修改、增加的操作，后果严重的，依照前款的规定处罚。故意制作、传播计算机病毒等破坏性程序，影响计算机系统正常运行，后果严重的，依照第一款的规定处罚。"

网络犯罪是一类犯罪的统称，要根据具体实施的犯罪行为进行定罪量刑，如利用网络实施诈骗的以诈骗罪定罪量刑，利用网络实施盗窃的以盗窃罪定罪量刑，利用网络侵犯知识产权的以侵犯知识产权犯罪定罪量刑等。

(4)信息网络传播权

信息网络传播权是指以有线或者无线方式向公众提供作品、表演或者录音录像制品，使公众可以在其个人选定的时间和地点获得作品、表演或者录音录像制品的权利。

为保护著作权人、表演者、录音录像制作者(以下统称权利人)的信息网络传播权,鼓励有益于社会主义精神文明、物质文明建设的作品的创作和传播,我国自2006年7月1日起施行了《信息网络传播权保护条例》(以下简称《条例》)。《条例》共27条,包括合理使用、法定许可、避风港原则、版权管理技术等一系列内容,更好地区分了著作权人、图书馆、网络服务商、读者各自可以享受的权益,使网络传播和使用有法可依。《条例》的出台与实施,意味着我国的网络信息传播开始迈入规范化发展的轨道,是我国网络信息产业发展历史中一个重要的里程碑。

7.3 计算机病毒

7.3.1 计算机病毒基础知识

1.计算机病毒的概念

我国于1994年2月18日颁布实施的《中华人民共和国计算机信息系统安全保护条例》第二十八条对计算机病毒有明确的定义:"计算机病毒是指编制或在计算机程序中插入的破坏计算机功能或者损坏数据,影响计算机使用,并能自我复制的一组计算机指令或程序代码。"

从计算机病毒的概念中,可以看出:

①计算机病毒是一段程序代码。

②计算机病毒具有传染性,可以传染其他文件。

③计算机病毒是某些人专门编制的、具有一些特殊功能的程序或程序代码片段。

与医学上的"病毒"不同,计算机病毒不是天然存在的,是某些人利用计算机软件和硬件所固有的脆弱性编制的一组指令或程序代码。它能通过某种途径潜伏在计算机的存储介质(或程序)里,当达到某种条件时即被激活,通过修改寄主程序的方法将自己的精确拷贝或者可能演化的形式放入寄主程序中,从而感染寄主程序,对计算机资源进行破坏。

2.计算机病毒的特点

(1)破坏性

计算机病毒在发作时都具有不同程度的破坏性,可能会使正常的程序无法运行,计算机内的文件会被删除或受到不同程度的损坏,甚至导致计算机系统瘫痪。

(2)传染性

计算机病毒不但本身具有破坏性,还具有传染性,一旦计算机病毒被复制或产生变种,其传播速度之快是难以想象的。计算机病毒一旦进入计算机并得以执行,它就会搜寻符合其传染条件的程序或存储介质,确定目标后即将自身代码插入其中,以达到自我繁殖的目的。只要一台计算机染毒,如不及时处理,计算机病毒就会通过各种可能的渠道,如移动存储介质、计算机网络去传染其他的计算机。当一台计算机上发现了病毒,可能在这台计算机上用过的U盘、与这台机器相联网的其他计算机都已感染病毒,是否具有传染性是判断一个程序是否为计算机病毒的最重要条件。

(3)潜伏性

潜伏性包括两种含义，一种含义是指计算机病毒进入系统之后一般不会马上发作，一旦时机成熟，得到运行机会，才会繁殖、扩散，产生破坏性；另一种含义是计算机病毒的内部往往有一种触发机制，不满足触发条件时，计算机病毒除了传染外不做任何破坏，触发条件一旦得到满足，则产生破坏性。

(4)隐蔽性

计算机病毒具有很强的隐蔽性，有的可以通过杀毒软件检查出来，有的很难查出来，还有的时隐时现、变化无常。隐蔽性强的病毒处理起来通常很困难。

(5)寄生性

计算机病毒寄生在其他程序之中，当执行这个程序时，病毒才起破坏作用，而在未启动这个程序之前，它是不易被人发觉的。

(6)可触发性

某个事件或数值的出现，诱使计算机病毒实施感染或进行攻击的特性称为可触发性。计算机病毒具有预定的触发条件，这些条件可能是时间、日期、文件类型或某些特定数据等。病毒运行时，触发机制检查预定条件是否满足，如果满足，启动感染或破坏动作；如果不满足，病毒继续潜伏。

(7)针对性

计算机病毒一般都针对特定操作系统，还有的针对特定应用程序。如果攻击的对象不是该计算机病毒的针对目标，则这种病毒就不会发作。如大多数病毒都针对 Windows 操作系统，那么它们在使用 Unix 操作系统的计算机上就会失效。

3.感染计算机病毒后的危害与症状

计算机病毒会引起计算机资源的损失和破坏，不但造成了资源和财富的巨大浪费，而且还有可能导致社会性的灾难。随着信息化社会的发展，计算机病毒的威胁日益严重，反病毒的任务也更加艰巨。1988 年 11 月 2 日下午 5 时 1 分 59 秒，美国康奈尔大学的计算机科学系研究生，23 岁的莫里斯(Morris)将其编写的蠕虫程序输入计算机网络，致使这个拥有数万台计算机的网络被堵塞。这件事就像是计算机界的一次大地震，震惊了全世界，引起了人们对计算机病毒的恐慌，也使更多的计算机专家重视和致力于对计算机病毒的研究。1988 年下半年，我国在统计局系统首次发现了“小球”病毒，它对统计系统影响极大。此后由于计算机病毒发作而引起的“病毒事件”接连不断，如“CIH”、“熊猫烧香”等病毒更是给社会造成了巨大损失。

计算机感染病毒后，一般会表现出一定的症状，了解这些症状有利于我们及时发现病毒、清除病毒。目前，常见的感染病毒后的症状包括：

①计算机系统运行异常，如运行(启动)速度变慢、经常无故死机、键盘输入异常、时钟倒转、操作系统无故频繁出现错误、系统异常重启、异常要求用户输入密码等。

②屏幕显示异常。

③磁盘存储异常，如系统不识别硬盘、对存储系统访问异常、存储设备的容量异常减少。

④文件异常，如文件的日期(时间、属性)等发生变化，文件无法正确读取、复制或打开，文件长度发生变化，丢失文件或文件损坏等。

⑤外部设备使用异常，如系统无法找到打印机等。

⑥网络异常，如网速突然变慢、网络连接错误、大量站点无法访问等。

⑦应用软件出现异常，如 Word 或 Excel 提示执行“宏”、命令执行出现错误等。

对于微型计算机，早期的计算机病毒破坏行为明显，目前的计算机病毒以“木马”居多，以窃取用户信息为目的，用户仅从症状方面很难发现。

4. 计算机病毒的传播途径

计算机病毒最本质的特征之一是传染性，它的传播途径通常有以下几种：

(1)硬盘

硬盘是传播计算机病毒的主要途径，一般是硬盘感染病毒后，再通过其他途径如网络、U 盘等，传染其他计算机。

(2)光盘

光盘容量大，可存储大量的可执行文件，且便于移动，因此病毒藏身于光盘的可能性较大。对只读光盘，不能进行写操作，所以光盘上的病毒不能清除。非法盗版软件以谋利为目的，制作过程中不可能进行病毒防护，也没有可靠可行的技术手段避免病毒的传入、传染、流行和扩散。盗版光盘的泛滥给病毒的传播带来了很大的便利。

(3)网络

网络传播病毒的速度极快，能在很短时间内把病毒传遍网络上所有的计算机。随着 Internet 的普及，病毒的传播更加迅速，反病毒的任务也更加艰巨。Internet 中主要有两种不同的安全威胁，一种威胁来自文件下载，这些被浏览或是被下载的文件中可能存在病毒；另一种威胁来自电子邮件，大多数 Internet 邮件系统提供了在网络间传送附带格式化文档邮件的功能，因此，感染病毒的文档或文件就可能通过网关和邮件服务器涌入企业网络，网络使用的简易性和开放性使得这种威胁越来越严重。

(4)移动存储设备

随着计算机硬件技术的发展，移动存储设备向体积小、重量轻、容量大、价格便宜的方向发展，移动存储设备的使用更加普及，而以移动存储设备为媒介，计算机病毒的传播也更加方便。移动存储设备与计算机频繁的数据交互，增加了病毒传播的风险和几率。

7.3.2　计算机病毒的分类

从第一个计算机病毒问世至今，计算机病毒至少有 10 万种以上，并且计算机病毒的数目仍在不断增加。根据计算机病毒的特点，可以把计算机病毒分为若干类型，以下是一些典型的分类方法：

1. 按计算机病毒的链接方式分类

(1)源码型病毒

源码型病毒攻击高级语言编写的程序，该病毒在高级语言所编写的程序编译前插入到源程序中，经编译成为合法程序的一部分，此时刚刚生成的可执行文件已经感染了病毒。

(2)嵌入型病毒

嵌入型病毒是将自身嵌入到现有程序中，把计算机病毒的主体程序与其攻击的对象以插入的方式链接。这种计算机病毒是很难编写的，一旦侵入程序体后也较难消除。

(3)外壳型病毒

外壳型病毒将其自身附在主程序的开头或结尾,对原来的程序不做修改。这种病毒最为常见,易于编写,也易于发现,一般测试文件的大小即可判断。

(4)操作系统型病毒

操作系统型病毒用其自身加入或取代操作系统的部分功能,具有很强的破坏力,可以导致整个系统的瘫痪。“大麻”病毒就是典型的操作系统型病毒。

2. 按计算机病毒的破坏情况分类

(1)良性计算机病毒

良性病毒是指不包含立即对计算机系统产生直接破坏作用的程序代码的病毒。这类病毒为了表现其存在,只是不停地进行扩散,从一台计算机传染到另一台,但并不破坏计算机中的程序和数据资料。

(2)恶性计算机病毒

恶性病毒代码中包含破坏计算机系统的操作,在其传染或发作时会对系统产生直接的破坏作用。这类病毒很多,如“米开朗基罗”病毒。该病毒发作时,硬盘的前 17 个扇区将被彻底破坏,整个硬盘上的数据无法被恢复,造成的损失是无法挽回的。因此这类恶性病毒是很危险的,应当注意防范。

良性、恶性都是相对而言的。良性病毒取得系统控制权后,会导致整个系统运行效率降低,系统可用内存总数减少,它还会与操作系统和应用程序争抢 CPU 的控制权,因此不能轻视所谓良性病毒对计算机系统造成的损害。

3. 按计算机病毒寄生方式分类

(1)引导型病毒

引导型病毒是指寄生在磁盘引导区或主引导区的计算机病毒。此类病毒在引导系统的过程中侵入系统,驻留内存,监视系统运行,待机传染和破坏,破坏性大。按照引导型病毒在硬盘的寄生位置又可细分为主引导记录病毒和分区引导记录病毒。主引导记录病毒感染硬盘的主引导区,如“大麻”病毒;分区引导记录病毒感染硬盘的活动分区,如“小球”病毒。

(2)文件型病毒

文件型病毒是指能够寄生在文件中的计算机病毒。这类病毒程序感染可执行文件或数据文件。如“1575/1591”病毒感染 com 和 exe 等可执行文件,“Macro/Concept”、“Macro/Atoms”等宏病毒感染 doc 文件。

(3)复合型病毒

复合型病毒是指兼具有引导型病毒和文件型病毒特点的计算机病毒。这种病毒扩大了病毒程序的传染途径,它既感染磁盘的引导记录,又感染可执行文件,因此在检测、清除复合型病毒时,必须全面彻底地根治。“Flip”病毒、“新世纪”病毒、“One-half”病毒都属于复合型病毒,这类病毒破坏性大、传染能力强,防治也更困难。

7.3.3 计算机病毒的防治

1. 防范计算机病毒

计算机病毒种类繁多、攻击性强、破坏强度大,不仅能篡改、破坏计算机系统的文件和数据资料，而且对硬件也有相当程度的破坏，给社会和国家带来了巨大损失。

防范计算机病毒是一项非常艰巨的工作，它包括预防计算机病毒的侵入、阻止计算机病毒的传播、及时清除计算机病毒等工作，其中预防病毒的侵入尤为重要。计算机感染病毒就像人生病一样，人生病之后，即使及时治愈，再恢复到生病前的状态也是需要很长时间甚至是不可能的。计算机感染病毒后，即使杀毒软件功能再强大，也很难把硬盘上删除的程序和数据资料完全恢复。因此，防范计算机病毒的侵入是保障计算机（信息）安全的首要工作。

计算机病毒的预防一般分为两个方面：从管理上预防和从技术上预防。

（1）从管理上预防计算机病毒

计算机病毒是人为制造的，我国有关法律法规对制造和传播计算机病毒的行为都给予了相关的处罚，有关部门应对计算机用户和相关技术人员进行法律法规教育，使他们从思想上认清制造和传播计算机病毒给社会带来的危害性。

高等学校的学生要遵守国家的相关规定，不制作、不传播计算机病毒，不设置破坏性程序，不攻击计算机系统及通信网络；不阅读、不复制、不传播、不制作妨碍社会治安和污染社会环境的暴力、色情等有害信息；端止对网络的认识，不断强化自律意识，自觉抵制不良影响，规范上网行为，不访问不良网站，养成良好的网络道德习惯。

（2）从技术上预防计算机病毒

① 不使用来历不明的光盘和移动存储设备。

② 对重要的数据文件应及时备份，这样计算机被病毒感染后，还能利用备份重新恢复。

③ 建立良好的安全习惯。如对一些来历不明的邮件及附件不要打开，不要访问不太了解的网站，更不能访问非法、色情、暴力网站，不要执行从 Internet 下载后未经杀毒处理的软件等。

④ 关闭或删除系统中不需要的服务。默认情况下，许多操作系统会安装一些辅助服务，如 FTP 客户端、Telnet 和 Web 服务器等。这些服务为攻击者提供了方便，但对用户没有太大用处；删除它们，就可以大大减少系统被攻击的危险性。

⑤ 用户应安装个人防火墙软件。随着网络的发展，用户计算机面临的黑客攻击问题也越来越严重，因此，用户应该安装个人防火墙软件，将安全级别设为中、高，这样能有效地防止网络上的黑客攻击。

⑥ 安装专业的杀毒软件进行全面监控。在病毒日益增多的今天，使用杀毒软件进行系统防护，是经济的选择。用户安装杀毒软件之后，应该经常进行升级，并开启主要监控功能，如邮件监控、内存监控等，遇到问题要上报，这样才能真正保障计算机的安全。

⑦ 迅速隔离受感染的计算机。当发现计算机感染病毒或异常时应立刻断网，以防止计算机受到其他感染，或者成为传播源，感染网络中的其他计算机。

⑧ 使用复杂的密码。有许多网络病毒就是通过破解简单密码的方式攻击系统的，因此使用复杂的密码将会大大提高计算机的安全系数。

⑨ 经常升级安全补丁。据统计，有 80％的网络病毒是通过系统安全漏洞进行传播的，像“蠕虫王”、“冲击波”、“震荡波”等，所以应该定期下载最新的安全补丁，防患于未然。

学习、了解计算机病毒知识，有利于我们预防和及时发现病毒并采取相应措施，在关键时刻使自己的计算机免受病毒破坏。如果了解一些注册表知识，就可以定期查看注册表的自启动项是否有可疑键值；如果了解一些内存知识，就可以经常看看内存中是否有可疑的进程或程序。

2.计算机病毒的检测与清除

当计算机出现感染病毒症状时，我们需要进行计算机病毒检测，平时无明显破坏症状时，也应该经常进行病毒检测。计算机病毒检测技术是通过相关的技术手段识别判断病毒的一种技术，目前主要有两种检测方法：用户人工检测和使用杀毒软件检测。

(1)人工检测技术

如何检查计算机是否感染病毒呢？用户可利用360卫士等工具软件作为辅助，采用以下检查步骤：

① 检查进程。检查计算机是否感染病毒首先排查的就是进程。

• 开机后，不启动任何程序直接打开任务管理器，查看有无可疑的进程，不认识的进程可以使用Google或者百度查询其作用。

• 利用工具软件，先查看是否有隐藏进程，再检查系统进程的路径是否正确。

② 检查自启动项目。进程排查完毕，如果没有发现异常，则排查启动项。

• 用msconfig查看是否有可疑的服务，单击“开始”→“运行”，输入“msconfig”，切换到“服务”选项卡，勾选“隐藏所有Microsoft服务”复选框，然后逐一确认剩余的服务是否正常(可以凭经验识别，也可以利用搜索引擎查询)。

• 用msconfig查看是否有可疑的自启动项，切换到“启动”选项卡，逐一排查。

• 用Autoruns等查看更详细的启动项信息，包括服务、驱动和自启动项、IEBHO等信息。

③ 检查CPU时间。如果开机以后，系统运行缓慢，还可以用CPU时间做参考，寻找除System Idle Process和System以外CPU时间较大的进程，对此类进程需要引起一定的警惕。

④ 检查网络连接。连接到Internet后，直接用工具软件的网络连接查看是否有可疑的连接。如发现IP地址异常，则关掉系统中可能使用网络的程序(如“迅雷”等下载软件、杀毒软件的自动更新程序、IE浏览器等)，再查看网络连接信息。

⑤ 检查是否有映像劫持。打开注册表编辑器，定位：“HKEY_LOCAL_MACHINE\SOFTWARE\Microsoft\WindowsNT\CurrentVersion\Image File Execution Options”，查看是否有可疑的映像劫持项目，如果发现可疑项，则有中毒可能。

发现可疑症状，如出现某个(些)特殊文件，可在Google或者百度搜索查询症状或文件名称。若检测到计算机已感染病毒，用户手工进行清除是较困难的，即使能手工清除，大部分情况下也难以清除干净，一般需要利用杀毒软件进行计算机病毒清除。

(2)利用杀毒软件检测和清除计算机病毒

检测和清除病毒的常用方法是利用先进的杀毒软件。目前，大部分的杀毒软件不仅能检测出隐藏在文件和引导扇区的计算机病毒，还能检测在内存中驻留的病毒。

(3)使用杀毒软件常识

① 计算机病毒的检测和清除最好在安全模式下进行，这样可以减少应用程序的影响，降低病毒的隐藏能力，提高计算机病毒的检测和清除效果；但目前部分杀毒软件不支持或不完全支持安全模式下病毒的检测与清除。

② 使用杀毒软件清除病毒后，并不保证计算机能恢复到感染病毒之前的状态。

③ 任何杀毒软件都不是万能的。从计算机病毒的定义我们知道病毒是“一段程序代码”,如果“这段代码是未知的”而且“我们无法分析它的功能”,则我们很难确定它是否是计算机病毒。从这个观点来说,计算机病毒是无法彻底消除的,杀毒软件是滞后的。

④ 杀毒软件能检测到病毒,却不一定能清除掉。

⑤ 一台电脑每个操作系统下不能同时安装两套或两套以上的杀毒软件。

⑥ 杀毒软件目前对被感染的文件有多种操作方式,包括清除、删除、禁止访问、隔离、不处理等,它们的作用分别如下:

• 清除:清除被病毒感染的文件,清除后文件恢复正常。

• 删除:删除病毒文件。这类文件是被感染的文件,本身就含毒,杀毒软件无法清除,只能直接删除。

• 禁止访问:禁止访问病毒文件。在发现病毒后用户如选择不处理,则杀毒软件将病毒文件设置者禁止被用户访问。用户打开文件时会弹出错误对话框,提示是“该文件不是有效的 Win32 文件”。

• 隔离:感染病毒的文件被转移到隔离区,用户可以从隔离区找回被转移的文件。隔离区的文件是不能运行的。

• 不处理:不处理该病毒。如果用户不知道该文件是不是病毒,可以选择暂时先不处理。

3.常用的杀毒软件

杀毒软件通常集成监控识别、病毒扫描、清除和自动升级等功能,有的杀毒软件还带有数据恢复功能,是计算机防御系统(包含杀毒软件、防火墙、木马和其他恶意软件的查杀程序、入侵预防系统等)的重要组成部分。

杀毒软件的任务是实时监控和扫描磁盘。部分杀毒软件通过在系统添加驱动程序的方式随操作系统启动,并且常驻系统。大部分的杀毒软件还具有防火墙功能。杀毒软件的实时监控方式因软件而异,有的杀毒软件通过在内存里划分一部分空间,将流过内存的数据与反病毒软件自身所带的病毒库(包含病毒定义)的特征码进行比较,以判断是否为病毒;另一些反病毒软件则在所划分到的内存空间里面,虚拟执行系统或用户提交的程序,根据其行为或结果进行判断。

“云安全(Cloud Security)”是网络时代信息安全的最新体现,它融合了并行处理、网格计算、未知病毒行为判断等新兴技术和概念,通过网状的大量客户端对网络中软件行为的异常进行监测,获取互联网中木马、恶意程序的最新信息,上传到服务端进行自动分析和处理,再把病毒和木马的解决方案分发到每一个客户端。未来传统的杀毒软件将无法有效地处理日益增多的恶意程序,来自互联网的主要威胁正在由计算机病毒转向恶意程序及木马,在这样的情况下,采用的特征库判别法显然已经过时。“云安全”技术应用后,识别和查杀病毒不再仅仅依靠本地硬盘中的病毒库,还要依靠庞大的网络服务,实时进行采集、分析及处理。360 杀毒软件、瑞星杀毒软件、趋势、卡巴斯基、MCAFEE、Symantec、江民科技、PANDA、金山毒霸等都推出了“云安全”解决方案。

目前国内常用的反病毒软件包括以下几种:

(1)360 杀毒软件

360 杀毒软件是永久免费、性能超强的杀毒软件，在中国市场的占有率排名第一。360 杀毒软件采用了领先的五引擎技术：国际领先的常规反病毒引擎——国际性价比排名第一的 BitDefender 引擎、修复引擎、360 云引擎、360QVM 人工智能引擎和小红伞本地内核。

360 杀毒轻巧快速，拥有可信程序数据库，能防止误杀；拥有完善的病毒防护体系，全面保护计算机安全。360 杀毒最新版本特有全面防御 U 盘病毒功能，彻底剿灭各种借助 U 盘传播的病毒，第一时间阻止病毒从 U 盘运行，切断病毒传播链。

360 杀毒采用领先的病毒查杀引擎及云安全技术，不但能查杀数百万种已知病毒，还能有效防御最新病毒的入侵。360 杀毒病毒库每小时升级，使用户及时拥有最新的病毒清除能力。360 杀毒还有优化的系统设计，对系统运行速度的影响极小；独有的"游戏模式"可以在用户玩游戏时自动采用免打扰方式运行，让用户拥有更流畅的游戏乐趣。360 杀毒和 360 安全卫士配合使用，是安全上网的"黄金组合"。

(2)金山毒霸杀毒软件

金山毒霸是金山公司推出的计算机安全产品，监控、杀毒全面可靠，占用系统资源较少。其软件的组合版功能强大(金山毒霸 2011、金山网盾、金山卫士)，集杀毒、监控、防木马、防漏洞为一体，是一款具有较强市场竞争力的杀毒软件。金山毒霸 2011 是世界首款应用"可信云查杀"的杀毒软件，颠覆了金山毒霸 20 年传统技术，全面超越主动防御及初级云安全等传统方法，采用本地正常文件白名单快速匹配技术，配合金山可信云端体系，实现了安全性、检出率与速度三者的完美结合。

金山毒霸 2011 技术亮点：

①可信云查杀。增强互联网可信认证，海量样本自动分析鉴定、快速匹配查询；

②蓝芯 II 引擎。微特征识别(启发式查杀 2.0)，针对各种类型病毒具有不同的算法，减少资源占用，采用多模式快速扫描匹配技术，能超快样本匹配；

③白名单优先技术。准确标记用户电脑所有安全文件，无需逐一比对病毒库，大大提高了效率，首家在杀毒软件中内置安全文件库，与可信云安全紧密结合，有效减少误杀；

④ 自我保护。多于 40 个自保护点，免疫病毒使杀毒软件失效；

⑤ 全面安全功能。

(3)瑞星杀毒软件

瑞星杀毒软件的监控能力是十分强大的，但同时占用系统资源较大。瑞星采用第八代杀毒引擎，能够快速、彻底查杀大小各种病毒，这方面是全国顶尖的；但是瑞星的网络监控功能还有差距，应增加瑞星防火墙弥补缺陷。

瑞星杀毒软件拥有后台查杀(在不影响用户工作的情况下进行病毒的处理)、断点续杀(智能记录上次查杀完成文件，针对未查杀的文件进行查杀)、异步杀毒处理(在用户选择病毒处理的过程中，不中断查杀进度，提高查杀效率)、空闲时段查杀(利用用户系统空闲时间进行病毒扫描)、嵌入式查杀(可以保护 MSN 等即时通讯软件，并在 MSN 传输文件时进行传输文件的扫描)、开机查杀(在系统启动初期进行文件扫描，以处理随系统启动的病毒)、木马入侵拦截和木马行为防御等功能；可以进行基于病毒行为的防护，阻止未知病毒的破坏；还可以对计算机进行体检，帮助用户发现安全隐患。瑞星杀毒软件有工作模式的选择，家庭模式为用户自动处理安全问题，专业模式下用户拥有对安全事件的处理权。

(4)江民杀毒软件

江民杀毒软件是一款老牌的杀毒软件,它具有良好的监控系统,独特的主动防御功能,建议江民杀毒软件与江民防火墙配套使用。江民的监控效果非常出色,可以与国外杀毒软件媲美;占用资源不是很大,是一款不错的杀毒软件。

江民杀毒技术特点:

① 系统安全管理

江民杀毒软件系统安全管理,能够对系统的安全性进行综合处理,如对系统共享的管理、对系统口令的管理、对系统漏洞的管理、对系统启动项和进程查看的管理等。使用系统安全管理功能,可以从根本上消除系统存在的安全隐患,切断病毒和黑客入侵的途径,使得系统更强壮、更安全。

② 网页防火墙

互联网上木马防不胜防,全球上亿网页被种植木马。江民防火墙在系统自动搜集分析带毒网页的基础上,通过黑白名单,阻止用户访问带有木马和恶意脚本的恶意网页并进行处理。该功能大大降低了目前网络用户感染木马以及恶意脚本病毒的几率,有效保障用户上网安全。

③ 可疑文件自动识别

江民杀毒软件新增可疑文件自动识别功能,将可疑文件打上可疑标记,让潜在威胁一目了然。

④ 新安全助手

江民杀毒软件 KV2008 新安全助手全面检测"流氓软件""恶意软件",给用户提供强大的卸载工具,并具有插件管理、系统修复、清除上网痕迹等多种系统安全辅助功能。

(5)卡巴斯基反病毒软件

Kaspersky Lab 是国际著名的信息安全领导厂商,为个人用户、企业网络提供反病毒、防黑客和反垃圾邮件产品。经过多年与计算机病毒的战斗,卡巴斯基获得了独特的知识和技术,使得卡巴斯基成为了病毒防卫的技术领导者和专家。该公司的旗舰产品卡巴斯基反病毒软件(Kaspersky Anti－Virus)被众多计算机专业媒体及反病毒专业评测机构誉为病毒防护的最佳产品。

卡巴斯基反病毒软件的反病毒引擎和病毒库,一直以其严谨的结构、彻底的查杀能力为业界称道。为了满足对现代化信息安全防护的需要,Kaspersky Lab 向用户提供了全套的信息安全防护解决方案,包括系统检测、开发、实施和维护等。Kaspersky Lab 单机版产品使用的是与商业级产品同样的技术,但操作却非常简单,这使得它们在同级别产品中具有很强的竞争力。

(6)诺顿杀毒软件

诺顿杀毒软件是 Symantec 公司个人信息安全产品之一,是一个广泛被应用的反病毒软件。诺顿杀毒软件的优点包括:

① 全面保护信息资产

严密防范黑客、病毒、木马、间谍软件和蠕虫等攻击,全面保护信息资源,如账号密码、网络财产、重要文件等。

② 智能病毒分析技术

动态仿真反病毒专家系统分析识别出未知病毒后，能够自动提取该病毒的特征值，自动升级本地病毒特征值库，实现对未知病毒"捕获、分析、升级"的智能化。

③ 强大的自我保护机制

驱动级安全保护机制，避免自身被病毒破坏而丧失对计算机系统的保护作用。

④ 强大的溢出攻击防护能力

即使在 windows 系统漏洞未进行修复的情况下，依然能够有效检测到黑客利用漏洞进行的溢出攻击和入侵，实时保护计算机的安全，避免因为用户因不便安装系统补丁而带来的安全隐患。

⑤ 准确定位攻击源

拦截远程攻击时，同步准确记录远程计算机的 IP 地址，协助用户迅速准确定位攻击源，并能够提供攻击计算机准确的地理位置，实现攻击源的全球定位。

以上杀毒软件功能都很强大，完全满足个人用户的需求。由于病毒的防治技术滞后于新病毒的出现，杀毒软件可能对某些病毒检测不出或无法清除，我们平时应做好杀毒软件的升级工作，争取与最新版本同步，防"病毒"于未然。

习　题

一、单项选择题

1. 保障信息安全最基本、最核心的技术措施是______。

A. 信息加密技术　B. 信息确认技术　C. 网络控制技术　D. 反病毒技术

2. 信息安全需求包括______。

A. 保密性、完整性　B. 可用性、可控性

C. 不可否认性　D. 以上皆是

3. 计算机安全包括______。

A. 操作安全　B. 物理安全　C. 病毒防护　D. 以上皆是

4. 属于计算机犯罪的是______。

A. 非法截取信息、窃取各种情报

B. 复制与传播计算机病毒、黄色影像制品和其他非法活动

C. 借助计算机技术伪造篡改信息、进行诈骗及其他非法活动

D. 以上皆是

5. 计算机病毒产生的原因是______。

A、生物病毒传染　B. 人为因素　C. 电磁干扰　D. 硬件性能变化

6. 计算机病毒的危害性是______。

A. 使计算机突然断电　B. 破坏计算机的显示器

C. 使硬盘霉变　D. 破坏计算机软件系统或文件

7. 目前一个好的防病毒软件的作用是______。

A. 检查计算机是否染有病毒，消除已感染的任何病毒

B. 杜绝病毒对计算机的感染

C. 查处计算机已感染的任何病毒，消除其中的一部分

D. 检查计算机是否染有病毒，清除已感染的部分病毒

8. 计算机病毒对于操作计算机的人来说______。

A. 只会感染，不会致病　　B. 会感染致病，但无严重危害

C. 不会感染　　D. 产生的作用尚不清楚

9. 下面是有关计算机病毒的说法，其中______不正确

A. 计算机病毒有引导型病毒、文件型病毒、复合型病毒等

B. 计算机病毒中也有良性病毒

C. 计算机病毒实际上是一种计算机程序

D. 计算机病毒是由于程序的错误编制而产生的

10. 计算机病毒具有隐蔽性、潜伏性、传播性、激发性和______。

A. 入侵性　　B. 可扩散性　　C. 恶作剧性　　D. 破坏性和危害性

11. 目前，计算机病毒扩散最快的途径是______。

A. 通过软件复制　B. 通过网络传播　C. 通过磁盘拷贝　D. 运行游戏软件

12. 以下叙述正确的是______

A. 传播计算机病毒也是一种犯罪的行为

B. 在 BBS 上发表见解，是没有任何限制的

C. 在自己的商业软件中加入防盗版病毒是国家允许的

D. 利用黑客软件对民间网站进行攻击是不犯法的

13. 下列叙述中，哪一条是正确的______。

A. 反病毒软件通常滞后于计算机新病毒的出现

B. 反病毒软件总是超前于病毒的出现，它可以查杀任何种类的病毒

C. 感染过计算机病毒的计算机具有对该病毒的免疫性

D. 计算机病毒会危害计算机用户的健康

14. 大部分计算机病毒会主要造成计算机______的损坏。

A. 软件和数据　　B. 硬件和数据

C. 硬件和软件　　D. 硬件、软件和数据

15. 发现微型计算机染有病毒后，较为彻底的清除方法是______。

A. 用查毒软件处理　　B. 用杀毒软件处理

C. 删除磁盘文件　　D. 重新格式化磁盘

16. 以下行为中，不正当的是______

A. 安装正版软件　　B. 购买正版 CD

C. 未征得同意私自使用他人资源　　D. 参加反盗版公益活动

17. 计算机病毒是一个在计算机内部或系统之间进行自我繁殖和扩散的程序，其自我繁殖是指______。

A. 复制　　B. 移动

C. 程序修改　　D. 人与计算机间的接触

18. 计算机预防病毒感染有效的措施是______。

A. 定期对计算机重新安装系统

B. 不要把 U 盘和有病毒的 U 盘放在一起

C. 不准往计算机中拷贝软件

D. 安装防病毒软件,并定时升级

二、简答题

1. 什么是计算机病毒?

2. 简述计算机病毒的主要特点和计算机病毒造成的危害。

3. 简述如何进行计算机病毒的防范。

4. 简述防火墙的主要功能和基本原理。

第 8 章

医学信息学

【本章主要教学内容】

本章主要介绍医学信息学基本概念，电子病历的体系结构及应用，医院信息系统的发展及技术基础，PACS 系统结构和系统设计过程、及远程医疗系统发展。

【本章主要教学目标】

◆了解医学信息学的基本概念、电子病历的应用。
◆熟悉现代医院信息系统的发展阶段及关键技术。

8.1 医学信息学概述

随着国家和国内各医疗机构对数字化医院建设的重视，医学信息系统已经进入一个飞速发展的时期，通过本章学习，希望同学们重点了解我国卫生信息化建设与应用的现实意义，了解我国卫生信息化建设的远景目标和主要任务，明确我国卫生信息化建设对培养医学院校学生计算机知识结构的要求，树立科技服务社会、服务专业的意识，自主学习、密切跟踪计算机技术的发展，以适应未来社会的需求。

本章将简要介绍医学信息的获取、处理、传输、存储和分析的信息处理系统，它包括医学信息学研究、医院信息系统、医学影像处理和传输图像存储与传输系统（PACS 系统）、医疗信息远程利用的远程医疗系统。

医学信息研究的主要对象分为医学图像、电子病历、医学信息标准和编码。

8.1.1 医学图像

现代医学影像技术的发展源于德国科学家伦琴于 1895 年发现的 X 射线并由此产生的 X 射线成像技术（Radiography）。在发现 X 射线以前，医生都是靠“望、闻、问、切”等一些传统的手段对病人进行诊断。X 射线的发现彻底改变了传统的诊断方式，它无损地为人类提供了人体内部器官组织的解剖形态照片，由此引发了医学诊断技术的一场革命，从此使诊断正确率得到大幅度的提高。至今放射诊断学仍是医学影像学中的主要内容，应用普遍。因此，X 射线的发现为现代医学影像技术的发展奠定了基础。

自伦琴发现 X 线以后不久，X 线就被用于对人体检查，进行疾病诊断，形成了放射诊断学（Diagnostic Radiology）的新学科，并奠定了现代医学影像学的基础。上世纪五六十年代，医学界开始应用超声与核素扫描进行人体检查，从而出现了超声成像和 γ 闪烁成像。上世纪 70 年代和 80 年代又相继出现了 X 线计算机体层成像（CT）、磁共振成像（MRI）和发射体层成像（Emission Computed Tomography，ECT），如单光子发射体层成像 SPECT 与正电子发射体层成像 PET 等新的成像技术。这样，仅一百多年的时间就形成了包括 X 射线诊断的影像诊断学。虽然各种成像技术的成像原理与方法不同，诊断价值与限度亦各异，但都是使人体内部结构和器官形成影像，临床医生通过这些影像获得人体解剖与生理功能状况以及病理变化的信息，以达到诊断的目的。上世纪 70 年代迅速兴起的介入放射学，不仅扩大了医学影像学对人体的检查范围，提高了诊断水平，而且可以对某些疾病进行治疗。因此，不同成像技术的发展大大地扩展了医学影像学的内涵，并使其成为医疗工作中的重要支柱。

近 20 年来，随着计算机技术的飞速发展，与计算机技术密切相关的影像技术也日新月异，医学影像学已经成为医学领域发展最快的学科之一。常规 X 射线成像正逐步从胶片转向计算机放射摄影（Computed Radiography，CR）或更为先进的直接数字化摄影（Digital Radiography，DR）的数字化时代。诞生时即与计算机紧密相关的 CT、MRI 的发展速度更为惊人。CT 已从早期的单纯的头颅 CT 发展为超高速多排螺旋 CT、电子束 CT。在速度提高的同时，扫描最薄层厚也从早期的 10mm 到现在的 0.5mm 以下，图像分辨率也达到了

1024×1024。这些使 CT 的应用不仅在于早期横断面成像，同时可以做细腻的三维重建、虚拟内窥镜、手术立体定向、CT 血管成像(Computed Tomography Angiography，CTA)等。MRI 也从早期的永磁体、低场强发展到现在的超导、高场强，分辨率在常规扫描时间下提高了数千倍，磁共振血管成像(Magnetic Resonance Angiography，MRA)已成为常规检查项目，同时磁共振功能成像以及磁共振波谱(MRS)技术正在迅速发展之中。

医学图像几乎全部是把肉眼不可见的信息变成可见信息，从而为临床诊断提供有价值的依据。由于医学图像能够提供大量用其他方法所不能提供的信息，所以医学成像技术的发展非常迅速，各种新技术几乎无一不在医学成像技术中得到应用。

从以上医学图像的发展情况看，我们不难看出医学成像技术的发展轨迹：

• 从模拟成像向数字化成像技术发展；

• 从组织的形态学成像向组织的功能性成像发展；

• 从平面成像(2D)向立体(3D)成像技术和动态成像技术(在 3D 的基础上再加时间维度，构成所谓的 4D 成像)发展。

从医学图像的发展，我们可以归纳出到目前为止的医学图像存在的形式。根据用于成像的物质波的不同，我们可以把医学图像分成四种形式：X 射线图像、放射性同位素图像、超声图像和磁共振图像。X 线图像主要有：X 线平片、DSA 图像、CR 图像、DR 图像和 CT 图像等；放射性同位素图像主要有：PET 图像，SPECT 图像；超声图像主要是目前我们熟知的 B 超图像；磁共振图像主要是 MRI 图像和 fMRI 图像。

根据成像设备是对组织结构形态成像还是对组织功能代谢成像，我们可以把医学图像分成两类，即医学结构图像和医学功能图像。医学结构图像主要有：X 射线图像、CT 图像、MRI 图像、B 超图像等；而医学功能图像主要有：PET 图像、SPECT 图像和功能磁共振图像。

根据医学影像设备最终形成的图像信号是模拟信号还是数字信号，我们还可以把医学图像分成模拟图像和数字图像。数字医学图像的主要表现形式是：MRI 图像、fMRI 图像、CT 图像、PET 图像、SPECT 图像、DSA 图像、CR 图像，DR 图像等。模拟医学图像主要是由传统的 X 线成像设备形成的图像。

8.1.2　医学标准和编码

标准就是在一定范围内人们能共同使用的对某类、某些、某个客体抽象的描述与表达。医学信息的标准化是特指信息标准化在医学领域的具体应用。编码是指定一个对象或事物的类别或者类别集合(如果是多轴分类的话)的过程。编码是对对象的各方面性质的解释和判归。在医学领域内存在很多的标准和编码，是整个领域内人们共同使用和遵守的规则，也是我们进行信息化的依据。以下是在医学领域内应用较广的一些标准和编码：

1. ASTM 制定的有关医疗的标准

ASTM(American Society for Testing and Materials)是现今世界上最大的标准化组织之一。它已制定和广泛应用了许多与医疗事业相关的标准，例如：E31.11 E1238-94 用于临床化验及检验信息交换的标准。E31.15 著名的 Arden Syntax 标准，它所描述的是医学逻辑模型(Medical Logic Modules)。实际上它是一种医学知识编码语言。每一个 MLM 均含有适用的逻辑导致做出单一的医学决策。MLM被用于产生临床警告、解释、诊断、临床研究的筛选,质量控制和管理支持。

2. DICOM医学数字化影像通信标准

由美国放射学会(ACR,American College of Radiology)和国家电子制造商协会(NEMA,National Electrical Manufactorers Association)共同制定了一个专门用于数字化医学影像传输、显示、存储及安全等方面的标准,该标准产生于1985年,当前已修订为第三版并正式命名为DICOM3。DICOM3已被全世界的医学影像设备制造商和医学信息系统开发商广泛接受,实际上成为全世界PACS系统普遍遵循的唯一标准。

3. HL7医院电子信息交换标准(Health Level 7)

HL7是1987年开始发展起来的一个专门规范医疗机构用于临床信息、财务信息和管理信息电子信息交换的标准。它特别适合于解决不同厂商开发的医院信息系统、临床实验室系统及药学信息系统之间的互联问题。1994年6月HL7小组正式受美国国家标准化所委托设计HL7国家标准。目前使用的是2.4版。有超过1500所医院、专业组织、卫生行业以及几乎所有的卫生保健信息系统的开发者与供应商支持HL7标准。它们的目标是共同的:简化由不同的计算机应用厂商所提供的软件之间接口界面设计和实现的复杂性。HL7是信息交换标准,信息表达的标准化、代码化是信息交换的基础。

4. UMLS统一的医学语言系统(Unified Medical language System)

UMLS是近年来由美国政府投资,美国国立卫生院和国立医学图书馆承担的最重要的规模最大的医学信息标准化项目。UMLS试图帮助卫生专家和研究者从五花八门的信息资源中提取和集成电子生物医学信息。它可以解决类似概念的不同表达问题,可使用户很容易地跨越在病案系统、文献摘要数据库、全文数据库及专家系统之间的屏障。UMLS知识服务(Knowledge Sevices)还可以帮助数据的生成与索引服务。Metathesaurus(UMLS的一个产品)提供了对Mesh(医学主题词表),ICD－9－CM,SNOMED,CPT和其他编码系统之间的交叉参照。UMLS本身不是标准,但提供了标准和其他数据和知识资源之间的交叉参照,它能帮助解决许多医学信息交换中的难题,因此它有极高的使用价值。

8.2 电子病历

8.2.1 电子病历描述

病历是对病人的诊疗过程,在一定的时间、过程、现象、实际的事件范围内,进行客观、真实的记录和存档。病历的书面内容通常是主诉、检验结果、诊断、治疗计划和临床发现的混合,检验结果可包含化验结果和许多其他检查结果的报告,如X射线、病理、超声波、肺功能、内镜检查等。除心电图、影像、图表外,纸质病历中包含的大部分信息数据可用字符和数字表示(字符数字型数据)。现代病历在形式上必须具有动态的、静态的、声像的、文本的、实际的意义。病历可分为纸质病历和电子病历。

纸质病历是一种以文字记载为主体的文本病历,记录数据量小,信息资料甚少,结论性强，再诊断性差，资料的有限性对技术分析限制大。

电子病历(Computer-based Patient Recorder，CPR) 随着计算机科学的发展，对结构良好、易于检索的病历数据的需求正日益增长，由此激励人们致力于开发电子病历。电子病历字迹清晰、容易检索信息和优化结构，并有进一步改善的潜力，但同时对数据采集提出了更高的要求。目前还不能取消病历使用文本的有效记录或说明，所以说电子病历还不能称为完整的病历，只能说是病历中的电子记录部分。在近几十年的发展中电子病历有了长足的进步，在大多数医疗机构中，它的应用范围正不断扩大。按照医药卫生体制改革的总体要求，近年来卫生部信息化工作领导小组办公室、卫生信息标准专业委员会、统计信息中心等部门组织有关业务单位、院校和大批专家开展了一系列国家卫生信息标准基础与应用研究，目前已取得多项重要成果。其中，《健康档案基本架构与数据标准(试行)》和《基于健康档案的区域卫生信息平台建设指南(试行)》已于 2009 年 5 月由卫生部正式印发试用。从国家卫生信息化发展规划的战略高度，指导各地居民健康档案和区域卫生信息平台的标准化、规范化建设，为进一步优化、提升各类卫生业务应用系统奠定基础。

电子病历是现代医疗机构临床工作开展所必需的业务支撑系统，也是居民健康档案的主要信息来源和重要组成部分。标准化的电子病历建设是实现区域范围以居民个人为主线的临床信息共享和医疗机构协同服务的前提基础。它不仅能保证健康档案“数出有源”，还能有助于规范临床路径、实现医疗过程监管，提高医疗服务质量和紧急医疗救治能力。根据医药卫生体制改革提出的“建立实用共享的医药卫生信息系统”总体目标，现阶段我国电子病历标准化工作的首要目的是满足区域范围医疗卫生机构之间的临床信息交换和共享需要，实现以健康档案和电子病历为基础的区域卫生工作协同。

电子病历是医疗机构对门诊、住院患者(或保健对象)临床诊疗和指导干预的、数字化的医疗服务工作记录，是居民个人在医疗机构历次就诊过程中产生和被记录的完整、详细的临床信息资源。

“医院信息系统”是医疗机构日常工作开展所依赖使用的综合性业务应用系统，其信息管理功能涉及临床诊疗、药品管理、物资管理、经济管理、医院统计和综合管理等各类业务活动。电子病历不等于“医院信息系统”，它是重点针对个人在医疗机构接受各类医疗服务的过程中产生的临床诊疗和指导干预信息的数据集成系统，是“医院信息系统”的有机组成部分。

8.2.2 电子病历体系架构

电子病历主要由医疗机构负责创建、使用和保存，是居民健康档案的主要信息来源和重要组成部分。健康档案对电子病历的信息需求并非全部，具有高度的目的性和抽象性，是电子病历在概念上的延伸和扩展。电子病历的系统架构符合健康档案系统架构的时序三维概念模型，是健康档案系统架构在医疗服务领域的具体体现。

健康档案时序三维概念架构的三个维度是：生命阶段、健康和疾病问题、卫生服务活动(或干预措施)，在电子病历中则分别体现为就诊时间、就诊原因、医疗服务活动。电子病历以居民个人为主线，将居民个人在医疗机构中的历次就诊时间、就诊原因、针对性的医疗服务活动以及所记录的相关信息有机地关联起来，并对所记录的海量信息进行科学分类和抽象描述，使之系统化、条理化和结构化。

在电子病历系统架构的三维坐标轴上，某一区间连线所圈定的空间域，表示居民个人在特定的就诊时间，因某种疾病或健康问题而接受相应的医疗服务所记录的临床信息数据集。理论上一份完整的电子病历是由人的整个生命过程中，在医疗机构历次就诊所产生和被记录的所有临床信息数据集构成。

8.2.3 电子病历的信息

根据电子病历的基本概念和体系架构，电子病历的主要内容由病历概要、门(急)诊病历记录、住院病历记录、健康体检记录、转诊记录、法定医学证明及报告、医疗机构信息等七个业务域的基本医疗服务活动记录构成。信息如下：

1.病历概要

(1)患者基本信息

包括人口学信息、社会经济学信息、亲属(联系人)信息、社会保障信息和个体生物学标识等。

(2)基本健康信息

包括现病史、既往病史(如疾病史、手术史、输血史、免疫史、过敏史、用药史)、月经史、生育史、家族史、危险因素暴露史等。

(3)卫生事件摘要

指在医疗机构历次就诊所发生的医疗服务活动(卫生事件)摘要信息，包括卫生事件名称、类别、时间、地点、结局等信息。

(4)医疗费用记录

指在医疗机构历次就诊所发生的医疗费用摘要信息。

2.病历记录

按照医疗机构中医疗服务活动的职能域划分，病历记录可分为：门诊病历记录、住院病历记录和健康体检记录等三个业务域。

(1)门诊病历记录

主要包括门诊病历、门诊处方、门诊治疗处置记录、门诊护理记录、检查检验记录、知情告知信息等六项基本内容。其中包括的子记录分别为：门诊病历分为门诊病历、急诊留观病历；门诊处方分为西医处方和中医处方；门诊治疗处置记录指一般治疗处置记录，包括治疗记录、手术记录、麻醉记录、输血记录等；门诊护理记录指护理操作记录，包括一般护理记录、特殊护理记录、手术护理记录、体温记录、出入量记录、注射输液巡视记录等；检查检验记录分为检查记录和检验记录，检查记录包括超声、放射、核医学、内窥镜、病理、心电图、脑电图、肌电、胃肠动力、肺功能、睡眠呼吸监测等各类医学检查记录，检验记录包括临床血液、体液、生化、免疫、微生物、分子生物学等各类医学检验记录；知情告知信息指医疗机构需主动告知患者和其亲属或需要患者签署的各种知情同意书，包括手术同意书、特殊检查及治疗同意书、特殊药品及材料使用同意书、输血同意书、病危通知书等。

(2)住院病历记录

主要包括住院病案首页、住院志、住院病程记录、住院医嘱、住院治疗处置记录、住院护理记录、检查检验记录、出院记录、转院记录、知情告知信息等十项基本内容。其中包括的子记录分别为：住院志包括入院记录、24小时内入出院记录、24小时内入院死亡记录等；住院病程记录包括首次病程记录、日常病程记录、上级查房记录、疑难病例讨论、交接班记录、转科记录、阶段小结、抢救记录、会诊记录、术前小结、术前讨论、术后首次病程记录、出院小结、死亡医学记录、死亡病例讨论记录等；住院医嘱分为长期医嘱和临时医嘱；住院治疗处置记录包括一般治疗处置记录和助产记录两部分，一般治疗处置记录与门诊相同，助产记录包括待产记录、剖宫产记录和自然分娩记录等；住院护理记录包括护理操作记录和护理评估与计划两部分，护理操作记录住院与门诊相同，护理评估与计划包括入院评估记录、护理计划、出院评估及指导记录、一次性卫生耗材使用记录等；检查检验记录和知情告知信息住院与门诊相同。

(3)健康体检记录指医疗机构开展的，以健康监测、预防保健为主要目的(非因病就诊)的一般常规健康体检记录。

电子病历的各项标准是一个不断成熟的过程，今后将随着我国医疗业务发展和实际应用需要不断补充、完善，同样也需要广大医学生学习、参与。

8.3 医院信息系统

国家“十二五”规划纲要明确指出：“加快发展信息产业，大力推进信息化。”信息化的浪潮席卷到医疗卫生领域，将计算机及其网络通信技术应用于医院、医疗与管理的运作，能够实现医院人、财、物管理的科学化、规范化，大力提高医疗信息的收集、整理、储存、传输、检索等各个环节的准确性、高效性和时效性，从而推动医学创新技术的开发和应用，促进医院管理水平的不断提升，以更好地服务于社会和广大人民群众，医院信息系统(Hospital Information System，HIS)是计算机技术在医疗领域最重要的应用。

医院信息化水平的高低是评测一家医院综合实力的一项重要指标。在发达国家，是否拥有功能完整的医院信息系统已经成为衡量一个医院是否具有良好形象和先进水平的重要标志。纵观各个行业的信息系统，HIS系统可以说是企业级信息系统中最复杂的系统之一。它是一个以数据库为核心，以网络为技术支撑环境，具有一定规模的计算机系统。医院信息系统的建设是一项十分复杂的系统工程，是医院利用计算机工具实施新的医院管理方法和医疗工作流程的一种重大的变革，其特点是建设周期长、投资大、涉及面广，是一项融硬件、软件与管理于一体的庞杂工程。

8.3.1 国外医院信息系统的发展

医院信息系统主要源于美国，因此国外医院信息系统的发展，我们以美国为例做主要介绍。美国医院信息系统大致经历了四个阶段：

1.探索阶段(20世纪60年代初～70年代初)

因为医疗保险制度改革，要求医院向政府提供病人详细信息，以此为驱动力，麻省总医院开发出了著名的流动护理系统COSTAR(Computer Stored Ambulatory Record)，供医疗、财务和管理人员使用，另一个著名系统是 PROMIS（Problem Oriented Medical Information System），它是第一个完整的、一体化的医院信息系统。当时所使用的是小型计算机，开发语言是汇编语言，开发的 HIS 系统的功能主要集中在护理和收费上，目的是满足医疗保险制度的要求。

2. 发展阶段（20 世纪 70 年代中期～80 年代中期）

1973 年美国召开了首届关于公共卫生机构的管理信息系统会议，1977 年 WHO 发布了国际疾病及健康相关问题统计分类 ICD-9，很多医学信息标准陆续公布，如检验联机接口标准等。1985 年，为解决数字化医学影像的传送、显示和存储问题，美国放射学会发布了 DICOM 标准，这期间出现了著名的 Omaha 系统，使医院信息系统得到了大面积推广应用。这时所使用的是微机和局域网，主要开发语言为 MULPUS，当时开发的 HIS 系统基本覆盖了医院业务管理的方方面面。

3. 成熟阶段（20 世纪 80 年代末～90 年代中期）

20 世纪 80 年代末，开发重点转向与诊疗有关的系统，如医嘱系统、实验室系统、PACS 系统、病人监护系统等。1987 年，为了解决各系统之间的接口问题，美国国家标准学会 ANSI 发布了著名的 HL7 标准，1989 年，美国国家标准学会 ANSI 又发布了统一的医学语言系统 UMLS（Unified Medical Language System）。这期间大量使用了网络和高速硬件设备，主要目的是为了降低医院运行成本和提高病人的治疗效果。

4. 提高阶段（20 世纪 90 年代末至今）

20 世纪 90 年代末开发重点转向电子病历、计算机辅助决策、统一的医学语言系统等方面，开始出现了有关的法案，进行了各系统的集成与融合。1997 年开始筹建新一代的医院信息系统，系统周期估计为 18 年（1997～2014 年），总投资 50 亿美元，分 6 期完成，最终实现全球远程医疗。经过 30 余年的艰辛历程之后，医院信息系统正向广度和深度发展，达到了前所未有的新高度、新水平。主要表现在建立大规模一体化的医院信息系统，并形成计算机区域网络，这不仅包括一般信息管理的内容，还包括计算机化的病人病历，也称电子病历（Computer-Based Patient Record，CPR），医学图像档案管理和通信系统（Picture Archiving and Communication System，PACS）为核心的临床信息系统（Clinical Information System，CIS），管理和医疗上的决策支持系统、医学专家系统、图书情报检索系统、远程医疗等等。

8.3.2 我国医院信息系统的发展

1. 萌芽阶段（20 世纪 70 年代末～80 年代初）

1978 年，南京军区总医院引用国产 DJS-130 计算机开始进行医院信息系统研究，后来解放军总医院与人民大学合作，开发自己的医院信息系统，在小型机上实现病人主索引、病案首页、药品、人事及图书采编、检索、与借阅等信息管理。我国在此期间医院信息系统的特点是：受技术及商品禁运影响，只有少数几台小型机在少数医院使用，速度慢、可靠性差、容量小、价格昂贵，连汉字显示都很困难。

2. 起步阶段（20 世纪 80 年代中期）

1985 年中华医学会第二届医院管理学术会议召开，计算机在医学中的应用成为会议的一项重要议题，这是我国医院管理初步进入现代化的标志之一。次年，卫生部向十个单位下达了研制统计、病案、人事、器械、药品、财务六个医院管理软件的任务委托书，一些大型医院相继开发了各自的医院信息系统。这期间我国医院信息系统开发的特点是：单机作业、兼容性差、数据流通性差，但是积累了一些经验。

3. 局部发展阶段（20 世纪 80 年代末～90 年代初）

这期间医院信息系统开发计划开始列入"八五"科技攻关课题，部分医院相继研制和开发基于局域网的医院信息系统，并且开始注重标准化工作。这期间我国医院信息系统开发的特点是：开始基于局域网技术，但规范没有统一标准、系统兼容性差，难移植。

4. 全面发展阶段（20 世纪 90 年代中期～至今）

1993 年由国家计委牵头，正式下达了国家"八五"科技攻关课题《医院综合信息系统研究》，1995 年，攻关项目中国医院信息系统（CHIS）的问世，标志着我国医院信息系统研制、开发应用水平进入了一个新的阶段：一体化医院信息系统（Integrated Hospital Information System，IHIS）的新阶段。其有如下代表性特征：

（1）覆盖全院的计算机网络系统

早期是基于 155Mbps 的双环 FDDI 光纤网络，后来过渡到 100Mbps/1000Mbps 光纤以太网。一个千张床位左右的医院大约布网点在 1000 个。

（2）精心设计的关系数据库系统

该数据库逻辑上集中存储医院行政管理和病人临床所必需的基本数据，并且较好地实现了数据的完整性、一致性，规范标准和广泛的共享。

（3）自顶向下设计的、完整一体化医院信息系统

它以整个医院的管理目标为根本目标，而不再是仅仅涉足于部门级的窗口业务的需要。基本实现了信息在发生地一次性录入并可以被医院各部门充分共享的功能。

1996 年，卫生部启动"金卫工程"，医院信息系统与全军远程医学网络工程和全军卫生机关数据库与网络工程并列为"三大工程"，2001 年底全军医院全部采用了军队医院信息系统。这期间我国医院信息系统开发的特点是：基于网络化、大型数据库系统，采用面向对象的开发语言，操作界面比较友好；但标准性、通用性、移植性还存在很多问题。纵观我国医院信息系统的发展史，我们不难发现国内医院信息系统的发展还存在下列问题：发展不平衡；法律性文件没出台或不完整，没有统一的信息处理规范，致使建设的医院信息系统及实施细则不统一，各系统间及医院信息系统与社会医疗保险接口困难重重，标准化建设工作重视不够；导致重复建设、浪费建设、重建轻用等问题突出；软件工程技术还不能跟上实际应用的需求。

8.3.3 医院信息系统的技术基础

1. 医院信息系统的支撑结构

医院信息系统的计算机系统的结构被称为支撑结构，它可以分为两类，即客户/服务器结构和三层客户/服务器结构（浏览器/服务器）。

（1）客户/服务器结构

这种结构的核心是将应用程序与数据库分离，使其分别分布在用户前端机（客户机）和后端机（服务器）上。客户端应用程序负责用户界面（显示、代码转换、校验等）的处理和部分

业务逻辑关系(数据相关校验、处理流程等)的处理。服务器主要负责数据和管理,为前端提供数据访问和处理服务。这种结构的优点是将应用程序与数据库分离,系统分布比较合理,充分利用了前端 PC 机的处理能力,减轻了服务器的压力,成本较低,办公软件得以充分发挥;缺点是维护工作复杂化,前端维护工作量大。

(2)三层客户/服务器结构(浏览器/服务器)

三层结构是传统的客户/服务器结构的发展,即在数据管理层(Server)和用户界面层(Client)增加了一层结构,称为中间件(Middleware),使整个体系结构成为三层。用户界面层提供给用户一个视觉上的界面,通过界面层,用户输入数据、获取数据。界面层同时也提供一定的安全性,确保用户不会看到机密的信息。中间逻辑层是界面层和数据层的桥梁,它响应界面层的用户请求,执行任务并从数据层抓取数据,将必要的数据传送给界面层。数据层定义维护数据的完整性、安全性,它响应逻辑层的请求,访问数据。这一层通常由大型的数据库服务器实现,如 Oracle 、Sybase、MS SQL Server 等。从开发角度和应用角度来看,三层架构比双层结构有更大的优势。三层结构适合群体开发,每人可以有不同的分工,协同工作使效率倍增。开发双层应用时,每个开发人员都应对系统有较深的理解,对开发人能力要求很高;而开发三层应用时,则可以结合多方面的人才,只需少数人对系统全面了解,因此从一定程度上降低了开发的难度。三层架构属于瘦客户的模式,用户端只需一个较小的硬盘、较小的内存、较慢的 CPU 就可以获得不错的性能。三层架构的另一个优点在于可以更好地支持分布式计算环境。逻辑层的应用程序可以在多台机器上运行,充分利用网络的计算功能。分布式计算的潜力巨大,远比升级 CPU 有效。三层架构的最大优点是很高的安全性。客户端只能通过逻辑层访问数据层,减少了介入点,把很多危险的系统功能都屏蔽了。三层 C/M/S 结构已经是现在程序设计的主流方向。

2.医院信息系统的软硬件技术

医院信息系统的组成主要由硬件系统和软件系统两大部分组成。在硬件方面,要有高性能的中心电子计算机或服务器、大容量的存储装置、遍布医院各部门的用户终端设备、数据通信线路以及其他辅助部件等,以组成信息资源共享的计算机网络;在软件方面,需要具有面向多用户和多种功能的计算机软件系统,包括网络操作系统、关系数据库系统及医院信息管理应用软件系统等。医院信息系统的硬件技术主要包括网络布线、网络设备的选择、网络中心规划和设备的选择等几个方面。

(1)网络布线

现在网络布线大多都采用星型拓扑结构,以 1000Mbps 快速以太网为主干,主干采用光纤,二级以上节点采用光纤加五类双绞线。为了增加网络的安全性,可以考虑一定网络线路的冗余。

(2)网络设备的选择

网络交换机最好采用同一品牌,为了网络的安全,每台交换机配备 UPS(不间断电源),安装防雷击设备。各个站点的网络终端的网卡都要同一品牌和型号,减少网络冲突。

(3)网络中心规划和设备的选择

网络中心是整个医院信息系统的心脏,它不但要满足数据的安全、存储,还要满足网络的不间断性,因此,网络中心一定要配备 UPS、双电源、防雷击装置等。服务器可以采用微机或小型机。考虑到网络数据的安全,采用服务器双机容错技术,需要两台服务器,这样保证了一台服务器出现故障,另一台服务器能在很短的时间内代替工作,不影响各终端的工作进程。另外,配备磁带机作为数据的存储,更增加了数据的安全性。医院信息系统的软件技术主要包括操作系统、网络操作系统和数据库管理系统等三个部分。

① 操作系统:管理各个计算机的软硬件资源,如 Windows 等。

② 网络操作系统:管理网络资源,使其能为各用户共享,如 Windows Server 2003、Unix 等。

③ 数据库管理系统:运行在服务器上,可以实现插入、修改、删除、查询等数据操作功能;保证多用户同时使用而不致混乱;能够实现权限设置、控制访问等用户管理;能够实现数据的可靠性保障如备份、故障恢复等。常用的数据库管理软件有:Oracle,SQL Server 等。

8.4 医学影像存档和传输系统

医学图像诊断在现代医疗活动中占有极为重要的地位,PACS(Picture Archiving and Communication Systems)即图像存储与通信系统,是医院用于管理医疗设备如 CT,MR 等所产生的医学图像的信息系统。PACS 是实现医学图像信息管理的重要条件,它对医学图像的采集、显示、储存、交换和输出进行数字化处理,最终实现图像的数字化储存和传送。PACS 的目标是实现医学图像在医院内外的迅速传递、分发和共享,使医生或病人能随时随地获得需要的医学图像。此外,通过对医学图像和信息进行计算机智能化处理后,可使图像诊断摒弃传统的肉眼观察和主观判断,借助计算机技术对图像的像素点进行分析、计算、处理,得出相关的完整数据,为医学诊断提供更客观的信息。最新的计算机技术不但可以提供形态图像,还可以提供功能图像,使医学图像诊断技术走向更深层次。

8.4.1 PACS 系统结构及性能

1. PACS 系统结构

根据网络结构来区分 PACS 的系统结构,我们可以将其分为两代:

(1)集中式 PACS 系统

第一代 PACS 系统首次出现是在 20 世纪 70 年代末,完整的概念提出于 80 年代初。它是针对当时不同的成像设备来设计实现 PACS 模块管理不同放射部门的图像,是将数字化成像设备集成在一起的网络,用于获取、存储、管理和显示病人的图像及相关诊断和文字信息。这些 PACS 系统规模小,一般应用于 1~2 个成像设备;它是一个封闭系统,需要专门的软件和网络,与其他的医学信息系统毫无联系;它被设计成一个集中管理系统,即图像和数据存储在中央数据库中并分发给提出请求的周边工作站;它没有标准的通用数据交换格式和通信协议,因此,临床使用起来很困难。由于这些模块之间缺乏联系,当医院的 PACS 模块越来越多时,在维护、协同工作、容错和系统扩展等方面都出现了许多困难。一般来说,放射科内部的 PACS 系统实现相对容易,在现阶段,利用局域网在医院内部传输文本、图像甚至视频、声音等多媒体数据完全可以,但是医院范围的 PACS 还要涉及与 HIS 系统的集成问题,必须考虑到 HIS 的发展情况,两者接口的实现有一定的难度,HIS 和 PACS 的共同建设需要很高的经济成本，因而目前只限于在我国的大医院推广。而对于更大范围的PACS，受当前计算机网络尤其是网络带宽的制约，仍然处于研究阶段。由于最初PACS系统的定义过于狭窄，考虑和解决的只是图像传输和归档问题，与医院业务流程和实际需求有着很大差距。而且早期的PACS主要以医院甚至放射科内部的应用为主，因此PACS系统主要以集中式系统为主，它的特点是将病人的影像数据(通过影像设备直接或间接获取的)存储在主服务器上，当PACS系统的其他客户端需要进行显示或查询时，通过服务器的数据库管理系统(DBMS)调用数据到本地客户端，从它的基本工作流程可以看出，它容易实现，管理和维护方便，但是由于图像数据量非常大，传输时间较长，难以保证实时性，并且所有的图像数据都放在一个服务器上，因此可靠性变得很差，对服务器硬件提出了很高的要求。

(2)分布式PACS系统

近几年随着计算机科学的发展，分布式的思想逐步被许多开发PACS的厂商所采用，于是产生了第二代PACS系统，在这样的系统中，图像数据被分别存储在不同的物理服务器上，它们的数据可以被网络的合法用户共享。分布式系统采用多点存储代替一点存储，提高了系统的可靠性，但却相应增加了系统的复杂性，因此系统的实现和维护困难，所需经济成本高、采用这种体系结构的有瑞士Geneva大学附属医院开发的PACS。PACS的建设是一个系统工程，其基本结构模块和功能是基本统一的，这些组成模块包括图像的数据获取和预处理模块、显示/查询模块、归档模块、数据库模块、工作流管理模块。图像获取和预处理模块主要以直接接口或间接介质等方式获取医学影像设备产生的图像数据，经过压缩、格式转换等处理以便进一步分类存储医学图像数据以备使用；医学图像归档模块为图像数据库提供大容量存储后备，长时间保存图像数据，通过预取等功能加快对图像数据的访问；PACS数据库部分模块提供对数据库的一些基本操作，并对数据库进行维护和管理；医学图像查询、显示和诊断模块为医师提供对图像数据的实时查询服务，对不同设备的影像数据进行显示和进一步处理，辅助医师进行诊断；工作流管理模块是协调各模块之间的工作流程，提高系统的安全性、稳定性和可扩展性。

PACS基本结构模块化的设计思想方便将来系统的功能扩充，通过使用工作流模块来协调其他各个模块之间的工作，提高了系统的灵活件和可扩展性。

2.影响PACS性能的主要因素

近年来，随着计算机性能的大幅度提高以及高速通信网络的迅速发展，计算机计算能力和网络通信速度对PACS已有足够的支持能力，但PACS仍存在不少问题，目前影响其功能和性能的主要因素，可以归纳如下：

(1)存储介质

包括存储容量和影响到PACS影像存取能力的存取速度。

(2)数据获取

指从各种影像诊断设备(如X光机、CT、MRI等)中获取数字影像的方法，它关系到PACS的实用性。影像数据的获取可采用下面几种方法：

① 通过专业用扫描仪将医学影像数字化，用静态数字摄像机采集高分辨率的影像(如远程病理图像)或通过视频数字化装置和模拟视频装置(如视频摄像机、超声波图像装置或内窥镜)的组合应用获得数字影像。

② 目前国外的医疗影像设备如CT、MRI等绝大多数都带有标准的数字接口，可以从

中导出MRI、CT、X光等的数字图像。特别值得指出的是，在PACS应用中，对影像的质量有很高的要求，其典型的影像分辨率值为2048×2048像素，甚至更高，同时影像的深度要达到12～16bit(即4096～65536灰度级)。另外，无论采用哪种方式采集影像数据，都要确保其质量达到应用要求。

(3)高质量的显示

显示设备是构成高性能PACS的必要部分。对用于PACS影像显示的显示器的亮度、分辨率也有很高的要求，如美国加州大学洛杉矶分校医学院放射学系通过实验指出，观察气胸和肺间质异常或骨骼的细微裂纹，需要几何分辨率为4096×4096像素，12bit深度(4096灰度级)的数字监视器；而要在乳房片上，发现微钙化灶簇或对比度低的乳腺肿瘤则要求每帧分辨率高达6144×6144像素，12bit深度的数字显示点阵，这是一般工作站的显示器无法替代的。国外已有分辨率达到1700×2000像素、1700×2300像素或2000×2500像素，光通量达到50、100、150lm，甚至更高的专门用于医学影像的数字显示器，但是这类显示器的价格是很昂贵的，对于应用于500张以上床位的PACS来说，仅仅是显示器的投资就要占到总费用的60%～70%，这将使得整个PACS的造价很高，但随着显示器制造工艺的不断提高和新技术的广泛使用，相信适合于医学影像显示的，较便宜的显示器会在不久的将来出现。

(4)影像数据的压缩

影像传输速度和存储能力都依赖于影像数据的压缩。影像压缩技术在PACS中占有重要的地位，因为影像经过压缩可以显著减少对传输带宽和存储容量的需求，目前JPEG压缩标准已广泛地应用于PACS中，PACS在最初的应用中，考虑到医学影像对质量有特殊要求和法律的原因，一般采用无损压缩技术，其压缩比可以达到1:2至1:4，现在已采用了感兴趣区(Region of Interest，ROI)技术以及其他方法，在保证影像主观质量的同时，其压缩比平均达到了1:1甚至更高，目前开展的工作主要是针对不同影像种类或病理组织区域，优化压缩算法中的变量和参数，在保证质量的前提下达到最大的压缩比。

(5)人机界面和软件

智能化的人机界面可以提高人机交互的友好性。此外，系统还应具有大量高效的支持影像快速传输和存档管理的软件包。标准PACS是一个基于网络通信的开放式系统，为了顺利实现影像信息的共享和交互，必须制定通信接口和数据存储格式标准，而且要求医学影像设备生产厂家和销售商都必须遵循该标准，现在国际通用标准为DICOM 3.0。系统集成PACS最终要和RIS、HIS及远程放射医学等其他系统相连，这涉及先进的系统集成技术，软件和系统集成涉及系统结构的设计、人机交互界面和功能模块的开发，以及与其他系统接口的设计等内容。PACS、HIS及RIS最终将完全融合在一起，并且远程放射学将成为PACS的一个组成部分。因此，PACS的设计应具有容错能力和扩展能力，并要保证新的设备可以无缝地组合到新的系统中。为了保证系统的传输性能和交互性，支持标准的通信协议是至关重要的。软件和系统集成技术直接关系到系统的成败及其生命力，而解决上述问题和进行系统的设计、软件功能模块的开发，需要花费大量的人力和时间。

8.4.2 PACS 系统设计

现在在国内外已经建立了不少各种类型的、各种规模的 PACS 系统，如美国海军医疗系统(DIN-PACS)，它由 GE-Applicare 和 IBM 提供，网络类型多元化，采用 WAN、LAN、卫星系统、无线系统和 Internet 连接。韩国的三星医院的 Path Speed PACS 系统，也采用了 GE 等公司的先进技术使整个医院实现了网络化，医院的整体效率得到了相当大的提高。在国内，目前也有许多医院正逐步进行标准医学图像网络的引入和建设，如广州中山第一人民医院和四川成都第二人民数字医院的 GD-PACS 系统等。

PACS 系统总体设计应满足适当超前、关注流程、获取效益的要求，遵循国际相关标准搭建医院临床 PACS 系统平台，完成与 HIS 系统无缝连接，形成临床 PACS 系统，与国际医疗发展同步，进入国际先进行列。

1. PACS 系统的基本要求

设计目标功能：构建医院临床 PACS 系统大型数据库，建成国际先进的数字化医院。提供标准 PACS-HIS-LIS 接口，实现院内临床与影像科室病人图像报告互联共享；临床医生直接调用病人影像资料和任意时间病人病历，规范权限管理，保障医院 PACS 数据安全；实现医院流程再造；具有远程医疗和远程通信功能，预留医院数据容灾备份中心接口。

PACS 系统基本要求：

①PACS 系统、HIS 系统和 LIS 系统无缝融合，自动完成图文报告、连接打印。

②支持国际医学 DICOM3.0 标准，支持 HL7 标准。

③全中文标准诊断模板、标准图文报告和电子病历。

④实现现代医院流程再造。

⑤新一代数字图像处理技术(三维重建、图像融合及虚拟内窥镜)。

⑥网络安全，保护病人隐私，防止病历报告网上流失和被盗。

⑦“海量”存储，具有 1000 万份以上图像和诊断报告存储容量。

⑧DICOM 图像(胶片)中文打印。

⑨支持跨平台操作系统。

2. PACS 服务器设计要求

中央服务器(HIS 和 PACS)、存储必须根据医院的实际要求确定。PACS 系统采用“客户端＋数据库服务端＋DICOM 网关服务端”三层结构方式，即所有的数据都存储在服务端，所有的数据都从服务端调用。因此在保证 PACS 系统正常运行的前提下(各种 PACS 工作站存储调用数据的速度不会下降)，必须围绕医院不断增长的海量数据存储与所存储数据的安全这两个基本点来设计。

①PACS 服务器必须有强大的处理能力和很高的 I/O 性能。PACS 采用“客户端＋服务端”的方式，所有的数据的存储、调用都是经过 PACS 服务器处理，要求 PACS 服务器具有强大的处理能力和很高的 I/O 性能。

②PACS 服务器必须有足够的可扩展性，满足未来医疗影像设备的发展。由于现在的医疗影像设备的飞速发展，对 PACS 服务器的要求也越来越高，因此 PACS 服务器必须具有足够的可扩展性满足未来医院业务和影像设备的发展。

③PACS服务器必须具有相当强的在线管理性、维修性、故障排错性。PACS服务器的管理、检修、故障排错都必须在线进行。

8.5 远程医疗系统

进入21世纪，全球医疗健康问题面临着更多的机遇和更严峻的挑战，而迅速发展的信息和通信技术作为科技服务的先进手段，将极大地促进全球卫生事业的发展，信息技术、网络通信为卫生领域提供服务已成为必然，远程医疗系统就是极为有力的工具之一。

8.5.1 远程医疗系统的概述

1.远程医疗系统的发展

最早的远程医疗系统可以追溯到1905年Einthoven等人利用电话线进行的心电图数据传输实验。根据现代信息和通信技术的发展趋势，医疗系统发展应经过以下三个发展阶段：一是电话线阶段，面向基层服务，是开拓、培育市场的不可缺少的阶段；二是电话与光纤、卫星方式混用阶段，是推广应用形成规模的阶段；三是光纤和卫星方式的阶段，是趋向成熟应用的阶段。也有很大的可能，由于技术的突破，在电话实现高质量的动态图像传输，最终是标准化的各种通信媒介的远程医疗方式共存。在城市、大医院、医学研究部门、中小城市医院和县镇小医院及乡镇诊所等可借助通信技术将计算机联网，把病人的资料传输给不同地点的医学专家，专家们共同完成对病人病情的诊治。一般传送的病人信息可以包括：心电图、病理切片、胃镜、B超、CT(计算机断层扫描)或MRI(核磁共振)等图形和图像数据信息，专家们通过电子会议系统以及相关的应用程序进行诊断，然后给出诊断意见和治疗建议。关于信息和网络技术，美国已经走在前面，从远程医疗系统在美国的发展可看出其重要性。美国凭借其领先的科技和雄厚的财力资源，几乎在远程医疗的所有方向上都在进行探索和尝试。诸如国防部远程医疗试验台远程医疗项目的局部数据调用，俄克拉荷马大学健康科学中心心脏病心律不齐咨询系统，MPHONE：比萨大学放射学系病人图像和数据通信系统，佐治亚医学院的儿科远程医疗，国家JEWISH免疫学、呼吸医疗中心和LOSALAMOS国家实验室联合远程医疗项目，UWGSP9远程医疗项目，哈特福德新生儿抚育组织开发的新生儿监护健康保健网等等，除了用于社会发展和社会福利方面以外，美国军方研制了医学顾问系统，用于指导美军的战场救护。以上这些仅仅是美国已经应用或正在进行的项目当中的一小部分。目前，全球有难以计数的人在进行远程医疗的研究工作，可见，世界各国都充分认识到远程医疗的市场潜力，它是备受世界尖端人才瞩目的一个焦点。

2.远程医疗系统的分类

远程医疗有许多不同的系统和技术要求(分级的)。但大致可以为两类：实时(Real Time，RT)和非实时(Non-Real Time)。在RT交互模式中，病人与现场医生或护理人员一起在远处，专家在医学中心。在NRT模式中，所有相关的信息(数据、图形、图像等)通过数据传输传到专家处，在这里，专家的反应不必是即时的。在大多数情况下，发送方几小时或几天后才能收到专家的报告。理想的远程医疗系统当然是同时具备RT和NRT两种模式的优点，但显然这种复合模式意味着显著增加费用。一个理想的 RT－NRT 组合，需要在急诊室内或附近有一个基站，并在远处有多个对病人实施治疗计划的地方，那里带有诊断室或移动的监护单元。基站需要有控制系统或工作站、在线的医学数据库、视频相机和监护仪、微型耳机和话筒以及图形图像输入设备。在远端，需要有完全可移动的视频相机和监护仪、各种诊断设备、图形图像输入设备、PC 或工作站等。如上所述，当前的技术可以使得远程医疗系统具有可靠的高质量的数据和视频－音频通信（在医学中心的医生和远端病人之间），能够提供与到医院就诊相当的服务。随着远程医疗的范围和广度的扩展，需要进一步关注的技术和临床问题包括：传输的图像、视频信息的知觉质量以及其他临床完善性所要求的程序，当前技术能够提供的检查的透彻性，以及远程医疗服务和当前临床常规检查的有机结合问题等。远程医疗当中的一个重要技术成分是通信系统，它的基本的传输介质是铜质电缆、光导纤维、微波中继、卫星转发。一个混合的网络可能是，卫星用于传送很远距离的信号，光纤用于传送视频图像，铜电缆传数据、信号和控制信息。RT、NRT 两种模式的通信要求都可以预测。RT 模式要求短时间内传送大量的信息，它强调的重点是传输、交换和交互的时间，它的决定性因素是容许能力（传输速率和带宽）。而 NRT 模式则对传输速率和带宽的要求不大，只要能传送整块的数据就行。在设计一个远程医疗方案时，应当考虑最坏情况的方案，并牢记医学需求和成本，因为后者常常是完成远程医疗的最大限制。

3. 远程医疗系统涉及的组成和技术

一般的多媒体远程医疗系统应具有获取、传输、处理和显示图像、图形、语音、文字和生理信息的功能。按照远程医疗系统的组成划分，它一般由三个部分构成：用户终端，医疗会诊中心和联系中心与用户的通信信息网络。不同的远程医疗应用对通信系统和系统终端设计又有不同的要求。相应的设备费用也依要求的不同而变动较大。远程医疗系统包含的关键技术较多，如：计算机处理技术、数字技术、图像技术、图像无损压缩和解压技术、高分辨率医学影像采集技术、大容量存储技术、远程网络通信技术等。远程医疗系统是众多技术中能直接给健康带来利益的，远程健康信息处理是当前社会、经济和人类发展中最需要的，它将以信息、知识、科学的普及，观念的转变等为杠杆，在同贫困、不平衡发展的斗争中起到不可替代的作用。我们关注的重点是中国的信息产业在医疗卫生领域的应用与发展，其中要关心和考虑的是怎样建设我们自己的远程医疗和远程会诊事业。远程医疗和远程会诊网络的实现，可能是继观察医学和临床医学之后的第三次飞跃。远程医疗的出现，一方面可以方便边远地区的人民在患危、急、重病的时候，不必千里迢迢四处寻医，在当时、当地就可获得大城市著名医学专家的诊治，“把专家请到家”，既赢得宝贵的时间，又能免去长途奔波和大量开支；另一方面，利用远程医学教育和会诊网络，可以极大地发挥全国著名医学专家的作用，及时使各地、市、县、镇级医院医师业务水平和诊断准确率得到提高。

8.5.2 远程医疗系统设计

1. 国内外相关系统采用的技术

由于通信网络的多种多样，国内外实现远程医疗会诊系统的方法也是多种多样，除主要用于军事上的基于卫星和无线技术的远程医疗系统外，最易于利用的通信网络是传统电话网络和 Internet，而基于这二者的远程医疗会诊系统研究也有很多。例如基于 PSTN 的点对点远程医疗会诊系统、最原始的远程医疗系统，都是通过电话线进行医学信息的传输，但由于电话线网络传输带宽的限制，用于诊断的医学视频和音频信息及图像信息无法达到实时传播；但由于此种方式对网络条件要求不高，凡是电话线布到的地方都可使用，较符合远程医疗系统为边远地区或特殊场合服务的特点，所以国内外很多地区和场合依然在使用此种方式，而且随着数据压缩技术的提高，相信此种方式还有进一步的应用。基于 PSTN 的点对点远程会诊系统是利用网络点对点文件传输的协议，对医学诊断所需的图像及视音频信息进行压缩传输。

基于 PSTN 的多点远程会诊系统是上一种系统应用的变种，系统利用多根电话线实现准实时的视频传输及多点会诊，是上一种系统多个点对点传输的集成和综合。国内采用 Microsoft NetMeeting 的 COM 组件作为核心开发的远程医疗与会诊系统较多，但受限于 NetMeeting 的特点，此种系统在针对医学方面的应用未做特别的优化处理，仅能实现点对点会诊，通信协议采用 H.323 标准，视、音频协议分别为 H.263 和 G.722，不完全符合医学诊断视频和图像质量的需要。由于此种方案开发较为方便，且易于集成在 Windows 上，所以也得到了广泛的应用。随着高速网络技术和多媒体通信技术的发展，远程医疗的通信技术也开始有运用组播技术的探讨。IP 组播技术最先应用于视频会议中，采用此技术可以开发出分布式视频会议系统，此种视频会议系统具有可扩展、松散耦合的特点，或将异地分布且动态变化的与会人员组织起来，实现分布的会议功能。IP 组播技术的特点由于与远程会诊的特点十分吻合，因此比较适应于在远程会诊中的应用，国内外目前较为倾向于此技术为核心构造远程会诊的应用系统。

2. 系统结构体系和框架设计

适合中国的基本国情的系统是远程医疗应用的基础，特别是适合广大西部地区目前的网络通信状况，充分利用已有的基础网络——传统电话通信网络(PSTN)，开发出运用两种模式传输的简单易用的非实时会诊系统；同时为了顺应网络基础建设迅速发展的需要，在系统中加入适合于宽带 IP 网络的实时远程会诊系统，以适合现在快速局域网络和联入 Internet 的需要。系统中非实时通信系统可直接与传统电话网络(PSTN)连接，医师可将疑难诊断 CT、MRI、DSA、超声、病理显微、内镜及心电监护图像快速传送到会诊的医学专家工作站中，专家和医师可同时针对疑难图像进行分析、诊断，满足广大镇、县、市级医院与医科大学专家的临床会诊要求；系统可自动存储数十万份会诊图像及报告，自动传送会诊报告；同时进行智能化管理。另外，系统中实时会诊系统部分是基于组播技术开发适合于当今网络发展潮流——IP 宽带网的实时会诊系统，不仅可以实时传输病人病案及图像信息，还可以多人通过系统进行会诊。

根据对国内网络现状的分析，现阶段在大面积范围内使用高速网络的可能性不大，而传统电话网络(PSTN)是现阶段普及率最高的网络，故在现阶段的远程医疗系统中网络通信部分应以非实时通信技术为主。在系统中非实时通信采用了两种模式：邮件传输模式和点对点传输模式。邮件传输模式的使用过程：为了安全和快速的原因，先建立专用病案邮件服务器，再利用远程医疗系统配置服务器和终端，数据采集在终端上完成，然后先存储在终端上，在通信费用不高或方便时，再传输至会诊服务中心，专家同样是在方便的时候，从会诊中心取出会诊病案，会诊结论出来后，采用同样的过程传回远程终端，完成一次远程会诊。系统构建时，先设置会诊中心，安置病案邮件服务器，并配备邮件服务软件(EXCHANG)，及一些安全及通信模块,安装系统。点对点传输模式的使用过程:点对点传输模式相对于邮件传输模式在时间上要快很多,相对于实时系统在时间上又稍慢,用户终端与专家是传输过程两端对等的双方,使用系统,利用 MODEM 和公共电话网(PSTN),通过计算机的串口进行通信,可以完成双方在较短时间内的会诊数据通信,而且费用低廉,便于大量推广。在点对点传输中,病人相关诊疗信息被压缩成数据文件,专家与远程终端对等通信,传输数据文件,进行文件传输控制时采用 ZMODEM 协议。它的优点是适合于情况比较紧急、收费又相对不太高的病人。系统以 TAPI 完成对远程的呼叫,控制 RS232 端口对 MODEM 进行控制,实现两端的传输与接收,核心在于传输协议的选择与实现。

8.5.3 系统设计未来目标

远程医疗系统的研究在我国还处于初级阶段,系统的设计与开发均应该基于我国目前的网络通信水平,具有一定的实用性。另外,在系统的整体设计中,还需要考虑一些社会因素及其他技术问题。

1. 数码医院的建立

目前有些医院已有运用 DICOM 和 HL7 标准建立的医院信息系统(HIS)和图像归档与通信系统(PACS)。医院现有的这些系统是远程医疗的重要组成部分,它们的扩展是建立远程医疗系统的一个有利条件,还需要建立标准的医学信息库。

2. 开发功能可靠、操作方便的终端设备以及接口技术问题

远程医疗系统涉及多种医疗设备与通信系统的连接,建立通用的标准接口将会减少系统建立时的复杂程度和节省费用。

3. 系统加密问题

确保医疗数据在通信网络传输中的安全性,维护病人的隐私权。由于医学影像系统中的数据已经从单纯的文本数据扩展到多媒体数据,且数据量急剧增加,选择良好的数据加密技术才是网络数据安全的重要保障。

通过本章的医学信息学概述学习,同学们应重点了解我国卫生信息化建设与应用的现实意义,以及我国卫生信息化建设的远景目标和主要任务,能够明确我国卫生信息化建设对培养医学院校学生计算机知识能力的要求,树立科技服务社会、服务专业的意识,自主学习,密切跟踪计算机技术的发展,以适应未来社会对医疗人才的需求。

习　题

一、简答题

1. 通过互联网查询医学成像技术发展历程,了解医学成像技术的发展趋势。
2. 试论述未来医学专业大学生的计算机知识结构应包含哪些方面?
3. 简述医学信息系统的特点、作用和分类。

附录 实 验

实验1 计算机基础知识

实验1.1 认识计算机

【实验目的】

1. 掌握计算机开机和关机操作。
2. 了解计算机基本硬件配置。

【实验任务】

本实验的主要任务是练习计算机的启动与关闭操作,了解计算机的基本硬件配置。

【实验步骤】

步骤一 认识计算机

1. 查看计算机外设。

查看鼠标、键盘、显示器、打印机等外部设备及它们的连接情况;找到电源开关、光驱、USB接口及工作指示灯的位置。

2. 查看计算机主机箱。

在老师的指导下,打开主机箱,了解主板的基本概况以及CPU、内存、硬盘、电源的位置。

步骤二 启动计算机

1. 冷启动。打开显示器电源开关,使显示器处于加电状态,再按下机箱面板上的开机按钮。

2. 热启动。热启动包括以下三种方式:

(1)选择“开始”→“关闭计算机”,打开“关闭计算机”对话框,单击“重新启动”。

(2)同时按“Ctrl+Alt+Del”组合键,打开“Windows 任务管理器”对话框,选择“关闭”

→“重新启动”。

(3)计算机死机时,可以使用 Reset 键重启计算机。

操作三　关闭计算机

选择“开始”→“关闭计算机”,打开“关闭计算机”对话框,单击“关闭”,待计算机关闭后,关闭显示器。

实验 1.2　键盘操作

【实验目的】

1. 熟悉键位分布。
2. 掌握键盘操作指法。

【相关知识】

1. 基本键位。A、S、D、F 和 J、K、L;即 A、S、D、F 和 J、K、L;八个键为基本键位。打字之前,左右手(除两个大拇指)的八个手指分别放在基本键位上。

2. 手指分工。手指分工如图 1.1 所示:

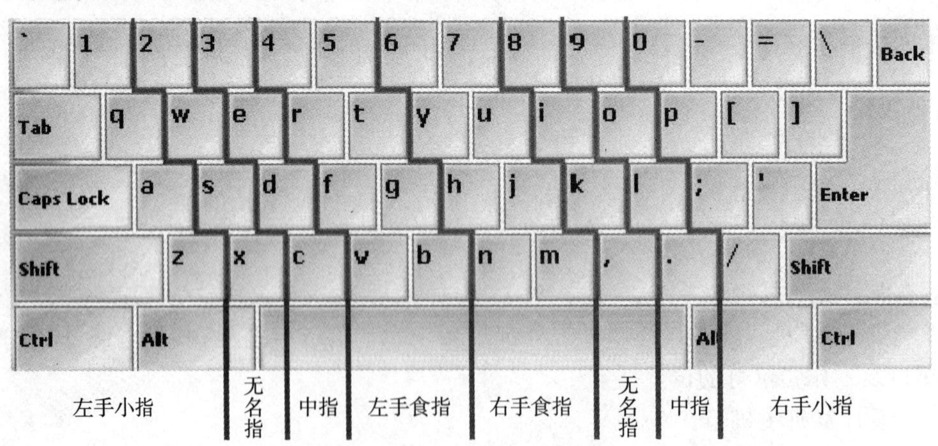

图 1.1　左右手指分工示意图

3. 击键要求。

(1)击键时第一指关节要与键面垂直。

(2)击键应由手指发力击下。

(3)击键完毕,手指应立即回到基本键位。

(4)不击键时,手指不要离开基本键位。

(5)需要同时按两个键时,若这两个键分别位于左右两个键区,则需要左右手指同时各击一键。

4. Shift 键的使用。Shift 键称为上档键,用来控制键位的上档字符。按住 Shift 键,再按相应的字符键，则输入该键位的上档字符。

【实验任务】

1. 使用打字软件(如金山打字等)进行指法练习。
2. 输入一篇中文文章《超级细菌》。

超级细菌

超级细菌是一种耐药性细菌，这种细菌能在人身上造成脓疮和毒疱，甚至逐渐让人的肌肉坏死。更可怕的是，抗生素药物对它不起作用，病人会因为感染而引起可怕的炎症，高烧、痉挛、昏迷直到最后死亡。超级细菌更为科学的称谓应该是“产 NDM－1 耐药细菌引”，即携带有 NDM-1 基因，能够编码Ⅰ型新德里金属 β－内酰胺酶，对绝大多数抗生素(替加环素、多粘菌素除外)不再敏感的细菌。临床上多为使用碳青霉烯类抗生素治疗无效的大肠埃希菌和肺炎克雷伯菌等革兰阴性菌造成的感染。

事实上，所有的超级细菌都是由普通细菌变异而成的。也正是由于滥用抗生素，对变异细菌进行自然选择，从而产生了超级细菌。除了吃药打针，我们吃的鸡鸭鱼肉之中也有许多抗生素。因为它们生长过程中被喂了抗生素，侵袭它们的细菌可能变异。等到变异病菌再侵袭人类时，人类就无法抵御了。结果是，研究出来的新药越来越短命。当然，大部分的肺炎克雷伯氏菌还没变异，大多数抗生素对它依然有效。

要阻止超级细菌肆虐，最主要的战场是在医院，因为那里集中着抵抗力最弱的人群。针对此次超级细菌事件，巴西政府就呼吁民众，只要出入医疗场所，一定要记得消毒、洗手，做好最基本的个人卫生防护，以免细菌持续扩散。专家呼吁，预防更多的细菌突变成超级细菌，关键是整个社会要在各个环节上合理使用抗生素，普通人要做到勤洗手，培养良好的生活习惯，提高自身的免疫力。自身免疫力是对付超级细菌的最好武器。

实验 2　Windows XP 操作系统

实验 2.1　Windows XP 基本操作

【实验目的】

掌握 Windows XP 基本操作。

【实验任务】

本实验的主要任务是练习 Windows XP 的基本操作，具体包括：
1. Windows XP 启动和关闭操作。
2. 鼠标操作。
3. 桌面及任务栏操作。
4. 窗口及对话框操作。

【实验步骤】

步骤一 Windows XP启动和关闭

1. 启动 Windows XP。打开显示器,启动计算机,则自动启动 Windows XP。

2. 关闭 Windows XP。关闭 Windows XP 的常用方法有两种:

(1)选择“开始”→“关闭计算机”,在“关闭计算机”对话框中,单击“关闭”。

(2)按“Ctrl+Alt+Del”组合键,打开“Windows 任务管理器”对话框,选择“关机”→“关闭”。

步骤二 鼠标操作

1. 单击:左键单击“我的电脑”,使“我的电脑”处于被选中状态。

2. 双击:左键双击“我的电脑”,打开“我的电脑”窗口。

3. 右击:在桌面的空白处单击右键,弹出快捷菜单,观察菜单列表。

4. 拖动:选中“回收站”,将“回收站”拖放到桌面其他位置。

步骤三 桌面及任务栏操作

1. 桌面操作。

(1)查看桌面图标。查看桌面上“我的电脑”、“回收站”、“网上邻居”、“IE 浏览器”等图标。

(2)排列桌面图标。在桌面空白处单击右键,弹出快捷菜单,在“排列图标”选项中选择不同的排列方式,查看桌面图标排列的变化。

2. 任务栏操作。

(1)隐藏任务栏。右击任务栏,弹出快捷菜单,选择“属性”,打开“任务栏和开始菜单属性”对话框,选择“自动隐藏任务栏”选项。

(2)调整系统时间。双击任务栏上的“时间”图标,在弹出的“日期和时间”对话框中设置日期和时间。

(3)切换输入法。

• 鼠标操作:单击任务栏上的“输入法”图标,弹出“输入法”菜单,选择相应的输入法。

• 键盘操作:按“Ctrl+Shift”组合键,也可切换输入法。

步骤四 窗口操作

1. 将 D 盘文件以“缩略图”形式显示。双击打开 D 盘,选择“查看”→“缩略图”。

2. 最小化、最大化/还原窗口。单击资源管理器右上角的按钮,将窗口最小化;单击按钮,将窗口最大化/还原。

步骤五 对话框操作

使用对话框更改计算机名称，具体操作方法如下：

①右击“我的电脑”，弹出快捷菜单，选择“属性”→“系统属性”→“计算机名”→“更改”，打开“计算机名称更改”对话框。

②在“计算机名”输入框中修改计算机名称为“myComputer”。

实验 2.2 Windows XP 文件管理

【实验目的】

1. 掌握资源管理器的基本操作。
2. 掌握文件和文件夹的基本操作。

【实验任务】

本实验的主要任务是练习文件和文件夹的基本操作，具体包括：

1. 文件和文件夹的建立。
2. 文件的复制、移动和删除。
3. 文件的重命名。
4. 文件的隐藏和查找。

【实验步骤】

步骤一 新建文件夹和文件

在 D 盘根目录建立两个文件夹 A1 和 A2，在文件夹 A1 中建立两个文本文件“ZHANG. txt”和“HUANG. txt”。具体操作方法如下：

①在 D 盘根目录，选择“文件”→“新建”→“文件夹”，新建文件夹 A1，按照同样的方法新建文件夹 A2。

②打开文件夹 A1，选择“文件”→“新建”→“文本文档”，新建文本文件“ZHANG. TXT”，按照同样的方法新建文本文件“HUANG. txt”。

步骤二 文件的复制和删除

将文件夹 A1 中文件“ZHANG. txt”复制到文件夹 A2 中，删除文件夹 A1 中的文件“ZHANG. txt”。具体操作方法如下：

①打开文件夹 A1，选中文件“ZHANG. txt”，选择“编辑”→“复制”。

②打开文件夹 A2，选择“编辑”→“粘贴”，将文件“ZHANG. txt”复制到文件夹 A2 中。

③打开文件夹 A1，选中文件“ZHANG. txt”，选择“文件”→“删除”。

步骤三 文件的移动、重命名和隐藏

将文件夹 A1 中文件“HUANG. txt”移动到文件夹 A2 中，并重命名为“ZHAO. txt”，隐藏“ZHAO. txt”。具体操作方法如下：

1. 文件的移动和重命名.

(1)打开文件夹 A1，选中文件“HUANG. txt”，选择“编辑”→“剪切”。

(2)打开文件夹 A2，选择“编辑”→“粘贴”，将文件“HUANG. txt”移动到文件夹 A2 中。

(3)选中文件“HUANG. txt”，选择“文件”→“重命名”，文件名变成编辑状态，输入“ZHAO. txt”，按回车键。

2. 文件隐藏.

(1)打开文件夹 A2，右击文件“ZHAO. txt”，弹出快捷菜单，选择“属性”，打开“属性”对话框，选中“隐藏”复选框。

(2)选择“工具”→“文件夹选项”，打开“文件夹选项”对话框，选择“查看”选项卡，在“高级设置”列表中，选中“不显示隐藏的文件和文件夹”选项。

步骤四 文件的查找

查找 D 盘所有文件类型为 txt 的文件。具体操作方法如下：

①选择“开始”→“搜索”→“所有文件和文件夹”。

②在“全部或部分文件名”输入框中输入“*. txt”，搜索位置选择 D 盘，单击“搜索”按钮，搜索结果显示在右边的窗口中。

实验 2.3 Windows XP 控制面板

【实验目的】

1. 了解控制面板窗口的组成。
2. 掌握控制面板的基本操作。

【实验任务】

本实验的主要任务是练习控制面板的基本操作，具体包括：

1. 鼠标和显示器设置。
2. 添加输入法。
3. 添加/删除程序。

【实验步骤】

步骤一 鼠标设置

设置鼠标显示指针轨迹，且滚轮滚动一次的行数为2行。具体操作方法如下：

①在“控制面板”中，选择“打印机和其他硬件”→“鼠标”，打开“鼠标属性”对话框。

②选择“指针”选项卡，选中“显示指针轨迹”复选框。

③选择“轮”选项卡，“一次滚动下列行数”设置为“2行”。

步骤二 显示器设置

设置桌面背景为“Bliss”，分辨率为“1024×768”，屏幕保护为“飞跃星空”，等待时间为15分钟。具体操作方法如下：

①在“控制面板”中，选择“外观和主题”→“显示”，打开“显示属性”对话框。

②背景设置：选择“桌面”选项卡，“背景”设置为“Bliss”。

③分辨率设置：选择“设置”选项卡，分辨率设置为“1024×768”。

④屏幕保护设置：选择“屏幕保护程序”选项卡，“屏幕保护程序”设置为“飞跃星空”，等待时间设置为15分钟。

步骤三 添加输入法

添加“微软拼音输入法3.0版”输入法。具体操作方法如下：

①在“控制面板”中，选择“日期、时间、语言和区域设置”→“区域和语言选项”，打开“区域和语言选项”对话框。

②选择“语言”选项卡，单击“详细信息”按钮，打开“文字服务和输入语言”对话框。

③单击“添加”按钮，打开“添加输入语言”对话框。

④在“键盘布局/输入法”中选择“微软拼音输入法3.0版”。

步骤四 添加/删除程序

1. 删除“QQ”应用程序。

①在“控制面板”中，单击“添加/删除程序”，打开“添加或删除程序”对话框。

②单击“更改或删除程序”按钮，在程序列表框中，找到并选中“QQ”程序，单击“删除”按钮，系统会自动卸载“QQ”程序。

2. 添加IIS组件。

①在“控制面板”中，单击“添加/删除程序”，打开“添加或删除程序”对话框。

②单击“添加/删除 Windows 组件”按钮，打开“Windows 组件向导”对话框。

③在“组件”列表框中，选中“Internet 信息服务(IIS)”复选框，单击“下一步”按钮，根据提示进行操作。

实验3　Word 2003

实验3.1　Word 2003基础应用——编辑《居民健康档案》

【实验目的】

1. 掌握文档创建和保存的基本操作。
2. 掌握文档编辑的基本操作。
3. 掌握图片插入和图文混排的基本操作。

【实验任务】

本实验的主要任务是编辑《居民健康档案》，编辑后的效果如图3.1所示。

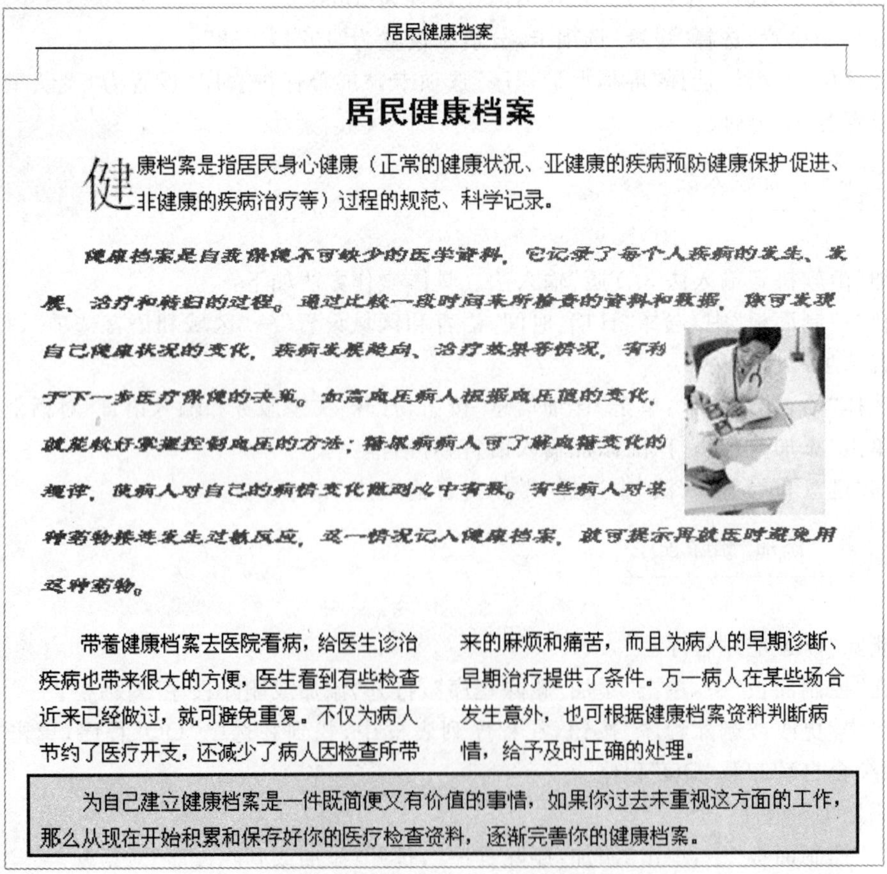

居民健康档案

居民健康档案

健康档案是指居民身心健康（正常的健康状况、亚健康的疾病预防健康保护促进、非健康的疾病治疗等）过程的规范、科学记录。

健康档案是自我保健不可缺少的医学资料，它记录了每个人疾病的发生、发展、治疗和转归的过程。通过比较一段时间来所检查的资料和数据，你可发现自己健康状况的变化，疾病发展趋向、治疗效果等情况，有利于下一步医疗保健的决策。如高血压病人根据血压值的变化，就能较好掌握控制血压的方法；糖尿病病人可了解血糖变化的规律，使病人对自己的病情变化做到心中有数。有些病人对某种药物接连发生过敏反应，这一情况记入健康档案，就可提示再就医时避免用这种药物。

带着健康档案去医院看病，给医生诊治疾病也带来很大的方便，医生看到有些检查近来已经做过，就可避免重复。不仅为病人节约了医疗开支，还减少了病人因检查所带来的麻烦和痛苦，而且为病人的早期诊断、早期治疗提供了条件。万一病人在某些场合发生意外，也可根据健康档案资料判断病情，给予及时正确的处理。

为自己建立健康档案是一件既简便又有价值的事情，如果你过去未重视这方面的工作，那么从现在开始积累和保存好你的医疗检查资料，逐渐完善你的健康档案。

图3.1　编辑后的效果

【实验步骤】

步骤一 创建文档

1. 启动 Word 2003。选择“开始”→“程序”→“Microsoft Word”，或双击桌面上的 Word 快捷图标。

2. 在文档内输入内容(略)。

3. 保存文档。选择“文件”→“保存”，打开“另存为”对话框，以“健康档案的意义. doc”为文件名保存文档。

步骤二 格式设置

1. 字符格式设置。

(1)标题设置为“黑体”、“三号”、“加粗”。

(2)第二段文字设置为“隶书”、“倾斜加粗”、“小四”、“红色”。

2. 段落格式设置。

(1)标题设置为“居中对齐”。

(2)选中正文，选择“格式”→“段落”，打开“段落”对话框，在“特殊格式”列表框中设置“首行缩进 2 个字符”。

(3)选中第二段，“段前”、“段后”分别设置为“0.5 行”，“行距”设置为“1.5 倍行距”。

3. 边框和底纹设置。

(1)选中第四段，选择“格式”→“边框和底纹”，打开“边框和底纹”对话框。

(2)在“边框”选项卡中，边框颜色设置为“蓝色”，宽度设置为“1 磅”。

(3)选择“底纹”选项卡，底纹设置为“黄色”。

4. 页眉设置。

(1)选择“视图”→“页眉和页脚”，视图切换到“页眉和页脚”视图方式。

(2)在“页眉”编辑框中输入“居民健康档案”。

(3)单击工具栏上的“居中对齐”按钮。

5. 首字符下沉。选择第一段，选择“格式”→“首字符下沉”，打开“首字符下沉”对话框，“位置”设置为“下沉”，“下沉行数”设置为“2”。

6. 分栏。选中第二段，选择“格式”→“分栏”，打开“分栏”对话框，“栏数”设置为“两栏”。

步骤三 文本替换

将文档中“病人”替换为“患者”，具体操作方法如下：

①选择“编辑”→“查找”，或按“Ctrl＋F”组合键，打开“查找和替换”对话框。

②选择“替换”选项卡，在“查找内容”输入框中输入“病人”，在“替换为”输入框中输入“患者”，单击“全部替换”按钮。

步骤四　插入图片及设置环绕方式

1. 插入图片。选择“插入”→“图片”→“来自文件”，插入“医生.jpg”文件，调整图片大小，放置在第二段右侧。

2. 设置环绕方式。

(1)右击图片，弹出快捷菜单，选择“设置图片格式”，打开“设置图片格式”对话框。

(2)选择“版式”选项卡，“环绕方式”设置为“紧密型”。

实验3.2　Word 2003基础应用——制作课程表

【实验目的】

1. 掌握表格的插入方法。

2. 掌握表格格式的设置方法。

【实验任务】

本实验的主要任务是使用Word 2003制作如图3.2所示的课程表。

朝阳中学2011-2012学年第二学期高一年级
课程表

高一(5)班

午别	星期/节次	星期一	星期二	星期三	星期四	星期五
上午	第一节	语文	英语	数学	语文	英语
	第二节	数学	语文	语文	数学	语文
	第三节	英语	化学	物理	化学	语文
	第四节	政治	信息	英语	英语	数学
下午	第五节	物理	历史	政治	物理	化学
	第六节	地理	生物	地理	体育	历史
	第七节	体育	政治	音乐	历史	生物

图3.2　课程表

【实验步骤】

步骤一　页面设置

页面设置的操作方法如下：

①选择“文件”→“页面设置”，打开“页面设置”对话框。

②选择“页边距”选项卡，“页边距”设置为“上 3.2cm、下 3.2cm、左 2.5cm、右 2.5cm”；“方向”设置为“横向”。

步骤二 制作课程表标题

标题制作方法如下：

①参照图 3.2 所示的内容，输入标题文字。

②标题格式设置为：“二号”、“加粗”、“居中对齐”。

步骤三 表格制作

1. 插入表格。

选择“表格”→“插入”，打开“插入表格”对话框，表格设置为 7 列 8 行。

2. 设置表格行高和列宽。

(1)选择“表格”→“表格属性”，打开“表格属性”对话框。

(2)选择“行”选项卡，行高设置为“1.4 厘米”。

(3)选择“列”选项卡，第一列和第二列列宽设置为“2.6 厘米”，其余 5 列列宽设置为“3.8 厘米”。

3. 合并单元格。

(1)选中第一行第一列到第二列所在的单元格，选择“表格”→“合并单元格”。

(2)按照同样的方法，合并第一列第二行到第五行单元格以及第一列第六行到第八行单元格。

4. 制作表头。

(1)选择“表格”→“绘制斜线表头”，打开“插入斜线表头”对话框。

(2)在“插入斜线表头”对话框中设置表头，如图 3.3 所示。

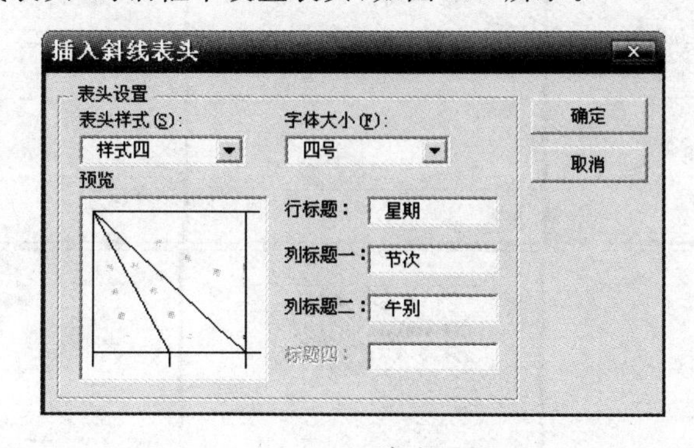

图 3.3 “插入斜线头”对话框

5. 输入课程表内容。参照图 3.2 所示的内容，在表格中输入课程表内容。

步骤四 字体设置

表格内文字的字号设置为“四号”；并且“星期一、星期二、星期三、星期四、星期五”及“上午”和“下午”文字字形设置为“加粗”。

步骤五　底纹设置

底纹设置的具体操作方法如下：

①选中“星期一”到“星期五”所在的单元格，选择“格式”→“边框和底纹”，打开“边框和底纹”对话框。

②选择“底纹”选项卡，单元格底纹设置为“红色”。

实验 3.3　Word 2003 高级应用——硕士毕业论文的排版

【实验目的】

1. 掌握页面设置的基本操作。
2. 掌握页眉页脚设置的基本操作。
3. 掌握目录生成的基本操作。

【实验任务】

本实验的主要任务是对硕士毕业论文进行排版，效果如图 3.4 所示。

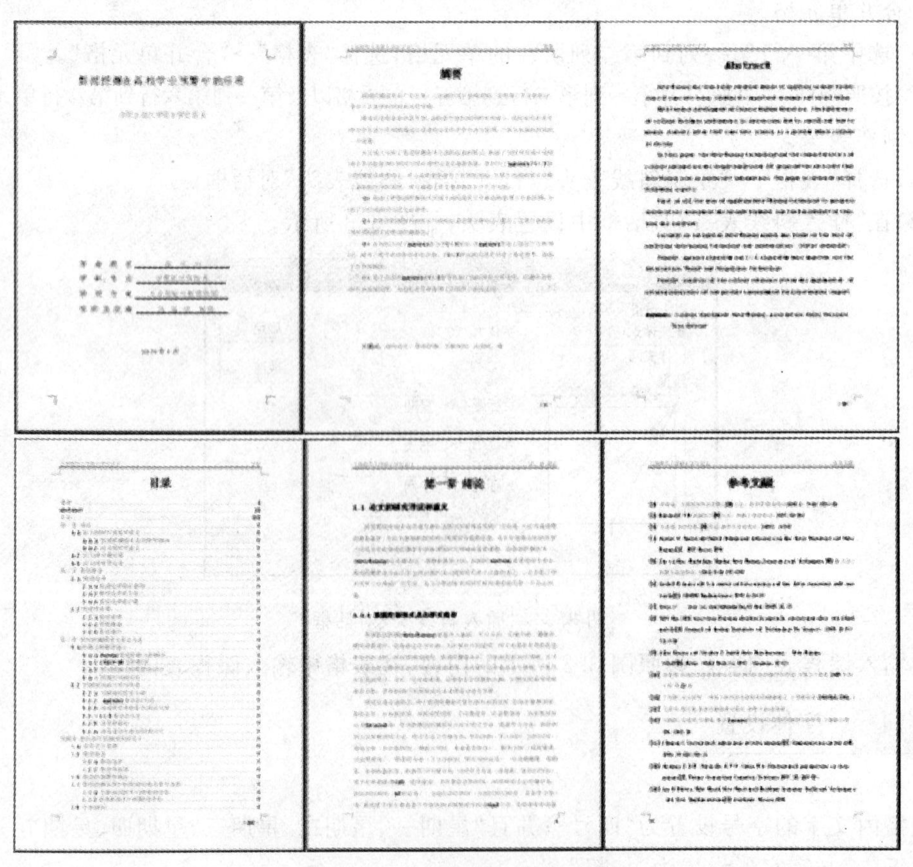

图 3.4　硕士毕业论文排版效果

【实验步骤】

步骤一　页面设置

1. 纸张设置。

(1)选择“文件”→“页面设置”,打开“页面设置”对话框。

(2)选择“纸张”选项卡,“纸张大小”设置为“A4”。

2. 页边距设置。在“页面设置”对话框中,选择“页边距”选项卡。“页边距”设置为“上2.5cm、左2.9cm、下2.5cm、右2.5cm”。

3. 每行“字符”数和每页“行数”设置

(1)在“页面设置”对话框中,选择“文档网格”选项卡。

(2)在“网格”栏中,选择“指定行和字符网格”项。

(3)在“字符”栏中,每行的字符数设置为“34”,“跨度”设置为“10.5磅”。

(4)在“行”栏中,每页的行数设置为“36”,“跨度”设置为“19磅”。

步骤二　设置标题样式

标题样式设置的具体操作方法如下:

①选中标题(如“第一章 绪论”),单击工具栏中的“样式”下拉列表,选择“标题一”。

②按照同样的方法,设置二级标题(如“1.1 论文的研究背景和意义”)的样式为“标题二”、三级标题的样式为“标题三”。

步骤三　页眉和页脚设置

1. 设置奇偶页不同。打开“页面设置”对话框,选择“版式”选项卡,选中“奇偶页不同”复选框。

2. 设置页眉。

(1)选择“视图”→“页眉和页脚”,将视图切换到“页眉和页脚”视图方式。

(2)在“页眉和页脚”编辑框中输入奇数页页眉。

(3)单击“页眉和页脚”工具栏中“显示下一项”按钮,在“页眉和页脚”编辑框内输入偶数页页眉。

3. 设置页脚。

(1)单击“页眉和页脚”工具栏中“页眉页脚间切换”按钮,进入页脚设置区域。

(2)单击“页眉和页脚”工具栏中“插入页码”按钮,插入页码,对齐方式设置为“居中”。

(3)关闭“页眉和页脚”工具栏。

步骤四　插图自动编号

插图自动编号的具体操作方法如下:

①在文档中插入第一张图片。

②选中该图片，选择“插入”→“引用”→“题注”，打开“题注”对话框。

③单击“新建标签”按钮，打开“新建标签”对话框。

④在对话框中输入“图”，单击“确定”按钮。

⑤单击“自动插入题注”按钮，打开“自动插入题注”对话框。

⑥在“插入时添加题注”列表中选中“Microsoft Word 图片”复选框，“使用标签”选择“图”。

在插入第二张图时，系统就会对其自动编号。

步骤五　生成目录

生成目录的具体操作方法如下：

①将光标移动到“目录”页，选择“插入”→“引用”→“索引和目录”，打开“索引和目录”对话框。

②选择“目录”选项卡，单击“确定”按钮。

实验 4　Excel 2003

实验 4.1　Excel 2003 基础应用——编辑学生成绩表

【实验目的】

1. 掌握工作表的操作操作。
2. 掌握单元格格式设置方法。

【实验任务】

本实验的主要任务是使用 Excel 2003 编辑学生成绩表，效果如图 4.1 所示。

【实验步骤】

步骤一　创建学生成绩表

1. 启动 Excel 2003。选择“开始”→“程序”→“Microsoft Excel”，或双击桌面上的 Excel 快捷图标。

2. 保存文件。选择“文件”→“保存”，打开“另存为”对话框，以“学生成绩表.xls”为文件名保存文件。

3. 数据输入。参照图 4.1 所示的内容，在工作表 Sheet1 中输入数据。

步骤二 工作表操作

1. 工作表 Sheet1 的重命名。

(1)双击工作表标签 Sheet1,使 Sheet1 变为编辑状态。

(2)输入“2011 级临床医学 1 班”,按回车键。

2. 工作表的删除。右击工作表标签 Sheet2,弹出快捷菜单,选择“删除”;按照同样的方法删除工作表 Sheet3。

	A	B	C	D	E	F	G	H	I	J
1	学生成绩表									
2	学号	姓名	性别	英语	数学	计算机基础	人体解剖学	总分	平均分	总评
3	11206001	张海荣	女	78	90	86	90			
4	11206002	李飞	男	66	68	65	78			
5	11206003	赵冰	女	87	84	91	80			
6	11206004	王大伟	男	74	69	80	79			
7	11206005	李世才	男	65	80	78	68			
8	11206006	夏广霞	女	80	67	84	84			
9	11206007	黄奇	男	91	73	89	92			
10	11206008	李丽	女	56	62	63	54			
11	11206009	邹德勤	男	86	81	87	90			
12	11206010	刘朝成	男	82	75	63	69			
13	11206011	汪田田	女	69	80	90	70			
14	11206012	李红	女	78	84	77	74			
15	11206013	杨迪	男	73	78	83	80			
16	11206014	李云芳	女	80	82	91	92			
17	11206015	代玉好	男	83	67	68	65			

图 4.1 学生成绩表(1)

步骤三 设置单元格格式

1. 合并单元格。

(1)选中单元格区域“A1:J1”,右击,弹出快捷菜单,选择“设置单元格格式”,打开“设置单元格格式”对话框。

(2)选择“对齐”选项卡,选中“合并单元格”复选框。

2. 居中对齐设置。

(1)选中单元格区域“A1:J17”,打开“设置单元格格式”对话框。

(2)选择“对齐”选项卡,设置水平居中对齐和垂直居中对齐。

3. 标题字体设置。

(1)选中 A1 单元格,打开“设置单元格格式”对话框。

(2)选择“字体”选项卡,“颜色”设置为“黄色”,“字号”设置为“14”。

4. 标题底纹设置。

(1)选中 A1 单元格,打开“设置单元格格式”对话框。

(2)选择“图案”选项卡,“单元格底纹”设置为“红色”。

5. 边框设置。

(1)选中“A1:J17”单元格区域,打开“单元格格式”对话框。

(2)选择“边框”选项卡,设置“A1:J17”单元格区域边框。

6. 列宽、行高设置。

(1)选中 A～J 列,选择“格式”→“列”→“最适合的列宽”,调整列的宽度。

(2)选中 1～17 行,选择“格式”→“列”→“最适合的行高”,调整行的高度。

7. 类型设置。

(1)选中 A 列,打开“设置单元格格式”对话框。

(2)选择“数字”选项卡,在分类列表中选择“文本”。

实验 4.2　Excel 2003 基础应用——使用函数处理学生成绩表

【实验目的】

1. 掌握公式的基本操作。
2. 掌握函数的基本操作。

【实验任务】

本实验的主要任务是在实验 4.1 的基础上,使用函数和公式计算学生成绩,效果如图 4.2 所示。

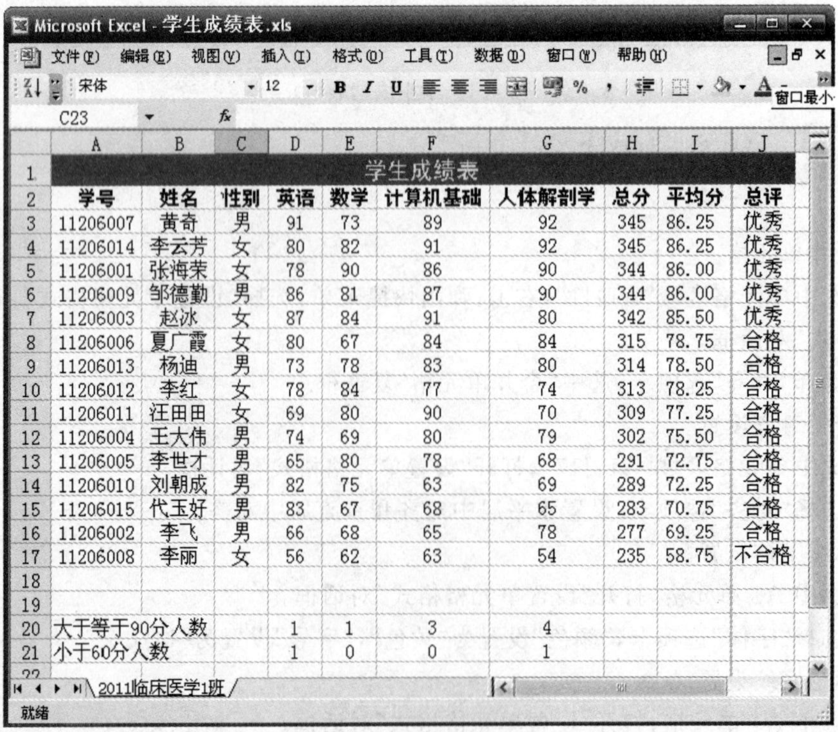

	A	B	C	D	E	F	G	H	I	J
1	学生成绩表									
2	学号	姓名	性别	英语	数学	计算机基础	人体解剖学	总分	平均分	总评
3	11206007	黄奇	男	91	73	89	92	345	86.25	优秀
4	11206014	李云芳	女	80	82	91	92	345	86.25	优秀
5	11206001	张海荣	女	78	90	86	90	344	86.00	优秀
6	11206009	邹德勤	男	86	81	87	90	344	86.00	优秀
7	11206003	赵冰	女	87	84	91	80	342	85.50	优秀
8	11206006	夏广霞	女	80	67	84	84	315	78.75	合格
9	11206013	杨迪	男	73	78	83	80	314	78.50	合格
10	11206012	李红	女	78	84	77	74	313	78.25	合格
11	11206011	汪田田	女	69	80	90	70	309	77.25	合格
12	11206004	王大伟	男	74	69	80	79	302	75.50	合格
13	11206005	李世才	男	65	80	78	68	291	72.75	合格
14	11206010	刘朝成	男	82	75	63	69	289	72.25	合格
15	11206015	代玉好	男	83	67	68	65	283	70.75	合格
16	11206002	李飞	男	66	68	65	78	277	69.25	合格
17	11206008	李丽	女	56	62	63	54	235	58.75	不合格
18										
19										
20	大于等于90分人数			1	1	3	4			
21	小于60分人数			1	0	0	1			

图 4.2　学生成绩表(2)

【实验步骤】

步骤一 计算总分

1. 使用公式求和。在 H3 单元格中，输入公式“＝D3＋E3＋F3＋G3”，按回车键，计算出第一个学生的总分，再使用填充柄进行复制。

2. 使用 SUM 函数求和。选中 H3 单元格，选择“插入”→“函数”，打开“插入函数”对话框，计算出第一个学生的总分，再使用填充柄进行复制。

步骤二 计算个人的平均分

1. 使用公式计算平均分。在 I3 单元格中，输入公式“＝(D3＋E3＋F3＋G3)/4”，按回车键，计算出第一个学生的平均分，再使用填充柄进行复制。

2. 使用 AVERAGE 函数计算平均分。

(1)选中 I3 单元格，选择“插入”→“函数”，打开“插入函数”对话框。

(2)在对话框中选择“AVERAGE”，单击“确定”按钮，打开“函数参数”对话框。

(3)“Number1”值为“D3:G3”，按回车键，计算出第一个学生的平均分，再使用填充柄进行复制。

步骤三 设置保留两位小数

设置的具体操作方法如下：

①选中单元格区域“I3:I17”，打开“设置单元格格式”对话框。

②选择“数字”选项卡，在分类栏中，选择“数值”项。

③在“小数位数”栏中输入“2”。

步骤四 使用 IF 函数计算平均分的等级

平均分的等级标准是：85 分及以上为“优秀”，60 分及以上为“合格”，60 以下为“不合格”。等级的计算方法如下：

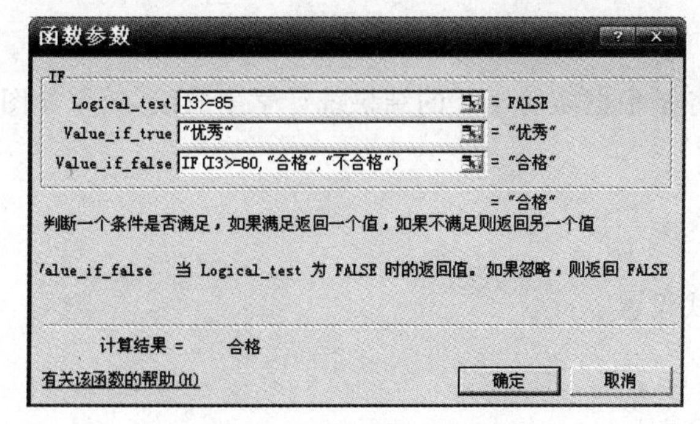

图 4.3 “函数参数”对话框

①选中 J3 单元格，选择“插入”→“函数”，打开“插入函数”对话框。

②在对话框中选择“IF”，单击“确定”按钮，打开“函数参数”对话框。

③在对话框中输入参数，如图 4.3 所示，单击“确定”按钮，计算出第一个学生平均分等级。

④使用填充柄进行复制，计算出其他学生的平均分等级。

步骤五　排序

排序的具体操作方法如下：

①选中单元格区域“A3:J17”，选择“数据”→“排序”，打开“排序”对话框。

②主要“关键字”选择“平均分”，“排序顺序”选择“降序”。

步骤六　使用 COUNTIF 函数计算人数

1. 在 A20 和 A21 单元格中分别输入“大于等于 90 分的人数”和“小于 60 分的人数”。

2. 计算各科成绩大于等于 90 分人数。

(1)选中 D20 单元格，打开“插入函数”对话框。

(2)“选择类别”选择“统计”，在函数列表中选择“COUNTIF”，单击“确定”按钮，打开“函数参数”对话框。

(3)“Range”值为“D3:D17”，“Criteria”值为“＞＝90”，单击“确定”按钮，计算出英语成绩大于等于 90 分的人数，再用填充柄进行复制填充 E20、F20、G20 单元格。

3. 计算各科成绩小于 60 分人数。按照上述的方法计算各科成绩小于 60 分的人数。

实验 4.3　Excel 2003 高级应用——统计学生成绩

【实验目的】

1. 掌握数据筛选方法。
2. 掌握分类汇总方法。
3. 掌握图表建立和编辑方法。

【实验任务】

本实验的主要任务是根据实验 4.2 的结果统计学生成绩，效果如图 4.4 和图 4.5 所示。具体包括：

1. 学生信息筛选。
2. 分类汇总。
3. 图表创建与格式设置。

Microsoft Excel - 学生成绩表.xls

	A	B	C	D	E	F	G	H	I	J
1	学生成绩表									
2	学号	姓名	性别	英语	数学	计算机基础	人体解剖学	总分	平均分	总评
3	11206007	黄奇	男	91	73	89	92	345	86.25	优秀
4	11206009	邹德勤	男	86	81	87	90	344	86.00	优秀
5	11206013	杨迪	男	73	78	83	80	314	78.50	合格
6	11206004	王大伟	男	74	69	80	79	302	75.50	合格
7	11206005	李世才	男	65	80	78	68	291	72.75	合格
8	11206010	刘朝成	男	82	75	63	69	289	72.25	合格
9	11206015	代玉好	男	83	67	68	65	283	70.75	合格
10	11206002	李飞	男	66	68	65	78	277	69.25	合格
11			男 平均值	77.50	73.88	76.63	77.63			
12	11206014	李云芳	女	80	82	91	92	345	86.25	优秀
13	11206001	张海荣	女	78	90	86	90	344	86.00	优秀
14	11206003	赵冰	女	87	84	91	80	342	85.50	优秀
15	11206006	夏广霞	女	80	67	84	84	315	78.75	合格
16	11206012	李红	女	78	84	77	74	313	78.25	合格
17	11206011	汪田田	女	69	80	90	70	309	77.25	合格
18	11206008	李丽	女	56	62	63	54	235	58.75	不合格
19			女 平均值	75.43	78.43	83.14	77.71			
20			总计平均值	76.53	76.00	79.67	77.67			
21										
22										
23	大于等于90分人数			1	1	3	4			
24	小于60分人数			1	0	0	1			

2011临床医学1班

就绪

图 4.4 学生成绩表(3)

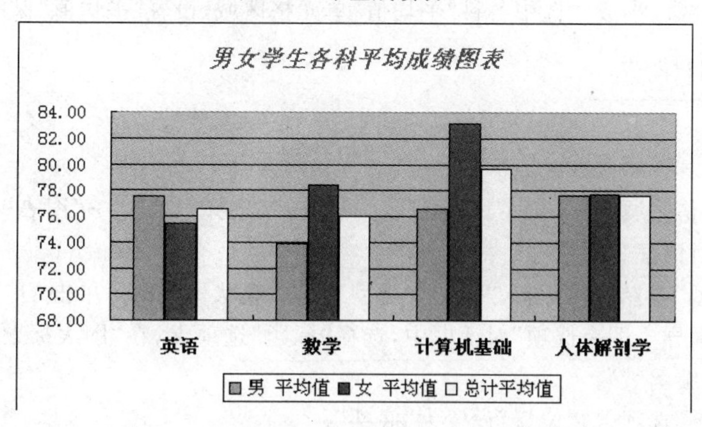

图 4.5 “男女学生各科平均值”图表

【实验步骤】

步骤一 筛选

1. 筛选“总评”为优秀的学生。

(1)选择“数据”→“筛选”→“自动筛选”。

(2)在“总评”下拉列表中选择“优秀”。

2. 筛选“平均分”在 70～80 分之间的学生。在“平均分”下拉列表中选择“自定义”选项，在“自定义自动筛选方式”对话框中输入筛选值，如图 4.6 所示，单击“确定”按钮。

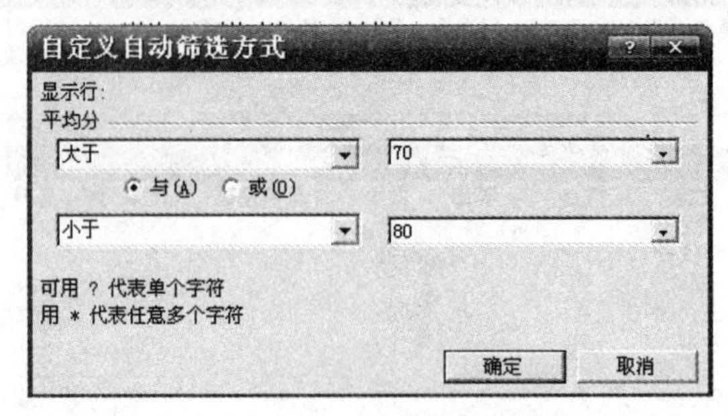

图 4.6 “自定义筛选”对话框

步骤二 分类汇总

1. 按照“性别”分类汇总男生和女生各科成绩的平均分。在分类汇总前，需要对学生信息按照“性别”排序。分类汇总步骤如下：

(1)选中 C3 单元格，单击工具栏中“降序”按钮。

(2)选中单元格区域“A2:J17”，选择“数据”→“分类汇总”，打开“分类汇总”对话框。

(3)“分类字段”选择“性别”，“汇总方式”选择“平均值”，“选定汇总项”选择“英语”、“数学”、“计算机基础”、“人体解剖学”，单击“确定”按钮。

2. 设置保留两位小数。选中各科“平均值”单元格区域，设置“平均值”保留两位小数。

步骤三 创建图表

图表创建的具体操作方法如下：

①选中单元格区域“C2:G2、C11:G11、C19:G19”，选择“插入”→“图表”，打开“图表向导－图表类型”对话框。

②“图标类型”选择“柱形图”，“子图表类型”选择“簇状柱形图”，单击“下一步”。

③在“图表向导－图表选项”对话框中，选择“标题”选项卡，在“图表标题”内输入“男女学生各科平均成绩图表”。

④选择“图例”选项卡，“位置”设置为“底部”。

步骤四 设置图表格式

1. 图表标题格式设置。

(1)右击图表标题，弹出快捷菜单，选择“图表标题格式”，打开“图表标题格式”对话框。

(2)选择“字体”选项卡，字体设置为：“倾斜 加粗”、“14”、“红色”。

2. 坐标轴格式设置。

(1)右击课程名称，弹出快捷菜单，选择“坐标轴格式”，打开“坐标轴格式”对话框。

(2)选择“字体”选项卡，字体设置为“加粗”。

实验 5 PowerPoint 2003

实验 5.1 PowerPoint 基础应用——创建“乙肝知识宣传”演示文稿

【实验目的】

1. 掌握演示文稿创建的基本操作。
2. 掌握演示文稿编辑的基本操作。

【实验任务】

本实验的主要任务是创建“乙肝知识宣传”演示文稿，效果如图 5.1 所示。

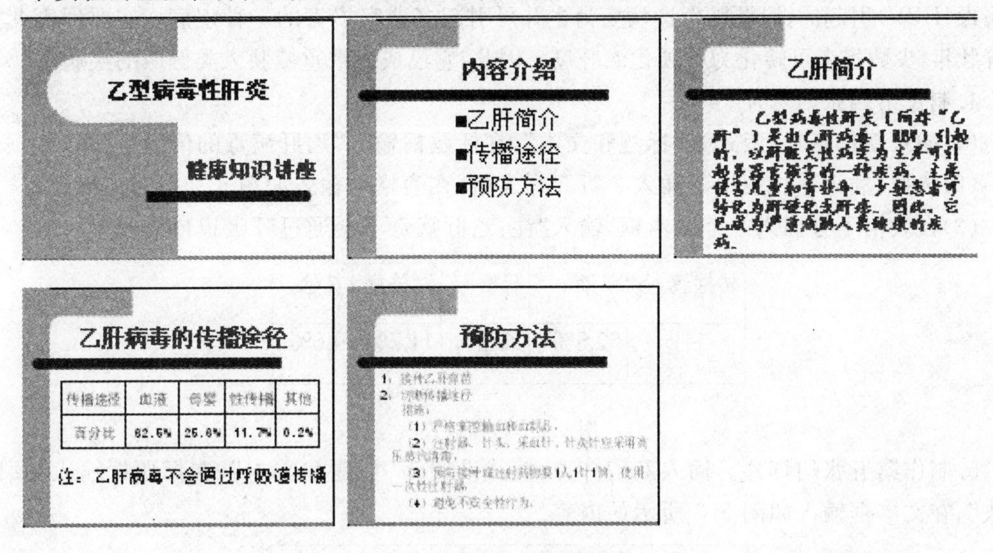

图 5.1 演示文稿效果

【实验步骤】

步骤一 创建演示文稿

1. 新建空演示文稿。选择“文件”→“新建”，在“新建演示文稿”任务窗格中选择“空演示文稿”，系统自动为演示文稿新建一张“标题”幻灯片。

2. 使用模板。选择“格式”→“幻灯片设计”，在“设计模板”任务窗格中选择“Capsules”模板。

步骤二　制作幻灯片

1. 在第一张幻灯片的标题框内输入“乙型病毒性肝炎”，在副标题框内输入“健康知识讲座”。

2. 制作第二张幻灯片。

(1)选择“插入”→“新幻灯片”。

(2)选择“格式”→“幻灯片版式”，在“幻灯片版式”任务窗格中选择“标题和文本”版式。

(3)在标题框内输入“内容介绍”。

(4)在文本框内输入“乙肝简介”、“传播途径”、“预防方法”，并设置项目编号设置为“实心方块”。

3. 制作第三张幻灯片。

(1)插入新幻灯片，版式设置为“标题和文本”。

(2)在标题框内输入“乙肝简介”，在文本框内输入“乙型病毒性肝炎(简称“乙肝”)是由乙肝病毒(HBV)引起的、以肝脏炎性病变为主并可引起多器官损害的一种疾病。主要侵害儿童和青壮年，少数患者可转化为肝硬化或肝癌。因此，它已成为严重威胁人类健康的疾病”。

4. 制作第四张幻灯片。

(1)插入新幻灯片，版式为“标题和文本”，在标题框输入“乙肝病毒的传播途径”。

(2)选择“插入”→“表格”，插入 2 行 5 列表格，在表格中输入如图 5.2 所示的内容。

(3)在表格下方插入一个文本框，输入“注:乙肝病毒不会通过呼吸道传播”。

传播途径	血液	母婴	性传播	其他
百分比	62.5%	25.2%	11.7%	0.6%

图 5.2　传播途径

5. 制作第五张幻灯片。插入新幻灯片，版式设置为“标题和文本”，在标题框输入“预防方法”，在文本框输入如图 5.3 所示的内容。

1：接种乙肝育苗
2：切断传播途径
措施：
（1）严格掌控输血和血制品，
（2）注射器、针头、采血针、针灸针应采用高压蒸汽消毒，
（3）预防接种或注射药物要1人1针1筒，使用一次性注射器，
（4）避免不安全性行为。

图 5.3　预防方法

步骤三 设置文本格式

选择第三张幻灯片，选中正文，进行如下操作：

①选择“格式”→“字体”，字体设置为：“黑体”、“28”、“红色”。

②选择“格式”→“行距”，“行距”设置为“0.8 行”。

步骤四 插入声音和影片

1. 添加背景音乐。

(1)在第一张幻灯片中，选择“插入”→“影片和声音”→“文件中的声音”，打开“插入声音”对话框，插入“春光美.mp3”音乐文件。

(2)右击“声音”对象，弹出快捷菜单，选择“编辑声音对象”，打开“声音选项”对话框。

(3)选中“循环播放，直到停止”和“幻灯片播放时隐藏声音图标”选项。

2. 插入影片。在演示文稿的最后新建一张幻灯片，选择“插入”→“影片和声音”→“文件中的影片”，打开“插入影片”对话框，插入“乙肝的预防与治疗.WMV”宣传片。

实验 5.2 PowerPoint 高级应用——“乙肝知识宣传”演示文稿动态效果设置

【实验目的】

1. 掌握超链接设置方法。
2. 掌握自定义动画设置方法。
3. 掌握幻灯片切换设置方法。
4. 掌握幻灯片放映设置方法。

【实验任务】

本实验的主要任务是对实验 5.1 所建的演示文稿进行动态效果设置，具体包括：

1. 超链接设置。
2. 自定义动画设置。
3. 幻灯片切换方式设置。
4. 幻灯片放映方式设置。

【实验步骤】

步骤一 设置超链接

为第二张幻灯片中的内容设置超链接，具体操作方法如下：

①在第二张幻灯片中，选中“乙肝简介”。

②选择“插入”→“超链接”，打开“插入超链接”对话框。

③在“链接到”列表中选择“本文档中的位置”，在“请选择文档中的位置”中选择第三张幻灯片。

按照同样的方法设置“传播途径”和“预防方法”的超链接。

步骤二　设置自定义动画

以第二张幻灯片为例，介绍自定义动画的设置，具体操作方法如下：

①在第二张幻灯片中，选中“乙肝简介”。

②选择“幻灯片放映”→“自定义动画”。

③在“自定义动画”任务窗格中，选择“添加效果”→“进入”→“飞入”；“方向”设置为“自左侧”；“速度”设置为“快速”。

④在自定义动画列表中，单击动画右方的下三角按钮，在弹出的菜单中，选择“效果选项”，打开“飞入”对话框，“声音”设置为“风铃”。

按照同样的方法，设置“传播途径”和“预防方法”的自定义动画。

步骤三　设置幻灯片切换方式

幻灯片切换方式设置的具体操作方法如下：

①选择“幻灯片放映”→“幻灯片切换”。

②在“幻灯片切换”任务窗格中，幻灯片“切换效果”设置为“溶解”，“速度”设置为“中速”，“声音”设置为“照相机”。

③单击“应用于所有幻灯片”按钮。

步骤四　设置幻灯片放映方式

幻灯片放映方式设置的具体操作方法如下：

①选择“幻灯片放映”→“设置放映方式”，打开“设置放映方式”对话框。

②“放映类型”设置为“演讲者放映”。

③“切片方式”设置为“手动”。

④“放映选项”设置为“循环放映”。

实验 6 网络基础与 Internet 技术

实验 6.1 设置共享文件夹

【实验目的】

1. 掌握共享文件夹的设置方法。
2. 掌握共享文件夹的访问方法。

【实验任务】

本实验的主要任务是在 E 盘根目录新建文件夹 mytest，并设置 mytest 为共享文件夹。

【实验步骤】

步骤一 设置共享文件夹

设置共享文件夹的具体操作方法如下：

①在 E 盘根目录新建文件夹“mytest”。

②右击文件夹“mytest”，弹出快捷菜单，选择“安全和共享”，打开如图 6.1 所示的对话框。

③选中“共享此文件夹”，单击“确定”按钮，文件夹下方出现一个“手形”，效果如图 6.2 所示。

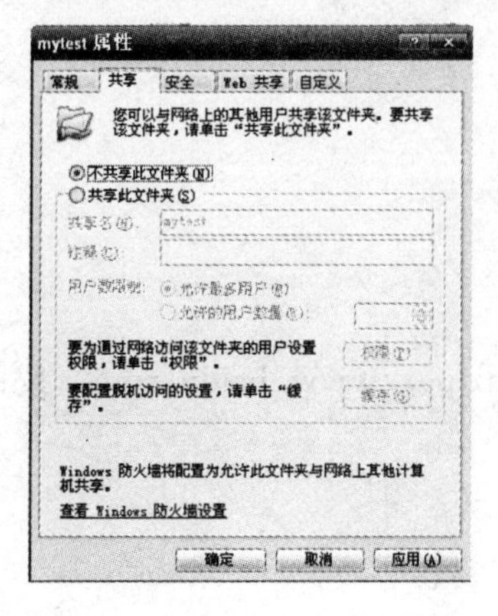

图 6.1 “文件夹属性”对话框

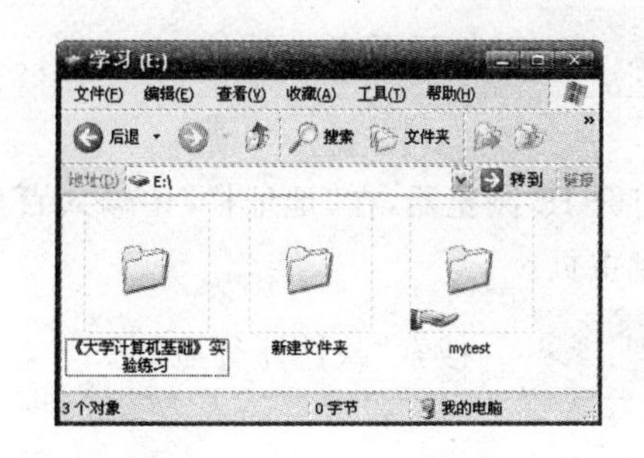

图 6.2 “共享文件夹”图标

步骤二 访问共享文件夹

访问共享文件夹的具体操作方法如下：

①打开“网上邻居”，单击“查看工作组计算机”，显示本组的计算机，如图 6.3 所示。

②双击 Gates 图标，即可浏览该机的共享资源。

图 6.3 “工作组”计算机

实验 6.2 网络信息检索

【实验目的】

1. 了解百度搜索工具的网址及界面。
2. 掌握百度搜索工具的使用方法。

【实验任务】

1. 使用百度搜索“缺铁性贫血”相关知识。
2. 在百度 MP3 中搜索歌曲《真心英雄》。

【实验步骤】

步骤一 打开百度主页

打开 IE 浏览器，在“地址栏”中输入百度网址“http://www.baidu.com”，按回车键，打开百度主页。

步骤二 搜索“缺铁性贫血”

具体操作步骤如下：

①在“搜索框”中输入搜索关键字“缺铁性贫血”，如图 6.4 所示，单击“百度一下”按钮。

②系统自动搜索出 Internet 上与“缺铁性贫血”相关的信息，并以列表的形式显示，如图 6.5 所示。

③单击列表超链接查看相关信息。

图 6.4 百度页面

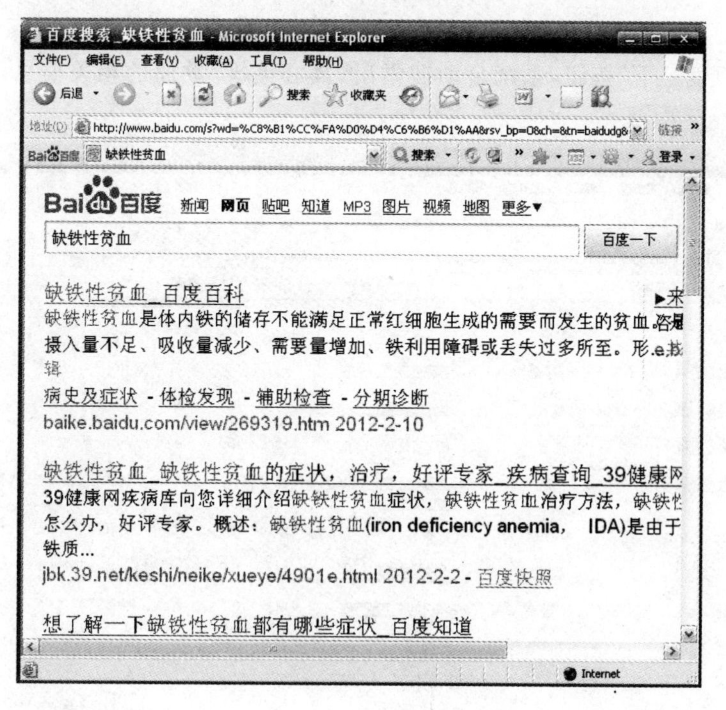

图 6.5 “缺铁性贫血”内容列表

步骤三 搜索歌曲

具体操作步骤如下：

①在百度主页，单击导航栏中的“MP3”超链接，进入“百度 MP3”页面，在“搜索”输入框中输入“真心英雄”，如图 6.6 所示。

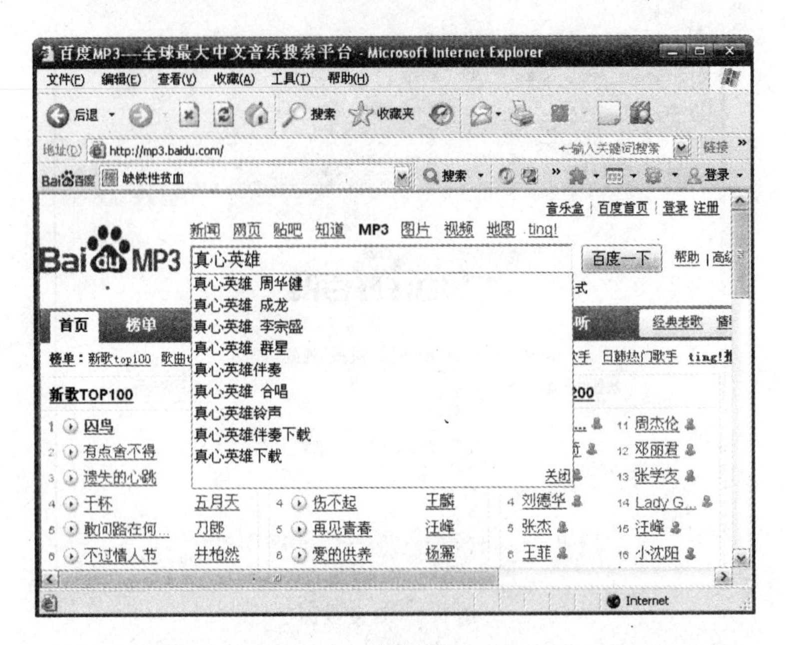

图 6.6 “关键字”输入框

②单击“百度一下”按钮，系统自动搜索出《真心英雄》歌曲的相关信息，搜索结果如图 F.7 所示。

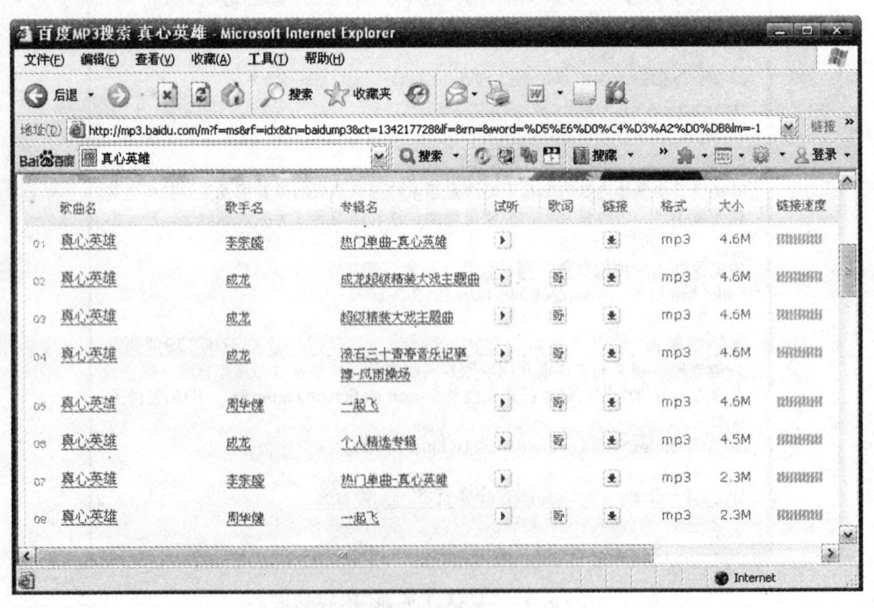

图 6.7 《真心英雄》歌曲列表